U0342049

作品欣赏

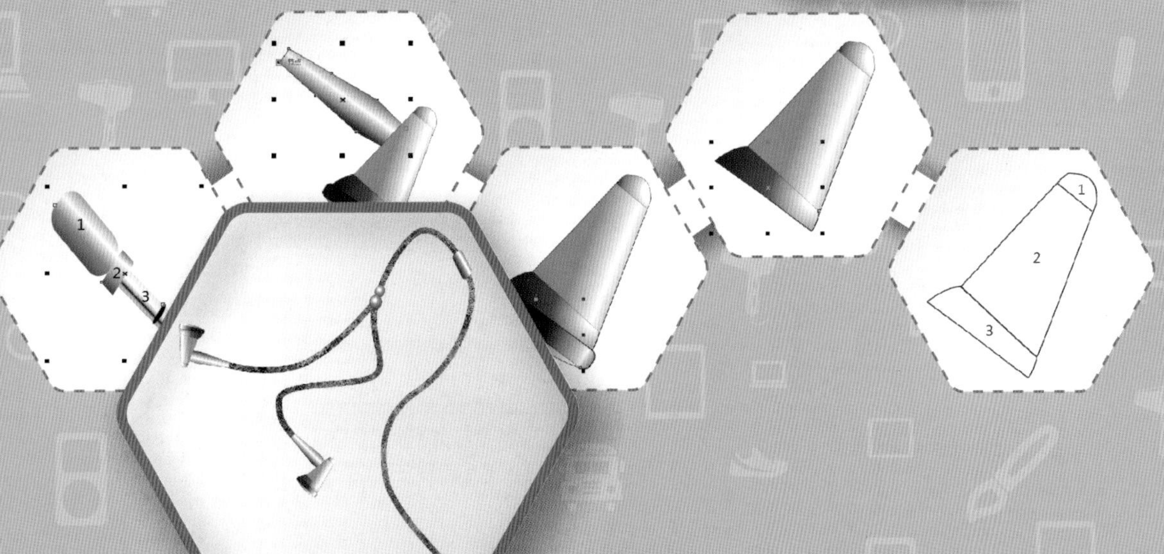

Idea! CorelDRAW X7产品设计创作实录

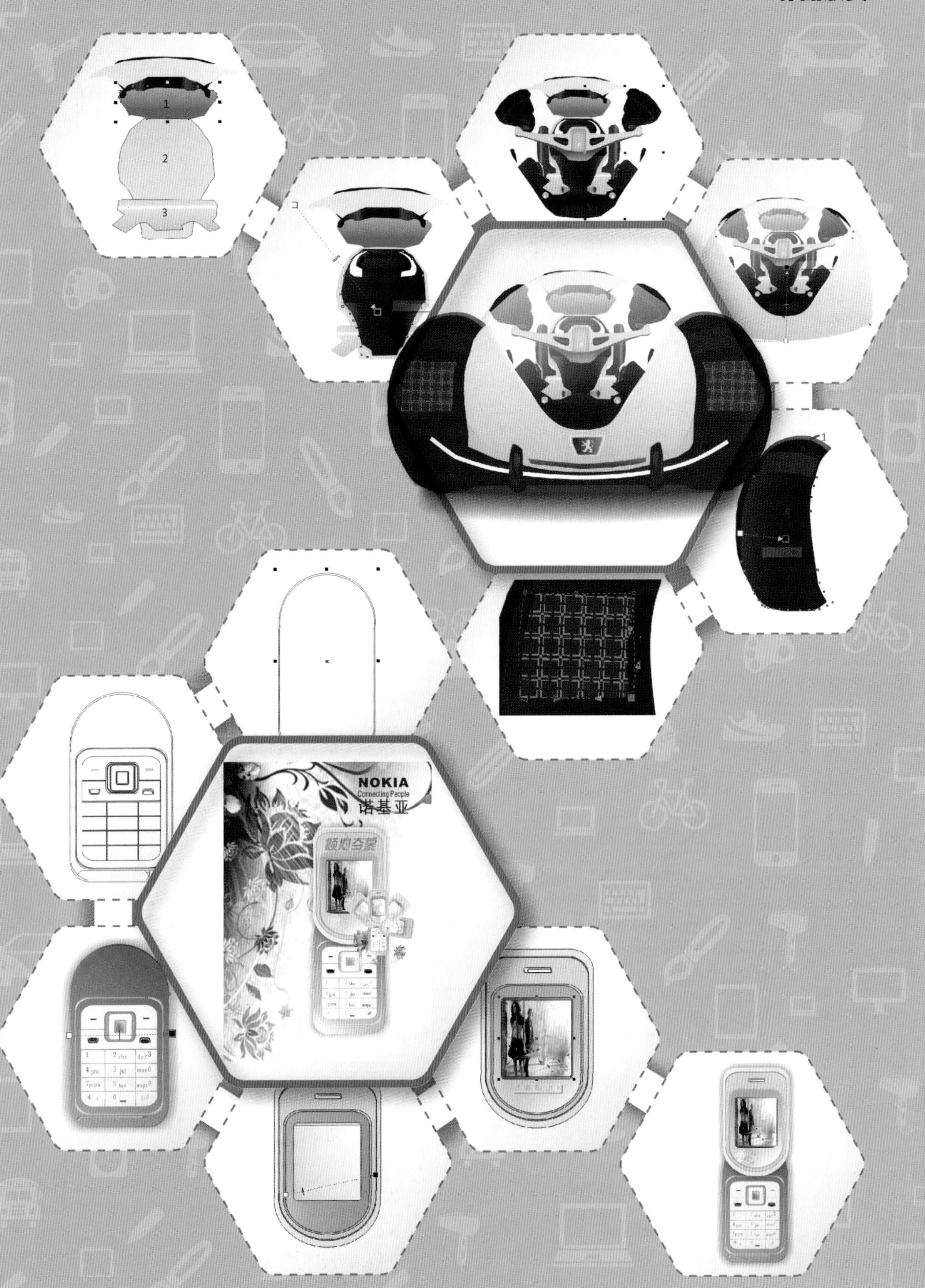
NOKIA
Connecting People
诺基亚

Idea! CorelDRAW X7 产品设计创作实录

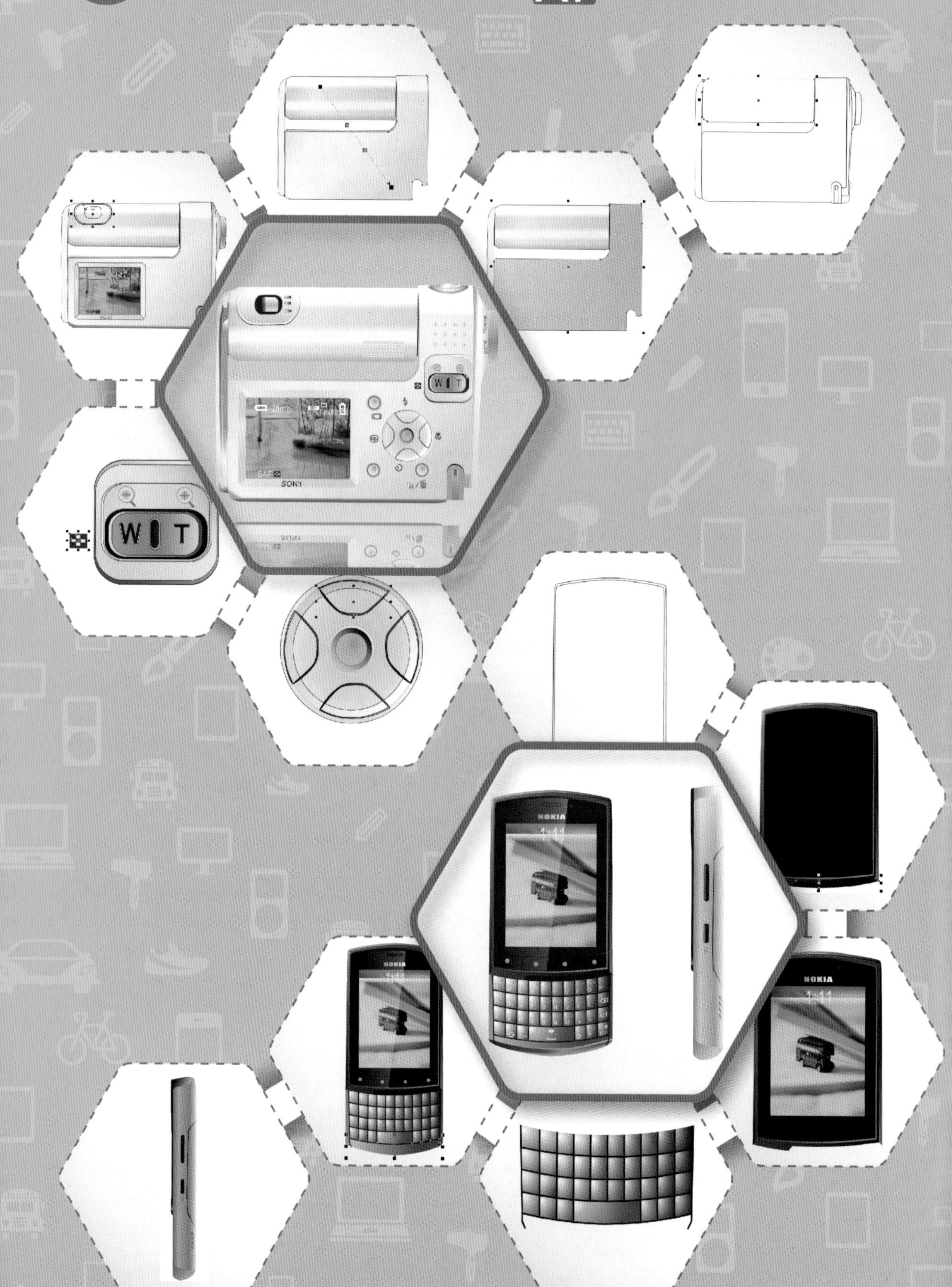

Idea! CorelDRAW X7 产品设计创作实录

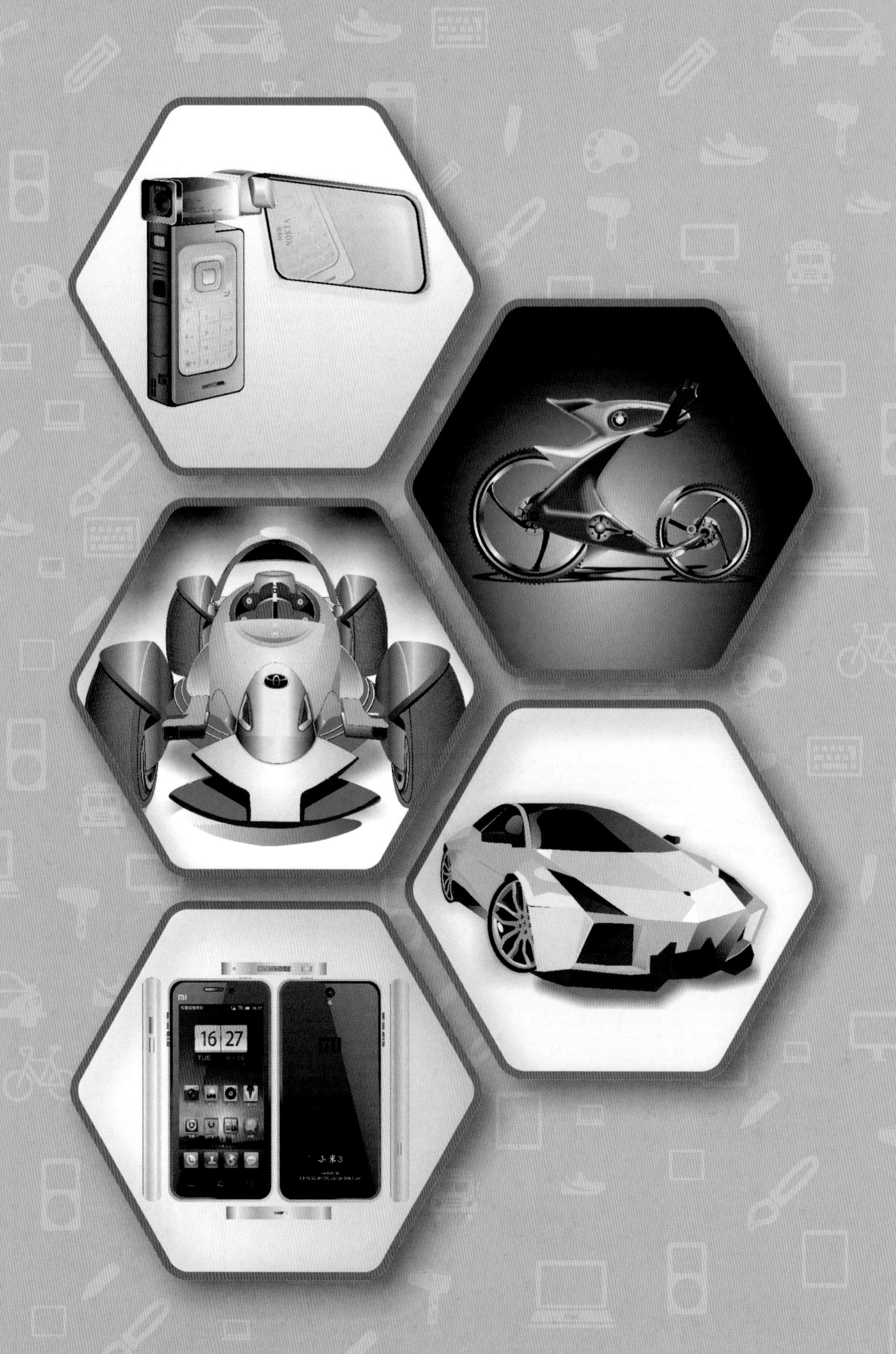

Idea! CorelDRAW X7 产品设计创作实录

蔡学静 刘天执 张剑 编著

清華大学出版社
北 京

内 容 简 介

本书全面展现了使用CorelDRAW X7设计产品效果图的方法，详细的讲解步骤配合图示，使得内容清晰易懂、一目了然。书中主要应用大量实例对重点和难点进行深入剖析，更重要的是结合作者多年的平面效果图制作经验和教学经验对知识点进行筛选，使读者能够在有限的时间内掌握更多的实战技巧。

除了讲解CorelDRAW X7的主要工具、命令及各项功能外，书中还通过大量实例讲述手机、笔记本电脑、概念自行车、汽车等效果图的制作技巧，力求让读者更好地掌握该软件制作产品效果图，成为创作高手。

本书适合广大CorelDRAW爱好者以及从事产品设计、平面设计等行业的设计人员学习参考，还可作为高等院校相关专业的教材。

本书封面贴有清华大学出版社防伪标签，无标签者不得销售。

版权所有，侵权必究。举报：010-62782989，beiqinquan@tup.tsinghua.edu.cn。

图书在版编目(CIP)数据

Idea! CorelDRAW X7产品设计创作实录 / 蔡学静 刘天执 张剑 编著. — 北京：清华大学出版社，2016（2021.9重印）

ISBN 978-7-302-43289-0

Ⅰ.①I… Ⅱ.①蔡… ②刘… ③张… Ⅲ.①产品设计—计算机辅助设计—图形软件 Ⅳ.①TB472-39

中国版本图书馆CIP数据核字(2016)第051471号

责任编辑：李 磊
封面设计：王 晨
责任校对：曹 阳
责任印制：沈 露

出版发行：清华大学出版社
网 址：http://www.tup.com.cn，http://www.wqbook.com
地 址：北京清华大学学研大厦A座 邮 编：100084
社 总 机：010-62770175 邮 购：010-62786544
投稿与读者服务：010-62776969，c-service@tup.tsinghua.edu.cn
质 量 反 馈：010-62772015，zhiliang@tup.tsinghua.edu.cn
印 装 者：涿州汇美亿浓印刷有限公司
经 销：全国新华书店
开 本：188mm×260mm 印 张：16.75 插 页：4 字 数：440千字
(附DVD光盘1张)
版 次：2016年5月第1版 印 次：2021年9月第4次印刷
定 价：89.00元

产品编号：065694-02

前　言

伴随着中国经济的快速发展，工业产品设计专业越来越受到学校和企事业单位的重视。目前可进行工业产品设计的软件很多，用户可以根据自己的需要进行选择，其中利用CorelDRAW进行产品效果图绘制也是一种不错的选择。

本书是作者结合多年的教学经验编写而成，将CorelDRAW基础知识和实例讲解结合在一起，并以产品设计案例为主导，突出案例部分讲解。书中各章利用大量直观的图片由浅入深地向大家介绍CorelDRAW软件的基础理论、使用方法和实际应用技术，着重讲解如何使用CorelDRAW进行产品效果图绘制，注重实际操作，使读者在学习CorelDRAW应用技术的同时，掌握CorelDRAW的重点特性、典型绘图技巧以及产品绘制技术细节。

本书提供了充实的内容和丰富的信息，通过学习书中大量的理论知识，可以了解CorelDRAW这一软件的功能；通过学习书中的“提示”内容，可以了解案例制作过程中的注意事项；通过学习“技巧”内容，可以掌握软件的其他操作技巧；通过多个案例的制作，让用户更加熟练地掌握该软件的知识要点和操作要领。

本书结构清晰，注重思维锻炼与实践应用。在每章的开始部分，首先介绍设计理论，然后讲解软件功能，最后针对主要命令的应用制作一个产品的绘制案例。

全书共分10章，具体内容如下。

第1章：介绍工业产品设计相关知识和CorelDRAW基本操作方法。

第2~7章：通过绘制MP3播放器、笔记本电脑、车轮、概念车、手机、摄像机以及材质表现案例等，巧妙地将CorelDRAW各项基础理论知识和功能贯穿于其中。

第8~10章：通过绘制手机、概念自行车、汽车等综合案例，全面展现了CorelDRAW的高级应用技巧，突出了综合运用多种功能进行艺术创作的特点。在保证基本内容的前提下，对教材的深度和广度作了适当的拓展和扩充。

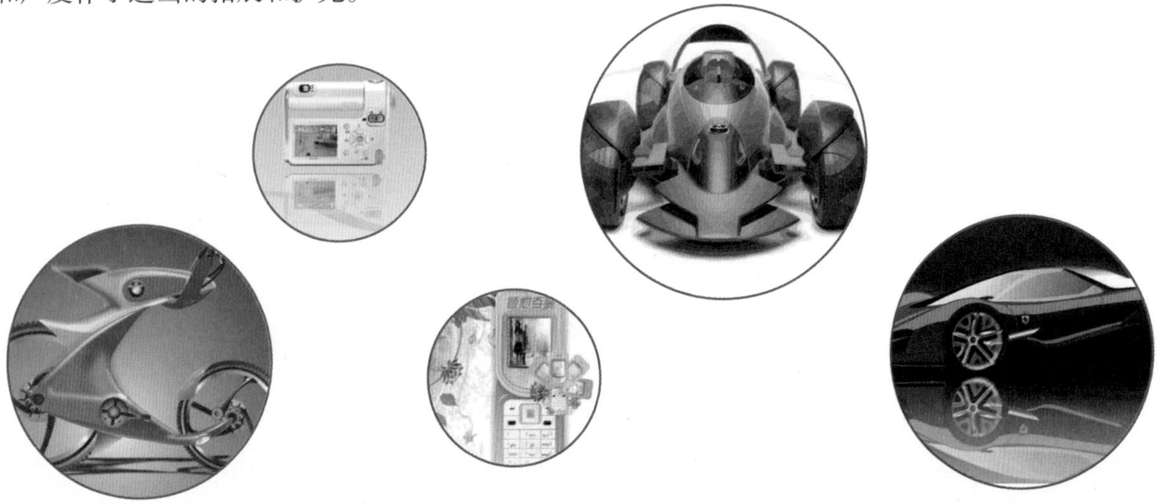

本书配套光盘中提供了书中所有案例的素材文件、产品效果图源文件、最终效果文件以及案例学习的视频教程文件，并附赠CorelDRAW绘制的效果图以及大量学习资料供读者学习和参考。

本书由蔡学静、刘天执和张剑编著，此外参与编写工作的还有姜琳、那雪娇、陈沫言、于皓、龚良俊、孙道霖等人。由于编者水平有限，本书虽经反复修正，但难免会有不足和疏漏之处，敬请各位读者批评指正。在学习过程中，如有任何疑问、建议或在学习中遇到问题，请发邮件到我们的咨询邮箱（gongyesheji2014@163.com），感谢您对我们的支持。

本书配套的PPT课件请到http://www.tupwk.com.cn下载。

编　者

目　录

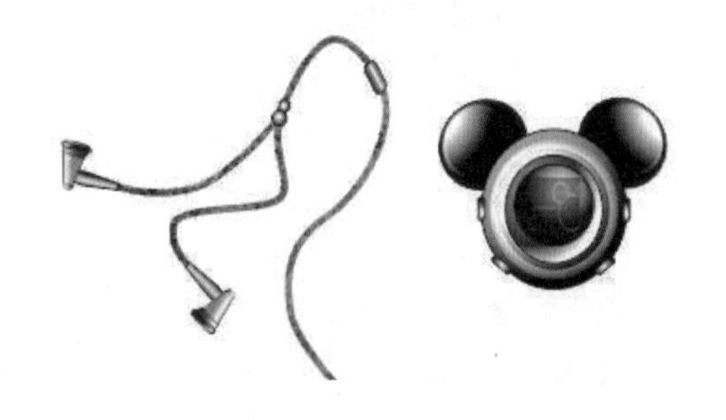

第4章 交互式工具应用 ······ 88

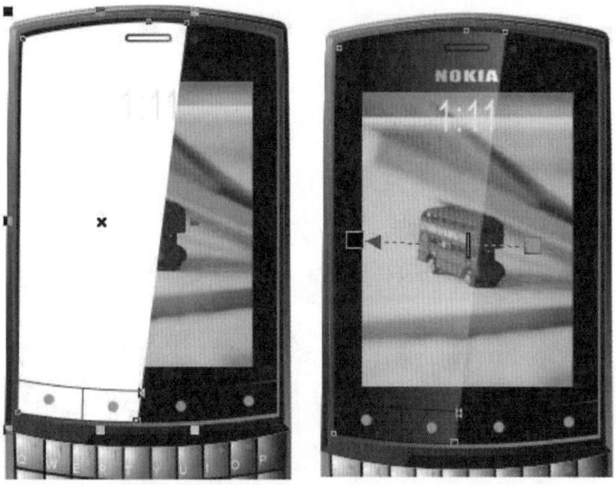

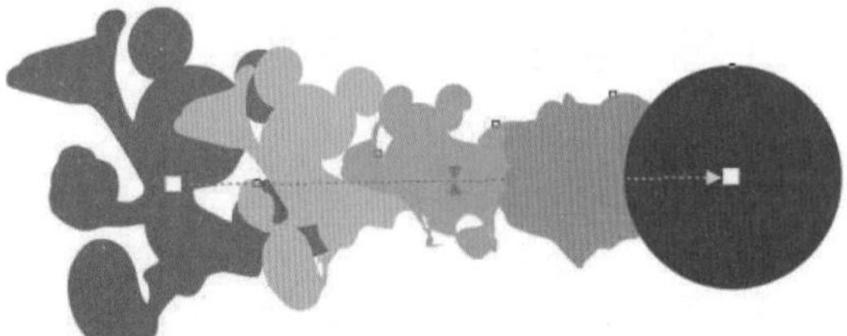

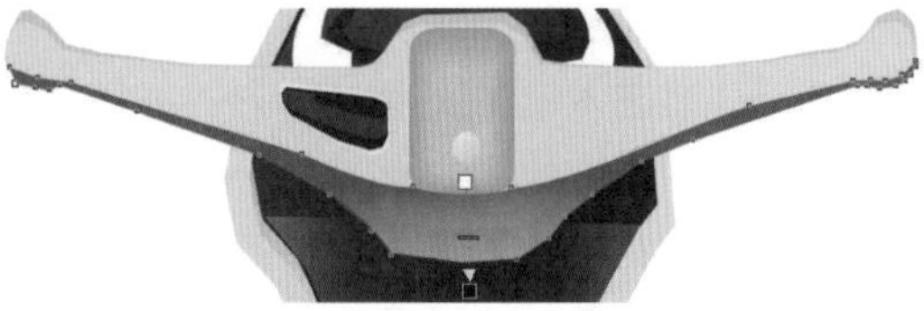

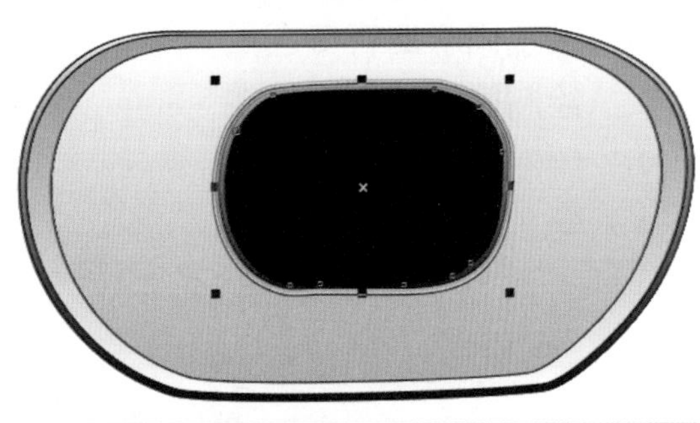

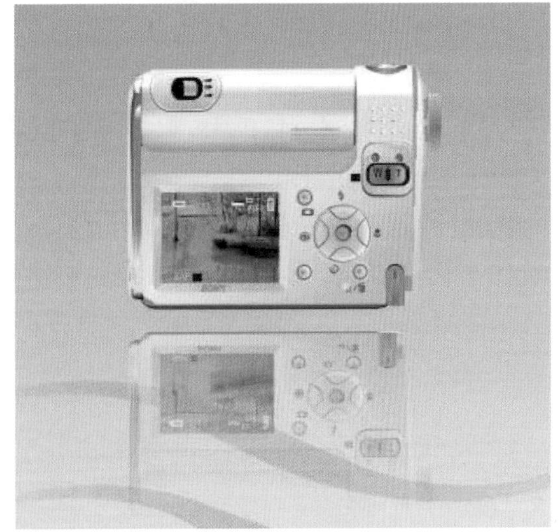

NOKIA

初识工业产品设计与CorelDRAW

本章主要讲解了产品设计的相关知识和CorelDRAW基本操作方法，通过学习可以了解产品设计的概述、产品设计的表现方法、CorelDRAW X7的工作界面、相关概念和文件基本操作等知识。

本章知识点

- 工业产品设计简介
- CorelDRAW X7的工作界面
- CorelDRAW X7相关概念
- CorelDRAW X7新增功能
- CorelDRAW X7基本操作

1.1 工业产品设计简介

1919年，美国设计师西奈尔首先提出了“工业设计”一词，而工业设计孕育于18世纪60年代英国工业革命以后。一战后，德国“包豪斯”学校的成立，进一步从理论上、实践上和教育体制上推动了工业设计的发展。

工业产品设计应用十分广泛，几乎涵盖了整个生产制造业。例如，家用电器产品制造业、玩具产品制造业、交通工具制造业、医疗器械及保健运动器材制造业、灯具产品制造业、办公设备制造业、通讯及数码产品制造业、家具制造业、机电产品制造业、五金工具产品制造业、公共设施制造业、游乐设施制造业等上百种制造行业，所以工业产品设计的人才也越来越受欢迎。

1.1.1 工业产品设计概述

1. 工业产品设计的研究内容

工业产品设计是研究人与人、人与机器、人与自然关系的设计活动，通过设计使产品的功能、形态、色彩和环境等更合理地结合在一起，满足人们物质和精神的需求，探索新的生活方式的创造过程。

2. 工业产品设计对中国高校的影响

工业设计在中国高等教育专业目录中的确立时间为20世纪80年代末，全国有20所左右的院校陆续开设了工业设计专业。近年来随着中国经济的持续高速发展，全国已有400多所高校开设工业设计专业，除了综合性大学及艺术院校外，有些不带“工业”的专业型院校也开设了此专业。十多年前，每年从高等院校毕业的工业设计本科生不足一千人，而现在每年的毕业生有几万人。

工业设计专业的毕业生可以在工业产品外观设计公司、企事业单位和科研单位的设计部、广告公司、装饰装潢公司等设计领域胜任如下工作。

- 工业产品创意设计师。
- 工业产品数字化设计师。
- 工业产品结构设计师。
- 工业产品实物模型制作师。
- 平面设计师。
- 室内外装饰设计师。

3. 工业产品设计对企业的影响

工业产品设计可以增强企业竞争力、增加企业利润、树立企业形象、促进企业的成长及发展，使新产品不仅具有较强的竞争力，而且有更旺盛的生命力。在市场经济体制下的中国，任何企业都必须意识到工业设计的重要性，将新产品开发与设计摆在首位。只有这样，企业才能在激烈的市场竞争中生存、取胜，不被社会所淘汰，并且逐步成长、发展，不断壮大。

著名科学家杨振宁博士曾指出：“21世纪将是工业设计世纪，一个不重视工业设计的国家将是落伍者。”未来十年将是工业产品设计的综合型人才需求高峰时期，以后将会形成主体稳步发展趋势。

1.1.2 设计表现在工业产品设计中的作用

设计表现是设计人员在工业产品设计过程中使用不同的媒体、材料、技术和手段，以一种生动且直观的方法来介绍和说明具体的设计方案，同时也是整个工业设计工作中将设想转变为实体形象或成品的重要阶段。

工业产品设计首先需要依据市场调查、分析等，决定新产品的开发方向，然后设计师根据新产品的设计理念，将设计构思迅速、清晰地表现出来，展示给相关生产、销售等专业人员，进行协调沟通，最后将没有问题的产品转换成商品进行销售，其中产品效果图绘制已成为设计师传达设计创作的必备技能。产品效果图的表现是从无形到有形、从想象到具体的一个复杂的创造思维的体现。

1. 工业设计效果图的种类

一类是在产品设计初期的造型设想阶段，为了展开和确认造型而绘制出的极其简略的效果图，被称为构思草图(Idea Sketch)，如图1-1所示；另一类是在产品设计的造型研讨阶段和造型汇总阶段描绘出的比较详尽的效果图，根据详细程度而分别称为概略效果图(Rough Sketch)和最终效果图(Rendering)，如图1-2所示。

图1-1

图1-2

2. 传统工业设计表现

传统工业设计表现的常用工具有铅笔、钢笔、色粉、彩色铅笔、马克笔等，其表现方法如下。

(1)铅笔表现技法主要应用线条和线条形成的明暗关系来表现设计形态，易于掌握和修改，是创作构思时常用的表现形式，如图1-3所示。

(2)钢笔很早就被广泛应用于工业设计领域，在进行草图构思、快速设计效果图时，多数采用钢笔淡彩作为表现形式，如图1-4所示。

(3)色粉通常都与马克笔结合使用，可以根据不同的需要表现出不同的质感，如图1-5所示。

(4)彩色铅笔描画时，最好从打形到上色全部由彩铅完成，表现出大致的设计意图即可，彩铅上色后可以用马克笔来收一下形体，这样可以使画面更加精细一些，如图1-6所示。

(5)马克笔是快捷表达中最方便快捷的淡彩工具，同时马克笔的兼容性很好，可以和其他工具搭配使用，如图1-7所示。

图1-3

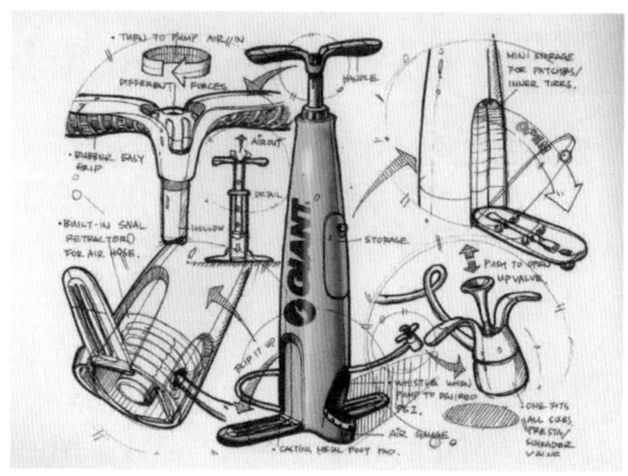

图1-4

图1-5

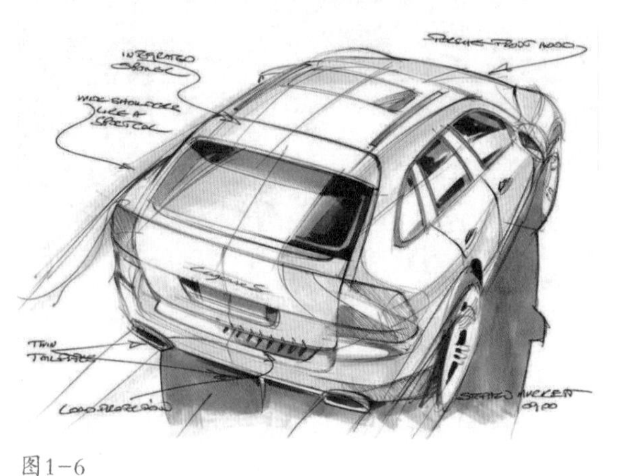

图1-6

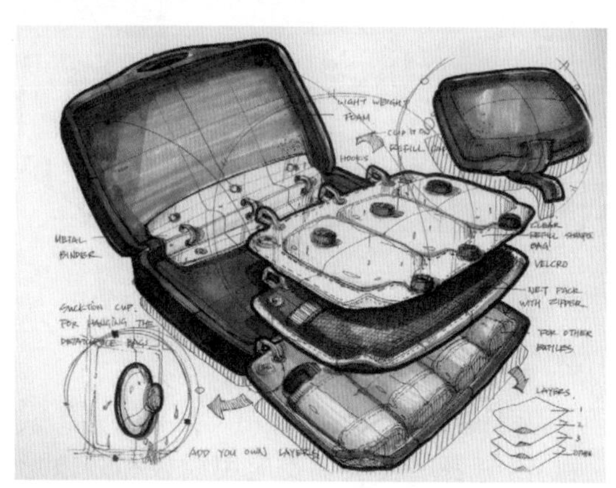

图1-7

3. 现代计算机辅助工业设计表现

计算机辅助设计引起了工业设计行业的变革，也对设计师提出了更高的要求，计算机辅助设计在产品效果表现中发挥了工具化的作用，在应用过程中使设计师更加出色地完成设计任务，提高了设计师的创造力，缩短了产品开发周期，提高了设计效率，降低了企业的运营成本。

目前，计算机辅助设计的软件很多，各有所长。刚开始学习工业设计的人士可以先学习CorelDRAW、Photoshop、Rhino 3D、3ds Max等软件。其中CorelDRAW、Photoshop主要作为产品二维效果图设计与表现，如图1-8和图1-9所示。Rhino 3D、3ds Max主要作为产品三维效果图的设计与表现，如图1-10和图1-11所示。

图1-8

图1-9

图1-10

图1-11

1.1.3 CorelDRAW在工业产品设计领域的运用

CorelDRAW是一款由加拿大的Corel公司开发的矢量图形制作软件，它非凡的设计能力使其被广泛地应用于商标设计、标志制作、产品绘制、插图描画、排版及分色输出等诸多领域。

CorelDRAW在绘制产品效果图上的应用已经相当广泛，CorelDRAW能更快捷、更精确地表现很多产品的材质和细节，如图1-12所示的概念自行车绘制图和图1-13所示的诺基亚手机绘制图。

图1-12

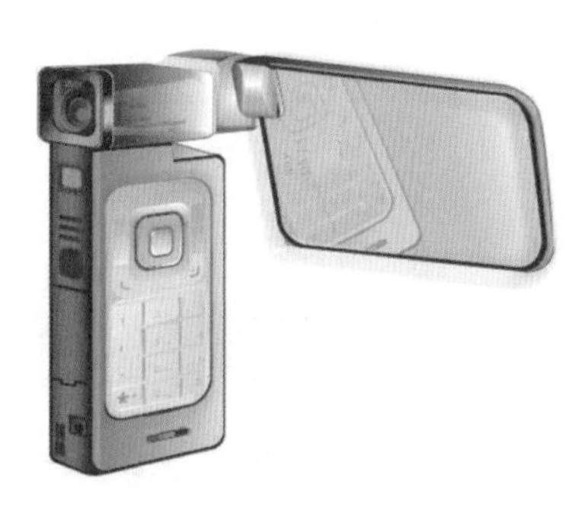

图1-13

Photoshop的特色主要在于图像处理功能，所以设计者多用来处理照片，特别是艺术照片的合成；而CorelDRAW的特色主要在于矢量绘图，是以制作矢量图形的平面设计为主。因此很明显，两者记录数据的形式不同，Photoshop由位图图像组成图形，而CorelDRAW是由线和面组成矢量图形。

1.2 CorelDRAW X7的工作界面

当启动CorelDRAW X7后，用户可以在欢迎屏幕中选择“新建文档”、“从模板新建”、“打开其他”选项，选择后就可以看到CorelDRAW X7的工作界面，CorelDRAW X7所有的绘图工作都是在这里完成的，工作界面中包含标题栏、菜单栏、属性栏、工具箱等通用元素，如图1-14所示。

文件(F) 编辑(E) 视图(V) 布局(L) 对象(C) 效果(C) 位图(B) 文本(X) 表格(T) 工具(O) 窗口(W) 帮助(H)
150%
297.0 mm
210.0 mm
2.54 mm
6.35 mm
6.35 mm
(87.013, 29.135)
20:03
2015/4/26

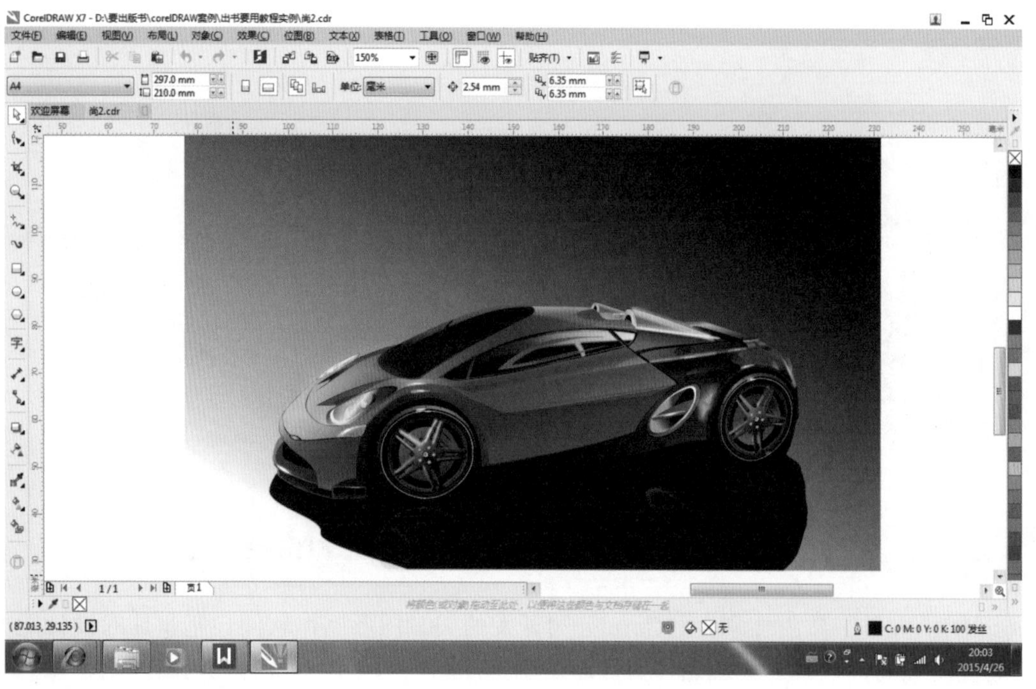

图1-14

1.2.1 菜单栏

CorelDRAW的主要功能都可以通过选择菜单栏中的命令选项来完成，菜单栏中包括“文件”、“编辑”、“视图”、“布局”、“对象”、“效果”、“位图”等12个功能各异的菜单，如图1-15所示。菜单栏涵盖了CorelDRAW X7程序的大部分功能。例如“文件”菜单主要用于对绘制或编辑的图形文件进行管理，包括新建、打开、保存和关闭文件；导入、导出、打印文件；提供文档信息以及退出系统等命令。

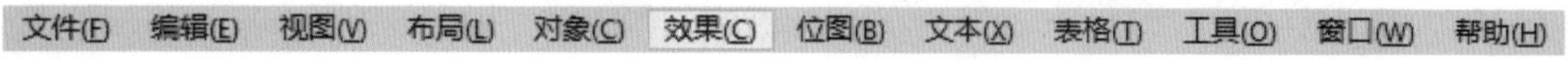

文件(F) 编辑(E) 视图(V) 布局(L) 对象(C) 效果(C) 位图(B) 文本(X) 表格(T) 工具(O) 窗口(W) 帮助(H)

图1-15

用户通过单击菜单项，可以看到它所包含的下拉菜单，带有黑色三角标记“▸”的命令表示还包含下拉菜单，单击此命令后会出现下一级子菜单，如图1-16所示。

选择一个命令名称即可选择该命令，如果命令后面有快捷键，可以通过按下快捷键的方式来选择命令。例如，按下快捷键Ctrl+N可以选择“文件”|“新建”命令，按下快捷键Ctrl+O可以选择“文件”|“打开”命令，如图1-17所示。

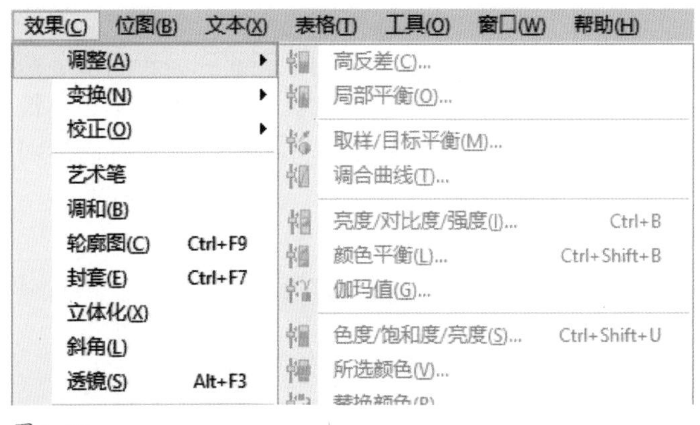

图1-16

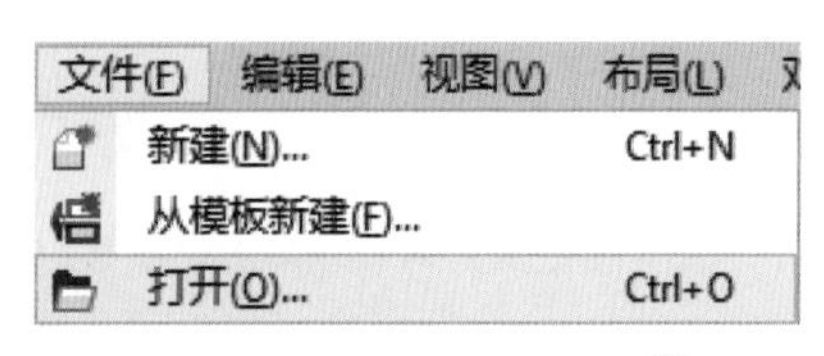

图1-17

菜单栏中有些命令的后面有省略号“…”，表示选择此命令后会弹出相应的对话框。例如，选择“文件”|“从模板新建”命令，系统会弹出“从模板新建”对话框，用户可在该对话框中选择一个合适的模板新建一个模板页面进行图形绘制，如图1-18所示。

菜单栏中有些命令的前面有对号标记“✔”，表示此命令所对应的功能已经选择。例如，“视图”|“辅助线”命令的前面显示对号标记，则在工作界面上显示标尺；如果对号标记没有显示，则工作界面中就不显示标尺，如图1-19所示。

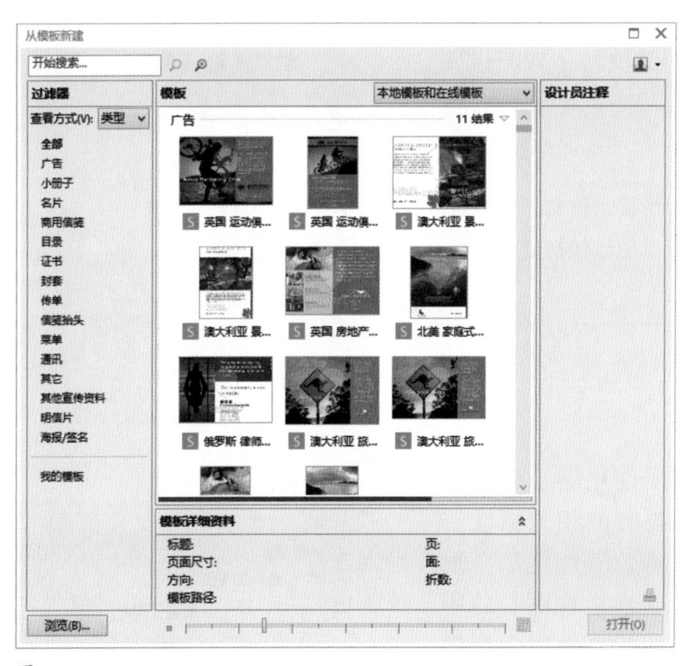

图1-18

图1-19

菜单栏中的命令除了显示为黑色外，还有一部分命令显示为灰色，表示这些命令暂时不可用，只有满足一定的条件后才可选择此命令。例如，没有将文件转换成位图时，“位图”菜单中的多数命令都不能使用。

1.2.2 工具箱

工具箱位于CorelDRAW X7工作界面的左边，工具箱中包含了用于创建和编辑图形、图稿的工具和按钮。CorelDRAW X7工具箱中的工具共有17种，其中有些工具是一个类别，工具箱中有些按钮带有小三角标记的，就表明它还有展开工具栏，单击它即可将其展开，查看该类别的所有工具，如图1-20所示。

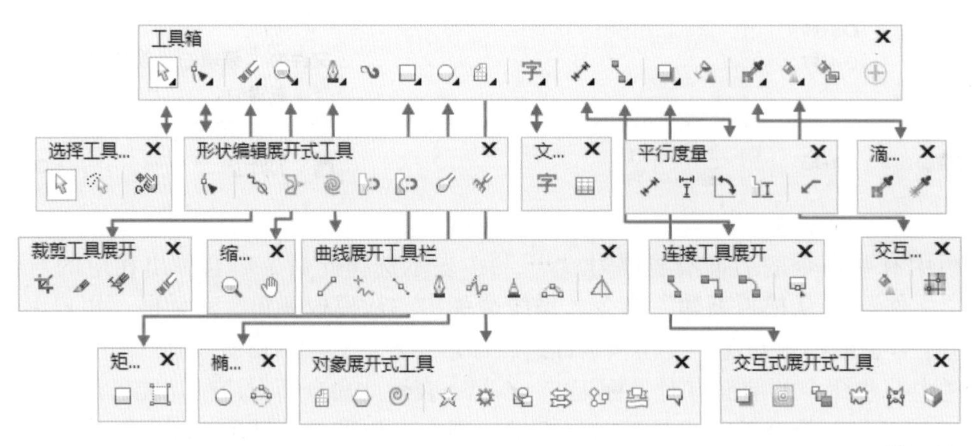

图1-20

在工具箱最下面的“⊕”符号为快速自定义工具栏，可以添加常用的项目或删除不使用的项目，如图1-21所示。若设置后要恢复成默认设置，选择“重置工具栏”命令即可。

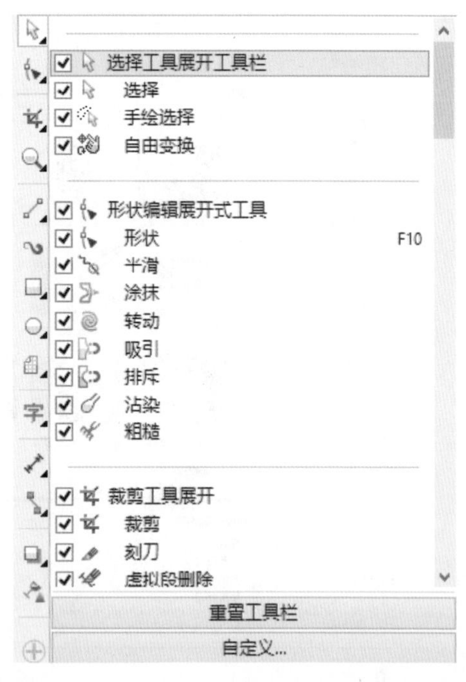

图1-21

将光标放在一个工具上，会显示提示信息，包括该工具的名称和快捷键，我们可以通过快捷键来选择工具。

1.2.3 属性栏

属性栏会与用户所选择的对象或所使用的工具相关联，提供在操作中选择对象和使用工具时的相关属性。如果选择不同的对象或使用不同的工具，属性栏都会跟着变化。例如，选择钢笔工具时，属性栏如图1-22所示。当没有选中任何对象时，系统默认的属性栏中会提供文档的一些版面布局信息，如图1-23所示。

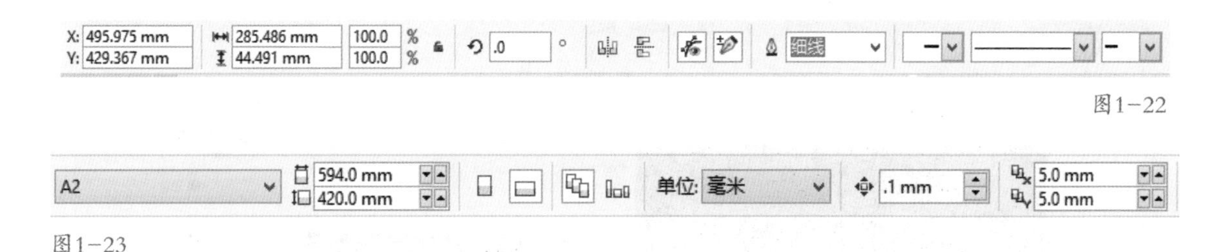

图1-22

图1-23

单击▾按钮，可以打开一个下拉菜单，如图1-24所示。在文本框中单击，输入新的数值并按下Enter键即可调整数值。如果文本框旁边有+，单击该按钮，可以显示一个滑块，拖动滑块也可以调节数值，如图1-25所示。

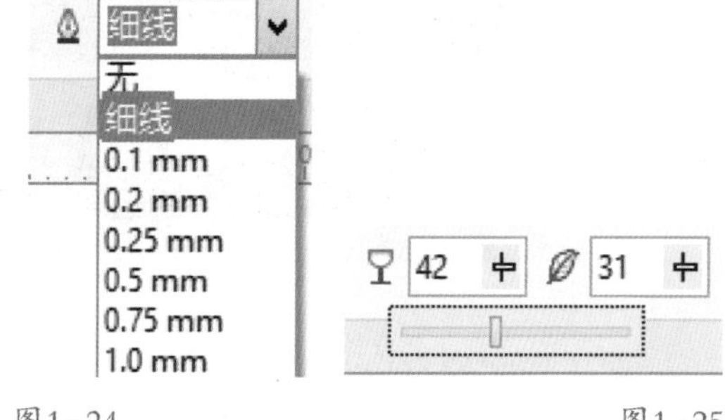

图1-24　　图1-25

1.2.4 绘图工作区

CorelDRAW中的页面就相当于Photoshop中的画布，用户可以任意设定纸张的大小，在绘图页面中绘制各种图形。工作区是指绘图页面以外的区域，在绘图过程中，用户可以将绘图页面中的对象拖到工作区存放，类似于一个剪贴板，它可以存放不止一个图形，使用起来很方便。当我们打开多个文件时，它们会停放在选项卡中，单击一个文档的名称时，可将其设置为当前操作窗口，如图1-26所示。按Ctrl+Tab键可按顺序切换各个窗口，也可以将鼠标光标放在一个文件的标题栏上，单击左键将它从选项卡中拖出，该文档可以成为任意移动位置的浮动窗口，如图1-27所示。浮动窗口可以最小化、最大化，或移动到任何地方，也可以将它重新拖回到选项卡中。

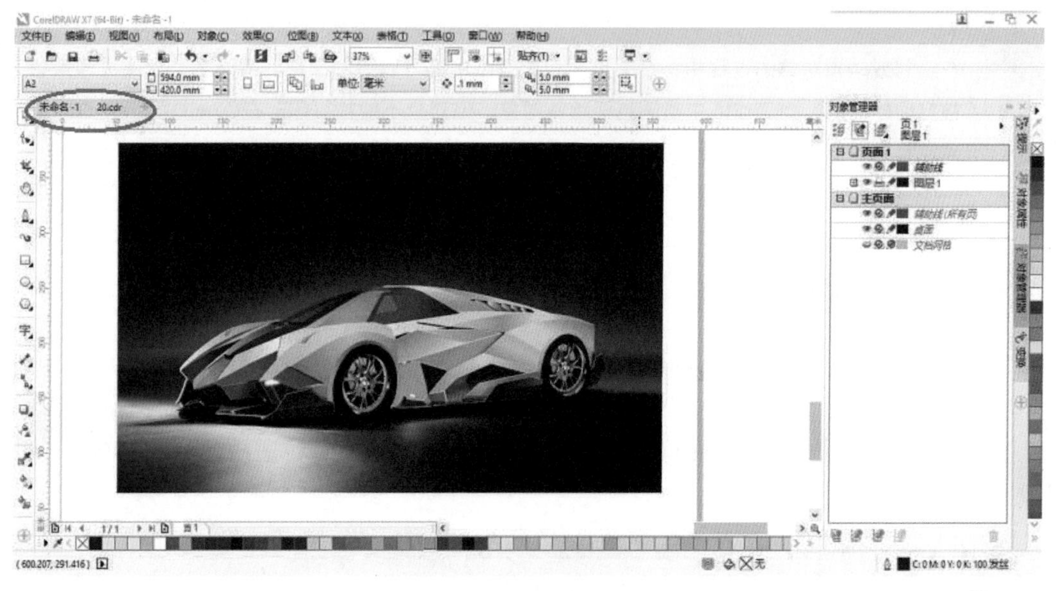

图1-26

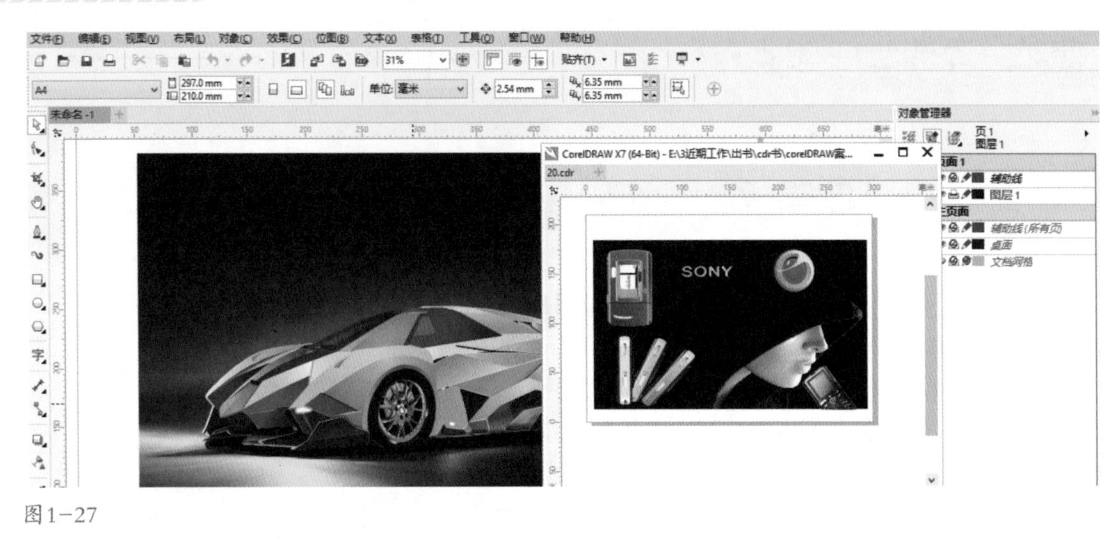

图1-27

在工作区的空白处、在绘图对象上或在窗口的任意面板上单击右键，可以显示快捷菜单，如图1-28和图1-29所示。

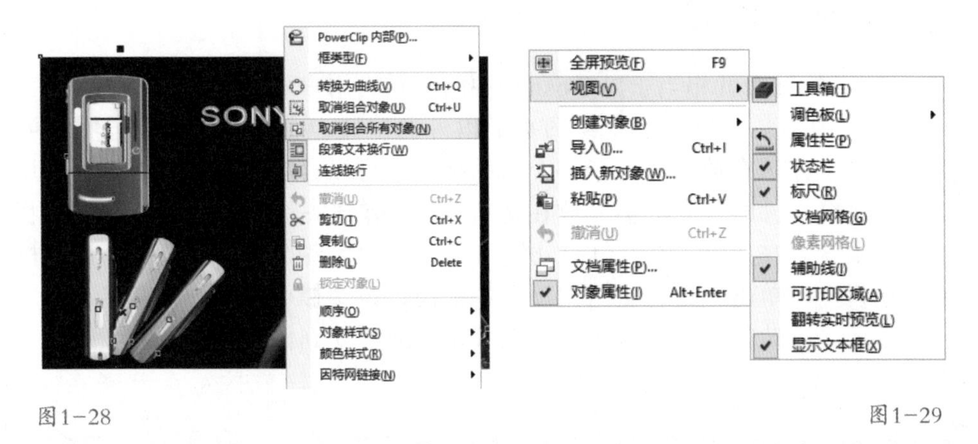

图1-28　　图1-29

在绘制或编辑对象的过程中，绘图页面和工作区中都可以绘制图形。实际上，绘图页面是将来用于被打印的区域，而工作区中虽然也能绘制对象，但对象不能被打印。在CorelDRAW中进行绘制时，通常将工作区作为一个临时对象的存放区域。

1.2.5 导航器与状态栏

在一个文件中可以创建多个页面，而导航器就是用来控制当前文件页面的添加、删除、切换页面方向和跳页等操作的。导航器位于工作界面下方的左侧，主要显示文件当前活动页面的页码和总页码，可以通过单击页面标签或箭头来选择需要的页面，适用于多文档操作使用，如图1-30所示。

3/5　页1　页2　页3　页4　页5

图1-30

当单击按钮时，可以由当前页面直接返回到第一页；相反，当单击按钮时，可以由当前页面直接转到最后一页；单击按钮一次，可以由当前页面向后跳动一页；单击前面(或后面)的按钮，可在当前页面的前面(或后面)添加一个页面。注意，每单击该按钮一次将增加一页。

“定位页面”显示当前页码和图形文件中页面的数量，前面的数字为当前页面的序号，后面的数字为文件中页面的总数量，单击“定位页面”按钮，可在弹出的“定位页面”对话框中指定要跳转的页面序号，如图1-31所示。

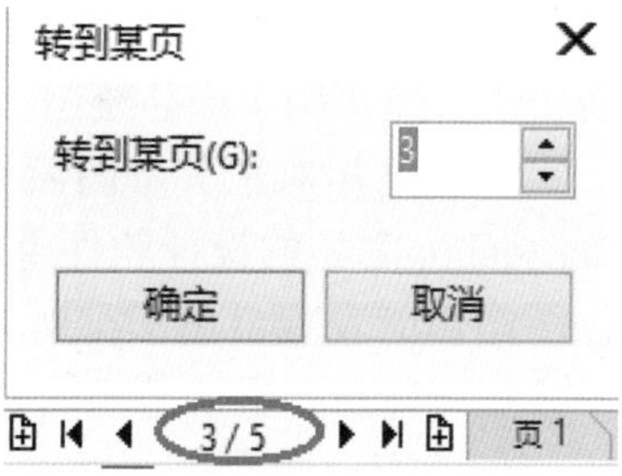

图1-31

状态栏位于工作界面的最下方，在状态栏中显示当前工作状态的相关信息，如被选中对象的简要属性、工具使用状态提示及鼠标坐标位置等信息，如图1-32所示。

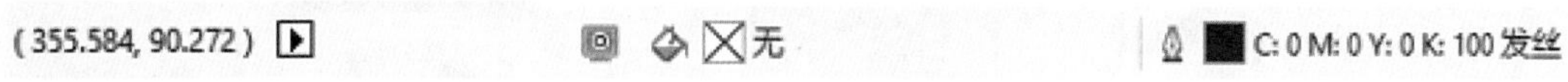

图1-32

1.2.6 调色板

在系统默认状态下，调色板位于工作区的右侧，利用调色板可以快速地选择轮廓色和填充色，如图1-33所示。

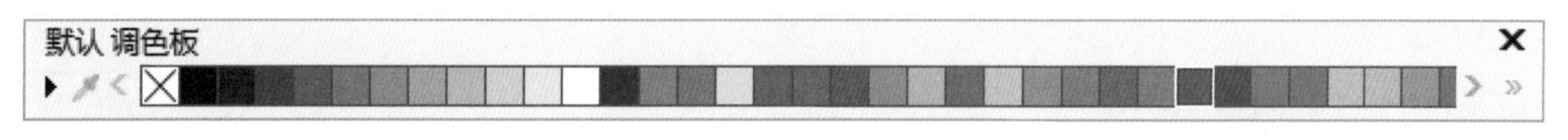

图1-33

(1)使用调色板填充图形的颜色和轮廓色时，首先要选择需要编辑的图形，然后在调色板中选择需要的颜色，这样才可以对图形进行填充。

(2)单击调色板底部的按钮，可以将调色板展开，如果要关闭展开后的调色板，只要在工作界面中的任意位置单击鼠标即可。

1.3 CorelDRAW X7相关概念

1.3.1 矢量图和位图

在计算机世界里，图像和图形等都是以数字方式记录、处理和存储的。它们分为两类：矢量图和位图。

矢量图又称为向量图，是用一系列计算机指令来描绘的图形，它以数学的矢量方式来记录图像内容。矢量图无法通过扫描获得，而主要在矢量设计软件中生成，如CorelDRAW和Adobe Illustrator等软件。矢量图形的组成元素称为对象，无论将矢量图放大或缩小多少都不会产生失真现象。

矢量文件的大小与图形大小无关，只与图形的复杂程度有关，因此矢量图形所占的存储空间较小，经常用于产品绘制、图案设计、文字设计、标志设计和版式设计等。

位图是相对于矢量图而言的，又称点阵图。位图可通过扫描、数码相机获得，也可通过如Photoshop之类的设计软件生成。位图由许多像素组成，每个像素都能记录一种色彩信息，因此位图图像能表现出色彩绚丽的效果。它的缺点是受分辨率的制约，在对其放大几倍后，清晰的图像变得模糊，也就是我们通常说的“马赛克”现象。此外位图占用的存储空间也比较大。

矢量图与分辨率无关，矢量图在放大时，计算机会根据现有的分辨率重新计算出新的图形，因此不会影响它的质量和效果，同一幅图的矢量图与位图图像局部区域放大后的比较如图1-34所示。

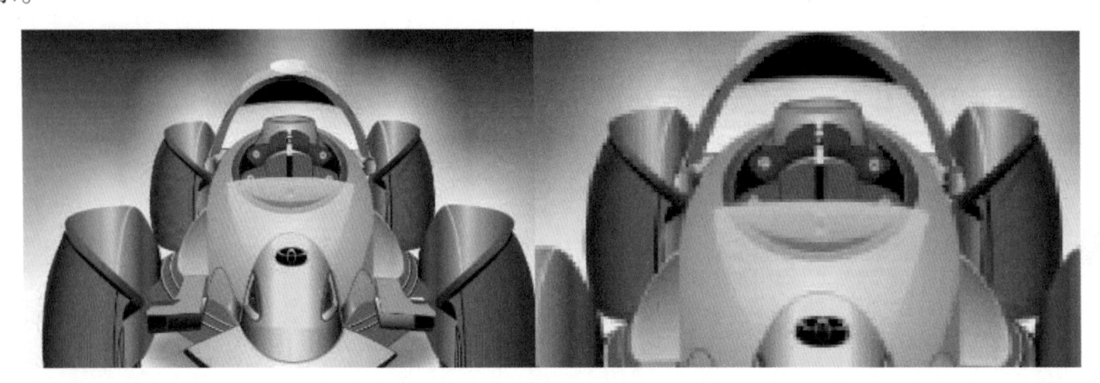

图1－34

1.Photoshop

Photoshop的特色主要在于图像处理功能，所以设计者多用来处理照片，特别是艺术照片的合成，而CorelDRAW的特色主要在于矢量绘图，所以是以制作矢量图形的平面设计为主。因此很明显，两者记录数据的形式不同，Photoshop由位图图像组成图形，而CorelDRAW是由线和面组成矢量图形。

2.Illustrator

Illustrator也是Adobe公司的产品，是一款不错的矢量图形绘制和设计软件，常应用于生产印刷稿、生产多媒体图像、报社的插画制作等领域，由于该软件提供的是高精度控制，所以比较适合复杂项目的生产。

3.Freehand

Freehand原来是Macromedia公司的产品，由于该公司已被Adobe公司收购，所以现在提到的Freehand也是Adobe公司的产品。Freehand主要应用于工业(机械、建筑等)绘图、海报制作、广告创意等领域，Freehand具有强大、实用、灵活、易于上手等特点。

1.3.2 像素和分辨率

像素是组成位图图像最基本的元素，每个像素都有自己的位置，并记载着图像的颜色信息，一幅图像包含的像素越多，颜色信息就越丰富，图像效果也会更好，不过文件也会随之增大。

分辨率是指图像单位长度上像素的多少，像素越多，图像越清晰。像素是分辨率的度量单位，也是一幅图像作品的度量单位。分辨率可指图像或文件中的细节和信息量，也可指输入、输出或者显示设备能够产生的清晰度等级。

1.3.3 文件格式

文件格式代表了一个文件的类型，决定了图像数据的存储方式。CorelDRAW除了可以对自身专用的CDR格式文件进行编辑之外，还支持其他格式的文件。不同格式的文件，其应用范围和特点也各不相同，了解不同格式图像文件的特点有助于更好地使用CorelDRAW软件。在CorelDRAW中保存文件时，可以生成多种不同格式的文件，主要包括以下几种。

1. CDR格式

CorelDRAW的文件格式为CDR格式，且只能在CorelDRAW中打开，而不能在其他程序中直接打开。

2. EPS格式

EPS是跨平台的标准格式，扩展名在PC平台上是.eps，主要用于矢量图和位图的存储。

3. GIF格式

GIF格式图像文件的数据是经过压缩的，使图像文件占用较少的磁盘空间。在显示GIF图像时，隔行存放的图像会让人感觉到其显示速度似乎要比其他图像快一些，这是隔行存放的优点。GIF是目前网络的图像格式，常作为小动画。

4. JPEG格式

JPEG格式通常简称JPG，是目前网络上最流行的图像格式，也是一种有损压缩格式，能够将图像压缩在很小的储存空间，但同时图像中重复或不重要的信息会被丢弃，因此容易造成图像数据的损伤。它主要用于图像预览及超文本文档，如HTML文档，在压缩过程中丢失的信息并不会严重影响图像质量，但会丢失部分肉眼不易察觉的数据，所以不宜使用此格式进行印刷。

5. BMP格式

BMP格式是一种标准的点阵式图像文件格式，它支持RGB、索引色、灰度和位图色彩模式，但不支持Alpha通道，以BMP格式保存的文件通常比较大。

6. TIFF格式

TIFF图像文件是由Aldus和Microsoft公司为桌上出版系统研制开发的一种较为通用的图像文件格式，可在多个图像软件之间进行数据交换，该格式支持RGB、CMYK、Lab和灰度等色彩模式，而且在RGB、CMYK以及灰度等模式中支持Alpha通道的使用。

文件保存技巧

一是把握好时间，在编辑图形的初始阶段就保存文件，文件格式默认为CDR格式；二是在编辑过程中，还要适时地保存文件，也可以使用快捷键Ctrl+S进行保存。

1.4 CorelDRAW X7新增功能

1.4.1 轻松启动和运行

CorelDRAW X7新增的“快速入门”选项可以帮助新用户立即入门，附带的高质量图像、字体、模板、剪贴画和填充可以立即创作出面向印刷和网页绘图的精美设计。

1. 欢迎屏幕导航

重新设计的欢迎屏幕，更便于浏览查找大量可用资源，包括工作区选择、新增功能、启发用户灵感的作品库、应用程序更新、提示与技巧、视频教程、官网以及成员与订阅信息，如图1-35所示。

2. 工作区选择

重新设计的欢迎屏幕，包括“工作区”选项卡，为不同程度的用户和特定任务而设计的各种不同工作区，如图1-36所示。

图1-35

图1-36

3. 即时自定义

工具箱、泊坞窗和各种属性栏包含边界的新增“快速自定义”按钮，可以定制适合工作流程的界面，如图1-37所示。

图1-37

4. 字体嵌入

在保存CorelDRAW X7文档时用户可以嵌入字体，共享接收者可以完全按照设计原样查看、打印和编辑该文档。

5. “溢出”按钮

在工具箱、属性栏、泊坞窗和调色

板中添加“溢出”按钮，便于平板电脑和移动设备用户查看是否存在工作区中放不下的其他控件，如图1-38所示。

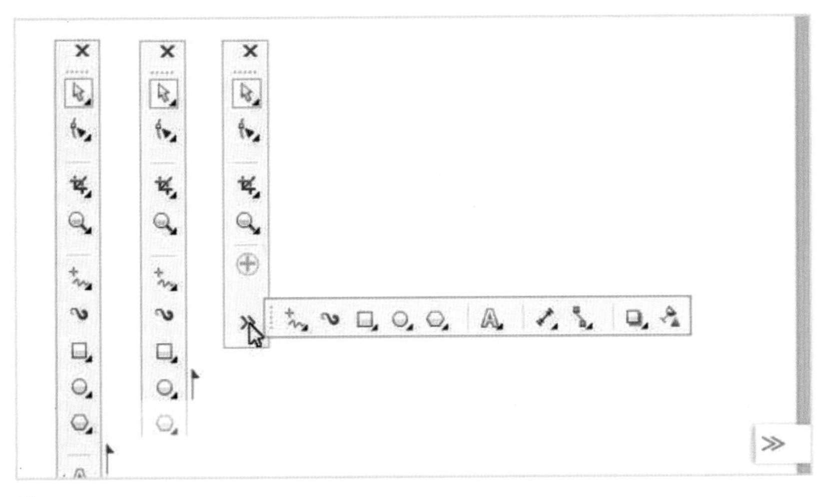

图1-38

1.4.2 快速高效地创作

借助最新可完全自定义的界面，用户可以根据熟练程度选择工作区，还可以设置外观如Adobe Photoshop或Illustrator的工作区，使原先的Creative Suite用户轻松切换。

1. 渐变填充

可以创建椭圆形和矩形渐变填充，向各个填充颜色节点应用透明效果，在已填充的对象中重复填充或调整填充的旋转角度，还可以保存个人的渐变填充，并在新增内容中心中共享。此外，通过使用“对象属性”泊坞窗中的新交互式控件，还能更快、更精准地应用和调整渐变填充，如图1-39所示。

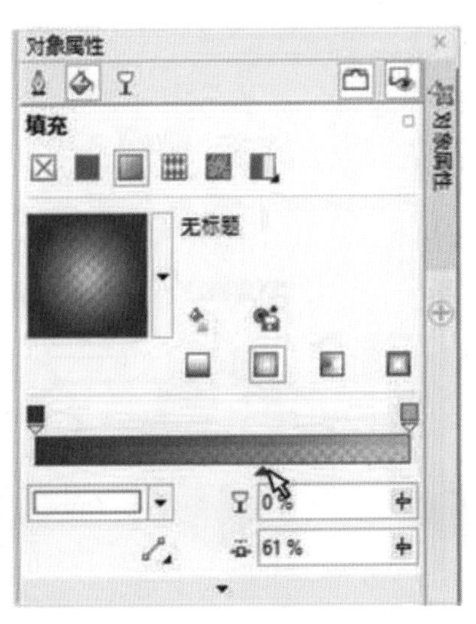

图1-39

2. 轮廓位置

新增的“轮廓位置”选项可以创建尺寸更加精确的对象，如图1-40所示。

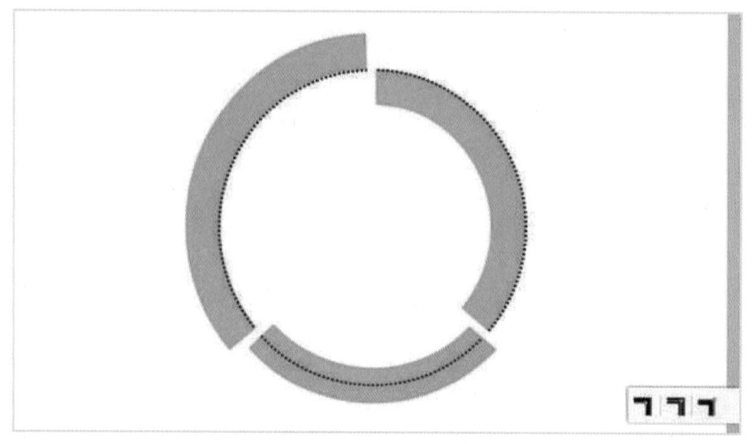

图1-40

3. “颜色样式”泊坞窗

增强的“颜色样式”泊坞窗使得查看、排列和编辑颜色样式更容易，可以指定颜色的亮度值，还可以在调整颜色时保留饱和度和色度，如图1-41所示。

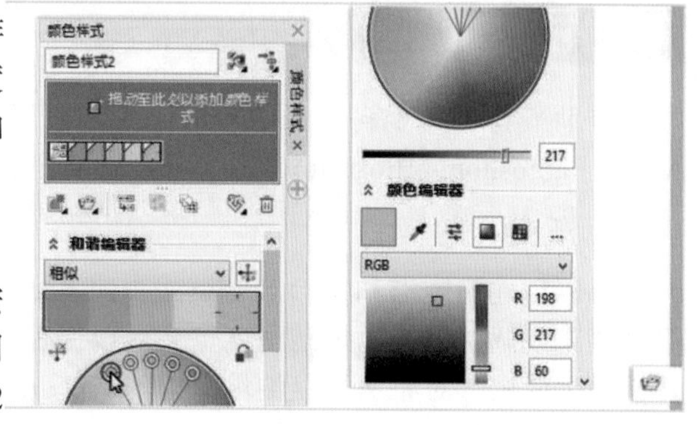

图1-41

4. 颜色样式与和谐

借助新的和谐规则，可以使用预设组合按预定值转换颜色和谐中的所有颜色，还可以使用和谐规则从头开始创建新的颜色和谐，如图1-42所示。

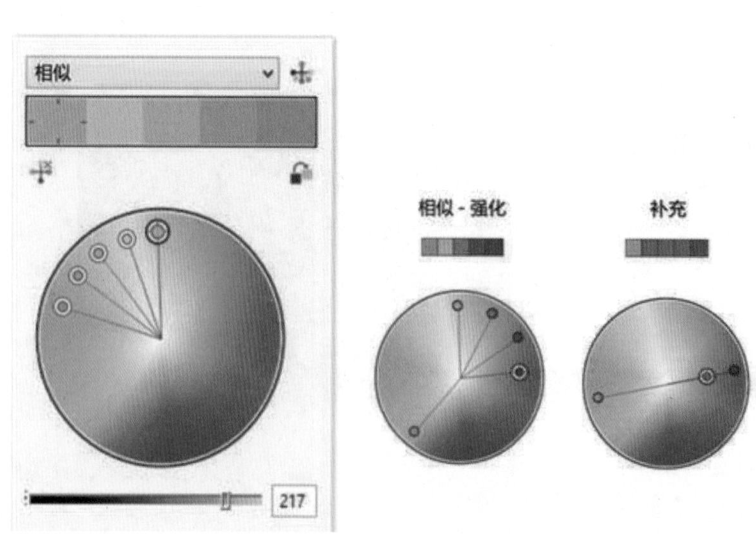

图1-42

CorelDRAW X7各工作区的区别

针对具体工作流程量身定制不同工作区，帮助新用户更快、更轻松地掌握CorelDRAW X7，与经常使用CorelDRAW X7的行业专家合作，安排适用于特定任务的工具和功能。

1. Lite工作区：新增Lite工作区，帮助新用户更快地掌握CorelDRAW X7，工具箱和属性栏中提供了方便探索的精简版选项。

2. 默认工作区和经典工作区：重新设计新版默认工作区，可对工具、菜单、状态栏、属性栏和对话框进行更加直观、高效的配置。另外，为更喜欢CorelDRAW原来外观的老用户保留了“经典”工作区。

3. 高级工作区：CorelDRAW X7设计了“页面布局”和“插图”工作区，以更好地展示特定的应用程序功能。例如，“插图”工作区设有工具箱，有各种绘图工具和“颜色样式”泊坞窗。

1.5 CorelDRAW X7基本操作

1.5.1 文件的基本操作

启动CorelDRAW X7以后会出现欢迎屏幕，可以直接在该界面中选择新建文档、从模板新建、打开最近用过的文档，如图1-43所示。

图1-43

1. 新建文件

进入CorelDRAW X7软件的工作界面后，选择菜单栏中的“文件”|“新建”命令或按下快捷键Ctrl+N，可以打开“创建新文档”对话框，如图1-44所示。输入文件名称，设置页面大小、页码数、颜色模式等选项，单击“确定”按钮，即可创建一个空白文档。

如果要制作小册子、名片、目录、证书、明信片、海报等，可选择菜单栏中的“文件”|“从模板新建”命令，打开“从模板新建”对话框，如图1-45所示。模板中的字体、样式、段落等都会加载到新建文件中，可以节省创作时间，提高工作效率。

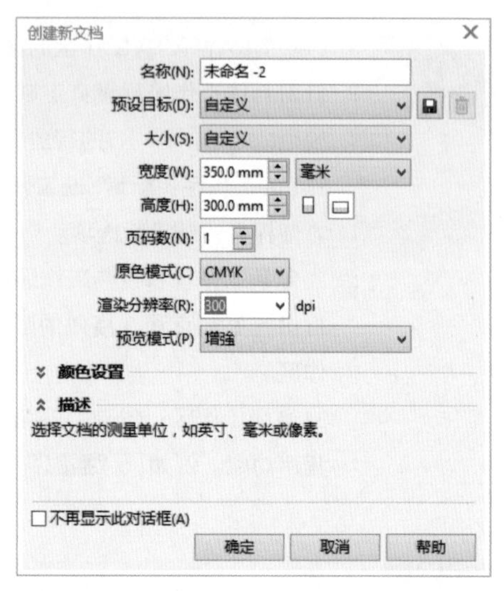

图1-44

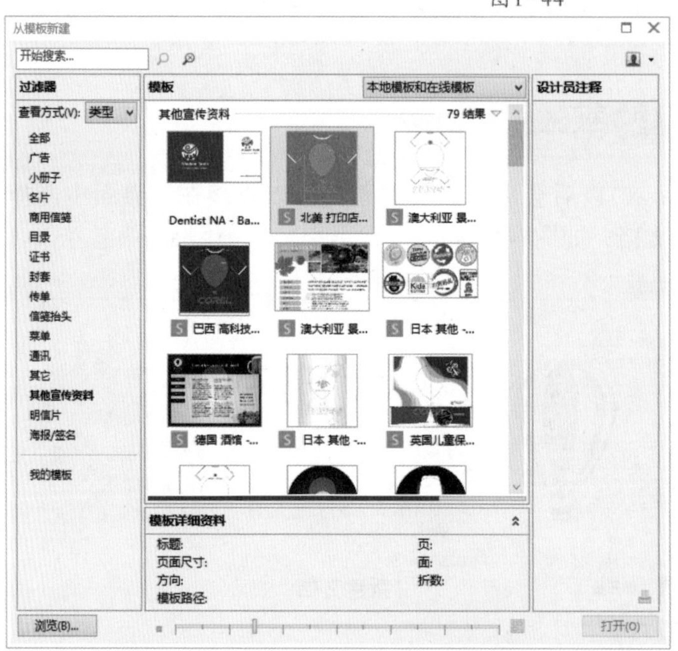

图1-45

如果预置模板不符合用户的要求，也可以根据自己要创建的样式或从其他模板中获得的样式来重建一个模板。此外，用户还可以通过更改样式、页面布局设置或对象来编辑模板。

2. 打开文件

如果要打开一个文件，可以选择菜单栏中的“文件”|“打开”命令，或按快捷键Ctrl+O，也可以在标准工具栏中单击“打开”按钮，在弹出的“打开”对话框中选择文件，然后单击“打开”按钮或按下Enter键即可将其打开。

如果要在“打开绘图”对话框中同时选择多个文件，可在选择文件时先按住Shift键后，再用鼠标左键分别单击两个不邻近的文件，即可选择以这两个文件为首尾的连续的多个文件；或按住Ctrl键后，再用鼠标左键单击不同的文件，即可选择不连续的多个文件，最后单击“打开”按钮，所选择的多个文件将按先后顺序依次在CorelDRAW X7中打开。

3. 保存文件

CorelDRAW中提供了多种保存文件的方法供用户选择，分为3种，下面就对这3种方法分别介绍。

(1)保存文件：在编辑过程中，可随时选择菜单栏中的“文件”|“存储”命令，或按下快捷键Ctrl+S保存对文件的修改。如果是对新文件进行保存，将弹出“保存绘图”对话框。在该对话框中，可以设置“文件名”、“保存类型”和“版本”等保存选项。如果是对打开的文件进行保存，则该文件将以原路径、原文件名、原文件格式保存。

(2)另存文件：如果要将当前文件以另一个文件名、另一种格式保存，或者保存在其他位置，可选择菜单栏中的“文件”|“另存为”命令，从而起到备份作用。

(3)保存为模板：选择菜单栏中的“文件”|“存储为模板”命令，可以将当前文件保存为模板。文件中设定的尺寸、颜色模式、段落属性等都可以存储在模板中。

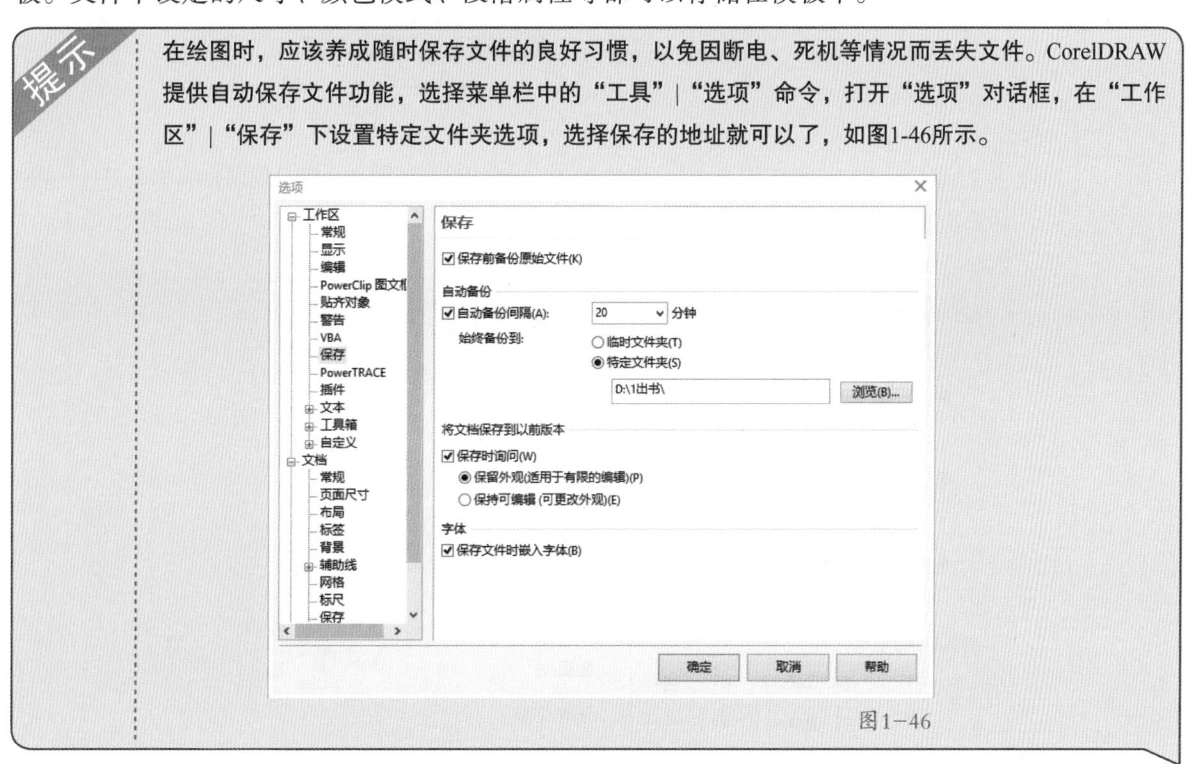

图1-46

4. 导入文件

CorelDRAW是矢量图形绘制软件，使用的是CDR格式的文件，因此在CorelDRAW X7中有些文件不能直接打开，例如PSD、TIF、JPG和BMP等格式的图像文件，所以要进行编辑或使用其他图像制作软件所制作的素材就要通过导入操作来完成。

导入的文件将作为一个对象放置在CorelDRAW X7的绘图页面中。导入文件的方法很多，在导入文件的同时可以调整文件大小或使文件居中；导入位图时，还可以对位图重新取样以缩小文件的大小，或者裁剪位图，以选择要导入图像的准确区域和大小。

选择菜单栏中的“文件”|“导入”命令，或按下快捷键Ctrl+I，或单击工具栏中的“导入”按钮，即弹出“导入”对话框，如图1-47所示。

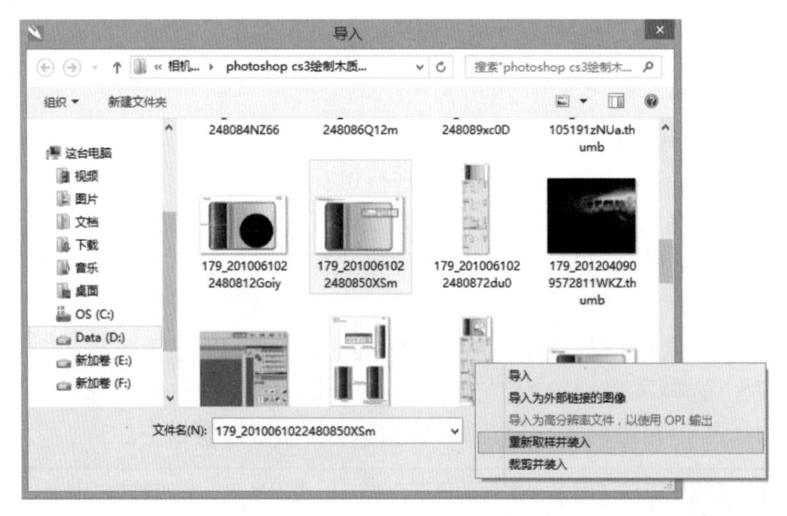

图1-47

“导入”下拉列表框用于选择导入文件的类型，共有 4 种类型可以选择，即外部链接图像、高分辨率文件、裁剪和重新取样，单击选择后会弹出对话框，如图1-48所示为常用的“裁剪图像”和“重新取样图像”对话框。

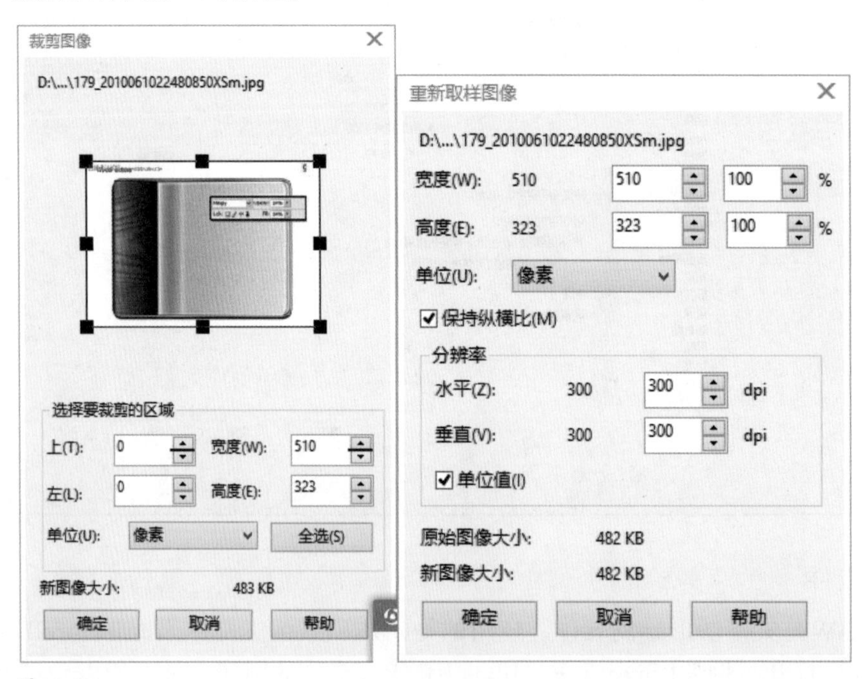

图1-48

在设置重新取样图像的“宽度”、“高度”和“分辨率”参数时，系统只能将尺寸改小不能改大，以确保图像的品质。

5. 导出文件

文件的导出就是把用CorelDRAW设计的作品(即CDR格式文件)转换成其他格式的文件，以供其他软件调用。选择菜单栏中的“文件”|“导出”命令，在“保存类型”下拉列表中选择文件的保存类型，再在“文件名”文本框中输入图形文件的名称即可。

1.5.2 页面设置

绘图页面就像画纸，设置合理的纸张大小，有助于设计者绘制和输出适合设计要求的图形。因此，在进行绘图之前，一般都要对页面大小、方向、布局、背景、页数等设置。

1. 页面大小和方向设置

可以通过属性栏进行设置，也可以选择菜单栏中的“工具”|“选项”命令，在打开的对话框中设置，如图1-49所示。可以在 自定义 下拉列表中选择纸张的类型，也可以在纸张的宽度和高度 350.0 mm 300.0 mm 中自定义纸张大小，单击“纵向”和“横向”按钮可以设置页面为纵向或横向。

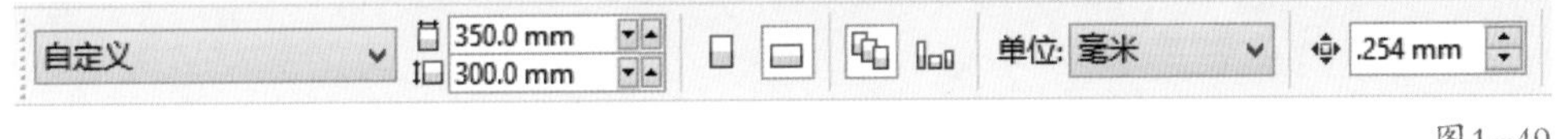

图1-49

2. 页面的布局和背景设置

在“选项”对话框中，依次单击“文档”|“布局”选项，在“布局”参数设置区右侧的下拉列表框中选择一种布局样式，CorelDRAW提供的布局样式有全页面、活页、屏风页、帐篷页、侧折卡和顶折卡等，如图1-50所示。

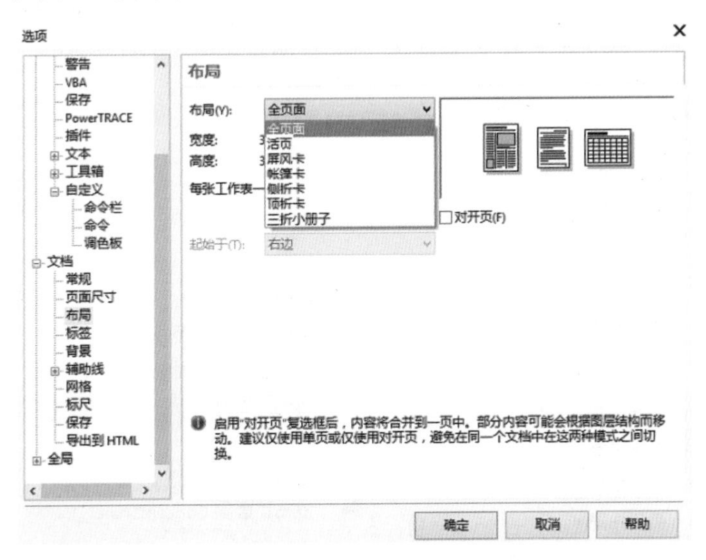

图1-50

如果选中“对开页”复选框，则可同时进行双页编辑，从而方便进行书籍、宣传册的编辑。只有全页面、活页、屏风页及侧折卡才能设为对开，帐篷页和顶折卡不能设为对开。在“起始于”下拉列表框中可以选择文档的开始方向是从右面还是从左面开始。

CorelDRAW提供了为作品添加背景的功能，而且添加的背景不会因为其他的操作而受影响。在默认状态下，页面是透明无背景的，用户可以将背景设置成纯色或位图背景，改变后的背景能够被打印或输出，如图1-51所示。

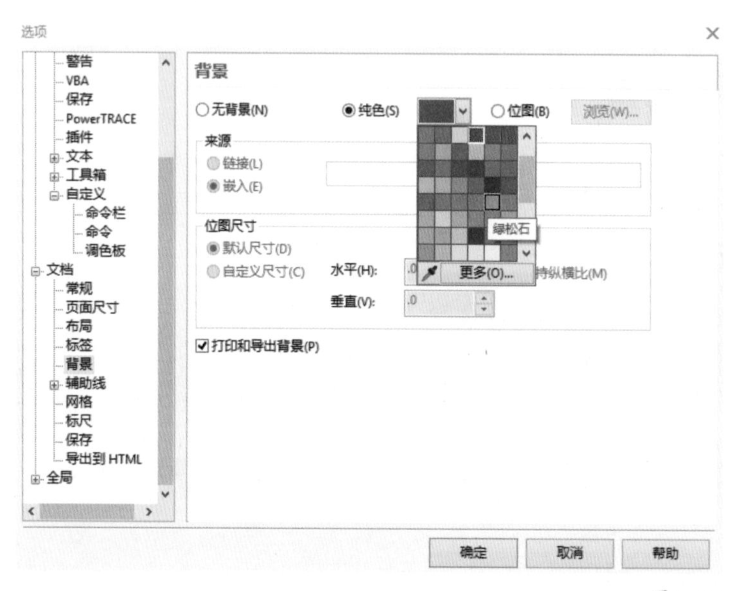

图1-51

3. 增加和删除页面设置

可以使用“布局”菜单中的命令来设置页面的增加或减少，如图1-52所示；也可以利用导航器右键菜单，在要插入新页面的当前页面的页码上单击鼠标右键，从弹出的快捷菜单中选择相应命令，即可在当前页面的后面或前面插入一个新的页面，如图1-53所示。

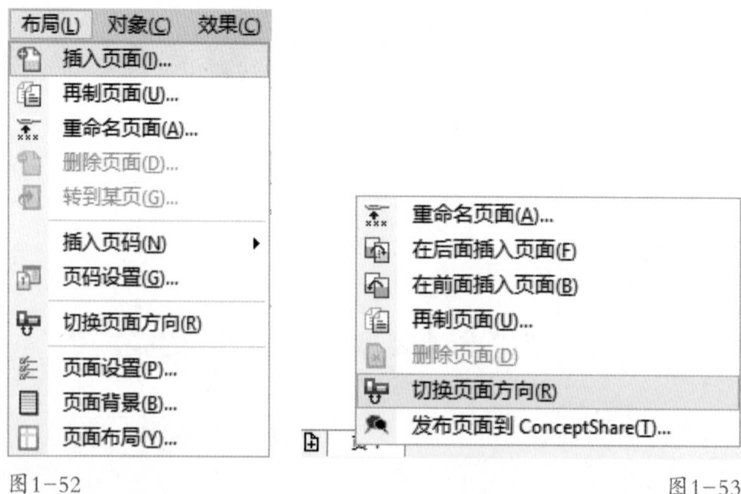

图1-52

图1-53

1.5.3 视图显示管理

绘图或编辑对象时，为了更好地观察和处理对象的细节，可以在CorelDRAW中根据需要选择文档的不同显示模式，也可以用全屏方式进行显示预览，还可仅对选定区域中的对象进行预览，或进行分页预览等。

1. 视图显示模式

在绘制图形的过程中，有时需要以不同的方式查看效果。“视图”菜单中提供了多种视图显示方式，如图1-54所示。在不同的视图显示方式下，显示的画面内容、品质会有所区别。但这些显示模式只改变图形显示的速度，对打印结果完全没有影响。

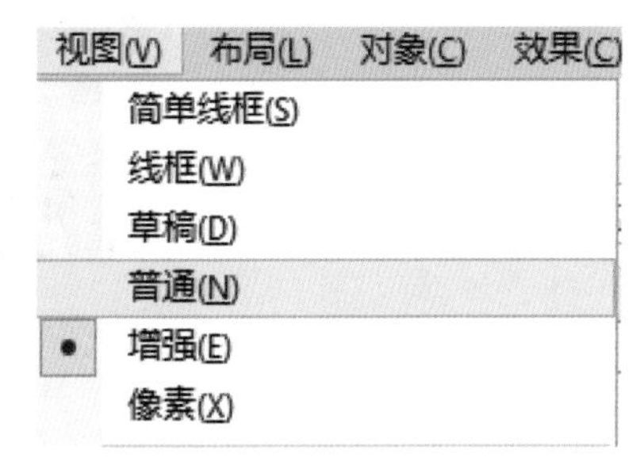

图1-54

- “简单线框”模式：在该模式下，所有的矢量图形只显示对象的轮廓，不显示绘图中的填充、立体化设置以及中间调和形状；所有变形对象(渐变、立体化、轮廓效果)只显示其原始图像的外框；位图全部显示为灰度图。
- “线框”模式：在该模式下，只显示立体透视图、调和形状和单色位图等，不显示填充效果，所有的变形对象(渐变、立体化、轮廓效果)将显示所有的中间生成图形的轮廓，显示效果与“简单线框”模式类似。
- “草稿”模式：在该模式下，所有页面中的图形均以低分辨率显示。其中花纹填色、材质填色及PostScript图案填色等均以一种基本图案显示，位图以低分辨率显示，滤镜效果以普通色块显示，渐变填充色以单色显示。当要快速刷新复杂图形，又要掌握对象的基本色调时可使用此模式。
- “普通”模式：在该模式下，页面中的所有图形均能正常显示，但位图将以高分辨率显示。
- “增强”模式：在该模式下，系统将以高分辨率显示所有图形对象，并使其尽可能圆滑，以得到高质量的显示效果。但这种模式会耗用大量的内存并使显示速度明显降低，一般电脑最好不要用这种显示模式。

2. 视图显示比例

绘图时，可以根据需要缩放与平移视图，选择工具箱中的“缩放”按钮，可以显示出隐藏的工具组“缩放”和“平移”，如图1-55所示。

图1-55

选择缩放工具后，其属性栏如图1-56所示。单击并拖出一个矩形框，可将矩形框内的图稿放大至整个窗口；如果要缩小视图的显示比例，可将鼠标指针移至工作区中，单击鼠标右键，或按住Shift键的同时在页面中单击鼠标左键。也可以在属性栏中的 69% 下拉列表中选择需要显示的绘图页面比例。使用平移工具在窗口中单击并拖动鼠标，可以移动绘图区并显示图形。

图1-56

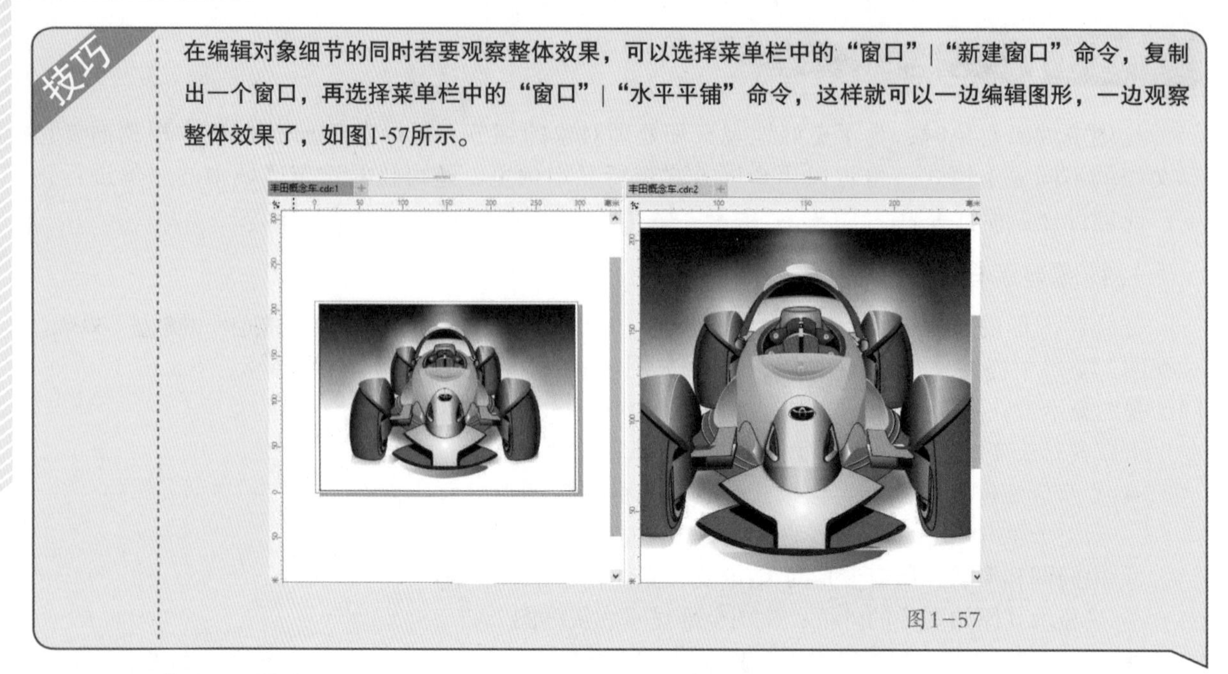

技巧 在编辑对象细节的同时若要观察整体效果，可以选择菜单栏中的“窗口”|“新建窗口”命令，复制出一个窗口，再选择菜单栏中的“窗口”|“水平平铺”命令，这样就可以一边编辑图形，一边观察整体效果了，如图1-57所示。

图1-57

3. 屏幕显示模式

1)全屏预览

选择菜单栏中的“视图”|“全屏预览”命令，或按快捷键F9，可将屏幕上的工具箱、菜单栏以及其他窗口隐藏起来，只让绘图区充满整个屏幕，这样可以使图形的细节显示得更清晰。

2)只预览选定的对象

使用选择工具在绘图区中选择将要显示的一个或多个对象，然后选择菜单栏中的“视图”|“只预览选定的对象”命令，即可对选中的对象进行全屏预览。

3)分页预览

使用菜单栏中的“视图”|“页面排序器视图”命令，对文件中包含的所有页面进行预览，如图1-58所示。

图1-58

4. 还原和重做

当使用软件出现误操作，想要返回上一步操作时，可以利用“编辑”菜单下的各命令帮助解决问题。

1)撤销、重做和重复动作

- 撤销某个操作：选择菜单栏中的“编辑”|“撤销上一步”命令，快捷键为Ctrl+Z。
- 重做某个操作：选择菜单栏中的“编辑”|“重做”命令，快捷键为Ctrl+Shift+Z。
- 撤销或重做一系列操作：选择菜单栏中的“编辑”|“撤销管理器”命令，在“撤销管理器”泊坞窗中，单击要撤销的所有操作之前的操作，或单击要重做的上一个操作。
- 还原为上次保存的绘图版本：选择菜单栏中的“文件”|“还原”命令。
- 重复某个操作：选择菜单栏中的“编辑”|“重复”命令，快捷键为Ctrl+R。

也可以通过单击标准工具栏上的“撤销”按钮或“重做”按钮旁边的箭头按钮，然后从下拉列表中选择操作，来撤销或重做一系列操作。

2)指定撤销设置

选择菜单栏中的“工具”|“选项”命令或使用快捷键Ctrl+J，在“工作区”类型列表中，单击“常规”选项，在“撤销级别”区域所有框中键入数值。

- 普通：指定在针对矢量对象使用“撤销”命令时可以撤销的操作数。
- 位图效果：指定在使用位图效果时可以撤销的操作数。

指定的值仅受计算机内存资源的限制，指定的值越大，所需的内存资源越多。

5. 打开和隐藏泊坞窗

泊坞窗是CorelDRAW中很有特色的面板，由于它可以停靠在页面的边缘，因而被称为“泊坞窗”。泊坞窗提供有很多常用的功能，选择菜单栏中的“窗口”|“泊坞窗”命令，可以看到泊坞窗菜单中的各个泊坞窗命令，单击某一个命令即可打开相应的泊坞窗。

在CorelDRAW中，泊坞窗可以像工具箱那样被固定在窗口的任意一侧，也可以浮在窗口中。当泊坞窗浮在窗口上时，单击泊坞窗右上角的或者按钮可以将泊坞窗收起或者展开，单击按钮可以关闭泊坞窗。

1.5.4 辅助工具

标尺、辅助线、网格、捕捉工具是CorelDRAW提供的辅助工具，在进行精确绘图时，可以借助这些工具来准确定位和对齐对象，或进行测量操作。

1. 标尺

在默认状态下，在工作界面上方和左侧各有一条水平和垂直的标尺。

1)标尺设置

标尺的作用是在绘制图形时帮助用户准确地绘制或对齐对象，选择菜单栏中的“视图”|“标尺”命令，工作界面的上边和左边即可显示标尺。

如果要移动标尺，可在按住Shift键的同时单击并拖动标尺，将其移至合适的位置，然后松开鼠标即可。

2)标尺参数设置

在标尺上单击鼠标右键，选择快捷菜单中的“标尺选项”命令，出现如图1-59所示的“选项”对话框，在该对话框的“微调”选项区中，“精密微调”和“细微调”可以设置使用箭头键及配合Ctrl键与Shift键移动对象时每次移动的距离；在“单位”选项区中可设置标尺的单位；在“原始”选项区中可设置坐标原点的水平和垂直位置；在“记号划分”选项区中可设置每一标尺单位所划分刻度记号的数量，比如设置为5，则每一标尺单位的刻度数量即为5，默认的刻度数量为10；“编辑刻度”按钮是用来调整绘图比例的。

图1-59

如果要改变原点的位置，只需将鼠标指针移至水平与垂直标尺左上角相交的坐标原点，单击并拖动鼠标，松开鼠标后，该处即成为新的坐标原点。用鼠标双击坐标原点，可以将改变的坐标原点恢复至系统默认的位置。

直接用鼠标右键单击水平或垂直标尺，在弹出的快捷菜单中分别选择“标尺设置”、“辅助线”或“网格设置”命令，即可进入相应的设置对话框；而直接双击水平或垂直标尺，即可进入标尺“选项”设置对话框。

2. 辅助线

辅助线用来辅助确定对象的位置或形状，可以将鼠标光标放置在水平标尺或垂直标尺上，单击鼠标左键向绘图页面中拖曳，即可以在释放鼠标的位置添加一条辅助线。在绘图窗口中，可以任意调节辅助线。例如，调节成水平、垂直、倾斜方向来协助对齐所绘制的对象。这些辅助线不会被打印出来，但在保存图形文件时，会随着图形一起被保存。如果要删除辅助线，只需将鼠标光标放置在添加的辅助线上单击，将其选中(此时选择的辅助线将变为红色)、按Delete键即可将选择的辅助线删除。辅助线的显示和隐藏可以通过选择菜单栏中的“视图”|“辅助线”命令来实现。

在标尺上单击鼠标右键，选择快捷菜单中的“辅助线设置”命令，弹出“辅助线”泊坞窗，在泊坞窗中可添加、修改辅助线，如图1-60所示。

如果要移动辅助线，也可将鼠标指针移到要移动的辅助线上，此时鼠标指针变为↔形状，然后按住鼠标左键并拖动即可。如果要旋转辅助线，只要单击两次要旋转的辅助线，此时在辅助线两端将显示符号，将鼠标指针移至该符号上，此时鼠标指针变为↻形状，按住鼠标左键并拖动即可旋转辅助线。

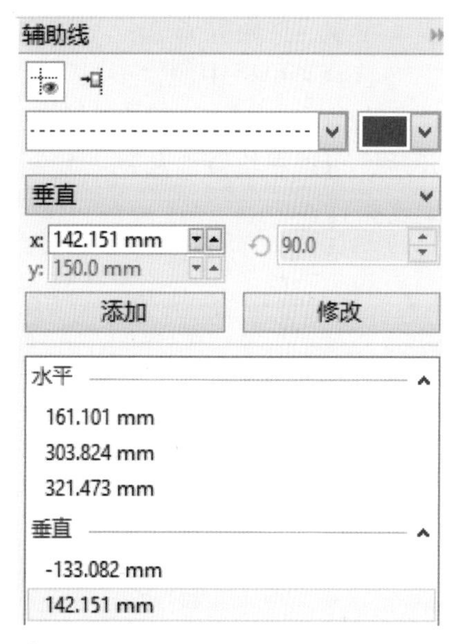

图1-60

3. 网格

网格是页面上均匀分布、长宽相等的小方格，通过它可以在绘图时让对象贴齐到网格或做辅助线参照使用。选择菜单栏中的“视图”|“网格”命令，可在绘图窗口中打开或关闭网格，如图1-61所示。

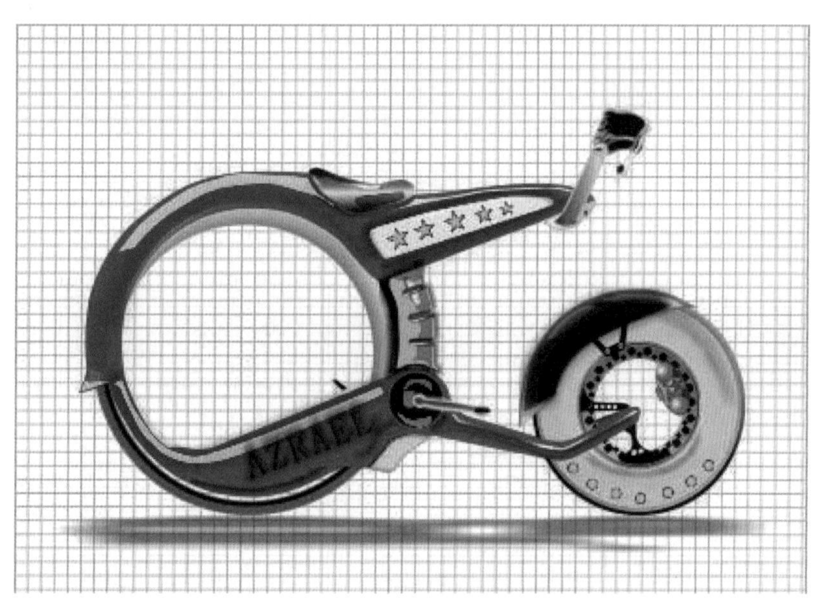

图1-61

在“网格”选项对话框中的“文档网格”是指水平或垂直标尺单位长度上包含的网格数；“基线网格”是用来设置网格边长的。

4. 贴齐对象

贴齐对象在绘图时使光标沿网格、辅助线或对象精确定位，可以准确找到需要的点或位置，方便对象定位和编辑图形的操作。CorelDRAW X7中贴齐对象为文档网格、基线网格、辅助线、对象、页面等。

选择菜单栏中的“工具”|“选项”|“贴齐对象”命令，打开的对话框如图1-62所示。捕捉模式有节点、交集、中点、象限、正切等9种方式。“贴齐对象”是指动态捕捉功能，该功能打开后，可以在绘制、移动、复制、对齐等操作时，自动捕捉9种类型的特殊点，方便相关图形的编辑操作。

图1-62

绘制图形与填充颜色

本章主要讲解图形的绘制与颜色填充，通过学习可以掌握线条的绘制、基本图形的绘制、颜色填充、轮廓线设置等相关工具的属性设置方法和操作技巧，并通过MP3案例的绘制让读者更好地掌握相关知识点。

本章知识点

- 绘制与编辑线条
- 绘制基本图形
- 智能绘图工具
- 艺术笔工具
- 颜色填充
- 设置轮廓线
- 智能填充工具
- 网格填充

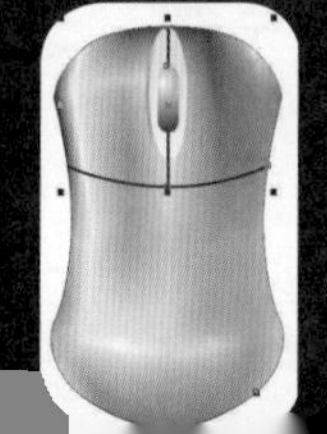

手绘、钢笔、矩形、圆形、多边形等工具都是CorelDRAW中最基本的绘图工具，它们的使用方法非常简单，选择一个工具后，只需在画面中单击或单击并拖动鼠标即可绘制出相应的图形。

2.1 绘制与编辑线条

2.1.1 绘制直线

手绘工具、贝塞尔工具、钢笔工具和折线工具等都可以绘制直线，下面就具体介绍如何使用这些工具绘制直线。

1. 手绘工具绘制直线

使用手绘工具绘制直线的方法很简单，单击工具箱中的手绘工具按钮，将鼠标指针移至绘图区中，单击鼠标左键确定直线的起点位置，然后移动鼠标至其他位置单击，确定直线的终点，即可在两点之间绘制出一条直线，如图2-1所示。使用手绘工具绘制直线的同时，按住Ctrl键可绘制水平、垂直或设定角度的倾斜线段。选择菜单栏中的“工具”|“选项”命令，打开“选项”对话框，在“工作区”|“编辑”选项区中的“限制角度”选项可以设定直线绘制时的增量值，如图2-2所示。

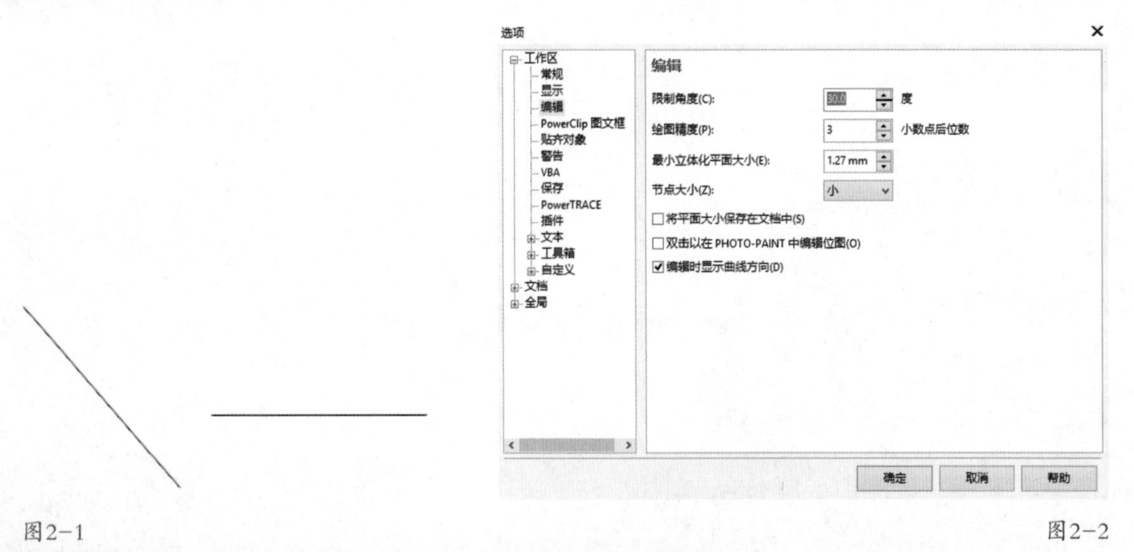

图2-1　　图2-2

> **提示** 用户也可使用手绘工具绘制折线，操作方法是：单击工具箱中的手绘工具按钮，将鼠标指针移至绘图区中，单击鼠标左键确定起点，移动鼠标至其他位置双击确定转折点，再拖动鼠标至任意位置单击，即可绘制折线。

2. 2点线工具绘制直线

选择2点线工具，将鼠标指针移至绘图区中，单击鼠标左键确定直线的起点位置，然后拖动鼠标至其他位置确定直线的终点，即可在两点之间绘制出一条直线。

3. 贝塞尔工具绘制直线

使用贝塞尔工具绘制直线的原理与数学中两点决定一条直线的原理类似，即在不同的位置单击鼠标左键来确定直线两端所在的位置，CorelDRAW会自动将两点连接形成直线。用户也可使用贝塞尔工具绘制折线，操作方法是：在绘制直线的基础上，继续移动鼠标指针至其他位置单击，所形成的对象就是一条折线，如图2-3所示。在绘制折线时，如要结束绘制双击鼠标左键即可，如将鼠标指针移至起点处单击，即可形成一个封闭的图形，如图2-4所示。

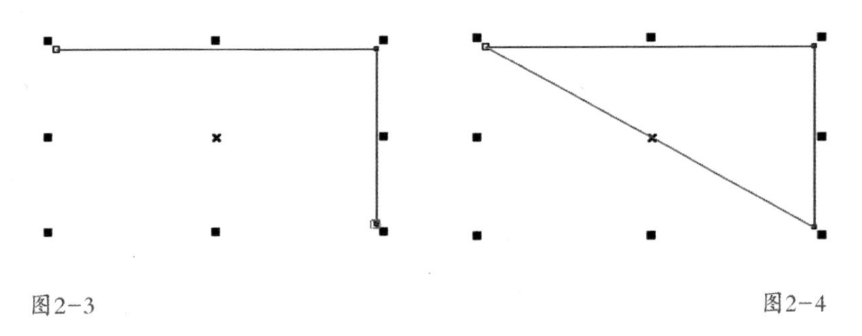

图2-3　　图2-4

4. 钢笔工具绘制直线

单击工具箱中的“钢笔工具”按钮，在绘图区中单击确定直线的起点，移动鼠标指针到其他位置，单击即可绘制出一段直线，再继续移动鼠标并单击就可以绘制出折线的效果，要结束绘制，按Esc键即可。

5. 折线工具绘制直线

选择折线工具后，在绘图区不同的两个位置依次单击鼠标即可绘制直线，如果要结束绘制，双击鼠标左键即可。

2.1.2 绘制曲线

CorelDRAW X7中提供了许多绘制曲线的工具，如手绘工具、贝塞尔工具、钢笔工具、折线工具和B样条工具，下面具体介绍曲线的绘制。

1. 手绘工具绘制曲线

使用手绘工具绘制曲线时，首先单击工具箱中的“手绘工具”按钮，然后将鼠标指针移至绘图区中，按住鼠标左键随意拖动，当松开鼠标后，绘图区中就会显示出一条任意形状的曲线，如图2-5所示。

图2-5

使用手绘工具绘制曲线后，按住鼠标左键不放，同时按住Shift键，再沿之前所绘曲线路径返回，则可将绘制曲线时经过的路径清除。

如果要在绘制好的曲线上接着绘制曲线，可单击工具箱中的“手绘工具”按钮，移动鼠标指针至曲线左端或右端的节点上，按住鼠标左键拖动，可在原有曲线的基础上继续绘制曲线，拖动鼠标指针至曲线起点处，松开鼠标即可绘制封闭的图形。也可以单击属性工具栏中的“自动闭合曲线”按钮，将所选线条的首尾连接起来，形成一个封闭的图形。

2. 贝塞尔工具绘制曲线

单击工具箱中的“贝塞尔工具”按钮，移动鼠标指针至绘图区中拖动，此时将显示出一条带有两个节点和一个控制点的蓝色虚线调节杆，松开鼠标后，移动鼠标指针至其他位置，单击并按住鼠标左键拖动，在拖动鼠标时可发现曲线在弯曲，松开鼠标，即可产生第一段曲线，如图2-6所示。

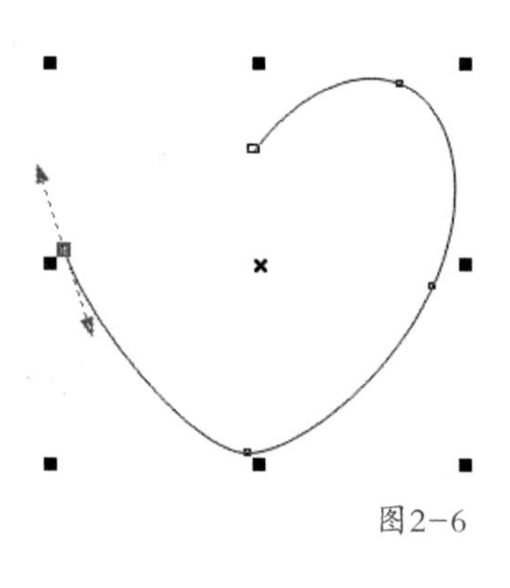

图2-6

使用贝塞尔工具可同时绘制直线和曲线，如果按住鼠标左键拖动出蓝色虚线绘制即生成曲线，如果只用左键单击绘制出的便是直线。

3. 钢笔工具绘制曲线

钢笔工具与贝塞尔工具绘制方法相同，单击并拖动即可绘制连续的曲线。但钢笔工具在绘制时，可以看见当前绘制点和上一点间的曲线形态，贝塞尔工具则不显示。

如果绘制闭合曲线，可以直接单击属性栏上的“闭合曲线”按钮，再在结束点单击即可，也可以用鼠标单击开始节点来闭合曲线结束画图。

在选择钢笔工具的情况下，按住Ctrl+Alt键单击图形拖动鼠标并释放，会出现复制的图形。

4. 折线工具绘制曲线

使用折线工具绘制曲线的方法与用手绘工具绘制曲线的方法相同，在绘图区中按住鼠标左键并拖动即开始绘制曲线，完成后按Enter键确认，绘制的曲线将自动变平滑。

5. B样条工具绘制曲线

选择B样条工具，在绘图区中单击鼠标左键确定曲线一端节点的位置，继续用鼠标单击确定另一端节点的位置，如果想结束编辑需双击鼠标左键，绘制过程如图2-7所示。

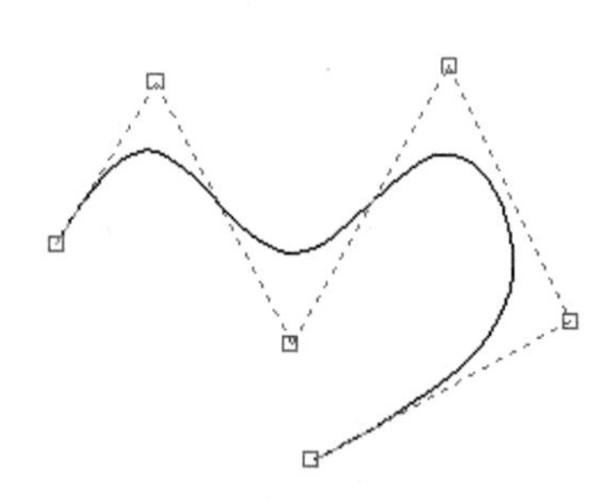

图2-7

2.1.3 编辑线条

在绘制线条时，如不能一次达到要求，可以使用该工具的属性栏或形状工具对线条进行调整，如改变线条上节点的位置，添加、删除、连接、断开节点，将直线转换为曲线或将曲线转换为直线等。

1. 改变节点位置

选择绘图区中绘制的曲线，单击工具箱中的形状工具按钮，移动鼠标指针至任意一个节点上，按住鼠标左键并拖动至其他位置，松开鼠标即可改变该节点的位置，随着节点位置的变化，图形的形状也发生了改变，如图2-8所示。

图2-8

2. 添加和删除节点

在绘制好的线条上添加或删除节点可以改变线条的形状，添加与删除节点的方法有两种，即通过鼠标操作和利用属性栏相应的按钮来完成。

通过鼠标操作添加与删除节点：单击工具箱中的形状工具按钮，将鼠标指针移至曲线上，双击鼠标即可添加一个节点，如图2-9所示。

将鼠标指针移至线条上的任意一个节点上，双击鼠标即可将该节点删除，同时线条的形状也会发生改变，如图2-10所示。

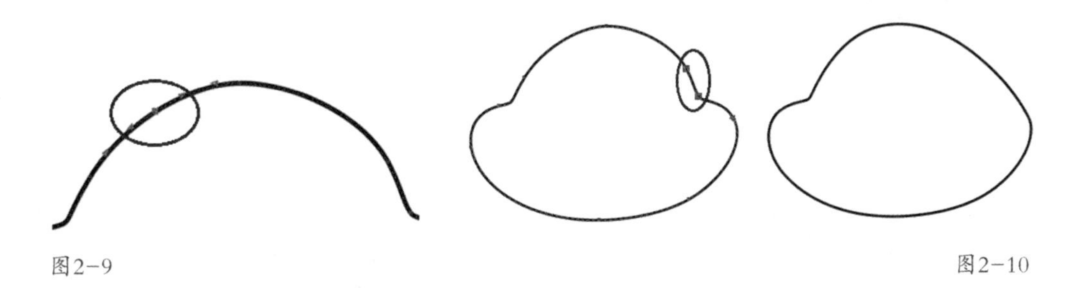

图2-9　　图2-10

3. 连接与分割节点

分割节点就是将一个节点分割成两个节点，使一条完整的线条成为两条断开的线条，但分割后仍然是一个整体，而连接节点则是将分割后的节点连接起来，使线条再次成为一条完整的线条。

要分割节点，可使用形状工具单击节点，在属性栏中单击“断开曲线”按钮，然后将鼠标指针移至分割的节点处，按住鼠标左键拖动分割的节点。

如果要将分割后的两个节点连接为一个节点，可框选两个节点，然后在属性栏中单击“连接两个节点”按钮即可。

4. 直线与曲线的转换

通过直线与曲线的转换可以方便地调节线条的形状，在形状工具属性栏中单击“转换曲线为直线”按钮，即可将该节点前一段曲线转换为直线。

5. 调整节点类型

节点的类型共有3种，即尖突、平滑和对称，它们主要针对曲线而言。3种类型的含义如下。

- 尖突：用鼠标拖动该节点两侧任意一个控制柄时，只调整节点一边曲线的曲度，节点另一边不受影响，即节点两边的控制柄可单独调节且互不影响，如图2-11所示。
- 平滑：节点两边的控制柄呈直线显示，但长度不一样，可以相互影响，如图2-12所示。
- 对称：节点两边的控制柄呈直线显示，用鼠标拖动节点两侧任意一个控制柄调整曲线的曲度时，节点另一边的曲线也将随之改变，长度一样且相互影响，如图2-13所示。

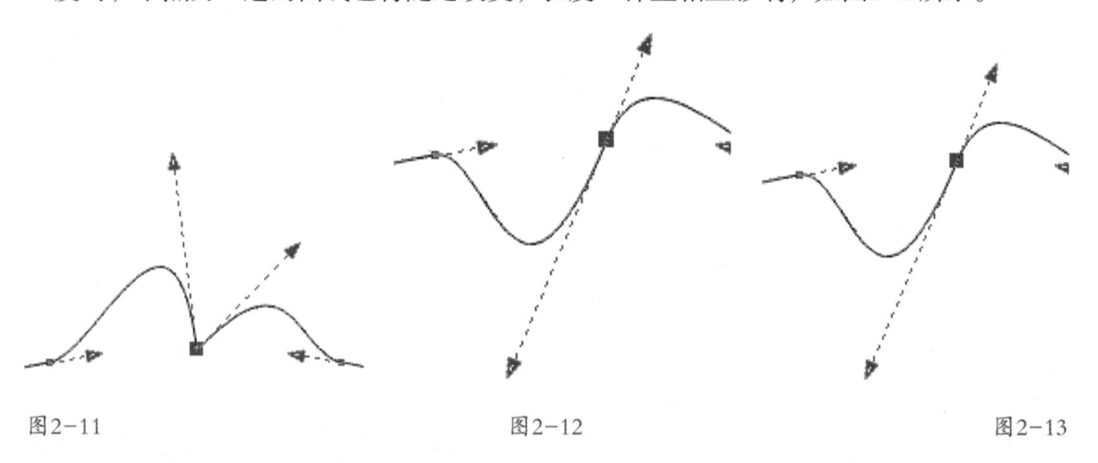

图2-11　　图2-12　　图2-13

2.2 绘制基本图形

矩形、椭圆形和多边形等几何图形是构成各种复杂图形的最基本的要素，在绘制图形的过程中，大部分图案是由这些规则的几何图形构成，下面介绍这些规则图形的绘制方法与使用技巧。

2.2.1 绘制矩形和椭圆形

1. 绘制矩形

矩形工具用于创建矩形或正方形，选择该工具后，单击并拖动鼠标可创建任意大小的矩形；按住Ctrl键的同时拖动鼠标即可绘制正方形；按住Shift键可以绘制出以起点为中心向外扩展的矩形。如果按住Shift+Ctrl键的同时拖动鼠标绘制，则可以绘制出以起点为中心向外扩展的正方形。

2. 绘制3点矩形

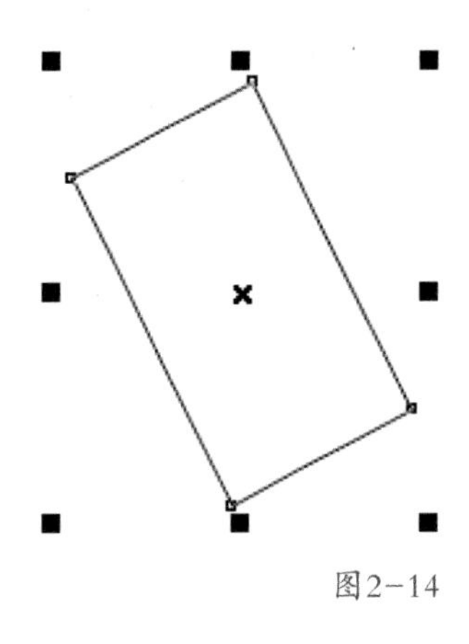

图2-14

3点矩形工具是矩形工具组中隐藏的一个工具，在“矩形工具”按钮上按住鼠标左键不放，在弹出的隐藏工具组中选择“3点矩形”按钮，即选择了该工具。其主要用于绘制倾斜的矩形，如图2-14所示。

3. 绘制圆角矩形

在矩形属性栏中可以对图形进行位置、大小、旋转和圆角等属性的设置，如图2-15所示。其中“矩形的边角圆滑度”选项表示所调整矩形的边角圆滑程度，当激活中间的按钮时，改变其中一个数值，其他3个数值将会一起改变，此时绘制矩形的圆角程度相同。反之，则可以设置不同的圆角度，如图2-16所示。

另外，在矩形属性栏中还包括如下选项。

- “水平镜像”按钮或“垂直镜像”按钮：单击相应的按钮，可以使当前选择图形进行水平或垂直镜像。
- “转换为曲线”按钮：单击此按钮，可以将不具有曲线性质的图形转换成具有曲线性质的图形。

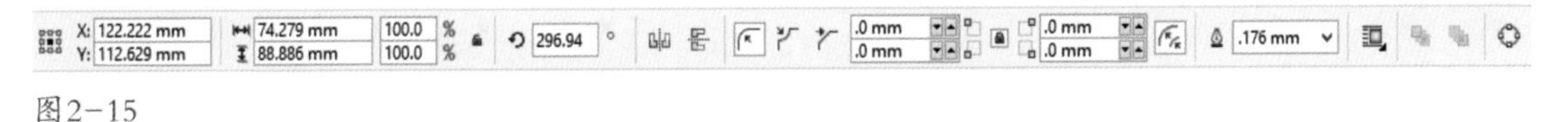

图2-15

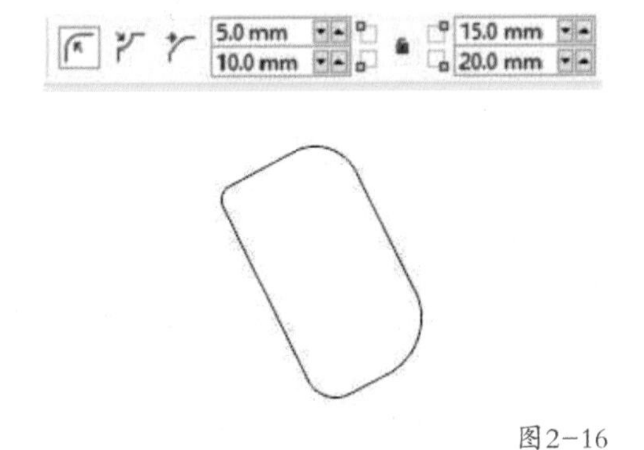

图2-16

拖动鼠标绘制矩形时，在属性栏中可以看到坐标位置也在发生改变，但这里的位置是指矩形的中心，而不是绘制时鼠标指针所在的坐标位置。

4. 绘制椭圆形

单击工具箱中的“椭圆工具”按钮，将鼠标指针移至绘图区中，按住鼠标左键并拖动，即可绘制出任意大小的椭圆，如果绘制时按住Ctrl键即可绘制正圆，如果按住Shift+Ctrl键的同时拖动鼠标绘制，则可以绘制出以起点为中心向外扩展的正圆。

5. 绘制3点椭圆

使用3点椭圆工具可以绘制出各种角度的椭圆，选择3点椭圆工具，将鼠标指针移至绘图区中，按住鼠标左键并拖动，可绘制出一条线段作为椭圆的轴线，松开鼠标后，移动鼠标指针至线段一侧，在适当位置单击即可，如图2-17所示。

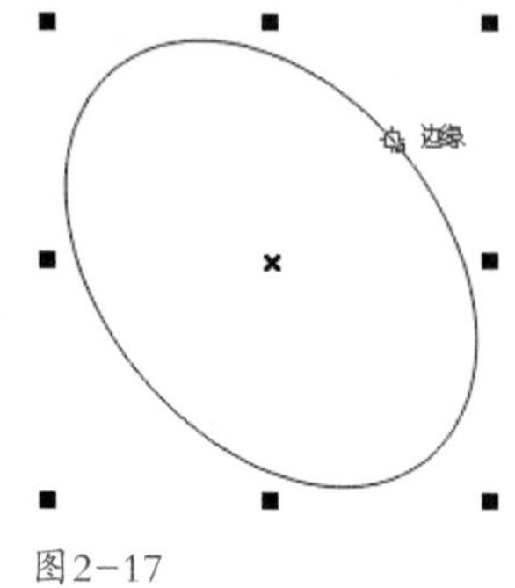
图2-17

6. 绘制饼形和弧形

在椭圆属性栏中可以对图形进行大小、位置、旋转等属性的设置，如图2-18所示。其中不同部分的参数含义如下。

- “椭圆”按钮：激活此按钮，使用椭圆工具可以绘制椭圆形。
- “饼形”按钮：激活此按钮，使用椭圆工具可以绘制饼形图形。
- “弧形”按钮：激活此按钮，使用椭圆工具可以绘制弧形图形。

当绘图页面中有一个椭圆形处于被选取状态时，在属性栏中依次激活“椭圆”按钮、“饼形”按钮和“弧形”按钮的对比效果如图2-19所示。

图2-18

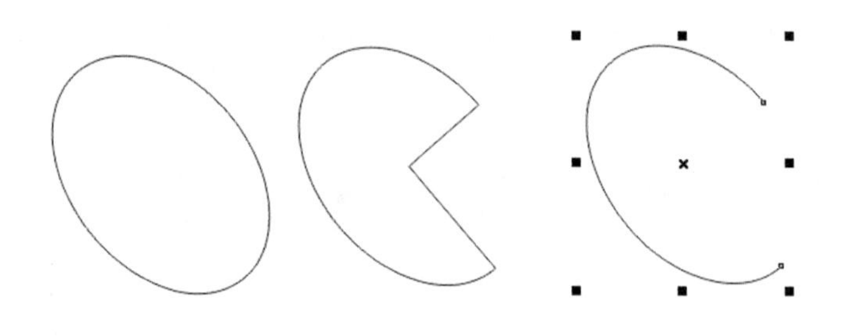
图2-19

“起始和结束角度”选项：此选项主要用于调节饼形图形与弧形图形的起始角至结束角的角度大小。

“顺时针”|“逆时针弧形或饼图”按钮：可以将饼形图形或弧形图形的显示部分与缺口部分进行调换。

2.2.2 绘制多边形和星形

多边形是指图形的边数为3条或3条以上的规则图形对象，如常见的菱形、五边形以及六边形等。

1. 绘制多边形

单击工具箱中的“多边形工具”按钮，在绘图区中按住鼠标左键并拖动，即可绘制出默认设置下的五边形。在绘制过程中，属性栏中的边数选项可以自定义多边形的边数，如图2-20所示。

提示

如果在按住Shift键的同时拖动鼠标，可以绘制以起点为中心向外扩展的多边形；如果按住Ctrl键，可以绘制正多边形；如果同时按住Shift+Ctrl键，可以绘制以起点为中心向外扩展的正多边形。

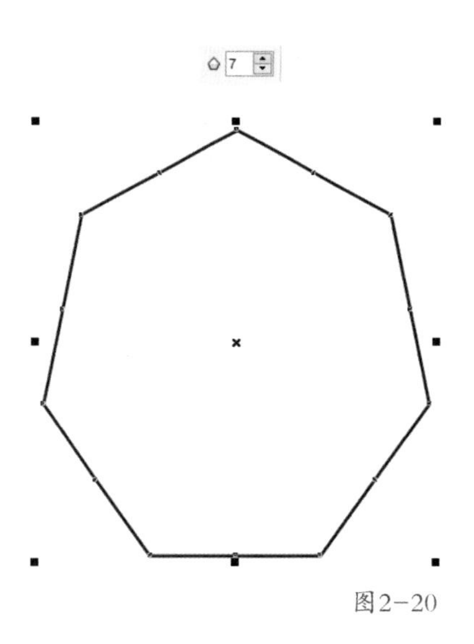

图2-20

2. 绘制星形

星形工具用于创建各种形状的星形，复杂星形工具可以快速地绘制出交叉星形，如图2-21所示。在绘制过程中可以增加和减少星形的角点数；“锐度”选项，只有绘制星形或复杂星形时才可以使用，它可以调节星形和复杂星形的角锐度；绘制等边星形和绘制正方形的方法相同。

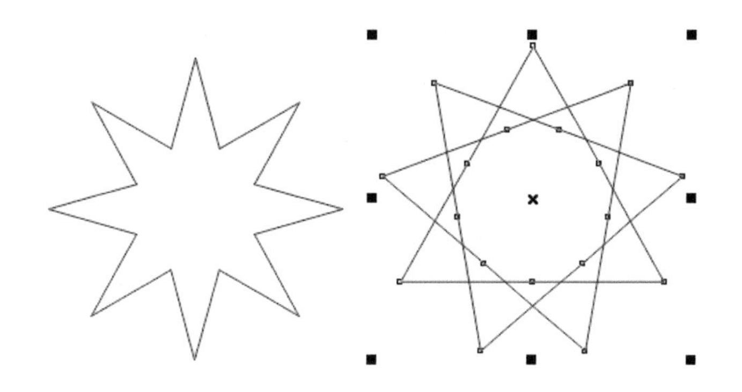

图2-21

技巧

在绘图时，还可以选择菜单栏中的“窗口”|“泊坞窗”命令，在其子菜单中选择“圆角/扇形角/倒棱角”命令，然后打开相应的对话框，在其中可设置角的属性，如图2-22所示。

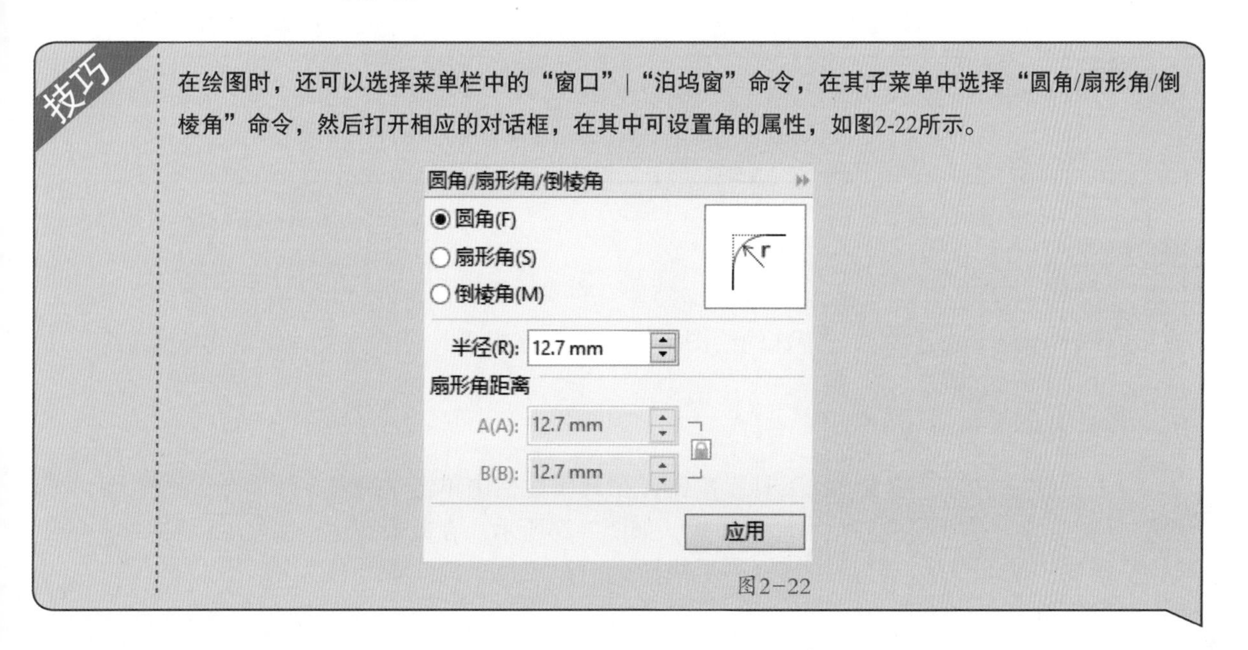

图2-22

3. 绘制图纸工具

图纸工具用于创建网格状矩形，按住Shift键的同时拖动鼠标，可以绘制以起点为中心向外扩展的网格；如果按住Ctrl键，可以绘制正方形网格。在图纸工具属性栏中的图纸行数和列数输入框中输入数值，可绘制出不同行数和列数的图纸图形，如图2-23所示。

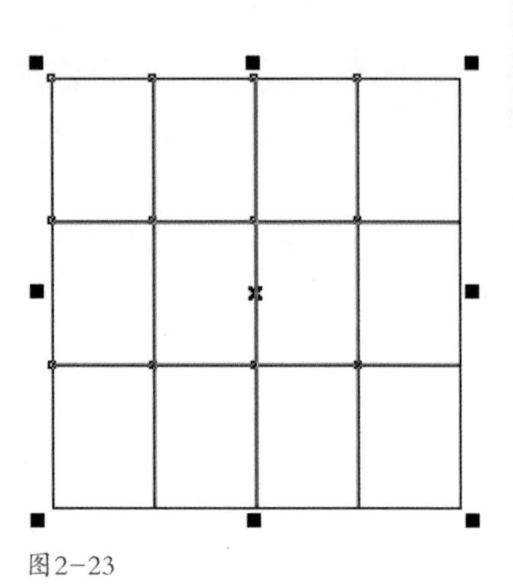
图2－23

4. 绘制螺旋形

使用螺旋形工具可以绘制两种不同的螺旋形，即对称式螺纹与对数式螺纹。

对称式螺旋是由许多圈曲线环绕形成的，且每一圈螺旋的间距都是相等的。在属性栏中单击“对称式螺旋”按钮，将鼠标指针移至绘图区中，按住鼠标左键拖动，即可绘制出对称式的螺旋形图形，如图2-24所示。在属性栏中的“螺旋回圈”输入框中输入数值可设置螺旋的圈数。对数式螺旋与对称式螺旋相同，都是由许多圈的曲线环绕形成的，但对数式螺旋的间距可以等量增加，如图2-25所示。

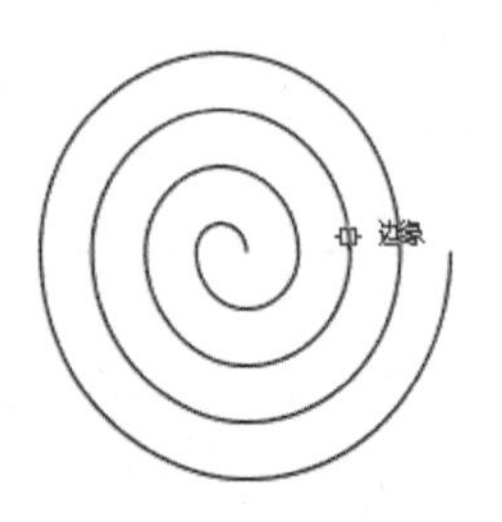
图2－24

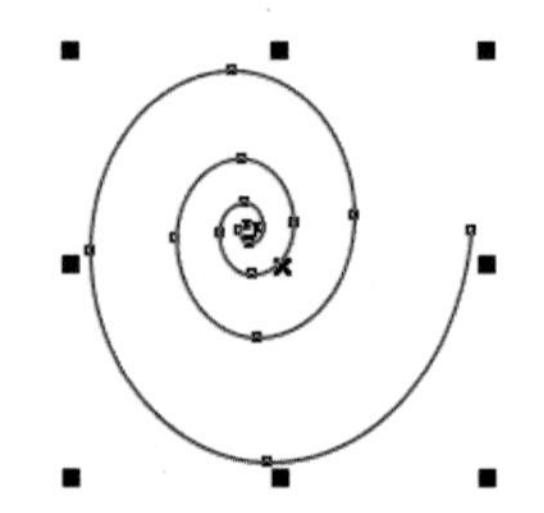
图2－25

当使用“对数式螺纹”命令时，“螺纹扩展参数”选项才可以使用，用于调节螺旋线的渐开程度。数值越大，渐开的程度越大。相反，数值越小，渐开的程度越小。

2.2.3 绘制预设形状

在CorelDRAW中还提供了特殊的绘图工具，利用这组工具可以方便地绘制出心形、箭头、标注等预设形状的对象。

1. 基本形状工具

单击工具箱中的“基本形状工具”按钮，在其属性栏中单击“完美形状” 按钮，打开预设的基本形状面板，如图2-26所示。在此面板中选择要绘制的基本图形，将鼠标指针移至绘图区中，按住鼠标左键并拖动，即可绘制出基本图形。

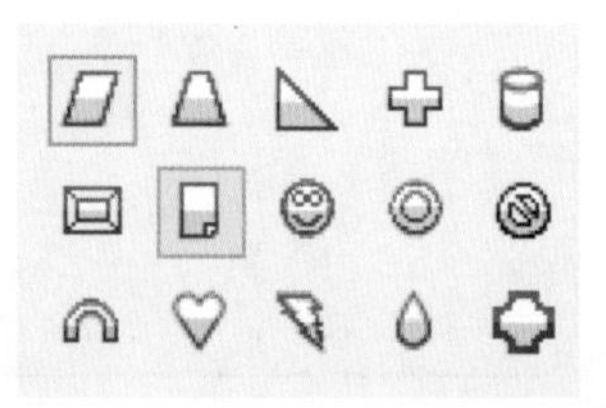
图2－26

2.箭头形状工具

要绘制各种箭头图形，可单击工具箱中基本形状工具组中的“箭头形状”按钮，打开预设的箭头形状面板，如图2-27所示。

3. 流程图形状工具

要绘制常见的流程图形状图形，可单击工具箱中基本形状工具组中的“流程图形状”按钮，打开流程图形状面板，如图2-28所示。

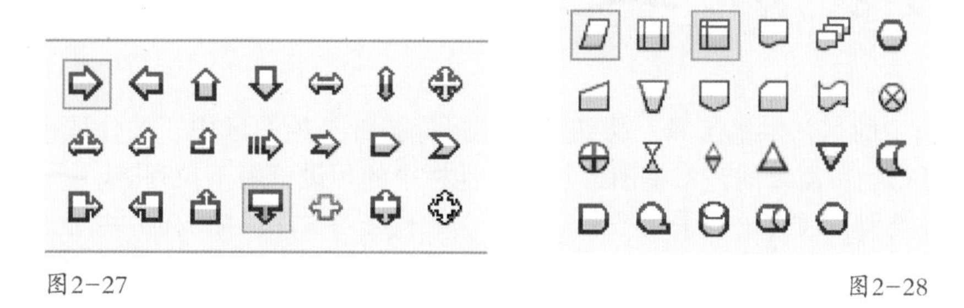

图2-27　　图2-28

4. 标题形状工具

要绘制标题形状图形，可单击工具箱中基本形状工具组中的“标题形状”按钮，打开标题形状面板，如图2-29所示。

5. 标注形状工具

要绘制标注形状图形，可单击工具箱中基本形状工具组中的“标题形状”按钮，打开标注形状面板，如图2-30所示。

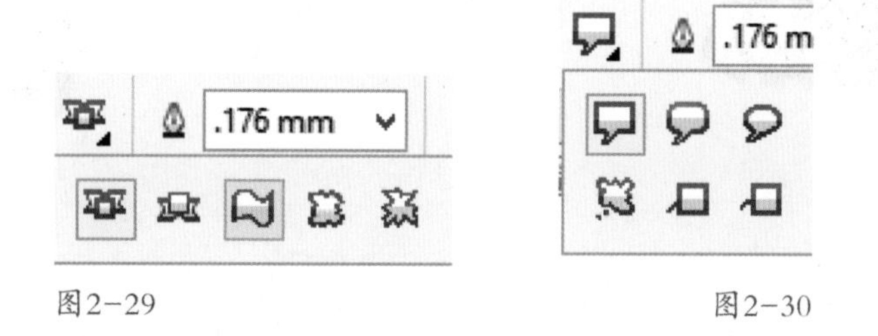

图2-29　　图2-30

2.3 智能绘图工具

智能绘图工具将手绘笔触转换为基本形状或平滑曲线，可以帮助用户成倍地提高工作效率。

在工具箱中选择智能绘图工具，将鼠标移至绘图中，当鼠标形状变为时，单击左键确定图形起始位置，拖动鼠标绘制图形，松开鼠标，绘图结束。

手绘的图形总是不平滑、不规则图形，使用智能绘图工具绘图时，在绘制图形结束后稍等片刻，系统自动将图形转换成矩形、椭圆、多边形等基本图形或平滑曲线，如图2-31所示。

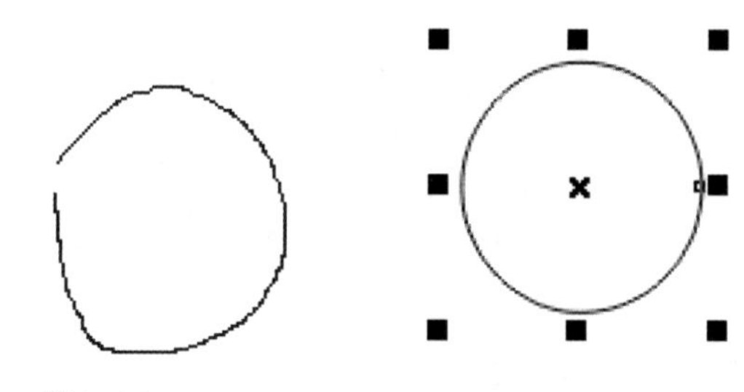

图2-31

2.4 艺术笔工具

使用艺术笔工具可以创建多种多样的艺术效果，其绘制方法与手绘工具绘制曲线相似，单击工具箱中的“艺术笔工具”按钮，其属性栏如图2-32所示，通过属性栏中提供的5种艺术笔笔触工具，分别是预设、笔刷、喷涂、书法、压力工具，可绘制出别具特色的艺术图形。

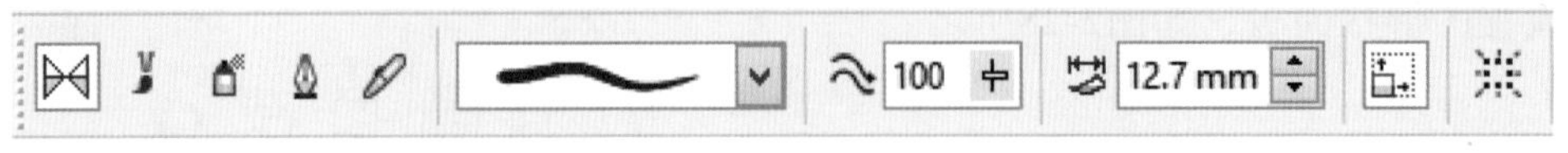

图2-32

单击工具箱中的“艺术笔工具”按钮，移动鼠标指针至绘图区中，按住鼠标左键并拖动，松开鼠标后即可得到所需要的艺术笔图形。在属性栏中的预设笔触下拉列表中，可以选择所需的笔触类型；通过设置手绘平滑输入框100与艺术媒体输入框12.7 mm中的数值，来设置所绘艺术笔图形的平滑度与宽度。选择喷涂工具后，在预设类别中选择对象，即可在绘图区中绘制如图2-33所示的图案。

图2-33

2.5 颜色填充

颜色填充就是对图形对象的轮廓和内部的填充，图形对象的轮廓只能填充单色，而图形对象的内部可以进行单色、渐变、图案以及纹理等多种方式的填充。

2.5.1 颜色模式

颜色模式，是将某种颜色表现为数字形式的模型，或者说是一种记录图像颜色的方式。CorelDRAW提供了多种表示颜色的模式，如RGB模式、CMYK模式与Lab模式等。色彩模式的运用非常广泛，日常生活中使用的电视、电脑及印刷品等都与色彩模式有关，在绘图的过程中，用户可以根据自己的需要进行选择。

1. CMYK颜色模式

CMYK颜色模式是一种印刷模式。其中4个字母分别指青(Cyan)、品红(Magenta)、黄

(Yellow)、黑(Black)，在印刷中代表4种颜色的油墨。CMYK模式在本质上与RGB模式没有什么区别，只是产生色彩的原理不同，在RGB模式中由光源发出的色光混合生成颜色，而在CMYK模式中由光线照到由不同比例C、M、Y、K油墨的纸上，部分光谱被吸收后，反射到人眼的光产生颜色。在印刷的时候，可以通过控制青、品红、黄和黑这4种颜色的墨量来产生各种颜色。每一种油墨都有一组印刷网点，4种颜色的网点在眼睛的视网膜上混合即可产生出各种颜色。在CorelDRAW中，默认使用的就是CMYK模式。

2. RGB颜色模式

自然界中所有的颜色都可以用红、绿、蓝(RGB)这 3 种颜色波长的不同强度组合而得，这就是人们常说的三基色原理。把 3 种基色交互重叠，可形成各种各样的颜色，显示器、投影设备以及电视机等许多设备一般使用的就是RGB模式。RGB模式是加色模式，其每一种颜色的色值都在0~255之间，当颜色较少时，画面就很暗，而颜色增加后，画面则会变亮。当RGB值调为最大时，颜色为白色，即最亮；而调为最小时，颜色为黑色，即最暗。

3. HSB颜色模式

从心理学的角度来看，颜色有 3 个要素：H表示色相，S表示饱和度，B表示亮度(或称明度)。色相是纯色，即组成可见光谱的单色；饱和度也称彩度，表示色彩的纯度，是指某种颜色中所含灰色数量的多少，饱和度越高，灰色成分就越低，颜色的色度就越高，其取值范围为0(灰色)~100%(纯色)，白、黑和其他灰色色彩都没有饱和度；亮度是色彩的明亮度，也即颜色的明暗程度，是对一种颜色中光强度的衡量，其取值范围为0(黑色)~100%(白色)。该模式是基于人眼对颜色的感觉而发生作用，不同于RGB模式的加色原理和CMYK模式的减色原理。

4. Lab颜色模式

Lab颜色是由RGB三基色转换而来的，它是由RGB模式转换为HSB模式和CMYK模式的桥梁。该颜色模式由一个发光率(Luminance)和两个颜色(a,b)轴组成。它由颜色轴所构成的平面上的环形线来表示色的变化，其中径向表示色饱和度的变化，自内向外，饱和度逐渐增高；圆周方向表示色调的变化，每个圆周形成一个色环；而不同的发光率表示不同的亮度并对应不同环形颜色变化线。它是一种具有独立于设备的颜色模式，即不论使用任何一种监视器或者打印机，Lab的颜色不变。其中a表示从洋红至绿色的范围，b表示黄色至蓝色的范围。

5. 灰度模式

灰度模式可以使用多达256级灰度来表现图像，使图像的过渡更平滑细腻。灰度图像的每个像素有一个0(黑色)~255(白色)之间的亮度值。灰度值也可以用黑色油墨覆盖的百分比来表示(0%等于白色，100%等于黑色)。使用黑白或灰度扫描仪产生的图像常以灰度显示。

2.5.2 调色板填充

启动CorelDRAW X7后，在绘图区域的右侧会显示出调色板，该调色板是多个纯色的集合。CorelDRAW中提供了多种调色板，选择菜单栏中的“窗口”|“调色板”|“调色板编辑器”命令，弹出其子菜单，从中可设置多种颜色调色板，如图2-34所示。默认状态下使用的是CMYK调色板。

使用调色板可以快速对具有闭合路径的对象应用实色填充。使用选择工具选择需要填充的对象，然后单击工作窗口右侧的调色板中的色彩方块，即可将所选颜色应用到对象上，如图2-35所示。

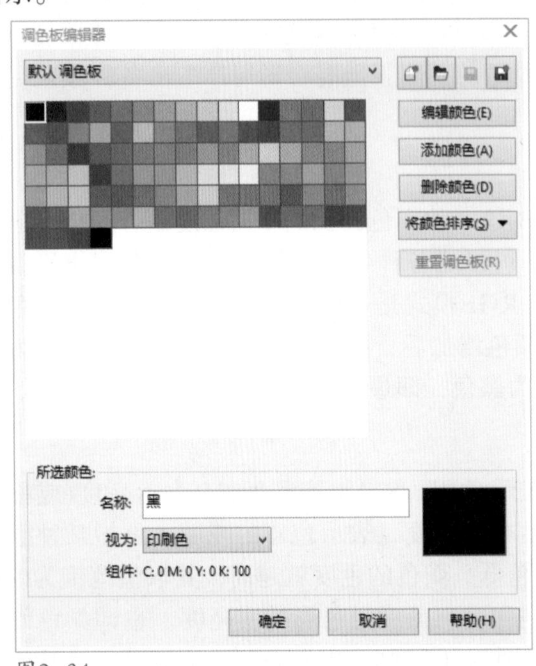

图2-34

图2-35

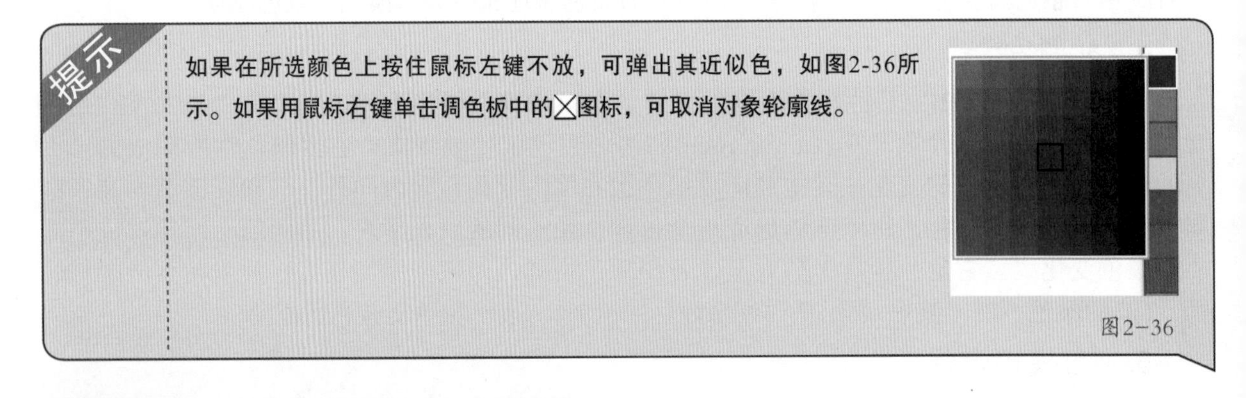

提示

如果在所选颜色上按住鼠标左键不放，可弹出其近似色，如图2-36所示。如果用鼠标右键单击调色板中的☒图标，可取消对象轮廓线。

图2-36

2.5.3 交互式填充工具

交互式填充工具是为了给造型填充丰富多彩的颜色。它不仅能填充渐变色，而且可以填充图样、底纹，便于用户的操作、观看。通过这些填充可以很快做出想要的造型及效果。选择工具箱中的交互式填充工具，在属性栏上会出现6种填充效果，分别为无填充、标准填充、渐变填充、向量图样填充、位图图样填充和双色填充，如图2-37所示。

图2-37

Step 01 任意绘制图形，在左侧的工具箱中找到交互式填充工具，默认状态下是第3个按钮，即“渐变填充”，如图2-38所示。

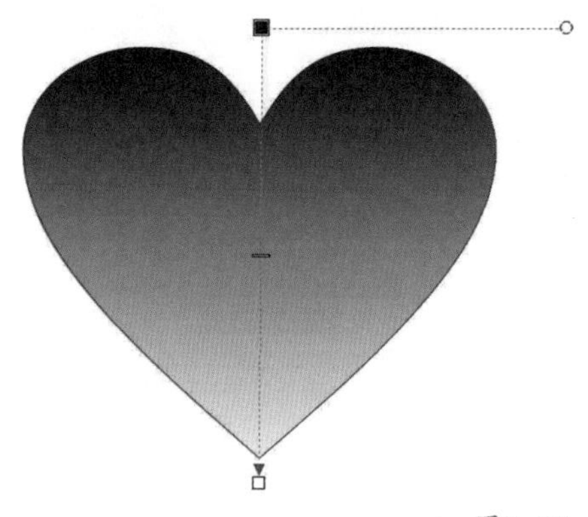

图2-38

Step 02 单击黑色块，选择节点颜色，就可以任意挑选所需要的颜色。节点颜色后面杯状型是透明度的调整，如图2-39所示。将透明度设置为50时，产生的效果如图3-40所示。

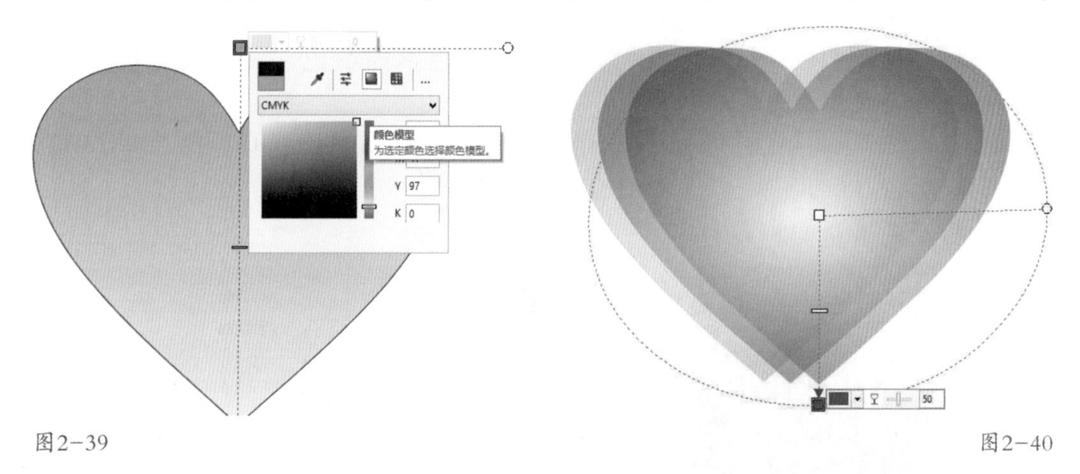

图2-39

图2-40

> **提示**
>
> 在定义颜色的时候可以有不同的选择，颜色模式可选CMYK、RGB等，如果知道颜色值也可以用十六进制值来填充，或者使用下面 4 种方式设置颜色值。
>
> - 颜色吸管：可以对屏幕上的任意对象中的颜色进行取样。
> - 显示颜色滑块：选定颜色模式中的颜色滑块来选取颜色。
> - 显示颜色查看器：使用颜色查看器中的滑块来选择颜色。
> - 显示调色板：从一组印刷色或专色调色板中选择颜色。

Step 03 双击两小方块中间的虚线部分可以增加节点颜色，再次双击则是删除。通过拖动颜色节点改变渐变的角度及位置，如图2-41所示。

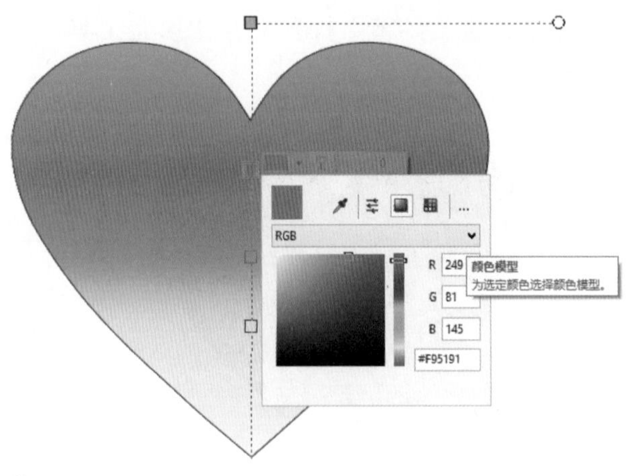

图2-41

交互式填充工具除使用属性栏设置外，还可以使用编辑对话框进行设置，下面将详细讲解设置方法。

1. 标准填充

标准填充就是在封闭图形对象内填充单一的颜色，如红色、绿色或蓝色等，这也是CorelDRAW中最基本的填充方式。

单击属性栏中的“编辑填充”按钮，弹出对话框，从中可以设置所需的颜色，如图2-42所示。

图2-42

- “模型”选项：可以在下面的下拉列表中选择需要的色彩模式。
- “颜色滴管”选项 ：可以对屏幕上任意对象中的颜色进行取样，不论在程序内部还是外部。

在选择填充颜色时，除了可以使用颜色查看器 外，还可以使用色环 和调色板 来设置所选颜色。

2. 渐变填充

渐变填充可以为对象创造渐变过渡效果，即将一种颜色沿指定的方向向另一种颜色过渡、逐渐混合直到最后变成另一种颜色，从而使对象产生立体感。

渐变填充有线性、射线、圆锥和方角4种类型，如图2-43所示。

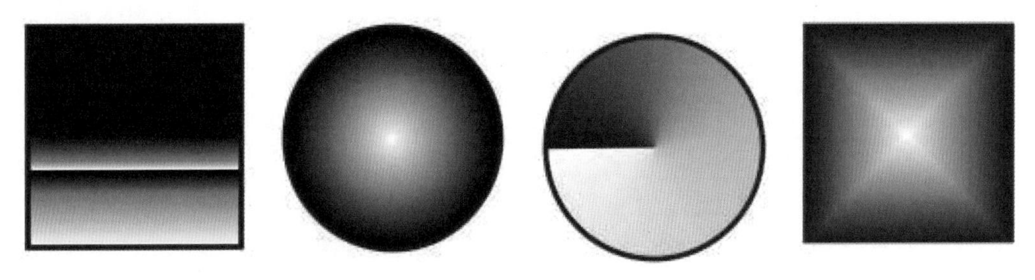

图2-43

在属性栏上单击“编辑填充”按钮，打开“编辑填充”对话框，选择“渐变填充”，如图2-44所示。

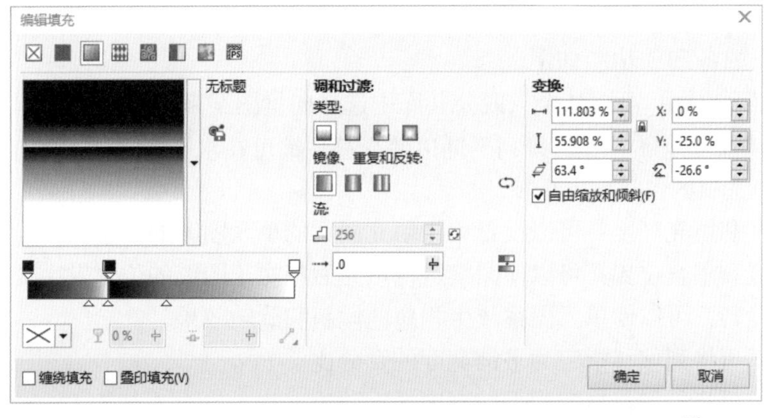

图2-44

- 类型：可以选择填充的4种方式。
- 流 256：可以增加步长值，使色调更平滑，但会延长打印时间；减少步长值，可以提高打印速度，但会使色调变得粗糙，且使颜色的过渡明显不平滑。
- 变换：可以设置填充宽度、高度、水平偏移、垂直偏移、将填充倾斜指定角度、顺时针或逆时针旋转颜色渐变序列。
- 多色渐变填充：在渐变预览条上的两个小方块色标中间的任意位置双击，即可添加一个新的色标，使新的色标处于选中状态，然后在调色板中选择需要的颜色，即可在色标处添加所选的颜色，如图2-45所示。

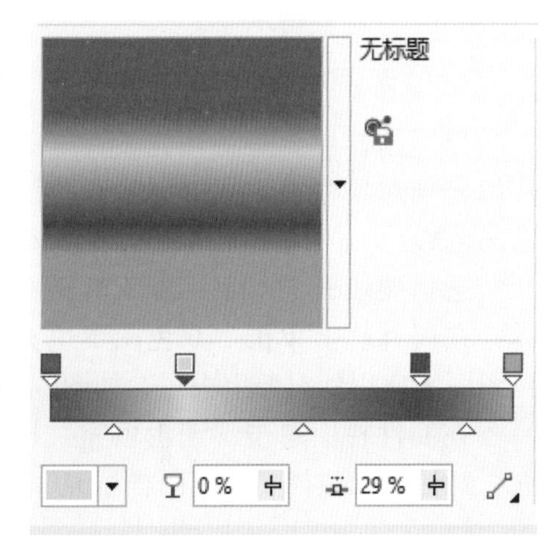

图2-45

3. 向量图样填充

向量图样填充又称为“矢量图样”，是CorelDRAW X7新增加的填充功能，用比较复杂的矢量图形进行填充，矢量图形可以由线条和填充组成。在属性栏上单击“编辑填充”按钮，打开“编辑填充”对话框，选择“向量图样填充”，如图2-46所示。

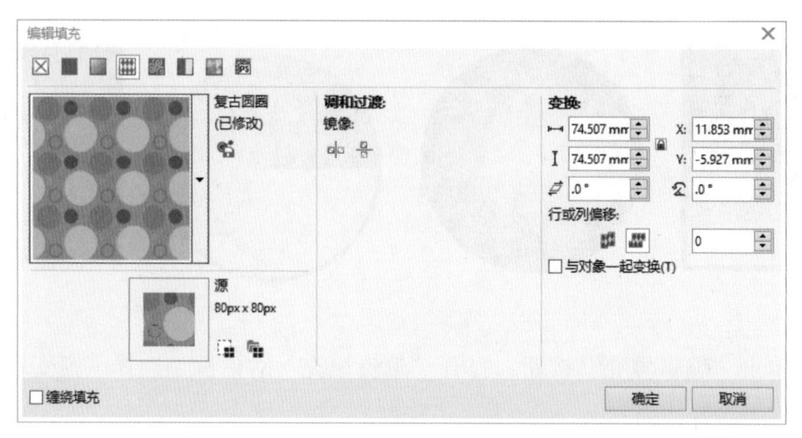

图2-46

向量图样填充的各选项功能如下。

- 填充挑选器下拉框：可以从个人或公共库中选择向量图案来填充对象。
- 水平/垂直镜像平铺 ：排列平铺以使交替平铺可在水平/垂直方向相互反射。
- 变换：在该选项区包括如下选项。
  - ◆ 填充宽度和填充高度：可以设置用于填充图案的单元图案的大小。
  - ◆ 水平位置和垂直位置：可以使图案进行填充后相对于图形的位置发生变化。
  - ◆ 倾斜和旋转：可以使单元图案产生相应的倾斜和旋转效果。
  - ◆ 列偏移：可将列偏移指定为平铺宽度的百分比。
  - ◆ 行偏移：可将行偏移指定为平铺高度的百分比。
  - ◆ 与对象一起变换：选中该复选框，在对图形对象进行缩放、倾斜、旋转等变换操作时，用于填充的图案也会随之发生变换，反之则保持不变。

4. 位图图样填充

位图图样填充是将预先设置好的许多规则的彩色图片填充到对象中去，这种图案和位图图像一样，有着丰富的色彩。

选择要填充的对象，在工具箱中单击交互式填充工具，在属性栏上单击“双色图案填充”按钮，则默认的位图图案应用到对象上去了，如图2-47所示。

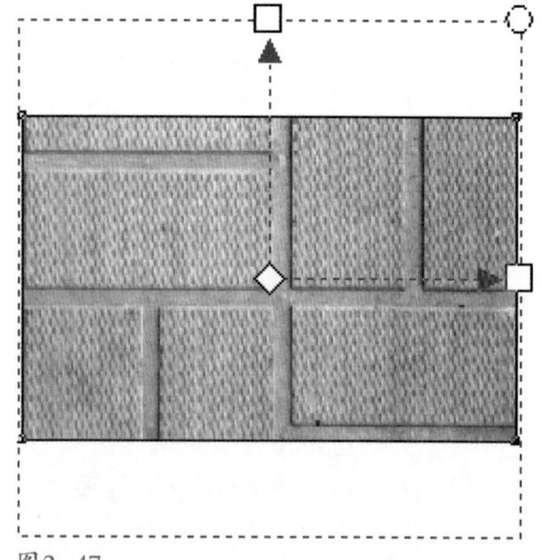

图2-47

在属性栏上单击“编辑填充”按钮，打开“编辑填充”对话框，选择“位图图样填充”，如图2-48所示。

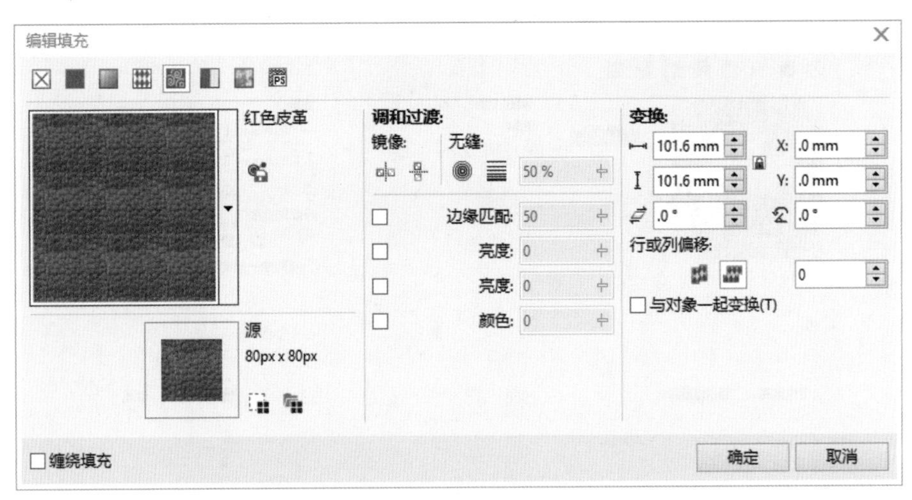

图2-48

位图图样填充的各选项功能如下。

- 填充挑选器下拉框：可以从个人或公共库中选择位图图案来填充对象。
- 调和过渡：在该选项区中包括如下选项。
  - ◆ 水平/垂直镜像平铺：排列平铺以使交替平铺可在水平/垂直方向相互反射。
  - ◆ 径向调和：在每个图样平铺中，在对角线方向调和图像的一部分。
  - ◆ 线性调和 50 %：调和图样平铺边缘和相对边缘。
  - ◆ 边缘匹配 边缘匹配: 50：使图样平铺边缘与相对边缘的颜色过渡平滑。
  - ◆ 亮度 亮度: 0：增加或降低图样的亮度。
  - ◆ 亮度 亮度: 0：增加或降低图样的灰阶对比度。
  - ◆ 颜色 颜色: 0：增加或降低图样的颜色对比度。
- 变换：在该选项区中包括如下选项。
  - ◆ 填充宽度和填充高度：可以设置用于填充图案的单元图案的大小。
  - ◆ 水平位置和垂直位置：可以使图样进行填充后相对于图形的位置发生变化。
  - ◆ 倾斜和旋转：可以使单元图案产生相应的倾斜和旋转效果。
  - ◆ 与对象一起变换：选中该复选框后，在对图形对象进行缩放、倾斜、旋转等变换操作时，用于填充的图案也会随之发生变换，反之则保持不变。

5. 双色填充

双色图样填充只有两种颜色，虽然没有丰富的颜色，但刷新和打印速度较快，是用户非常喜爱的一种填充方式。

选择要填充的对象，在工具箱中单击交互式填充工具，在属性栏上单击“编辑填充”按钮，打开“编辑填充”对话框，选择“双色填充”，如图2-49所示。

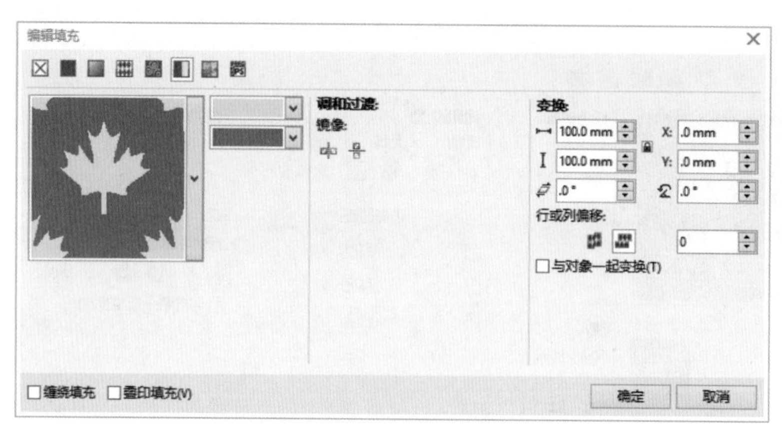

图2-49

双色图样填充的各选项功能如下。

- 第一种填充色或图案：单击图案右侧的下拉按钮可以弹出多种图案供选择。
- 前景颜色和背景颜色：可以单击下拉框选择其他各种颜色。
- 镜像：包括水平镜像平铺和垂直镜像平铺，使交替平铺可在水平/垂直方向相互反射。
- 变换：从上到下依次是填充宽度、填充高度、倾斜、水平位置、垂直位置和旋转。填充宽度和填充高度可以设置用于填充图案的单元图案的大小；水平位置和垂直位置的设置可以使图案进行填充后相对于图形的位置发生变化；倾斜和旋转可以使单元图案产生相应的倾斜和旋转效果。
- 行或列偏移 0：列偏移可将列偏移指定为平铺宽度的百分比；行偏移可将行偏移指定为平铺高度的百分比。
- 与对象一起变换：选中该复选框后，在对图形对象进行缩放、倾斜、旋转等变换操作时，用于填充的图案也会随之发生变换，反之则保持不变。

6. 底纹填充

选择底纹库名称，在底纹列表中选择底纹样式，并在右侧设置底纹的组成颜色等属性。根据用户选择的底纹样式不同，会出现相对应的选项，在“底纹填充”对话框中，单击“选项”按钮，会弹出“底纹选项”对话框，在其中可以设置位图分辨率和最大平铺宽度。

用户可以修改从底纹库中选择的底纹，还可以将修改的底纹保存到另一个底纹库中。单击“底纹库”右侧的“+”，弹出“保存底纹为”对话框，在“底纹名称”文本框输入底纹名称，并在“库名称”下拉列表中选择保存的位置，然后单击“确定”按钮，即可保存自定义的底纹填充效果。

7. PostScript底纹填充

可以在对象中应用PostScript填充，PostScript底纹填充是使用PostScript语言创建的。有些底纹非常复杂，因此打印或屏幕更新可能需要较长时间。填充可能不显示，而显示字母PS，这取决于使用的视图模式。在应用PostScript底纹填充时，可以更改诸如大小、线宽、底纹的前景和背景中出现的灰色量等属性。

提示

若是闭合的曲线，可以直接单击最右边的调色板或使用交互式填充命令选择需要的颜色填充；若曲线不是闭合的，默认状态下填充的颜色不显示，但用户可以选择“工具”|“选项”命令，打开“选项”对话框，如图2-50所示。选择“文档”下的“常规”，选中“填充开放式曲线”复选框，单击“确定”按钮。

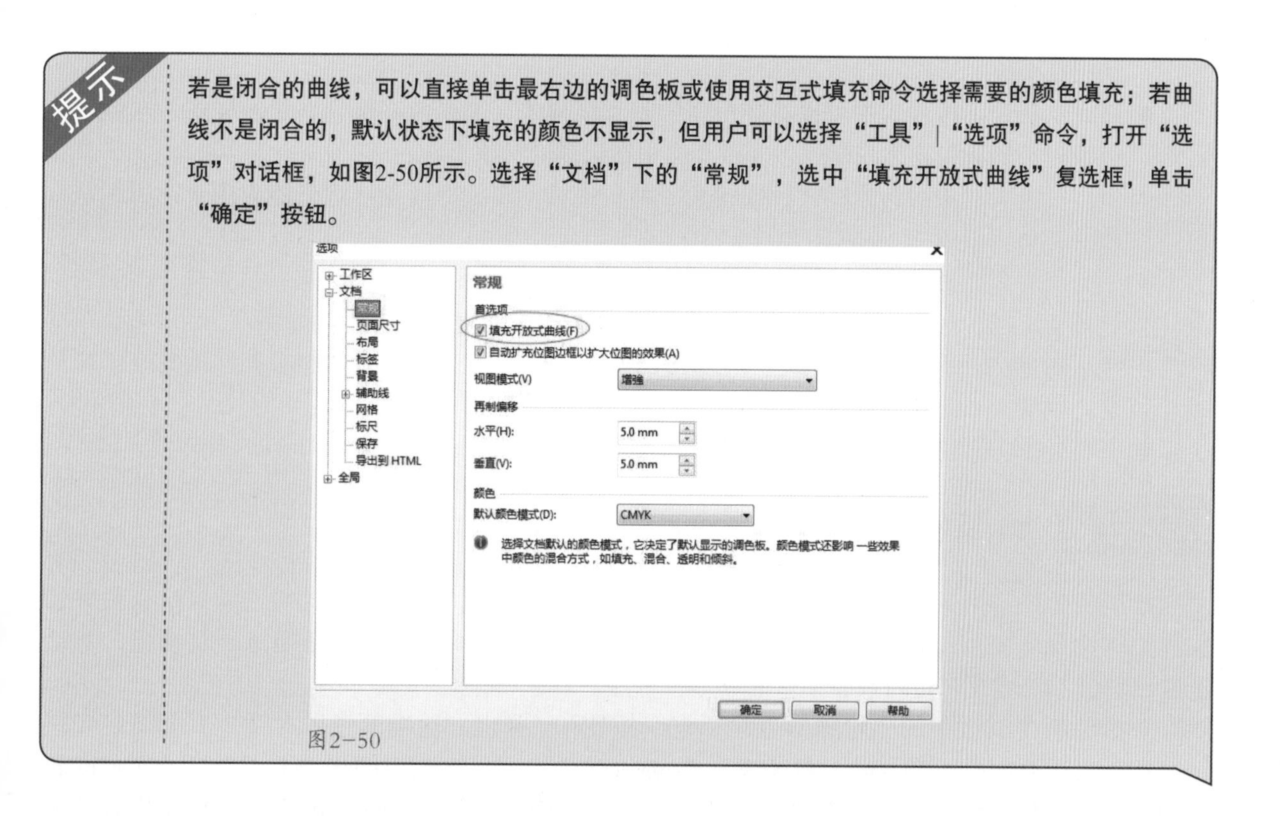

图2-50

2.6 设置轮廓线

轮廓线是指对象边缘的线条，在CorelDRAW中可以对图形对象的轮廓进行各种设置，从而制作出精美的轮廓效果。

2.6.1 轮廓线属性

对象的轮廓属性包括轮廓线的粗细、轮廓样式、轮廓颜色以及轮廓转角、线条端头以及书法形状等，通过设置对象轮廓属性可美化对象的外观。

在绘图区中绘制的线条与图形，系统默认状态下，其轮廓线都比较细，可通过“轮廓笔”对话框来设置轮廓线的粗细程度。

单击工具箱中的“轮廓工具”按钮，在打开的工具组中单击“轮廓笔”对话框按钮，弹出“轮廓笔”对话框，如图2-51所示。

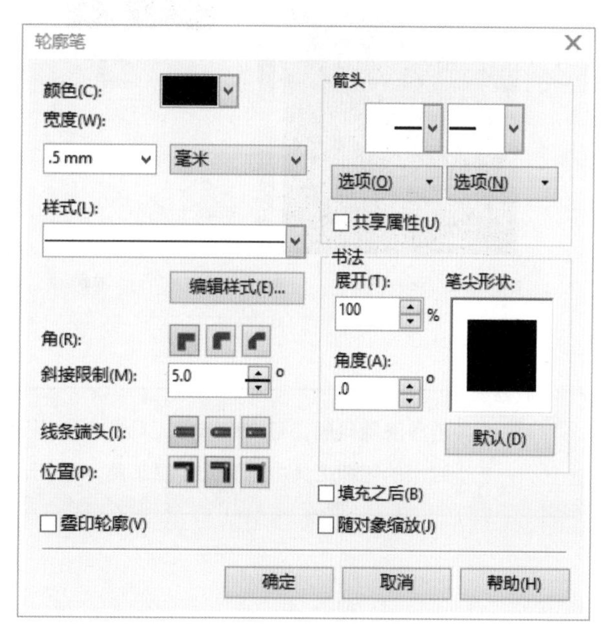

图2-51

- 宽度：在该项左侧的下拉列表中可选择相应的数值，设置所选图形对象的轮廓线粗细。在右侧的下拉列表中可为轮廓

线设置单位。

- 样式：在该下拉列表中可以选择所需的轮廓线样式，如果没有选到满意的样式，也可以自己编辑一种新的轮廓线样式，并将其应用在选择的对象上。
- 角：可设置对象的转角样式，即锐角、圆角或梯形角，但转角样式只能应用于两边都是直线的转角。
- 线条端头和箭头样式：提供了3种线条端头样式，即平头、圆头与方头，从中选中相应的单选按钮，可改变线的端头，例如选择 样式，使曲线端头成圆滑状。在“箭头”选项区中单击 下拉列表，可分别从中选择一种箭头样式，前者将在曲线的首端添加箭头，后者可在曲线的末端添加箭头。
- 书法：可以在绘制的文字或输入文字的基础上创建书法轮廓，创建对象的书法轮廓效果。

2.6.2 轮廓线颜色

绘制一个图形对象后，可以对其轮廓线设置相应的颜色，设置轮廓线颜色的方法有两种：一种是在选择对象后，在调色板中用鼠标右键单击相应的色块；另一种是通过“轮廓色”对话框或“颜色”泊坞窗来进行设置。

单击轮廓工具组中的“轮廓颜色对话框”按钮，弹出“轮廓颜色”对话框，如图2-52所示。在此对话框中打开 模型、 混和器 与 调色板选项卡，可在相应的选项卡中对所选对象的轮廓颜色进行精确设置。设置好需要的颜色后，单击“确定”按钮，即可改变选对象轮廓线的颜色，如图2-53所示。

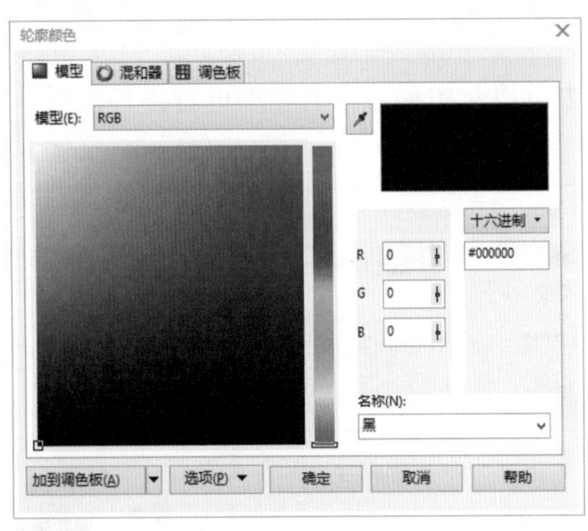

图2-52

图2-53

提示

若要清除轮廓，可使用选择工具选中要删除轮廓线的对象，然后单击工具箱中的轮廓工具按钮，在弹出的隐藏工具中选择无轮廓工具 即可。

2.6.3 将轮廓线转换为对象

轮廓线是一种不可编辑的曲线，它只能改变颜色、大小和样式，如果要对其进行编辑，必须先将其转换为图形对象。选择菜单栏中的“排列”|“将轮廓转换为对象”命令，即可将轮廓线转换为对象。转换后可以对其进行添加、删除节点等操作。

2.6.4 将轮廓线转换为曲线

绘制的矩形、圆形等标准图形是无法直接对其进行节点编辑的，如果要进行节点编辑，必须将其转换为曲线。选择菜单栏中的“排列”|“转换为曲线”命令，将轮廓线转换为曲线。然后利用工具箱中的形状工具选中相应节点移动其位置即可。

2.7 智能填充工具

使用智能填充工具可以为任意的闭合区域填充颜色并设置轮廓。与其他填充工具不同，智能填充工具仅填充对象，它检测到区域的边缘并创建一个闭合路径，因此可以填充区域。例如，智能填充工具可以检测多个对象相交产生的闭合区域，即可对该区域进行填充。

Step01 在工具箱中选择智能填充工具，属性栏上显示相关选项，如图2-54所示。

图2-54

Step02 在属性栏上单击“填充选项”下拉列表，选择“指定”，单击右侧的“填充色”色样，选择一种颜色，在想要对象填充的区域单击，即可填充该区域了。

- 使用默认值：可以使用填充工具默认设置填充区域。
- 指定：可以从属性栏上的填充色挑选器中选择一种颜色对区域进行纯色填充。
- 无填充：不对区域应用填充效果。

Step03 从“轮廓选项”下拉列表中选择“指定”，选择右侧的轮廓宽度，并单击右侧的“轮廓色”色样，选择一种颜色，在想要对象填充的区域单击，即可填充该区域的轮廓属性了。

Step04 单击希望填充的闭合区域内部，新的对象会在闭合区域内部创建，此对象会沿用属性栏上选定的填充和轮廓样式属性。

智能填充工具不但可以用于填充区域，还可以用于创建新对象。在上例中，每个填充的区域实际上就是一个对象，单击选择工具，单击对象并移动就可以分离它们。

2.8 网格填充

CorelDRAW中的网状填充工具主要是为造型进行立体感的填充。使用网状填充工具填充对象时可以产生独特的效果。网状填充工具可以创建任何方向的平滑颜色的过渡，而无须创建调和或轮廓图。

Step01 先使用钢笔工具绘制鼠标外轮廓造型，如图2–55所示。如果形态绘制不够准确，可以用形状工具或按下快捷键F10进行调整，设置均匀填充，CMYK值为(0,0,0,60)，如图2–56所示。

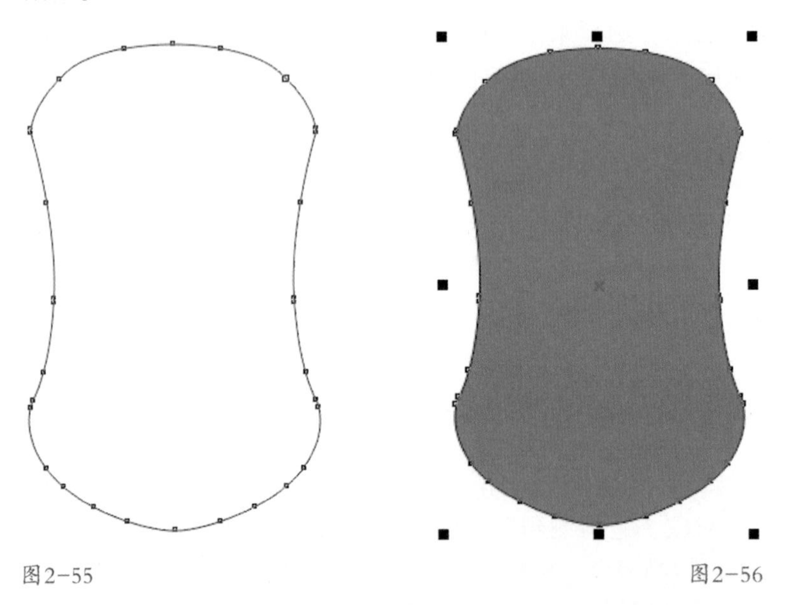

图2–55　　图2–56

Step02 使用网格填充，指定网格的行数、列数分别为6，设置网格交叉点的颜色，如图2–57所示。

Step03 使用椭圆形工具和曲线绘制工具绘制鼠标的滚轮和细节图形，如图2–58所示。

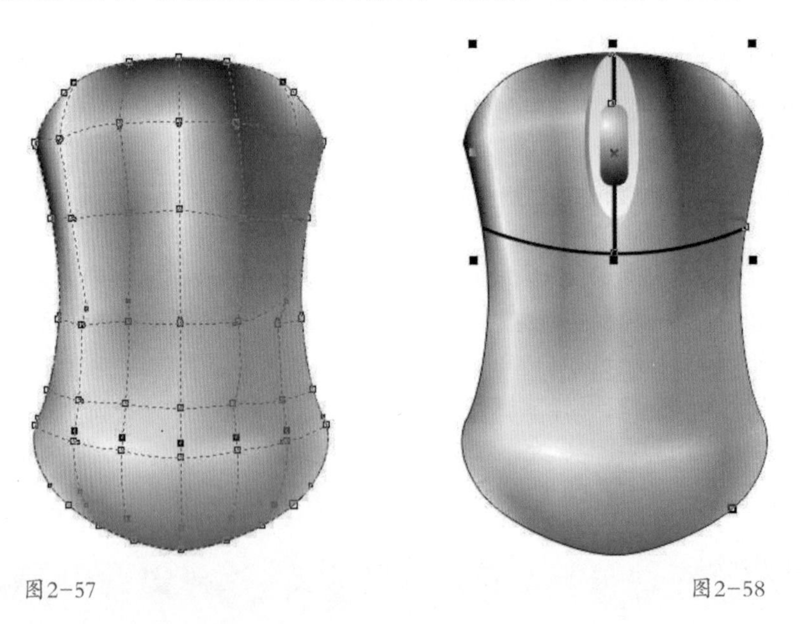

图2–57　　图2–58

提示

创建网格对象之后，可以通过添加和移除节点或交点来编辑网状填充网格，也可以移除网格。需要注意的是，网格填充只能应用于闭合对象或单条路径。

2.9 设计案例——绘制MP3播放器

MP3的设计由造型、色彩、材质等功能构成，作为时代科技的产物，它的设计风格将受到经济环境、社会形态、文化观念等多方面的制约和影响。这款Mickey MP3的外形就是一个经典的圆弧形米奇老鼠笑脸，由一个圆形的主机身部分和两个大“耳朵”组成。米奇MP3是为了纪念迪士尼标志性“人物”米奇老鼠诞辰77周年而精心设计推出的。

设计分析：

主要运用了曲线工具、椭圆工具、填充工具等。

2.9.1 绘制MP3主体

Step 01 新建一个横版的A4文件，并在“对象管理器”中设置图层，分别命名为“MP3主体”、“耳机”，如图2-59所示。

图2-59

Step 02 使用椭圆形工具绘制高度为59mm、宽度为55mm的椭圆，设置渐变填充，填充对话框如图2-60所示。在渐变预览条上，设置各点的CMYK值：0%(0,0,0,100)、30%(0,0,0,100)、58%(0,0,0,50)、100%(0,0,0,30)，填充效果如图2-61所示。

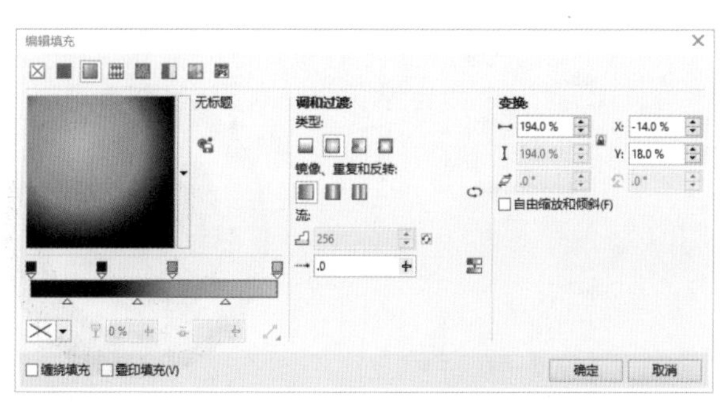

图2-60

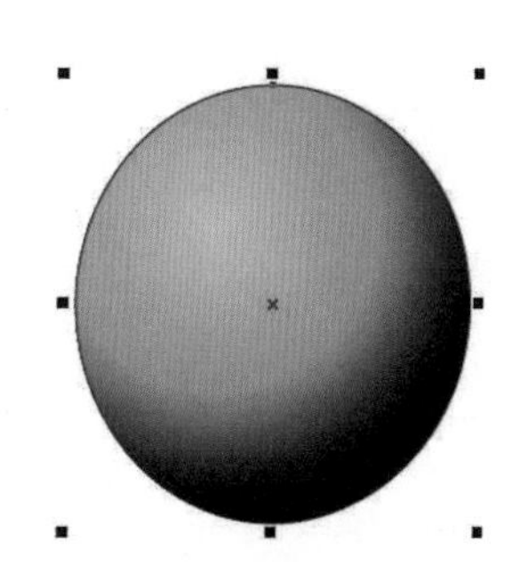

图2-61

Step03 使用椭圆形工具绘制与步骤2同心的椭圆，新建椭圆，椭圆高度为52mm、宽度为49mm，将轮廓去掉并填充渐变色，填充对话框如图2-62所示。在渐变预览条上，设置各点的CMYK值：0%(0,0,0,100)、25%(0,0,0,100)、46%(0,0,0, 0)、100%(0,0,0,50)，填充效果如图2-63所示。

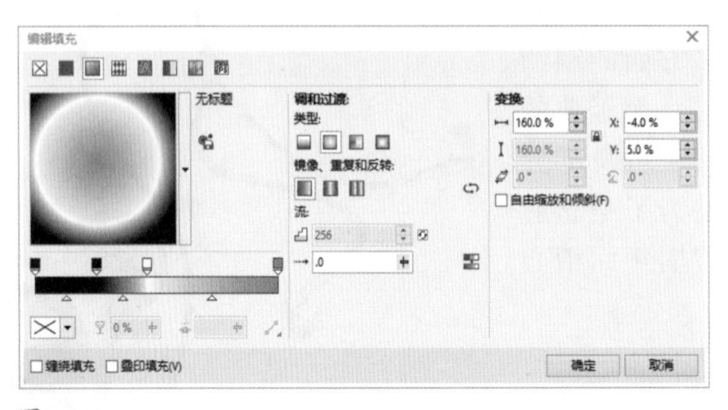
图2-62

图2-63

Step04 再用同样的方法，新建椭圆，椭圆高度为45mm、宽度为42mm，将轮廓去掉并填充渐变色，填充对话框如图2-64所示。在渐变预览条上，设置各点的CMYK值：0%(0,0,0,100)、25%(0,0,0,100)、46%(0,0,0,0)、100%(0,0,0,50)，填充效果如图2-65所示。

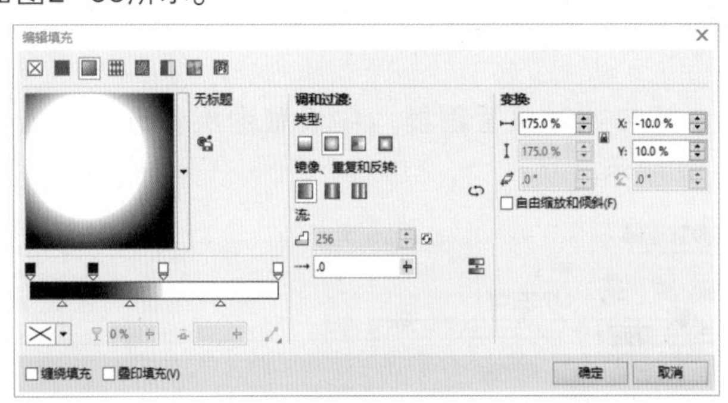
图2-64

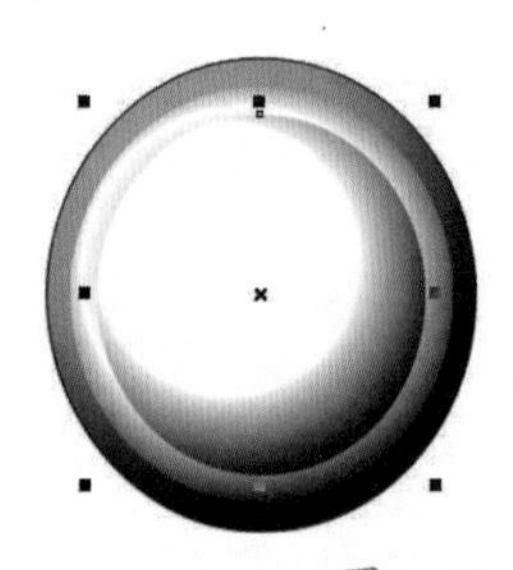
图2-65

Step05 再用同样的方法，新建椭圆，椭圆高度为40mm、宽度为37mm，将轮廓去掉并填充渐变色，填充对话框如图2-66所示。在渐变预览条上，设置各点的CMYK值：0%(0,0,0,0)、30%(0,0,0,0)、46%(0,0,0,90)、80%(0,0,0,60)、100%黑色，填充效果如图2-67所示。

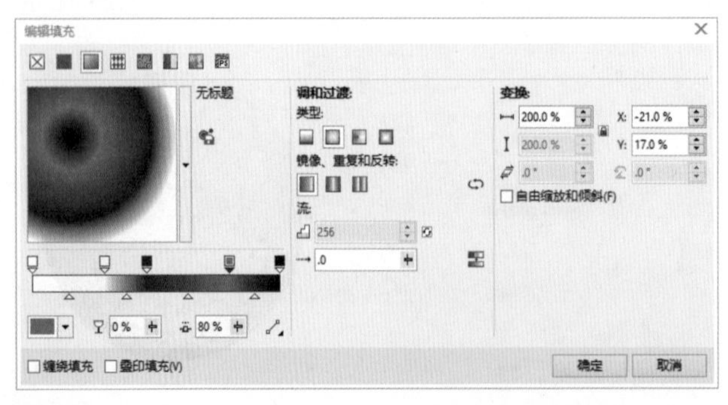
图2-66

图2-67

Step 06 使用椭圆形工具绘制直径为30mm的圆形，设置渐变填充，其对话框如图2-68所示。在渐变预览条上，设置各点的CMYK值：0%(0,0,0,100)、53%(0,0,0,100)、90%(0,0,0,0)、100%(0,0,0,0)，放置位置如图2-69所示。

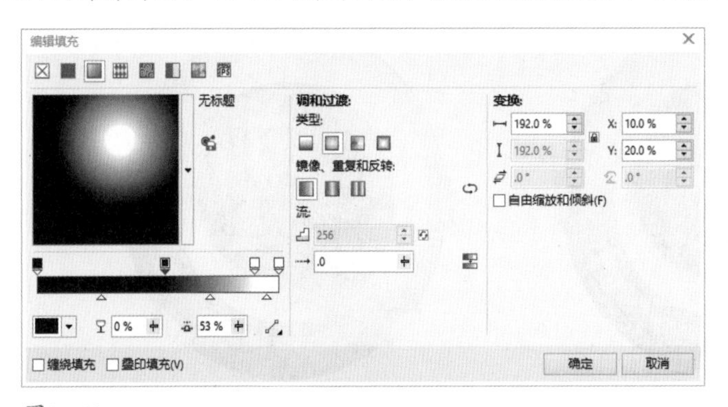

图2-68

图2-69

Step 07 按快捷键Ctrl+I，导入光盘中的素材文件“屏幕.png”，调整其宽度为21、高度为22。为了使产品立体感更强，单击工具箱中的透明度工具，拖动滑块将数值调成47，效果如图2-70所示。

图2-70

Step 08 使用矩形工具绘制宽为2.5、高为8.5的矩形，使用形状工具调节矩形的控制点，使其变形为如图2-71所示的形状。设置线性渐变填充，对话框如图2-72所示。在渐变预览条上，设置各点的CMYK值：0%(0,0,0,100)、48%(0,0,0, 0)、52%(0,0,0,0)、100%(0,0,0,100)，填充效果如图2-73所示。

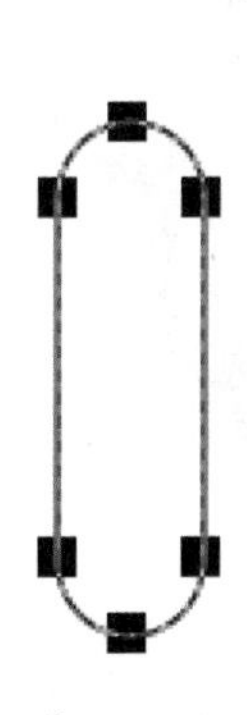

图2-71

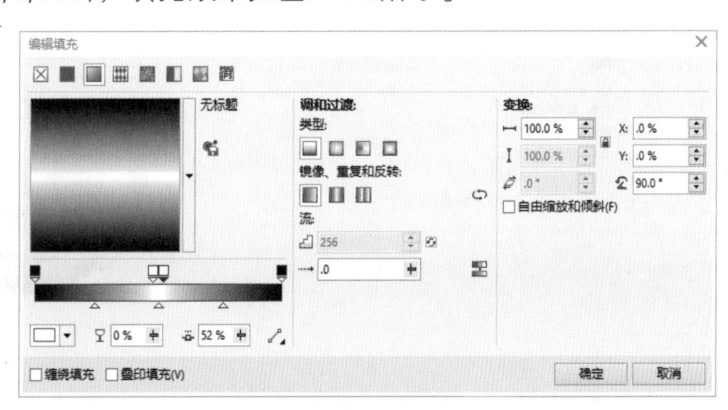

图2-72

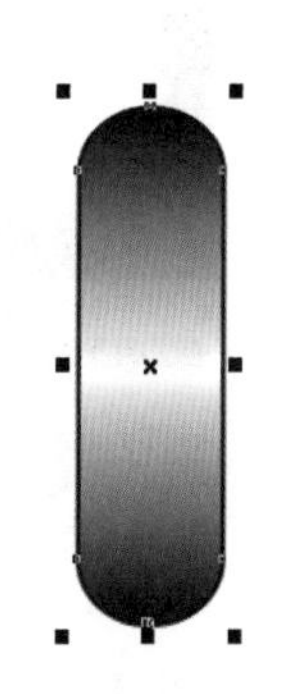

图2-73

Step 09 从标尺上拖曳一条辅助线，放置到椭圆形主体的中心点，并将绘制的倒角矩形中心点对齐到辅助线上，如图2–74所示。

Step 10 按快捷键Ctrl+C、Ctrl+V，复制步骤8中绘制的倒角矩形，放置到如图2–75所示的位置。

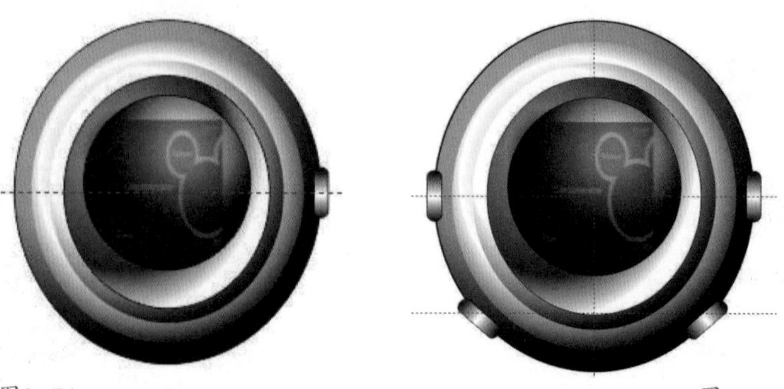

图2–74　　图2–75

Step 11 使用椭圆形工具绘制直径为33mm的圆形，设置渐变填充，对话框如图2–76所示。在渐变预览条上，设置各点的CMYK值：0%(0,0,0,100)、60%(0,0,0,100)、100%(0,0,0,0)，放置位置如图2–77所示。

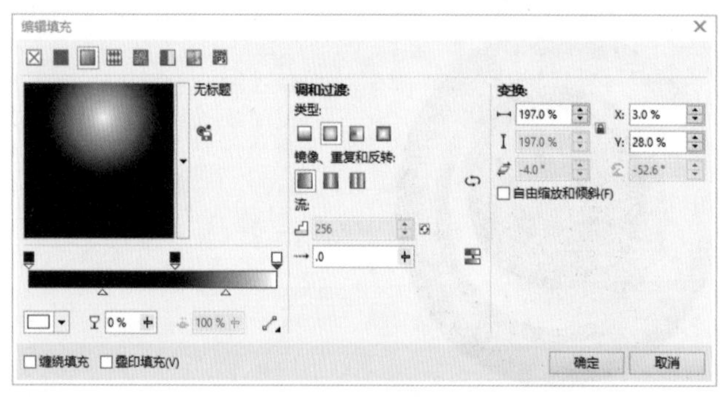

图2–76

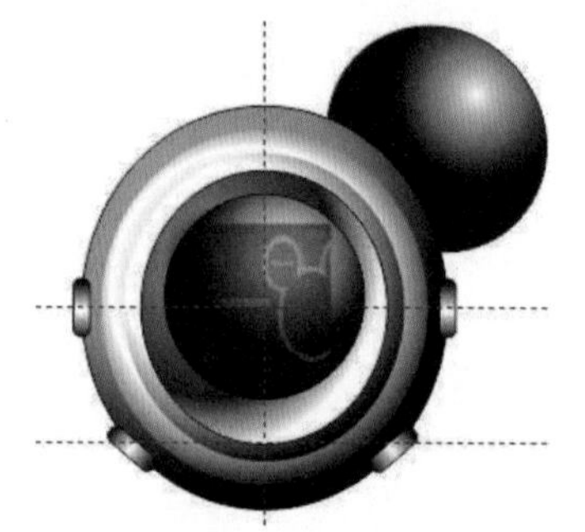

图2–77

Step 12 再用同样的方法，使用椭圆形工具绘制直径为30mm的圆形，设置渐变填充，对话框如图2–78所示。在渐变预览条上，设置各点的CMYK值：0%(0,0,0,100)、45%(0,0,0,100)、67%(0,0,0,0)、100%(0,0,0,0)，放置位置如图2–79所示。

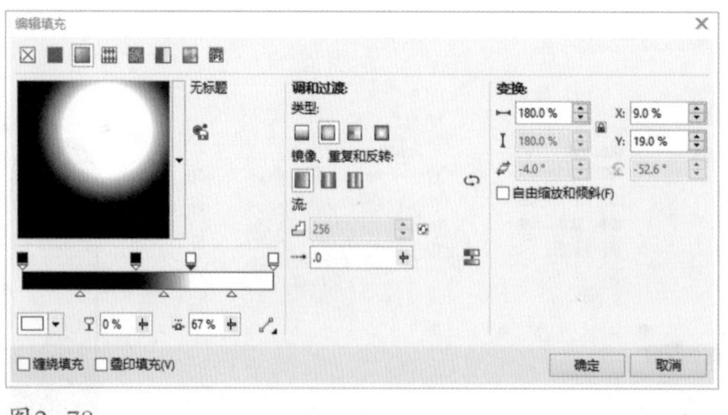

图2–78

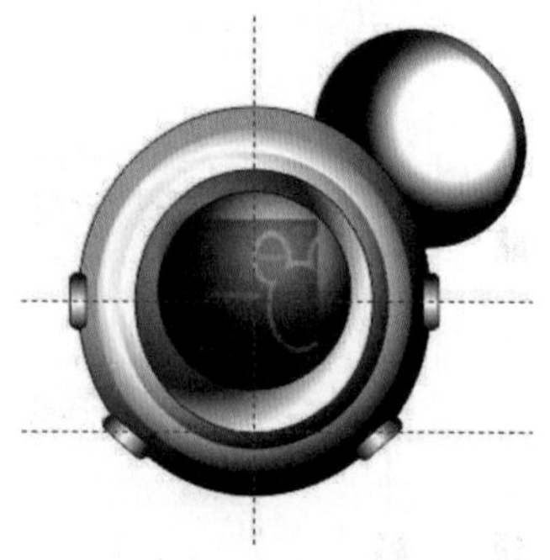

图2–79

Step 13 再用同样的方法，使用椭圆形工具绘制直径为25mm的圆形，设置渐变填充，填充对话框如图2-80所示。在渐变预览条上，设置各点的CMYK值：0%(0,0,0,100)、35%(0,0,0,100)、64%(0,0,0, 0)、100%(0,0,0, 0)，放置位置如图2-81所示。

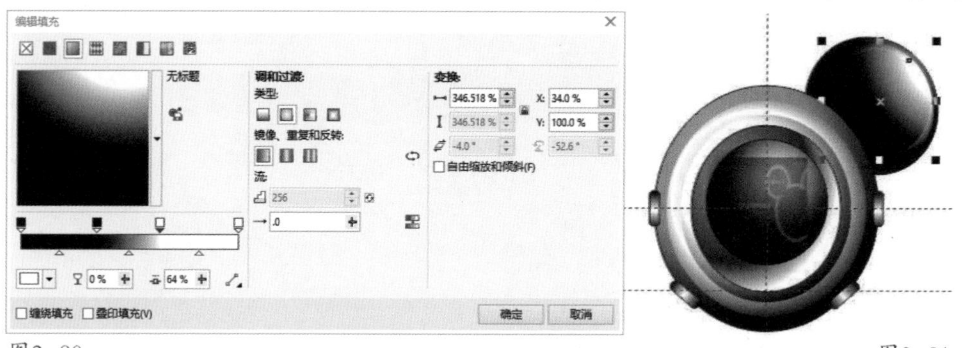

图2-80　　图2-81

Step 14 选择属性栏中的“镜像”命令，将米奇耳朵的另一侧绘制出来，如图2-82所示。

图2-82

2.9.2 绘制MP3耳机

Step 01 选择工具箱中的钢笔工具，绘制如图2-83所示的图案。

Step 02 选择工具箱中的渐变填充工具，分别为3个区域填充颜色，区域1射线渐变填充：在渐变预览条上，设置各点的CMYK值：0%(0,0,0,100)、20%(0,0,0,70)、70%(0,0,0,0)、100%(0,0,0,0)，如图2-84所示。

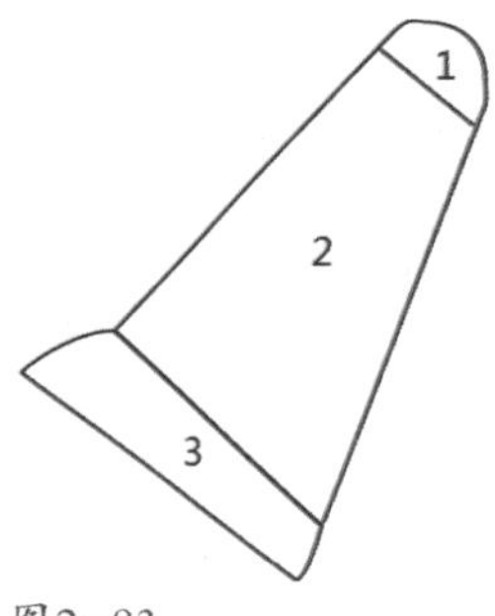

图2-83

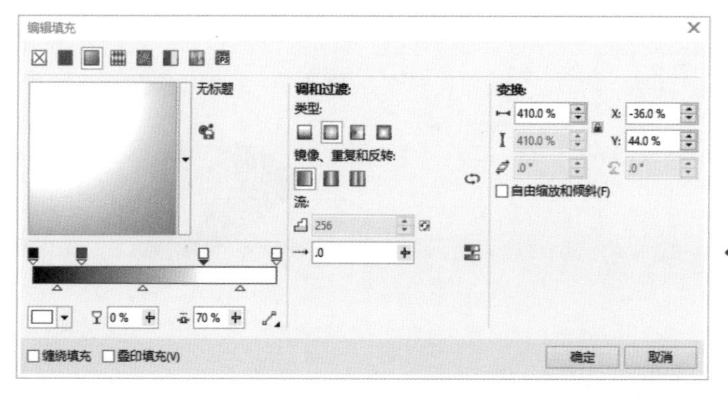

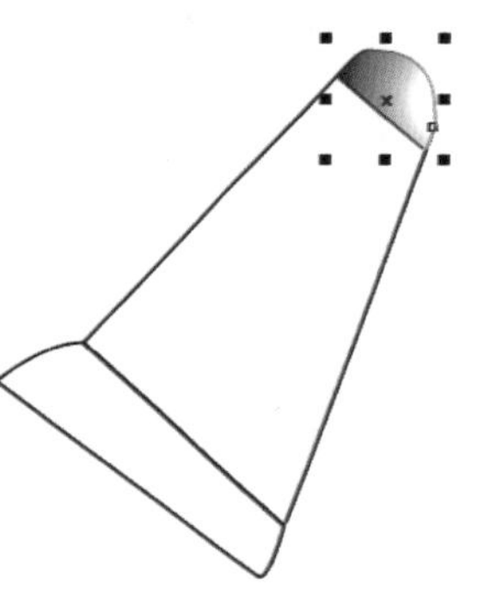

图2-84

Step03 区域2线性渐变填充：在渐变预览条上，设置各点的CMYK值：0%(0,0,0,60)、30%(0,0,0,0)、68%(0,0,0,60)、100%(0,0,0,60)，如图2-85所示。

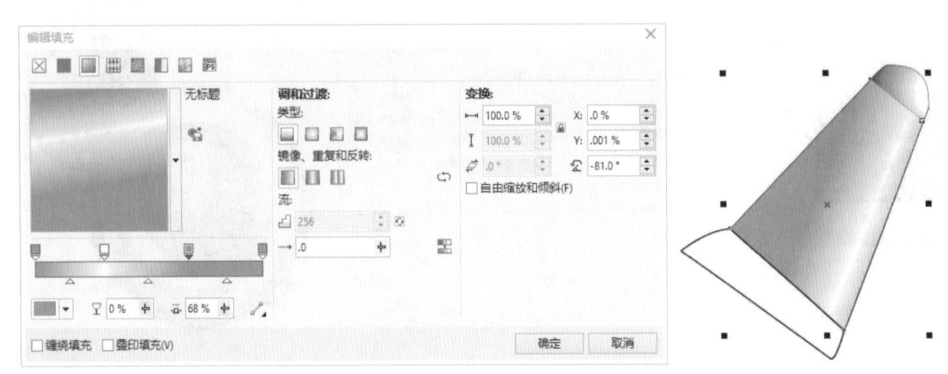

图2-85

Step04 区域3线性渐变填充：在渐变预览条上，设置各点的CMYK值为：0%(0,0,0,100)、57%(0,0,0,80)、93%(0,0,0,0)、100%(0,0,0,0)，如图2-86所示。

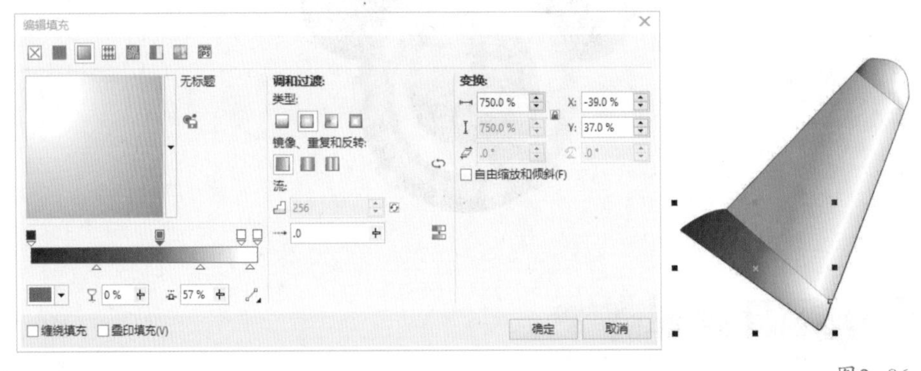

图2-86

Step05 使用矩形工具绘制宽为9.5、高为7.5的矩形，使用形状工具调节矩形的控制点，转换为倒角矩形。设置射线渐变填充，对话框如图2-87所示。在渐变预览条上，设置各点的CMYK值：0%(0,0,0,100)、52%(0,0,0,100)、72%(0,0,0,60)、92%(0,0,0,0)、100%(0,0,0,60)，填充效果如图2-88所示。

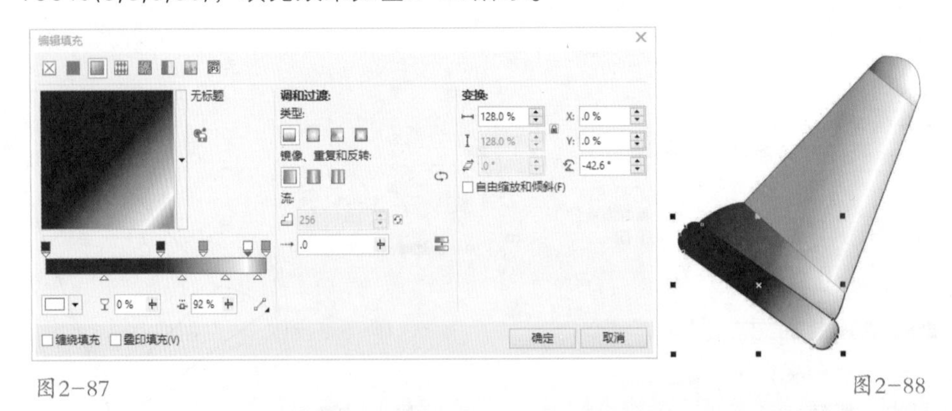

图2-87　　图2-88

Step06 采用同样的方法，选择钢笔工具绘制半弧形，设置射线渐变填充，对话框如图2-89

所示。在渐变预览条上，设置各点的CMYK值：0%(0,0,0,70)、28%(0,0,0,70)、75%(0,0,0,0)、100%(0,0,0,0)，填充效果如图2-90所示。

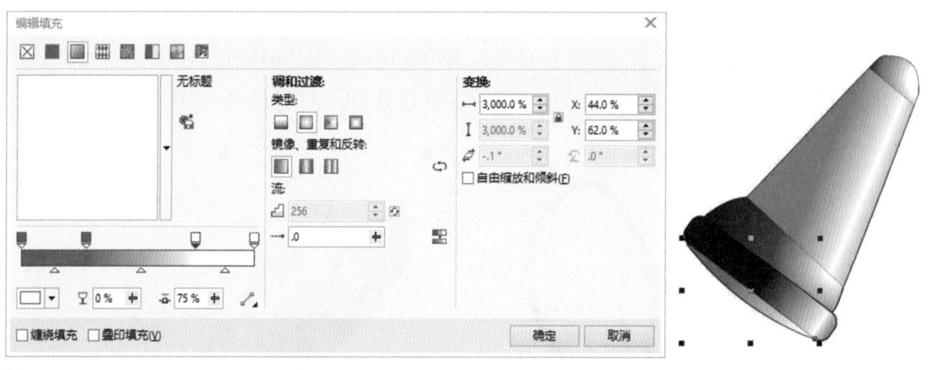

图2-89　　图2-90

Step07 采用同样的方法，选择钢笔工具绘制菱形，设置线性渐变填充，填充对话框如图2-91所示。在渐变预览条上，设置各点的CMYK值：0%(0,0,0,100)、60%(0,0,0, 0)、100%(0,0,0,70)，填充效果如图2-92所示。

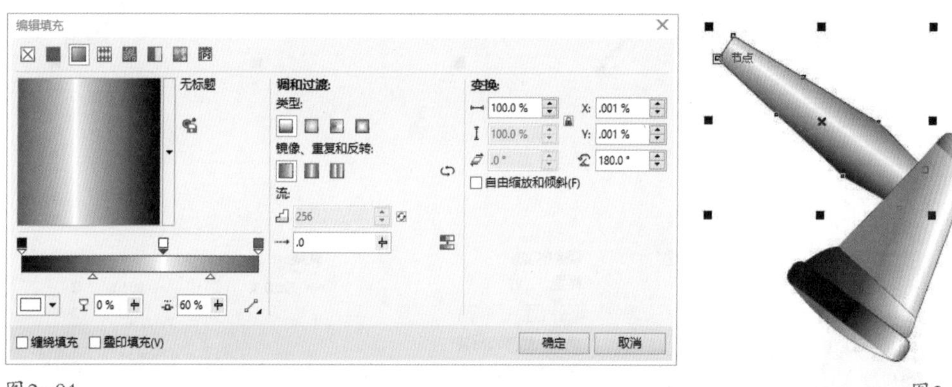

图2-91　　图2-92

Step08 使用钢笔工具绘制耳机的连接线，在属性栏中设置曲线的轮廓宽度为2.5mm，如图2-93所示。选择菜单栏中的“排列”|“将轮廓转换为对象”命令，将曲线转换为图形对象，再选择底纹填充中的样本9钢丝绒样式为图形对象填充颜色，对话框和填充效果如图2-94所示。

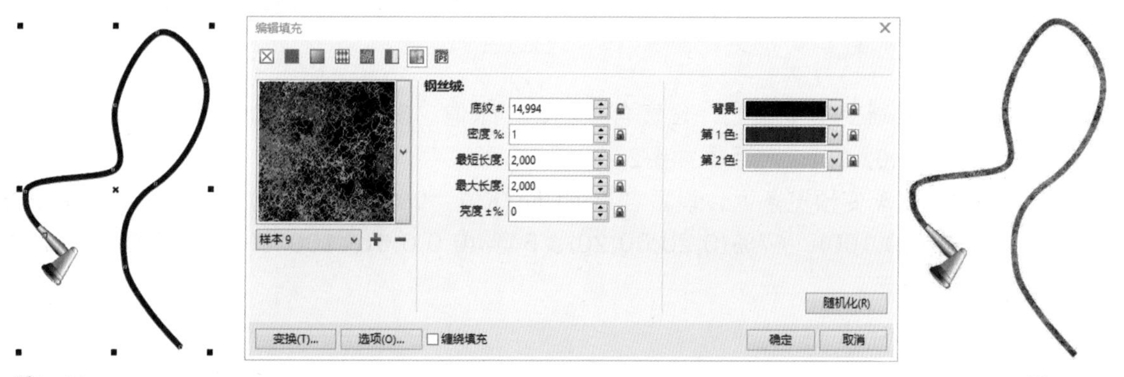

图2-93　　图2-94

Step 09 采用同样的方法，绘制耳机连接线并填充，在连接线接口处，绘制圆形并用射线渐变填充，再将耳机插头复制放置，如图2-95所示。

Step 10 采用同样的方法，绘制耳机插头如图2-96所示，并对3个图形进行线性渐变填充，区域1：在渐变预览条上，设置各点的CMYK值为：0%(0,0,0,100)、43%(0,0,0,60)、63%(0,0,0,0)、83%(0,0,0,60)、100%(0,0,0,60)，对话框如图2-97所示。

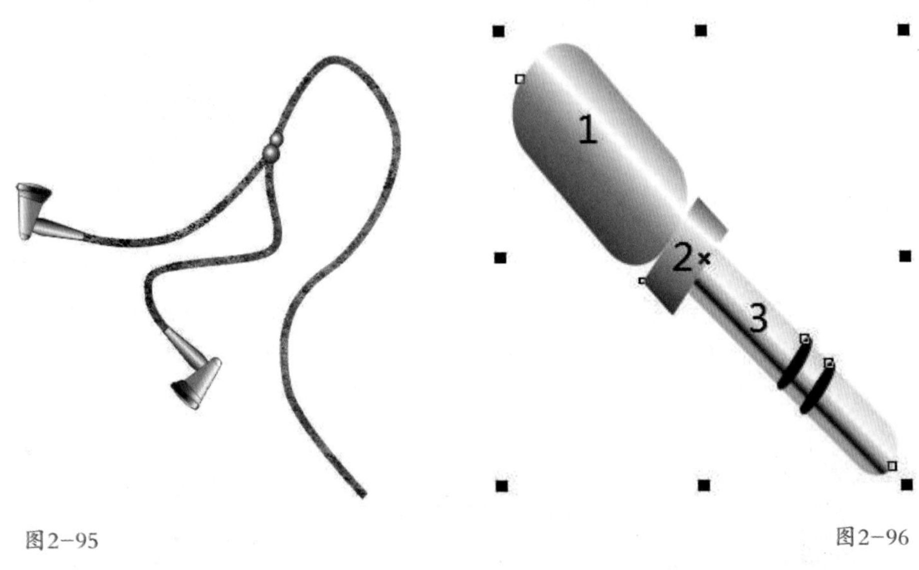

图2-95

图2-96

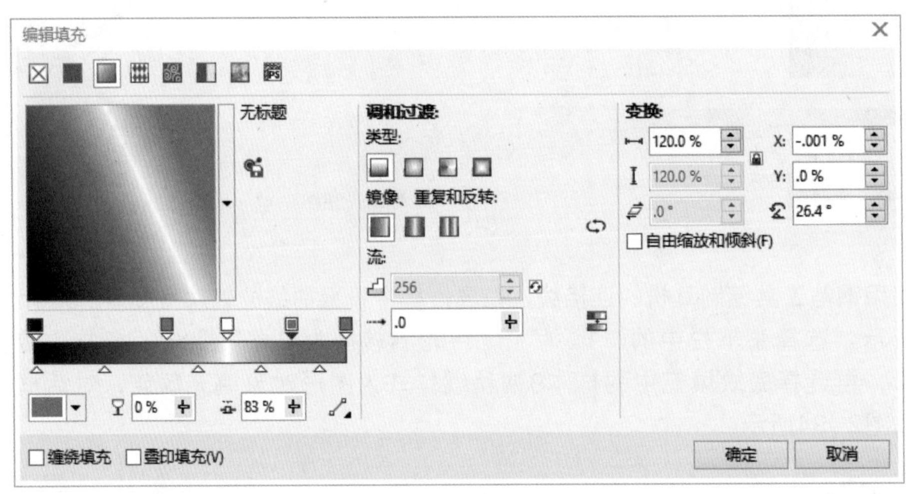

图2-97

Step 11 区域2：在渐变预览条上，设置各点的CMYK值：0%(0,0,0,100)、 73%(0,0,0, 0)、100%(0,0,0,100)，对话框如图2-98所示。

Step 12 区域3：在渐变预览条上，设置各点的CMYK值：0%(0,25,80,0)、 38%(0,20,60,20)、42%(0,0,0,100)、47%(0,20,60,20)、54%(0,0,0,0)、100%(0,25,80,0)，对话框如图2-99所示。

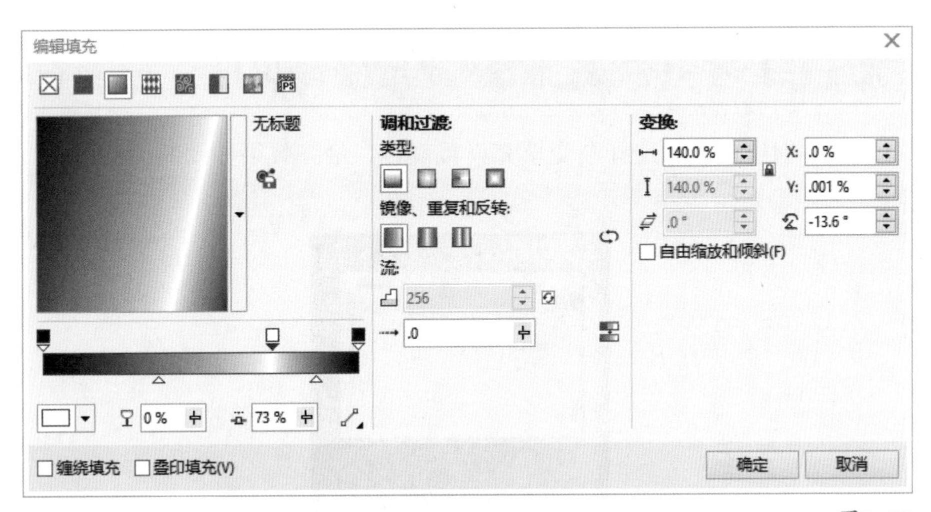

图2-98

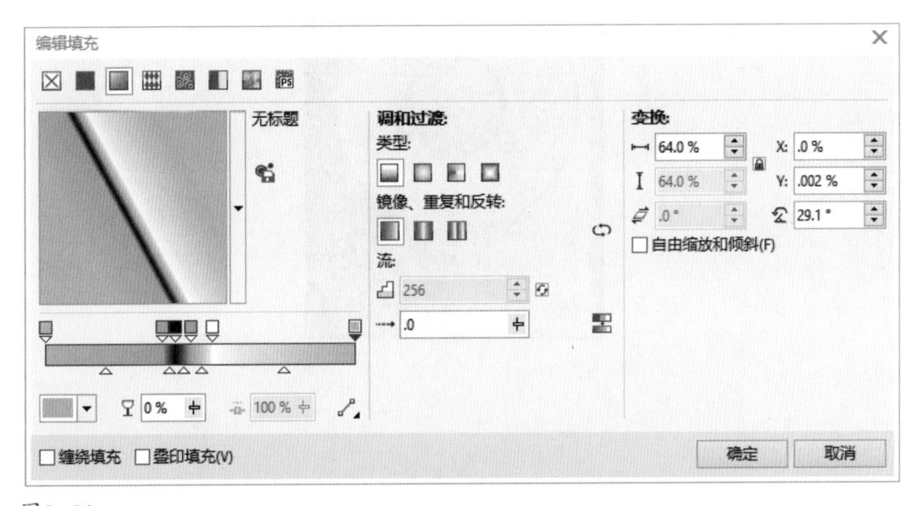

图2-99

Step 13 采用同样的方法，可以绘制部分细节，最终效果如图2-100所示。

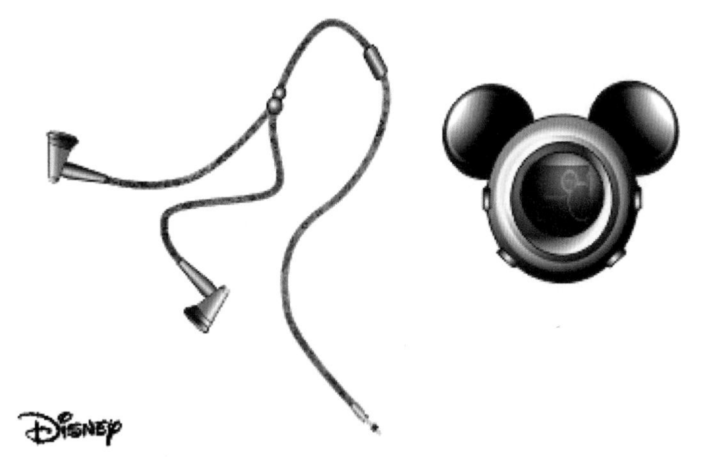

图2-100

2.10 拓展练习：使用渐变填充绘制MP3

使用矩形工具创建矩形，选择渐变填充设置颜色，最终效果如图2-101所示。

图2-101

编辑对象与管理对象

本章主要讲解对象的基本操作和对象的组织管理，通过学习可以掌握对单个图形的移动、变换、旋转等操作方法，以及对多个对象进行各种编辑的操作方法与使用技巧。

本章知识点

- 对象的基本操作
- 对象笔刷工具运用
- 对象对齐和分布
- 对象顺序和修整
- 对象合并和拆分
- 对象锁定和解锁
- 组合和取消组合对象

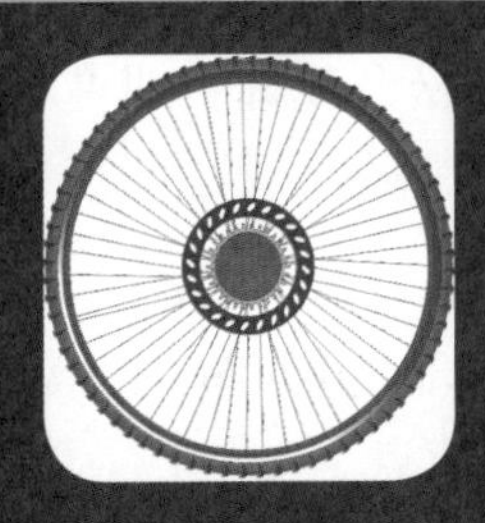

编辑与管理对象是指对图形进行移动、旋转、变换等操作。拖动对象到指定位置进行变换，如果要精确变换，可以通过变换工具或面板来完成。

3.1 对象的基本操作

绘图页面中的任何一个独立图形就是一个对象，比如一个圆形、一个多边形，只要是独立存在的，就是一个对象。要对一个对象进行各种编辑操作，必须先选择该对象，再进行一些变换操作。

3.1.1 对象的选择

选择对象的方法有很多种，一般可以使用鼠标单击或框选对象，也可以使用菜单栏中的“编辑”|“全选”方式，绘图时可根据不同的需要选择使用。

1. 使用选择工具选择对象

使用选择工具选择对象时，对象周围会出现一个定界框，如图3-1所示。定界框四周的小方块是控制点，中央的✖形状图标是中心点，旋转对象时，对象会以中心点为基准发生旋转，如图3-2所示为旋转效果。

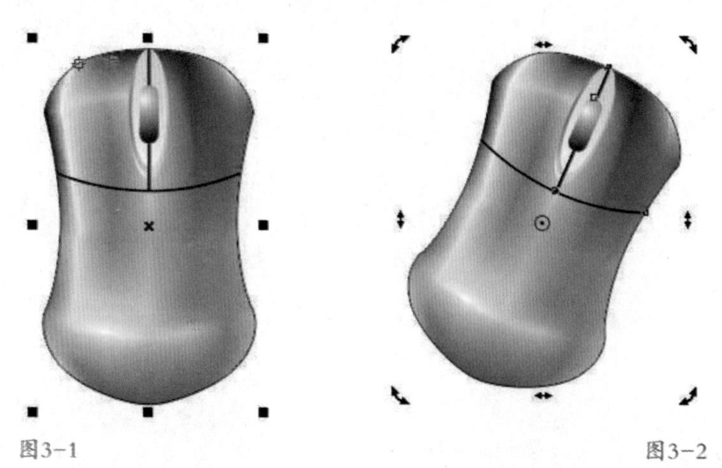

图3-1　　图3-2

如果想同时选择多个对象，用鼠标单击选取对象时，按住Shift键依次单击各对象；如果要从多个重叠在一起的对象中选择某一对象，可在按住Alt键的同时使用鼠标逐次单击最上层的对象，即可依次选择下面各层的对象；如果要选择群组中的某个对象，按住Ctrl键的同时，用鼠标单击要选择的对象即可，此时对象周围的控制点为小黑圆点。

用鼠标选择对象时，也可以用框选的方式，将鼠标指针移至要选择对象的左上角处，按住鼠标左键拖动至对象的右下角，以完全包含该对象，松开鼠标，即可看到对象被框选，如图3-3所示。

2. 使用菜单命令选取对象

选择菜单栏中“编辑”|“全选”命令下的子菜单命令(如图3-4所示)，可以选择当前绘图页面中的所有对象、文本、辅助线或选中图形中的所有节点。

图3-3

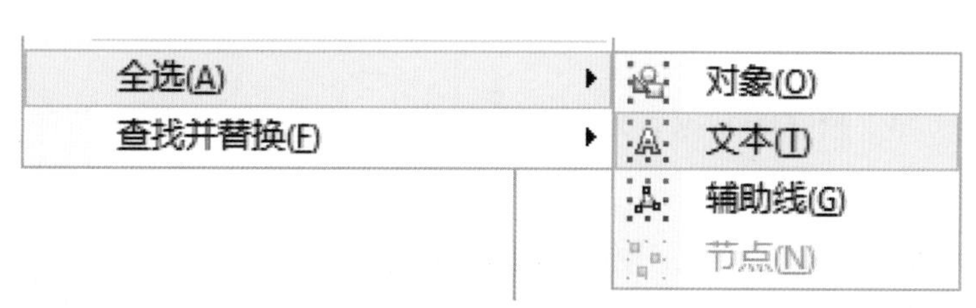

图3-4

如果要取消图形对象的选择状态，可以将鼠标指针移至空白区域，然后单击鼠标左键或按键盘上的Esc键。

3. 复制对象

如果要复制对象，可选择菜单栏中的“编辑”|“复制”命令，或单击标准工具栏中的“复制”按钮，也可按快捷键Ctrl+C，即可将选择的对象复制到剪贴板上。

4. 剪切对象

如果要剪切对象，可选择菜单栏中的“编辑”|“剪切”命令，或单击标准工具栏中的“剪切”按钮，也可按快捷键Ctrl+X，即可将选择的对象剪切到剪贴板上。

5. 粘贴对象

如果要将复制或剪切到剪贴板上的对象粘贴到页面中，可选择菜单栏中的“编辑”|“粘贴”命令，或单击标准工具栏中的“粘贴”按钮，也可按快捷键Ctrl+V将剪贴板中的对象粘贴到绘图区中，而按小键盘上的“+”键，也可原地复制一个对象。

使用“再制”命令不仅可以复制对象，还可复制对象的旋转、移动以及缩放等属性。再制的对象与原对象之间有一个较小的位移。按住鼠标左键将对象拖至页面中需要的位置，然后单击鼠标右键，即可快速再制对象。

6. 复制对象属性

选择菜单栏中的“编辑”|“复制属性自”命令，可以将一个对象的属性复制到其他对象

上，包括对象的轮廓线、轮廓色以及填充等，设置选项如图3-5所示。

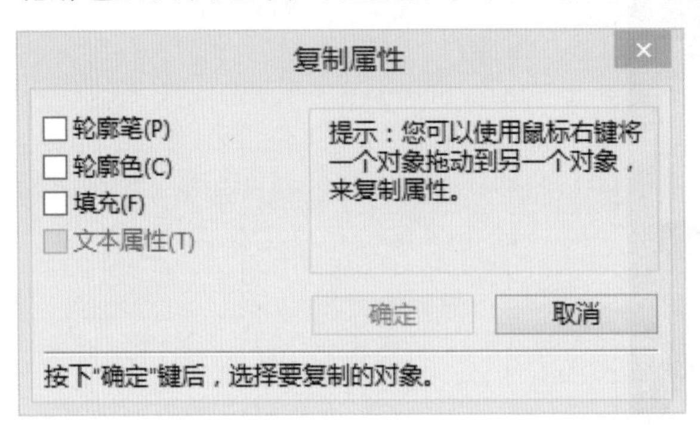

图3-5

7. 删除对象

选择要删除的对象，选择菜单栏中的“编辑”|“删除”命令，或按Delete键即可。

8. 克隆对象

克隆对象时，将创建链接到原始对象的对象副本，对原始对象所做的任何更改都会自动反映在克隆对象中。不过，对克隆对象所做的更改不会自动反映在原始对象中，通过还原为原始对象，可以移除对克隆对象所做的更改。

选择要克隆的对象，选择菜单栏中的“编辑”|“克隆”命令，手动调整克隆对象至合适位置，或者在克隆之前设置好克隆对象的位置，当选择原始对象进行属性更改时，对应的克隆对象的属性也会随之改变。

通过克隆可以在更改主对象的同时修改对象的多个副本。如果希望克隆对象和主对象在填充和轮廓颜色等特定属性上不同，而希望主对象控制形状等其他属性，则这种类型的修改特别有用。如果只是希望在多次绘制时使用相同对象，可考虑使用符号而不是克隆，以使文件大小可以管理。

3.1.2 对象的简单操作

1. 移动对象

选择对象后，用鼠标拖动对象即可移动，按住Shift键或Ctrl键可以沿水平或垂直方向移动对象，还可以使用键盘上的方向键来移动对象。

2. 精确移动对象

如果要精确定义移动距离，可在选择对象后，选择菜单栏中的“对象”|“变换”|“位置”命令，打开“变换”泊坞窗中的“位置”选项卡，如图3-6所示。

3. 旋转对象

使用选择工具双击对象，使其处于旋转模式，此时对象周围将出现8个双向箭头，并在中心位置出现一个小圆圈，也就是旋转中心。鼠标指针变为形状，按住鼠标左键并拖动，即可将对象绕着旋转中心进行旋转。

4. 精确旋转对象

如果要精确旋转对象，可在使用选择工具选择对象后，再选择菜单栏中的“对象”|“变换”|“旋转”命令，如图3-7所示。

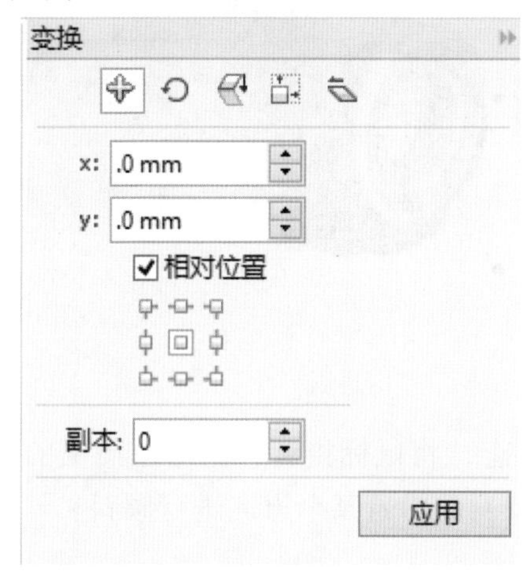

图3-6

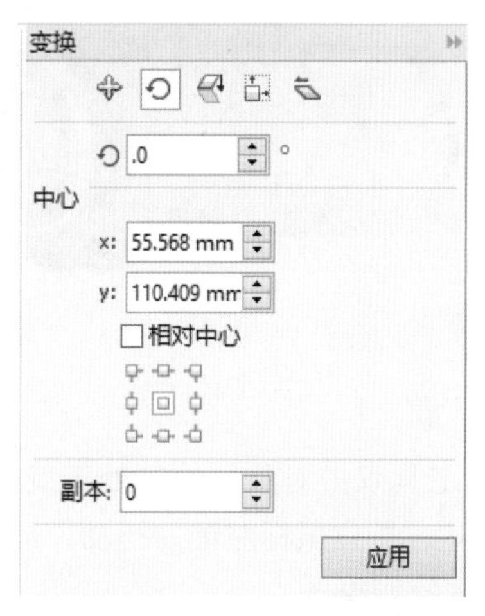

图3-7

5. 缩放对象

使用选择工具选择对象，将光标放在定界框边角的控制点上，当光标变为↕↘↔↗形状时，单击并拖动鼠标可以拉伸对象；按住Shift键可以按等比例缩放对象，如图3-8所示。

6. 精确缩放对象

选择对象后，使用“变换”泊坞窗中的缩放工具可以精确缩放对象，如图3-9所示。在泊坞窗选项区的输入框中输入数值，可设置对象在水平与垂直方向上的缩放比例。如果不选中“按比例”复选框，则可以将对象进行不成比例的缩放。设置好参数后，单击“应用”按钮，即可缩放所选对象。

图3-8

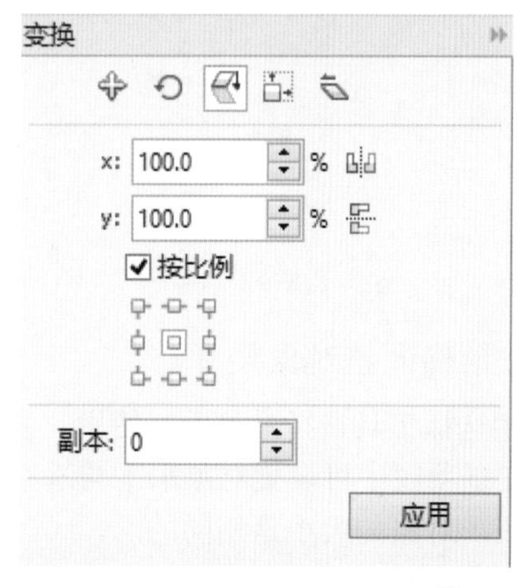

图3-9

7. 镜像对象

使用选择工具选择对象后，单击属性栏中的按钮即可水平或垂直镜像对象，也可以使用“变换”泊坞窗中的“缩放与镜像”工具来镜像对象，如图3-10所示。

图3-10

8. 倾斜对象

使用选择工具双击对象，使其处于旋转状态，将鼠标指针移至对象周围的双向箭头上，指针变为⇌形状，按住鼠标左键并拖动，即可使对象沿着某个方向进行倾斜。

9. 精确倾斜对象

选择对象后，使用“变换”泊坞窗中的倾斜工具可以精确倾斜对象，在泊坞窗选项区的输入框中输入数值，可设置对象在水平与垂直方向上的倾斜。如果不选中“使用锚点”复选框，则可以将对象进行不成比例的倾斜。在选项区中的“副本”文本框中输入数值，可以设置倾斜对象的个数。设置好参数后，单击“应用”按钮，即可倾斜所选对象，如图3-11所示。

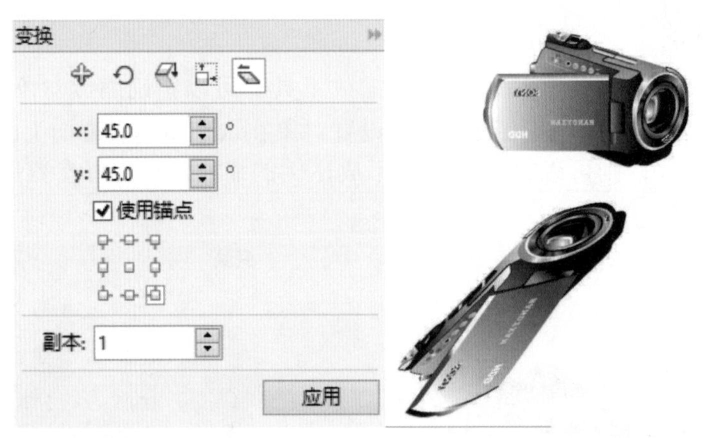

图3-11

10. 精确调整对象尺寸

使用选择工具选择对象后，使用“变换”泊坞窗中的大小工具可设置对象尺寸，如图3-12所示。在选项区中可设置对象水平与垂直方向大小，它与在属性栏中的对象大小输入框中输入数值设置图形对象的大小是相同的。

11. 清除对象变换

如果要清除对象变换，可以选择菜单栏中的“对象”|“变换”|“清除变换”命令，使所选对象恢复到变换操作之前的状态。

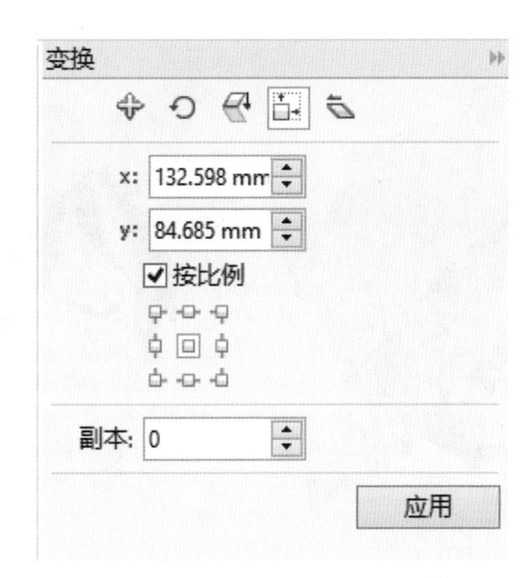

图3-12

3.2 对象笔刷工具运用

通过控制节点可编辑曲线对象或文本字符，形状工具组中有7种变形工具，如图3-13所示。使用这些工具时，在对象上方单击或按下鼠标左键进行拖动涂抹即可按照特定的方式扭曲对象，如图3-14所示。

图3-13

选择一个图形　　涂抹工具处理

图3-14

转动工具处理

吸引工具处理

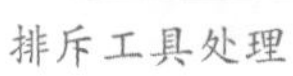

排斥工具处理

沾染工具处理

粗糙工具处理

图3-14(续)

- 平滑工具：沿对象轮廓拖动工具使对象变得平滑。
- 涂抹工具：沿对象轮廓拖动工具来改变其边缘。
- 转动工具：沿对象轮廓拖动工具来添加转动效果，可以产生漩涡状变形。
- 吸引工具：通过将节点吸引到光标处调整对象形状。
- 排斥工具：通过将节点推离光标处调整对象形状。
- 沾染工具：沿对象轮廓拖动工具来更改对象形状。
- 粗糙工具：沿对象轮廓拖动工具以扭转对象边缘，可以产生锯齿边缘形状。

3.3 对象对齐和分布

当工作区中有多个图形对象时，可以使用“对齐与分布”命令将这些图形对象对齐或进行均匀分布，可以使对象互相对齐，也可以使对象与绘图页面的各个部分对齐，这样能够使图形对象更加有序，使图形创作更加准确、快捷、生动。

在绘图区中选择要对齐的多个对象，选择菜单栏中的“对象”|“对齐和分布”命令，将弹出其泊坞窗，如图3-15所示。在“对齐与分布”泊坞窗中可以设置对象在水平或垂直方向上的对齐方式，其水平对齐方式分为左、中、右3种类型；而垂直对齐方式分为上、中或下3种类型，可以根据需要选择对齐的方式。笔记本按键顶端对齐，如图3-16所示。

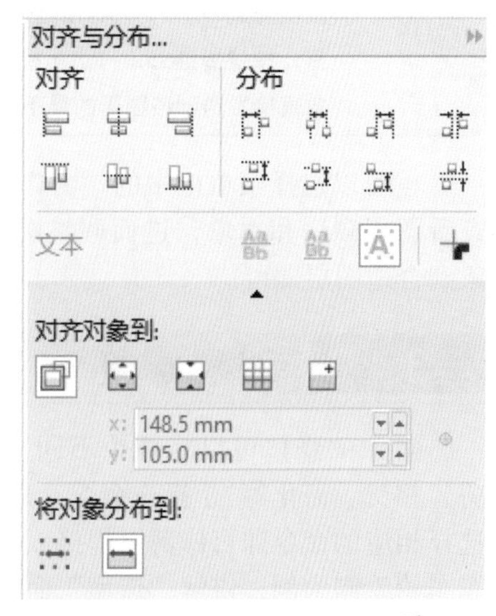

图3-15

图3-16

对齐功能也是有快捷键的，在无输入法状态下：上T、中E、下B、左L、中C、右R；分布的快捷键上Shift+T、中Shift+E、下Shift+B、左Shift+L、中Shift+C、右Shift+R，使用这些快捷键可快速而有效地操作。

3.4 对象顺序和修整

3.4.1 对象顺序

在CorelDRAW X7中，复杂的图形都是由一系列相互重叠的对象组成，比如在绘图区中的同一位置先后绘制两个不同的图形对象，最后绘制的对象将在最上层，而最先绘制的对象将在最底层。在编辑这些对象时往往需要调整它们的层次关系。选择菜单栏中的“对象”|“顺序”命令，弹出其子菜单，从中选择相应的命令即可调整对象的叠放顺序。

提示 按快捷键Ctrl+PgUp将所选对象的层次向上调整，按快捷键Ctrl+PgDn可以将所选对象的层次向下调整；按快捷键Shift+PgUp将所选对象直接放置到该图层的最上层，而按快捷键Shift+PgDn将所选对象直接发送到该图层的最下层。当习惯了用快捷键进行操作时，能够很大程度上提高绘图效率。

也可以选择菜单栏中的“窗口”|“泊坞窗”|“对象管理器”命令，在打开的泊坞窗中可以查看图层顺序和对象，进而调整图层顺序。想要调整哪一个对象，直接单击对象名称，拖动对象到合适图层即可。

3.4.2 对象修整

对象的修整可以将两个不同对象以不同方式相互作用而创建新的对象，它包括焊接、修剪、相交、简化等7个操作命令。选择菜单栏中的“对象”|“造型”命令，可弹出泊坞窗，从中选择相应的命令即可修剪、焊接或相交对象，从而得到一个新的图形。下面以图3-17所示的自行车车轮绘制为例，讲解“造型”命令泊坞窗的应用。

图3-17

1. 修剪对象

修剪对象就是用一个对象去修剪另一个对象的重叠区域，从而生成新的对象，被修剪的对象将自动被删除。用修剪命令制作一个自行车的轮胎图形，具体操作方法如下。

Step01 绘制两个圆形，使用对齐与分布命令将其设置成同心圆，并填充不同的颜色，将小些的圆形放在上面，如图3-18所示。

Step02 在“造型”泊坞窗的下拉列表中选择修剪选项，单击“修剪”按钮，此时鼠标指针变为形状，将鼠标指针移至要修剪的目标对象即大的圆形上单击，即可对大的圆形进行修剪，移动图形后可以看见修剪后的效果，如图3-19所示。

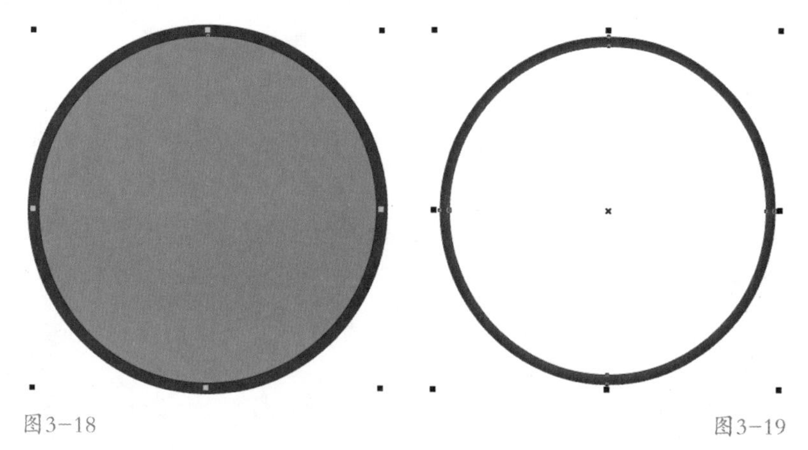

图3-18　　图3-19

2. 焊接对象

使用焊接命令可以使两个或多个对象结合在一起，从而创建一个独立的对象。如果焊接的是重叠的对象，它们会结合在一起并拥有一个轮廓；如果不是重叠对象，会形成一个焊接群组，并可作为一个独立的对象进行各种操作。用焊接命令制作车轮胎的胎纹，具体操作方法如下。

Step01 选择钢笔工具，绘制曲线图形，并填充为黑色，放置到轮胎的上顶面，如图3-20所示。

Step02 选择菜单栏中的“对象”|“变换”|“旋转”命令后，双击绘制的曲线，并将其中心点放置于圆形的中心点处，如图3-21所示。此时“变换”泊坞窗设置如图3-22所示，单击“应用”按钮，使绘制的曲线胎纹旋转一周，如图3-23所示。

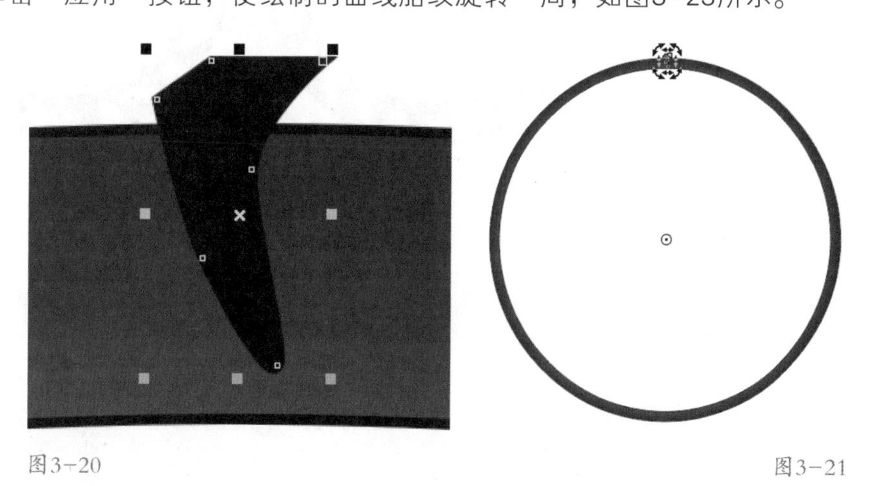

图3-20　　图3-21

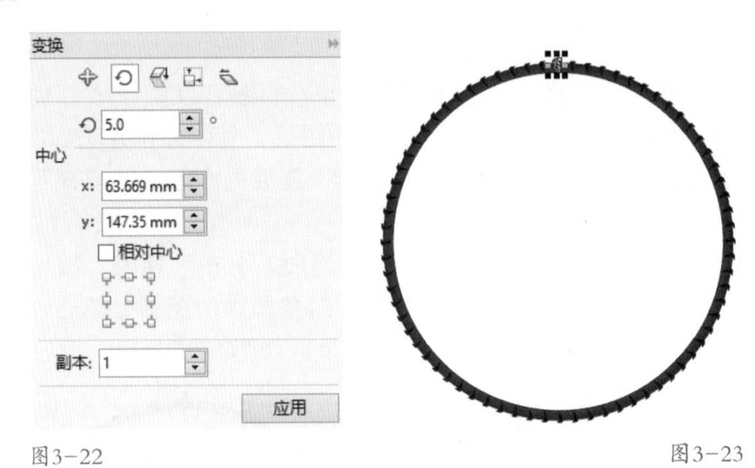

图3-22　　图3-23

Step03 选择绘制的轮胎，在“造型”泊坞窗的下拉列表中选择“焊接”选项，单击“焊接到”按钮，此时鼠标指针变为形状，依次单击绘制的胎纹，此时即可将所有图形焊接在一起，轮胎图形的颜色将变成胎纹图形的颜色，如图3-24所示。

3. 移除前面对象

移除前面是用上层的对象修剪最底层的对象，在修剪后只保留修剪生成的对象。要使用移除前面功能，其具体的操作方法如下。

Step01 使用相同的方法绘制一个圆环，在圆环上绘制椭圆形并使其旋转45°，选择旋转命令，使椭圆在圆环上旋转一周，如图3-25所示。

Step02 在“造型”泊坞窗的下拉列表中选择“移除前面对象”选项，用框选方式全选刚才绘制的图形，单击“应用”按钮，即可完成前减后操作，如图3-26所示。

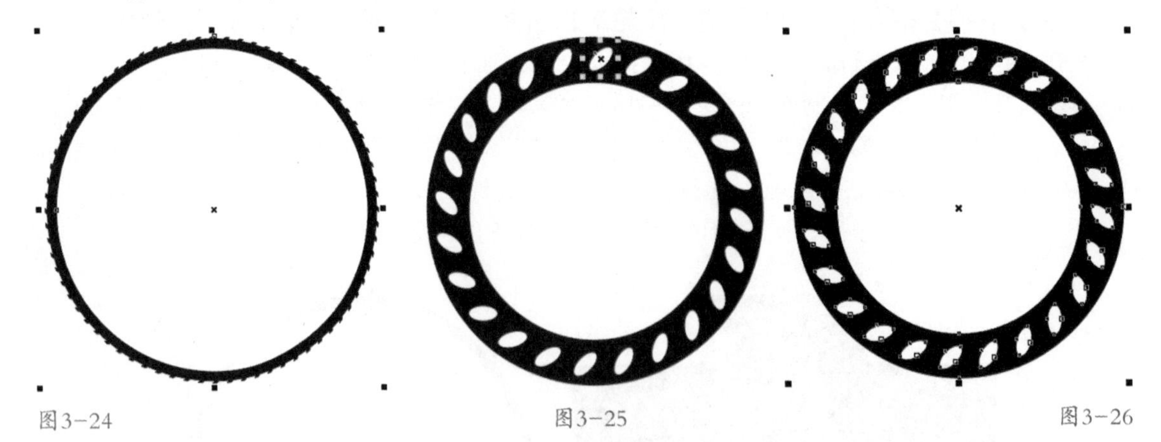

图3-24　　图3-25　　图3-26

4. 移除后面对象

移除后面对象的功能与移除前面功能恰好相反，即使用底层的图形修剪上层的图形，具体的操作方法如下。

Step01 使用相同的方法绘制椭圆形，选择“旋转”命令，使椭圆旋转一周，再绘制一个圆环，使圆环中心点与旋转中心点重合上，分别填充不同的颜色，如图3-27所示。

Step 02 采用框选方式全选刚才绘制的图形，选择“移除后面对象”命令，单击“应用”按钮，将黑色的椭圆移除，如图3-28所示。

Step 03 为绘制的图形使用“对象”|“对齐和分布”命令，使其水平居中和垂直居中对齐，如图3-29所示。

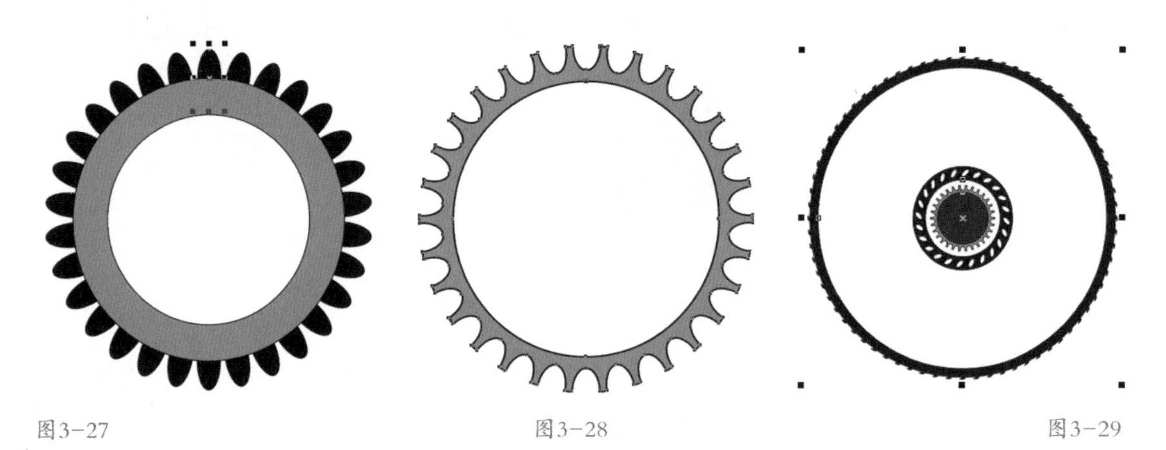

图3-27 图3-28 图3-29

Step 04 使用相同的方法绘制圆环，并使用渐变填充制作车圈。选择2点线工具，绘制一组辐条，如图3-30所示。选择“旋转”命令，设置“旋转角度”为15°，“副本”为1，使其旋转一周，如图3-31所示。

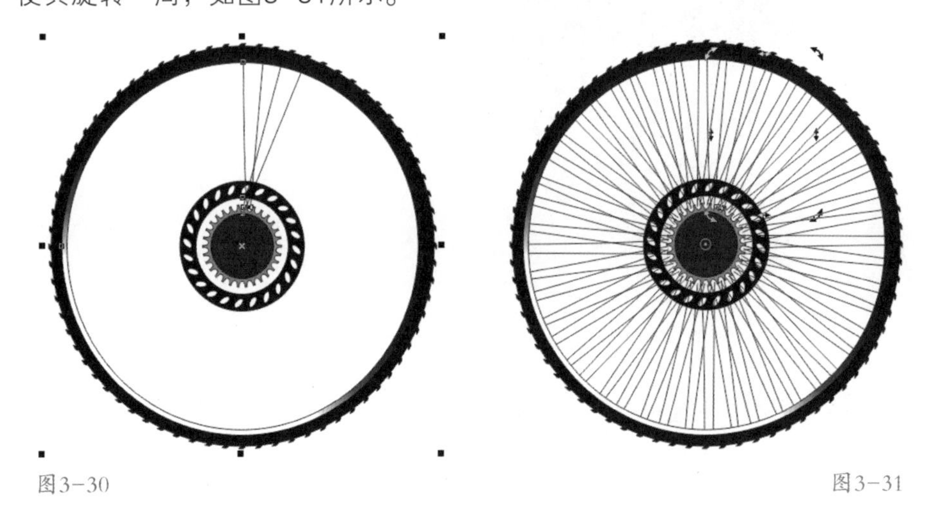

图3-30 图3-31

5. 相交对象

使用相交命令可以将两个或多个对象的重叠区域创建为一个新对象。在绘图区中绘制两个或多个具有重叠区域的图形对象，选择“相交”命令，效果如图3-32所示。

6. 简化对象

简化功能与修剪功能相似，使用“简化”功能也可将两个或多个重叠对象的区域修剪成新的对象，这些对象的修剪操作以绘制图形的先后为顺序，也就是说最后绘制的图形剪去先前绘制的图形。

图3-31

7. 边界

在封闭图形路径中自动建立所选取多个对象的最大边界的路径。与焊接工具不同的是，创建对象边界线是自动将最大边界的路径描绘一遍，复制生成新的边界路径，而不修改和破坏源对象，如图3-33所示。

图3-33

3.5 对象合并和拆分

合并两个或多个对象可以创建带有共同填充和轮廓属性的单个对象。可以合并矩形、椭圆形、多边形、星形、螺纹图形或文本，以便将这些对象转换为单个曲线对象，不再具有原来的属性。如果需要修改从独立对象合并而成的对象的属性，可以拆分合并的对象。

1. 合并对象

选择菜单栏中的“对象”|“合并”命令，即可合并对象，如图3-34所示。合并后的对象属性与选取对象的先后顺序有关，如果采用点选的方式，则合并后的对象属性与最后选择的对象属性保持一致；如果采用框选的方式，则合并后的对象属性与位于最下层的对象属性保持一致。

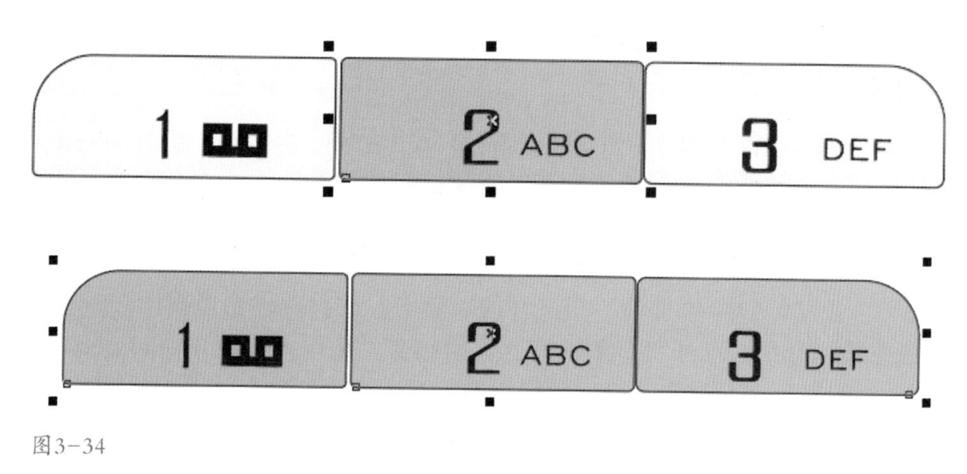

图3-34

“合并”命令适用于没有重叠的图形，如果有重叠，重叠区域将无法填充颜色。

2. 拆分对象

使用拆分功能可以将结合后的对象分离为结合前的单独对象状态。要将一个结合的对象整体拆分，可先选中要拆分的对象整体，然后选择菜单栏中的“对象”|“拆分”命令，即可将一个整体对象拆分，将合并的对象拆分，即可创建多个对象和路径，填充和轮廓属性将沿用合并时的属性。

3.6 对象锁定和解锁

在编辑图形对象的过程中，为避免所绘制的图形发生变化，可以将其锁定，这样在进行其他操作时不会影响锁定的对象，对其他对象编辑完成后，还可以解除对象的锁定。

1. 对象的锁定

选择要锁定的对象，选择菜单栏中的“对象”|“锁定对象”命令，此时所选对象四周的控制点将变为🔒形状，表示此对象已经被锁定，如图3-35所示。

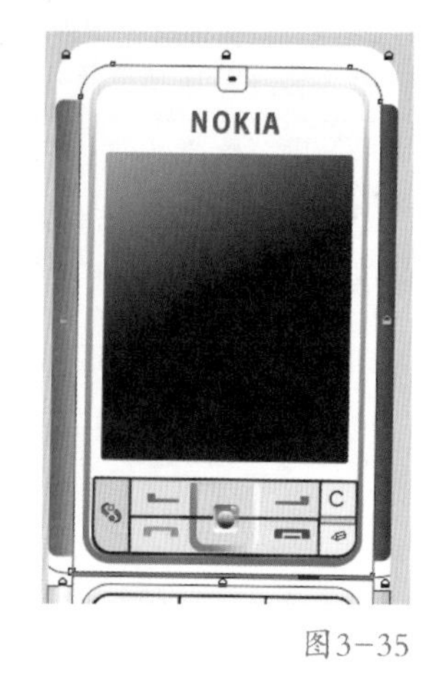

图3-35

2. 对象的解锁

如果要编辑锁定的对象，必须先解除对象的锁定。即选中锁定的对象，选择菜单栏中的“对象”|“解锁对象”命令，即可使对象恢复到正常可编辑状态。

如果有多个锁定的对象需要编辑，可选择菜单栏中的“对象”|“对所有对象解锁”命令，解除所有对象的锁定状态。

3.7 组合和取消组合对象

如果需要对多个对象进行相同的操作，可以考虑将这些对象组合为一个整体。这样不仅便于操作，还可以制作出特殊的效果。与合并对象不同的是，组合对象内每个对象依然相对独立，保留着其原有的属性，如颜色、形状等。移动组合对象时各个对象之间的相对位置保持不变。

1. 组合对象

组合就是将多个所选的对象或一个对象的各部分组合成一个整体。组合的对象可以像单个对象一样进行移动、旋转或缩放等操作。首先将要群组的两个或多个对象全都选中。然后选择菜单栏中的“对象”|“组合”命令，或单击属性栏中的“组合”按钮，即可将所选的多个对象或一个对象的各个部分群组为一个整体。

如果要将一个独立的对象添加到一个组合的对象中，可以选择菜单栏中的“窗口”|“泊坞窗”|“对象管理器”命令，打开“对象管理器”泊坞窗，从中选择要添加的对象名称，并将其拖至要添加到的组合对象的名称上，松开鼠标，即可将该对象添加到组合中。

2. 嵌套组合

多个组合的对象可以再次进行组合，成为一个大的对象，即组合操作是可以嵌套选择的。

3. 取消组合对象

组合对象后，也可取消群组，选择菜单栏中的“对象”|“取消组合对象”命令，或在属性栏中单击“取消组合对象”按钮即可。

如果要取消一个多层组合，使每个对象都成为独立的对象，可选择菜单栏中的“对象”|“取消组合所有对象”命令。

4. 从组合对象内选取图形

如果要对组合对象中某个单独的对象进行移动、缩放等操作，可以按住Ctrl键的同时再选取组合对象中的对象，接下来再针对选中的对象进行相应的操作。

组合快捷键是Ctrl+G，解除组合的快捷键是Ctrl+U。

3.8 设计案例——绘制笔记本电脑

设计分析：

主要运用了矩形工具、形状工具、修剪工具、智能填充工具、文字工具、交互式透明及交互式阴影工具等。

1. 作图准备

Step01 新建一个横版的A4文件，如图3-36所示。

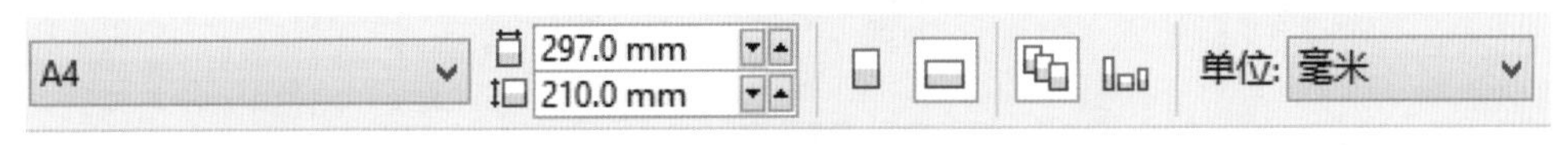

图3-36

Step02 在对象管理器中设置图层，分别命名为“背景”、“电脑主体”、“电脑细节”、“电脑按键”，如图3-37所示。

Step03 选择菜单栏中的“工具”|“选项”命令，在打开的“选项”对话框中选择“文档”|“背景”选项，将文档页面的背景设置为黑色，如图3-38所示。

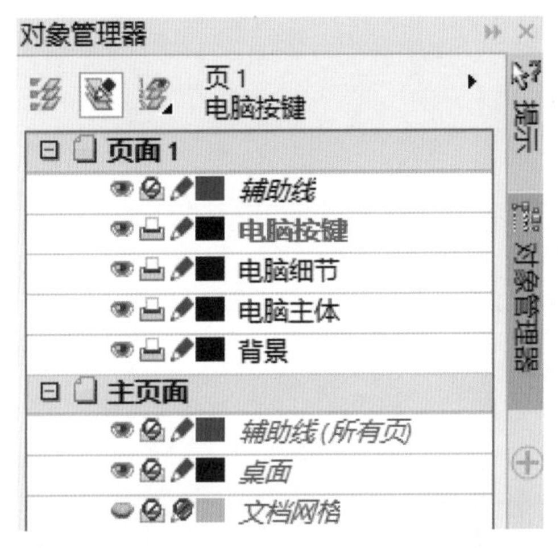

图3-37

图3-38

2. 绘制电脑主体

Step01 选择“电脑主体”图层，绘制主体效果图。使用矩形工具和形状工具绘制宽度为180mm、高度为124mm的倒角矩形，并线性渐变填充，在渐变预览条上，设置各点的CMYK值为：0%(0,0,0,30)、21%(0,0,0,0)、41%(0,0,0,30)、62%(0,0,0,0)、85%(0,0,0,20)、100%(0,0,0,0)，对话框如图3-39所示。

也可以双击状态栏中的 填充选项完成填充。

Step02 对步骤1中绘制的倒角矩形使用“复制”、“粘贴”命令，也可以使用快捷键Ctrl+C、Ctrl+V，选择菜单栏中的“对象”|“变化”|“缩放”命令，等比例缩小并调整位置，如图3-40所示。

Step 03 使用矩形工具和形状工具绘制一个宽度为225mm、高度为32mm的倒角矩形，选择菜单栏中的“效果”|“添加透视”命令，对倒角矩形进行调整，调整后的效果如图3-41所示。

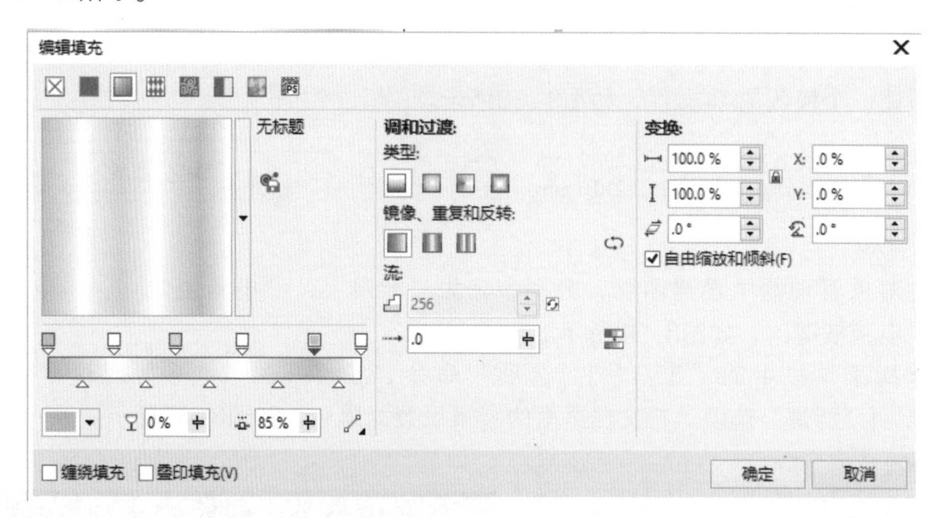

图3-39

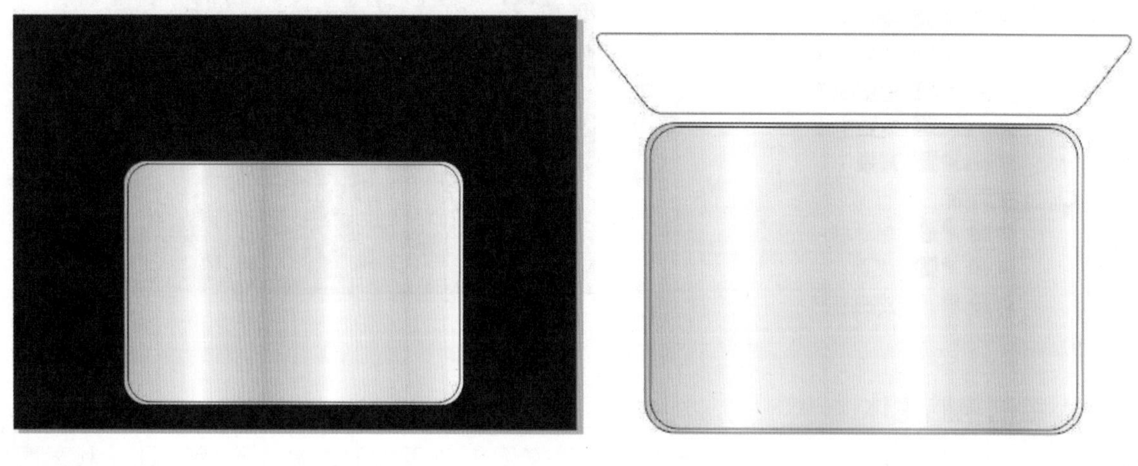

图3-40

图3-41

Step 04 使用线性渐变填充，在渐变预览条上，设置各点的CMYK值为：0%(0,0,0,30)、22%(0,0,0,0)、43%(0,0,0,30)、65%(0,0,0,0)、85%(0,0,0,30)、100%(0,0,0,0)，对话框如图3-42所示，填充效果如图3-43所示。

Step 05 使用矩形工具绘制宽度为204mm、高度为24mm的矩形，设置其均匀填充，填充色为黑色，并选择菜单栏中的“效果”|“添加透视”命令，调整位置效果如图3-44所示。

Step 06 使用椭圆工具绘制显示器的细节部分，设置其均匀填充，填充色为白色，效果如图3-45所示。

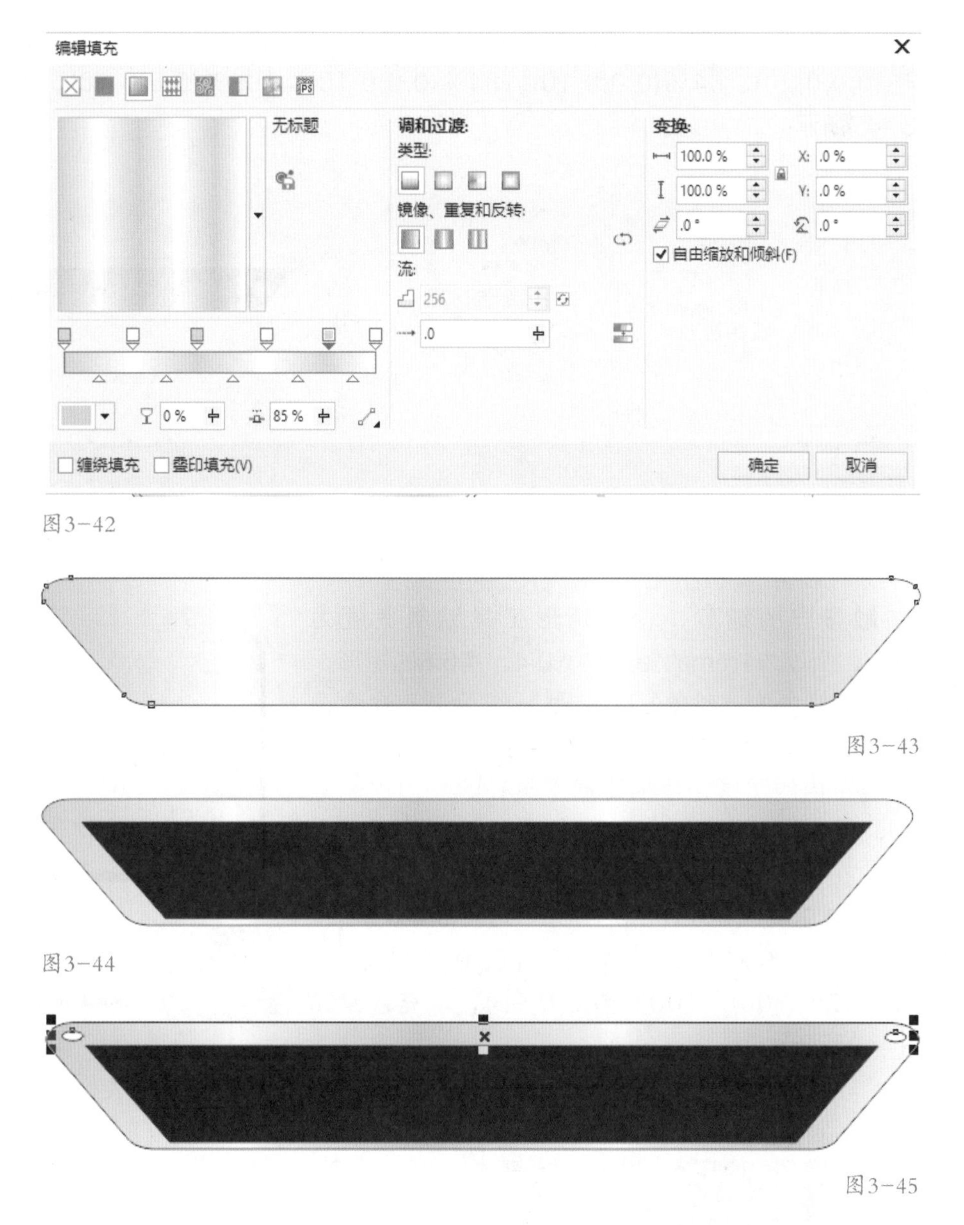

图3-42

图3-43

图3-44

图3-45

3. 绘制电脑细节

Step 01 在“电脑细节”图层上，使用矩形工具和形状工具绘制一个宽度为40.4mm、高度为31.5mm、倒角为3.5mm的倒角矩形，设置均匀填充，填充为黑色。再绘制一个宽度为10.5mm、高度为1.2mm的矩形，选择菜单栏中的“对象”|“对齐和分布”命令，将所有对象垂直中心对齐，如图3-46所示。

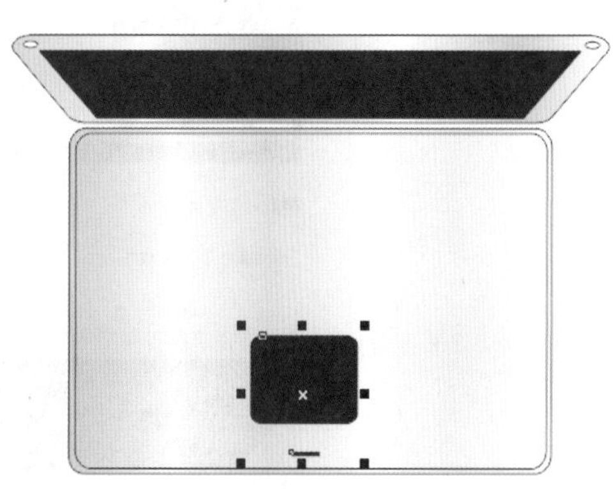

图3-46

Step 02 采用同样的方法，绘制一个宽度为40mm、高度为39mm的倒角矩形，设置线性渐变填充，在渐变预览条上，设置各点的CMYK值为：0%(0,0,0,30)、20%(0,0,0,10)、43%(0,0,0,20)、64%(0,0,0,10)、84%(0,0,0,10)、100%(0,0,0,10)，填充效果如图3-47所示。

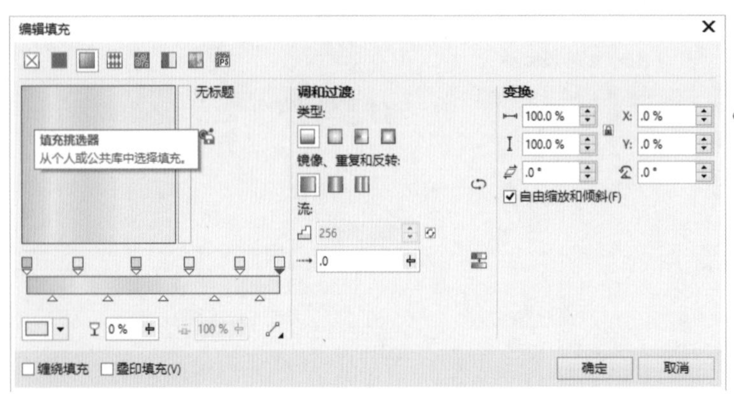

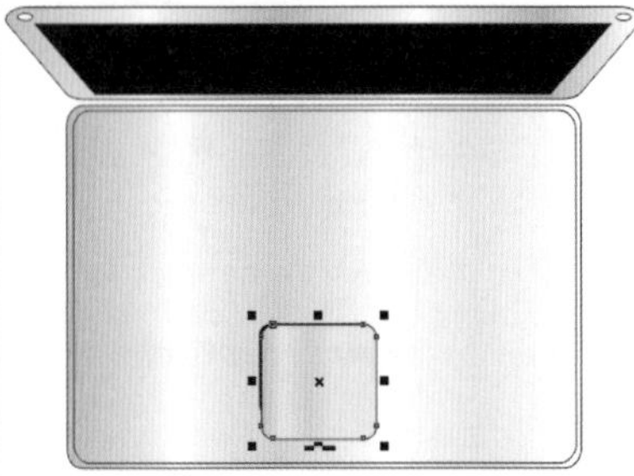

图3-47

Step03 绘制触摸屏的细节，使用矩形工具绘制宽度为40mm、高度为1mm的矩形和宽0.4、高6.6的矩形，选择菜单栏中的“对象”|“造型”|“合并”命令，将绘制的两个矩形焊接到一起，如图3-48所示。

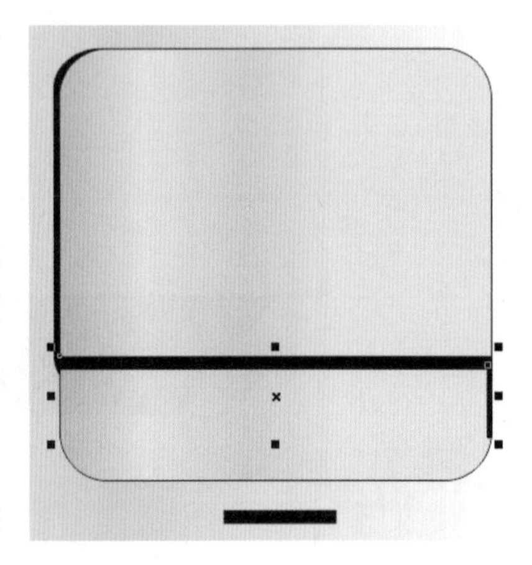

图3-48

Step04 绘制屏幕内的阴影，使用矩形工具在屏幕内绘制宽度为178mm、高度为8mm的矩形，设置线性渐变填充，在渐变预览条上，设置各点的CMYK值为：0%(0,0,0,90)、16%(0,0,0,100)、35%(0,0,0,90)、54%(0,0,0,100)、71%(0,0,0,90)、88%(0,0,0,100)、100%(0,0,0,90)，填充效果如图3-49所示。

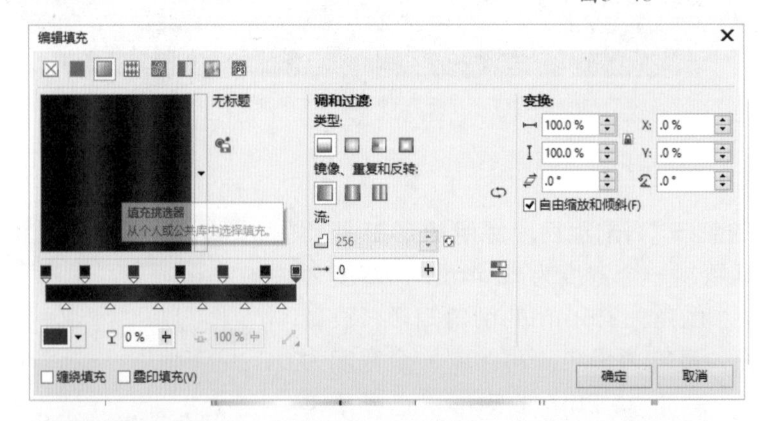

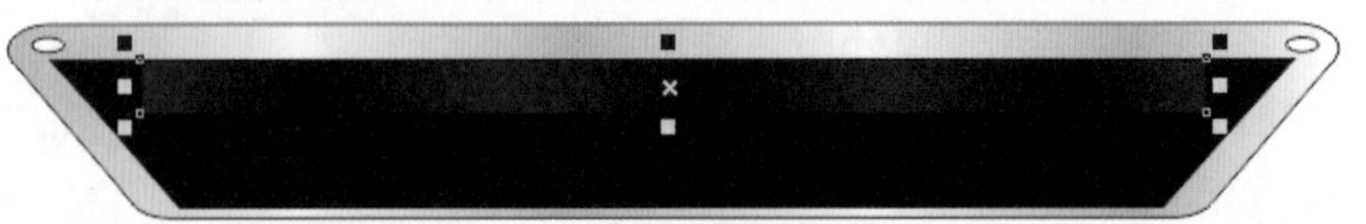

图3-49

Step 05 采用同样的方法，绘制宽度为178mm、高度为12mm的倒角矩形，设置均匀填充，CMYK值为(0,0,0,90)，如图3-50所示。

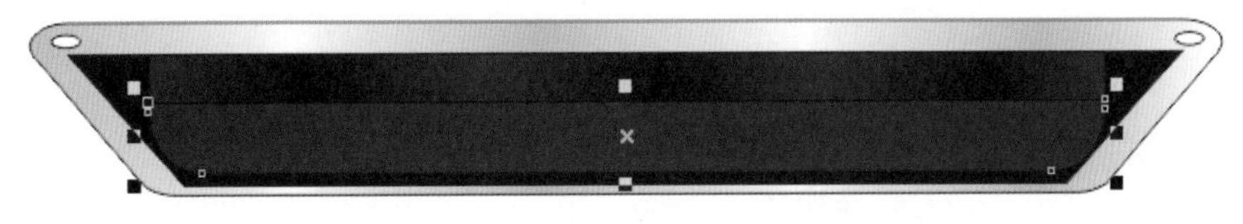

图3-50

Step 06 绘制屏幕与主体的连接部位，使用矩形工具和形状工具绘制宽度为107mm、高度为6mm的倒角矩形，设置线性渐变填充，在渐变预览条上，设置各点的CMYK值为：0%(0,0,0,30)、21%(0,0,0,0)、41%(0,0,0,20)、61%(0,0,0,0)、82%(0,0,0,10)、100%(0,0,0,0)，填充效果如图3-51所示。

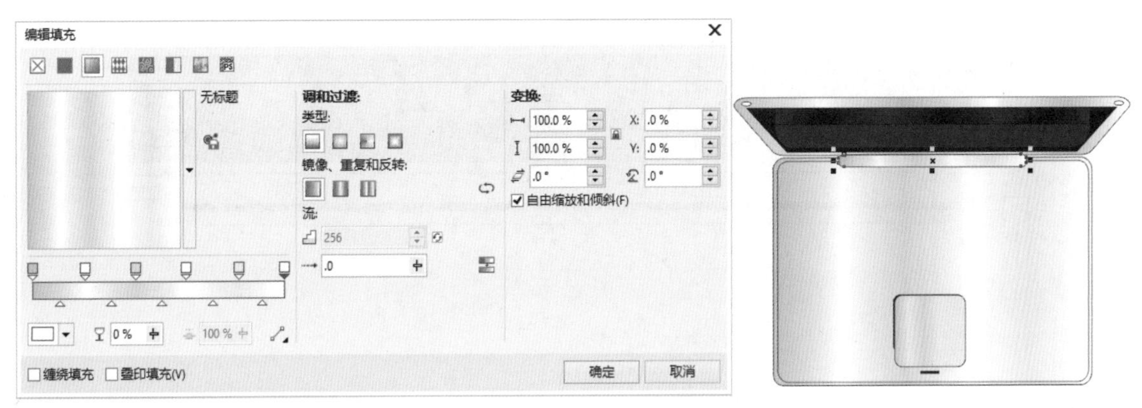

图3-51

Step 07 采用同样的方法，绘制宽度为105mm、高度为1mm的矩形，设置均匀填充，填充颜色为黑色，效果如图3-52所示。

图3-52

Step 08 按下Shift键，选择前面两步绘制的矩形，选择菜单栏中的“对象”|“组合”|“组合对象”命令，将其群组到一起。再选择菜单栏中的“对象”|“变换”|“镜像”命令，使其镜像到屏幕下方，如图3-53所示。

Step 09 按住Ctrl键不放，选中投影中的倒角矩形，并设置其均匀填充，填充色CMYK值为(0,0,0,90)，效果如图3-54所示。

Step 10 绘制电脑开关按键，按住Ctrl键，使用椭圆形工具绘制一个正圆，使用圆锥形渐变填充，在渐变预览条上，设置各点的CMYK值为：0%(0,0,0,100)、20%(0,0,0,0)、41%(0,0,0,100)、64%(0,0,0,0)、87%(0,0,0,100)、100%(0,0,0,0)，对话框如图3-55所示。

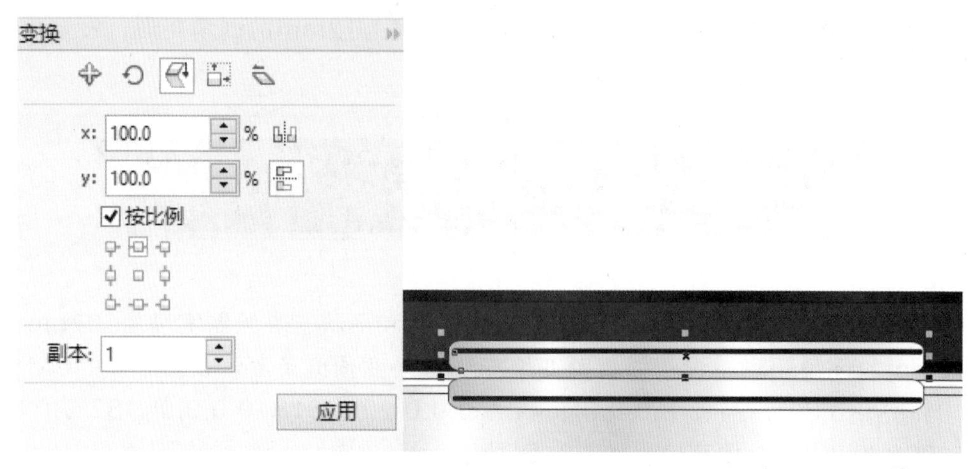

图3-53

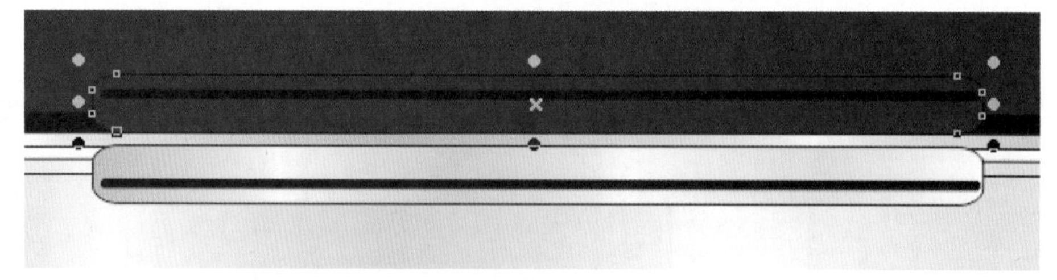

图3-54

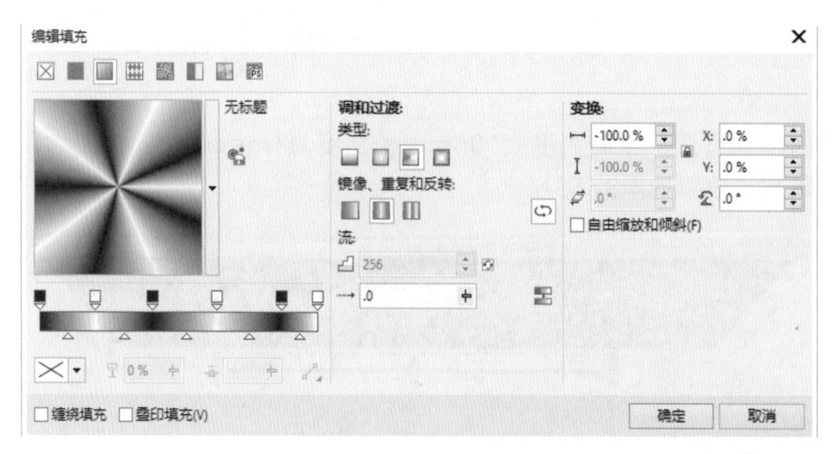

图3-55

Step 11 按住Ctrl键和Shift键，使用椭圆形工具绘制同心圆，在属性栏中设置其为圆弧，圆弧的起始和结束角度分别为120° 和60° ，使用钢笔工具连接两弧线的端点，并填充为白色，效果如图3-56所示。

Step 12 使用矩形工具绘制长方形，并填充为白色，效果如图3-57所示。

Step 13 按住Shift键多选，并组合绘制的按键对象，采用同步骤8中相同的方法“镜像”到屏幕上。按住Ctrl键不放，选中镜像的开关按键，重新渐变填充，在渐变预览条上，设置各点的CMYK值为：0%(0,0,0,100)、20%(0,0,0,80)、41%(0,0,0,100) 、64%(0,0,0,80)、87%(0,0,0,100)、100%(0,0,0,80)，如图3-58所示。

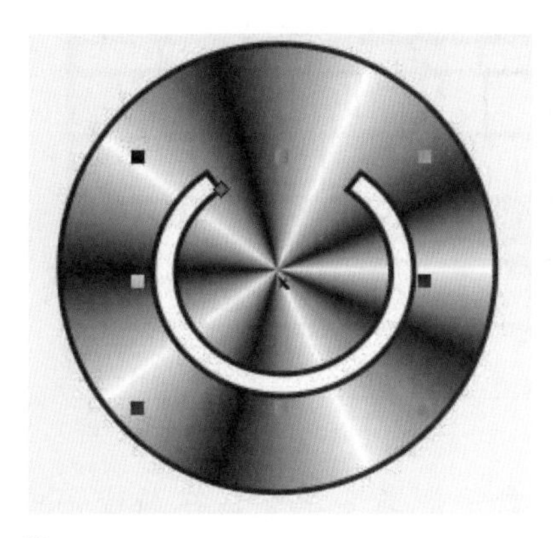

图3-56

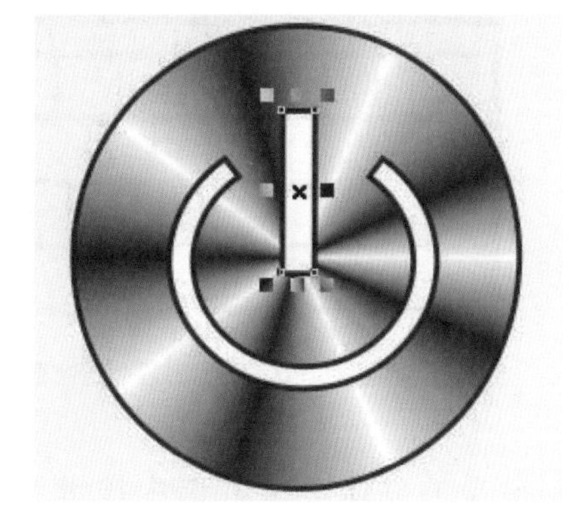

图3-57

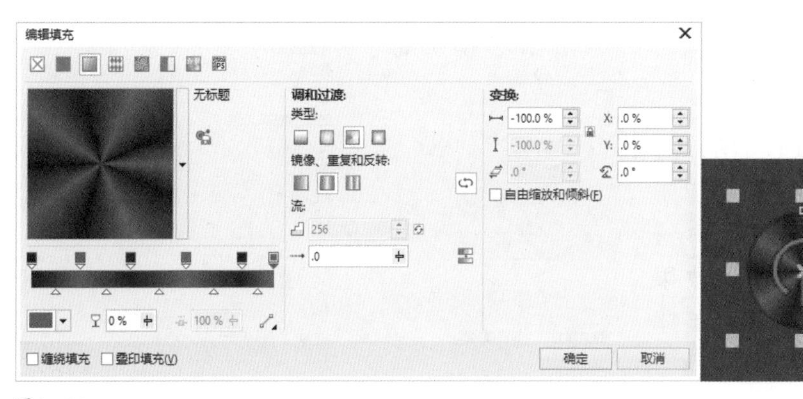

图3-58

Step 14 采用同样的方法，绘制其他按键，效果如图3-59所示。

图3-59

4. 绘制电脑按键

Step 01 在“电脑按键”图层上，使用矩形工具绘制宽度为177mm、高度为62mm的矩形，设置黑色均匀填充，如图3-60所示。

Step 02 使用矩形工具绘制键盘上的按键，选中每行按键，选择菜单栏中的“对象”|“对齐和分布”|“水平居中对齐”命令，效果如图3-61所示。

图3-60

图3-61

Step 03 绘制键盘的立体效果，选中按键，设置矩形渐变填充，在渐变预览条上，设置各点的CMYK值为：0%(0,0,0,40)、34%(0,0,0,30)、67%(0,0,0,20)、100%(0,0,0,10)，对话框设置如图3-62所示。采用同样的方法绘制其余按键，效果如图3-63所示，整体效果如图3-64所示。

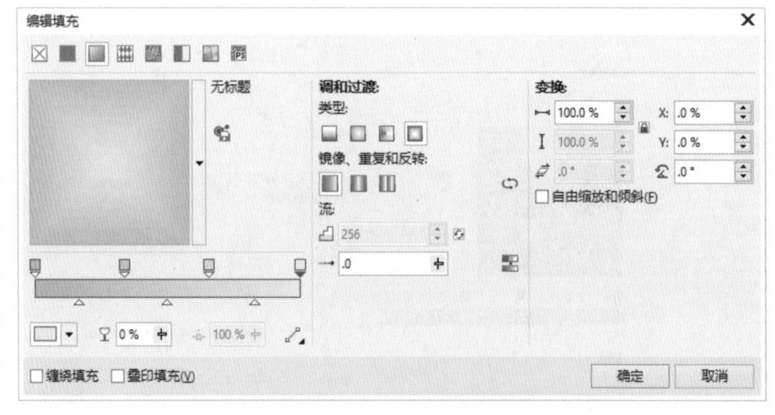

图3-62

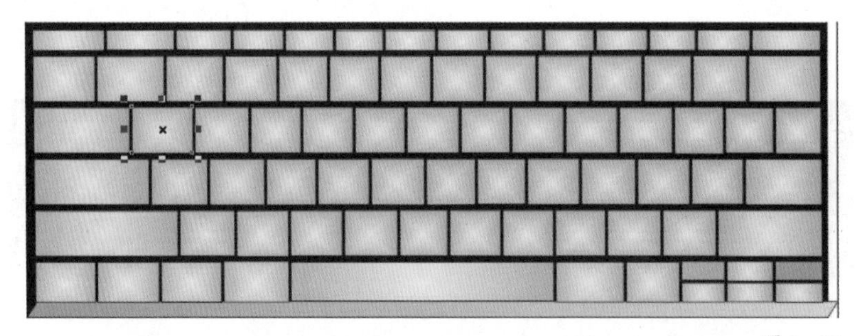

图3-63

图3-64

Step 04 绘制按键上的符号，使用文本工具、矩形工具、椭圆形工具、钢笔工具等绘制，最终按键效果如图3-65所示。

图3-65

3.9 拓展练习：绘制手机

使用矩形工具创建矩形，选择渐变填充设置颜色，最终效果如图3-66所示。

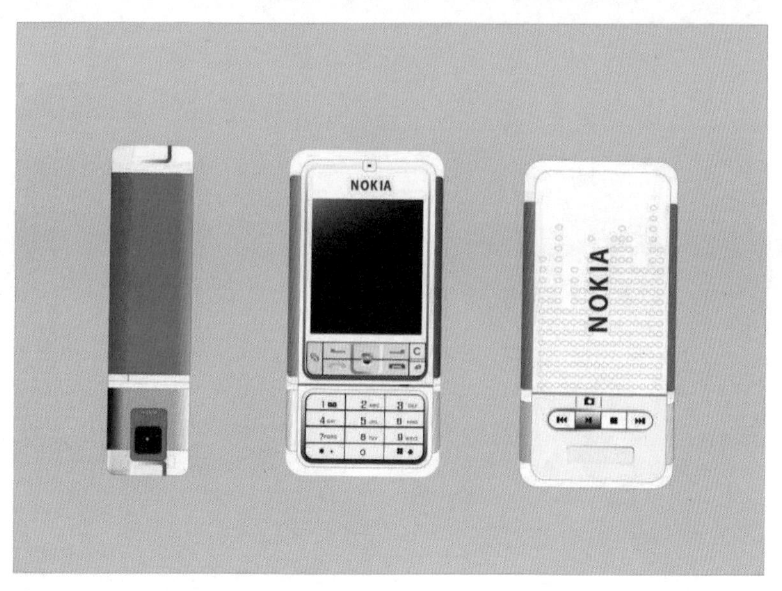

图3-66

交互式工具应用

本章主要讲解交互式调和工具、交互式轮廓工具、交互式变形工具、交互式封套工具、交互式立体工具、交互式阴影工具、交互式透明工具的使用方法，通过学习可以为图形对象添加很多特效效果。

本章知识点

- 交互式阴影效果
- 交互式轮廓效果
- 交互式调和效果
- 交互式变形效果
- 交互式封套效果
- 交互式立体效果
- 交互式透明效果
- 图框精确剪裁
- 透镜效果

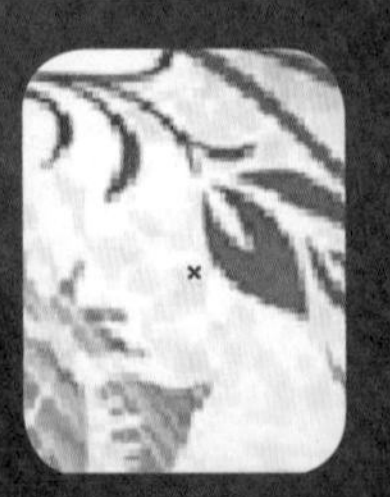
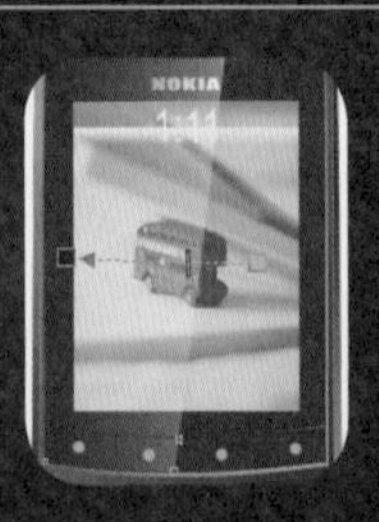

CorelDRAW X7的强大和易用在于它的一系列交互工具，以阴影工具为例，它的操作和调整十分直观且方便，它可以在对象本身进行直观的调整，同样也可以在属性栏上精确地调整阴影的方向、颜色、羽化程度等各项属性，并且实时反映到对象上，从而创造出千变万化的阴影效果。相对以前的版本，CorelDRAW X7提供了更多的功能和选项，增强了对阴影效果的控制。

4.1 交互式阴影效果

阴影效果是指为对象添加下拉阴影，增加景深感，从而使对象具有一个逼真的外观效果。制作好的阴影效果与选定对象是动态链接在一起的，如果改变对象的外观，阴影也会随之变化。使用交互式阴影工具，可以快速地为对象添加下拉阴影效果。操作时在工具箱中选择交互式阴影工具，选中需要制作阴影效果的对象，在对象上按下鼠标左键，然后向阴影投映方向拖动鼠标，此时会出现对象阴影的虚线轮廓框，至适当位置后，释放鼠标即可完成阴影效果的添加。

4.1.1 添加阴影效果

在工具箱中选择阴影工具，属性栏如图4-1所示。选中需要制作阴影效果的对象，在对象上按下鼠标左键，然后向投影投映方向拖动鼠标，此时会出现对象阴影的虚线轮廓框。调整至适当位置，释放鼠标即可完成阴影效果的添加，如图4-2所示。

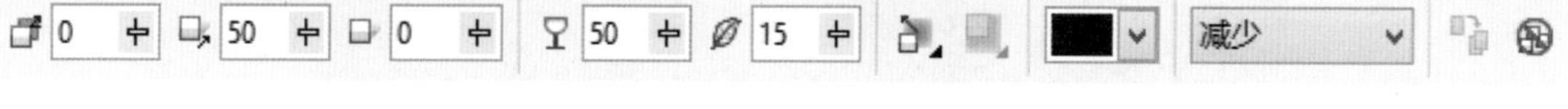

图4-1

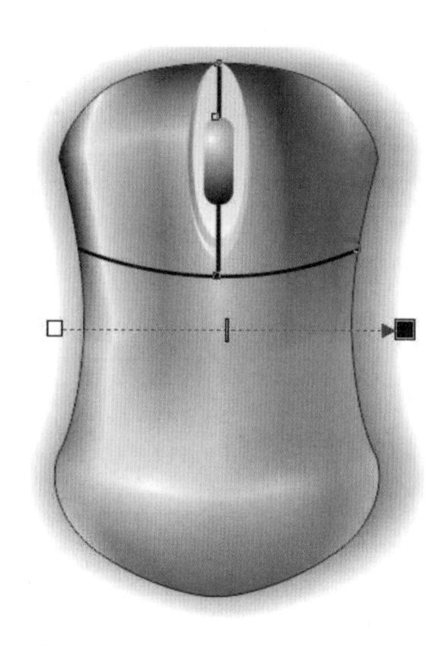

图4-2

4.1.2 编辑阴影效果

在阴影效果的属性栏中，可以编辑阴影效果，如阴影偏移、角度、不透明度、羽化值的调整，或删除阴影等。

- 阴影角度设置 0：设置或更改阴影变化的角度。
- 阴影延展设置 50：调整阴影变化的长度。
- 阴影透明度设置 76：数值越大，阴影就越明显。
- 阴影羽化设置 15：使阴影的边缘虚化。
- 阴影羽化方向和羽化边缘设置：可以设置阴影羽化的方向。
- 阴影颜色设置：改变阴影的颜色，添加的阴影效果如图4-3所示。

拖动阴影控制线中间的白色矩形调节钮，可以调节阴影的不透明度，越靠近白色方块不透明度越小，阴影越淡；越靠近黑色方块不透明度越大，阴影越浓，如图4-4所示。

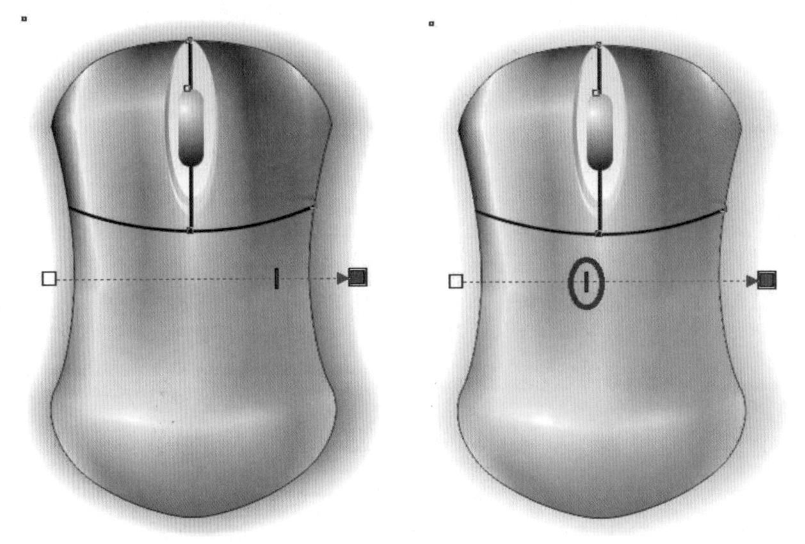

图4-3　　图4-4

设置好的阴影效果与选定对象是动态连接在一起的，如果改变对象的外观，阴影也会随之变化。

4.1.3 拆分阴影

使用选择工具选中对象和阴影，然后选择菜单栏中的“对象”|“拆分阴影群组”命令，如图4-5所示，快捷键为Ctrl+K。

拆分对象和阴影之后，就可以用选择工具单独选择了，如图4-6所示。拆分阴影群组之后，就可以对一个图多次使用阴影工具来添加阴影。

对象(C)　效果(C)　位图(B)　文本(X)　表格
插入条码(B)...
插入 QR 码
验证条形码
插入新对象(W)...
链接(K)...
符号(Y)
图框精确剪裁(W)
变换(T)
对齐和分布(A)
顺序(O)
合并(C)　Ctrl+L
拆分阴影群组(B)　Ctrl+K

图4-5

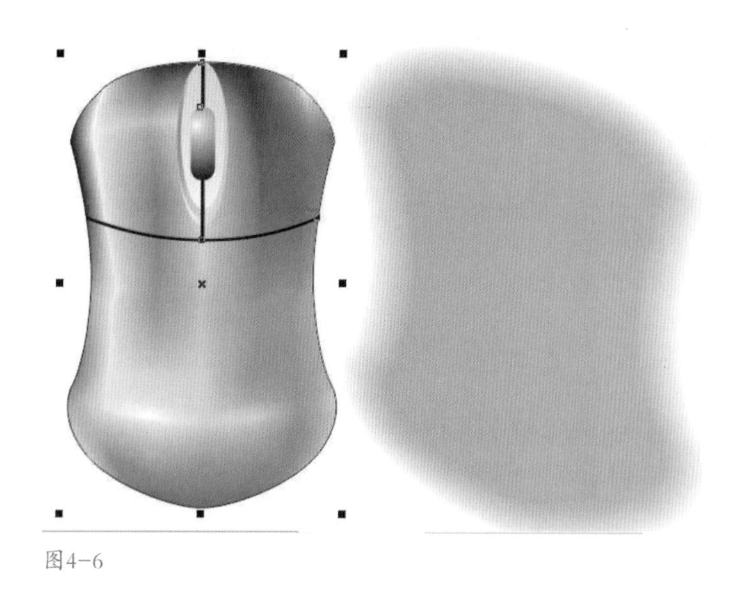

图4-6

4.2 交互式轮廓效果

轮廓效果是指由一系列对称的同心轮廓线组合在一起，所形成的具有深度感的效果。轮廓效果与调和效果相似，也是通过过渡对象来创建轮廓渐变的效果，它主要应用于单个图形的中心轮廓线，而不能应用于两个或多个对象。

在工具箱中选择轮廓图工具，属性栏如图4-7所示。选中需要制作轮廓效果的对象，在对象上面按下鼠标左键，然后向轮廓外部或内部拖动鼠标，效果如图4-8所示。

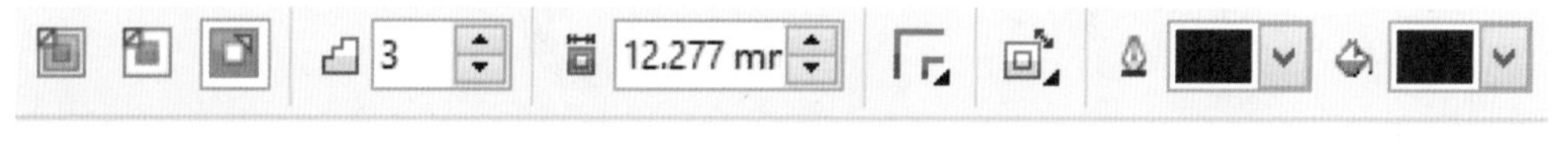

图4-7

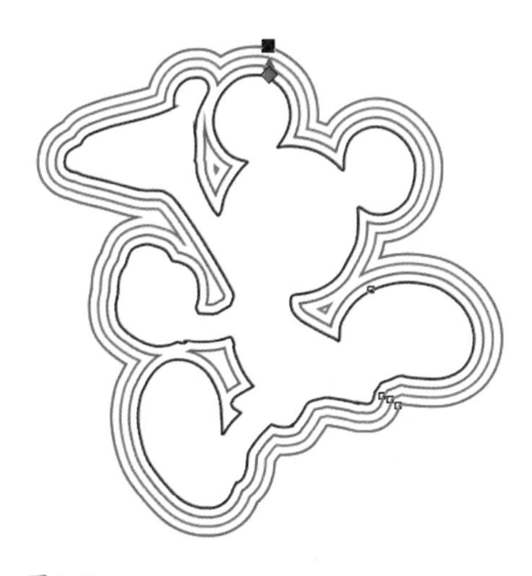

图4-8

- 轮廓方向设置：分别为应用轮廓填充到对象中心、应用轮廓填充到对象内部和应用轮廓填充到对象外部，如图4-9所示。

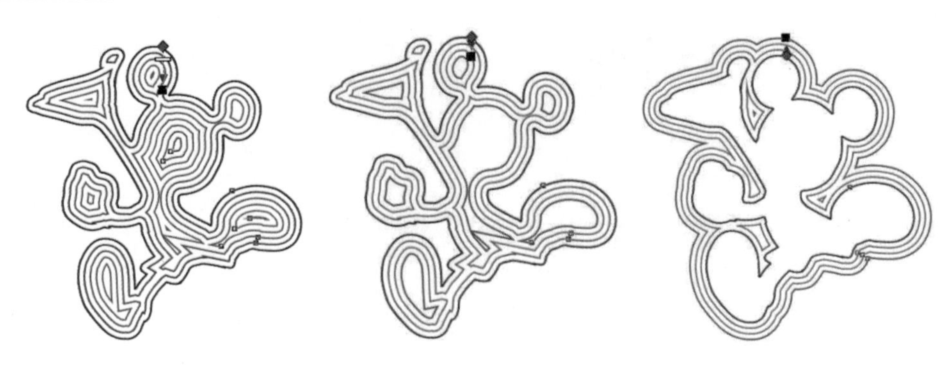

图4-9

- 轮廓图步长 3：设置轮廓图变化的数量，如果数量为1就是向内或向外产生1个轮廓，如果是3就是向内或向外产生3个轮廓。
- 轮廓图偏移 2.575 mm：调整生成轮廓间的间距。
- 轮廓图角：设置轮廓图角的类型，分为斜接角、圆角和斜切角。
- 轮廓色：设置轮廓颜色渐变顺序，可以使用线性、顺时针和逆时针，如图4-10所示。

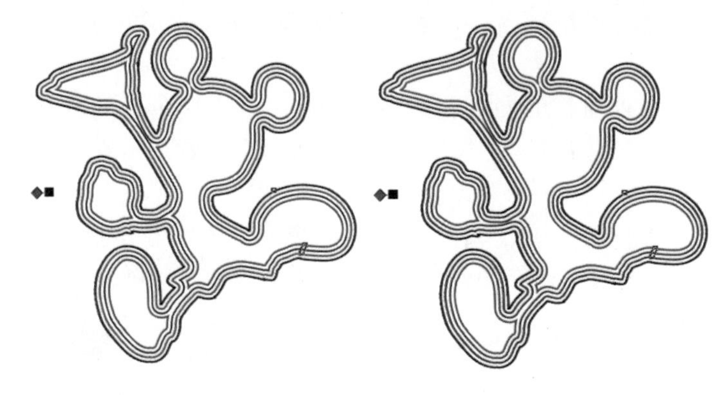

图4-10

- 轮廓色：设置轮廓的颜色。
- 对象和颜色加速：调整轮廓中对象大小和颜色变化的速率，加速设置如图4-11所示，变化效果如图4-12所示。

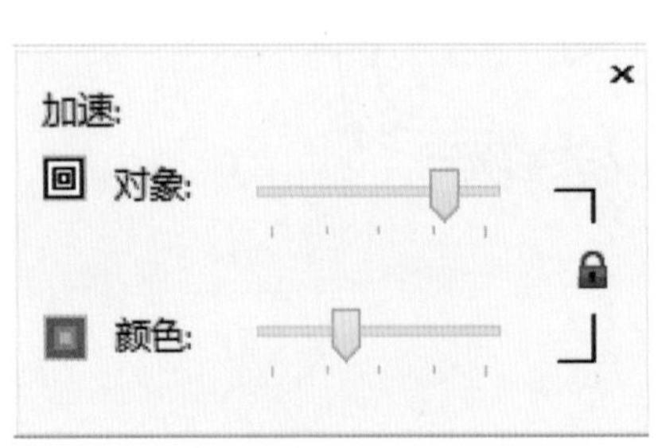

图4-11

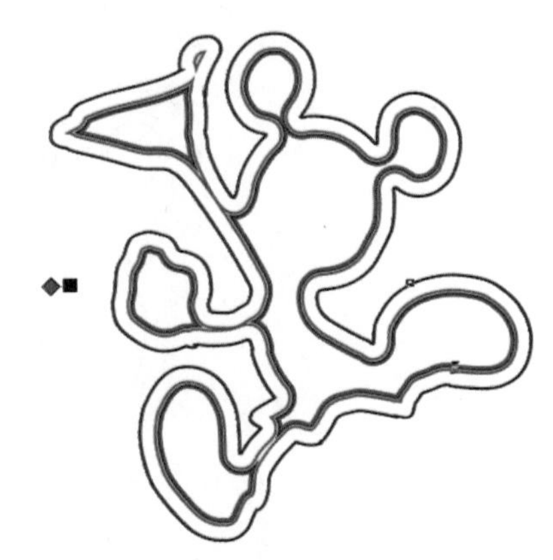

图4-12

使用选择工具选中对象和轮廓，然后选择“对象”|“拆分轮廓图群组”命令，可以将轮廓图拆分并单独进行编辑。

4.3 交互式调和效果

CorelDRAW X7中的调和是矢量图中的一项非常重要的功能，使用调和工具可以使两个分离的矢量图形对象之间产生形状、颜色、轮廓及尺寸上的平滑变化，在调和过程中，对象的外形、填充方式、节点位置和步数都会直接影响调和结果。

4.3.1 添加交互式调和

使用钢笔工具绘制米奇图案轮廓，选择椭圆形工具绘制圆，如图4-13所示。在工具箱中选择调和工具，按住鼠标左键从米奇图案上拖曳到圆形中心，即可生成交互式调和效果，如图4-14所示。

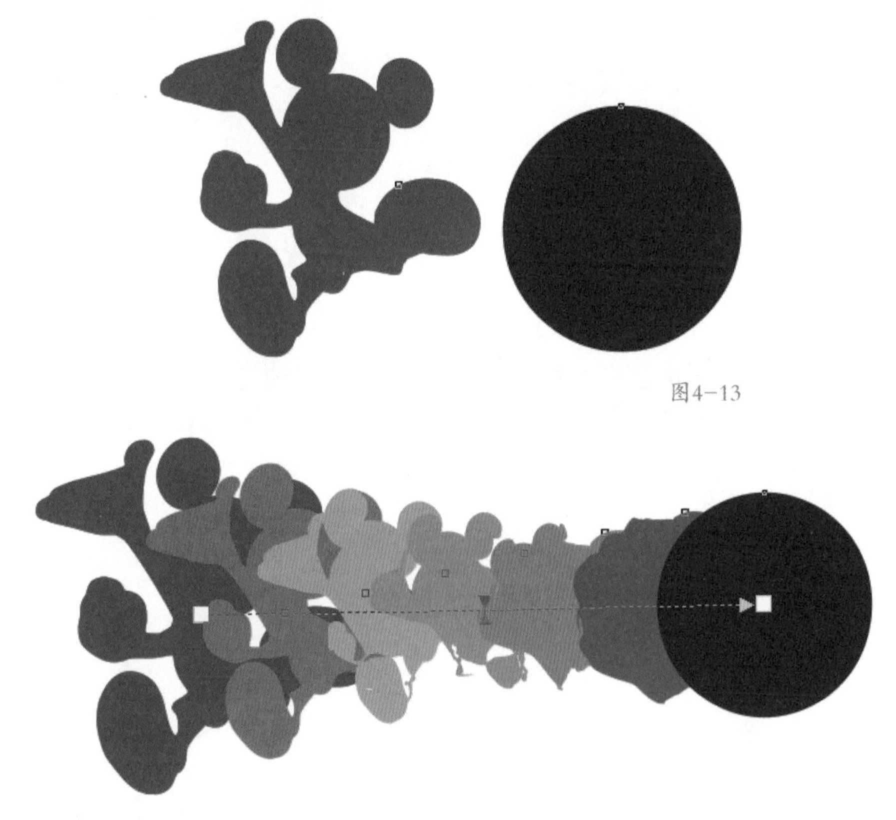

图4-13

图4-14

4.3.2 编辑交互式调和

在调和工具的属性栏中，可以对步长、调和方向、路径变化等进行调整，如图4-15所示。

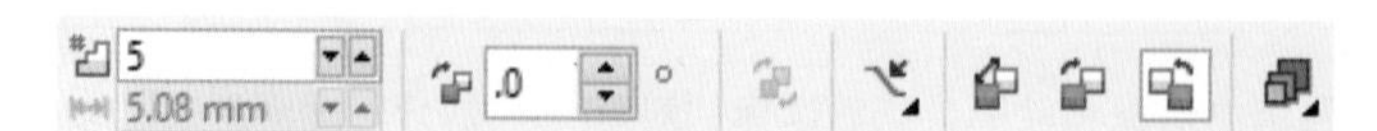

图4-15

- 调和步长 ：通过调和过渡值对调和对象的中间过渡对象的步数或间距进行设置，可以在参数设置栏中设定我们想要的参数值，如设定不同的调和步数，调和效果将发生变化，如图4-16所示。

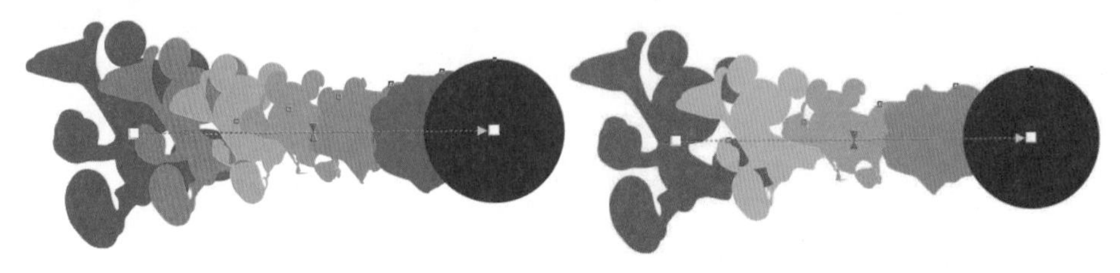

图4-16

- 调和方向 °：可以通过调和角度来控制调和的径向过渡变化角度，系统默认值为0° 。将米奇和圆形的填充色去掉，使用调和工具，步长设置为100，角度为360° ，效果如图4-17所示。

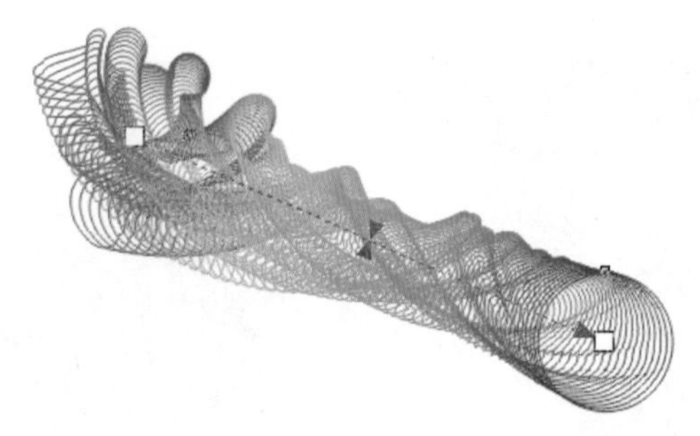

图4-17

- 路径属性 ：在默认状态下，调和的效果是从起始点到终点对象中心的直线建立的，在CorelDRAW中还可以将调和效果的路径设置为任意路径，可通过“路径属性”按钮实现沿指定路径调和。

Step01 在工具箱中选择矩形工具，绘制倒角矩形，并将其均匀填充为红色。选择“复制”和“粘贴”命令，并将复制后的倒角矩形填充为蓝色，如图4-18所示。

Step02 使用钢笔工具绘制曲线，如图4-19所示。

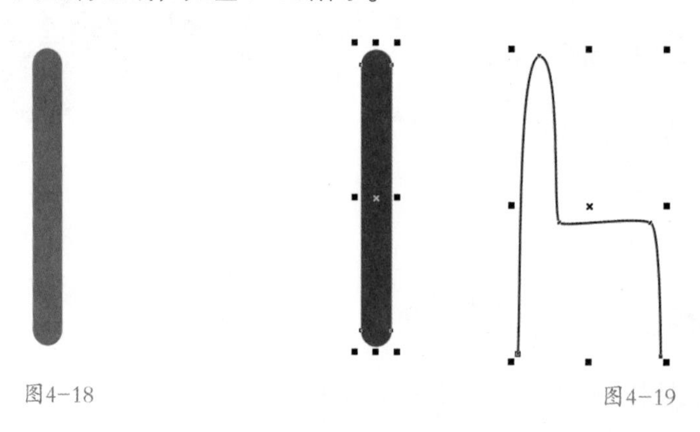

图4-18　　图4-19

Step 03 选择调和命令，将两个倒角矩形进行交互式调和，再选择交互式调和属性栏中的“路径属性”按钮，在弹出的下拉菜单中选择“新建路径”命令，并选择绘制曲线，椅子绘制完成，效果如图4-20所示。

图4-20

- 调和形式：在调和界面的属性栏中，有3种调和类型，分别为直接调和、顺时针调和及逆时针调和。顺时针调和就是在色相轮中所呈现的颜色是按着顺时针的方向来走的，逆时针调和同理，如图4-21所示。

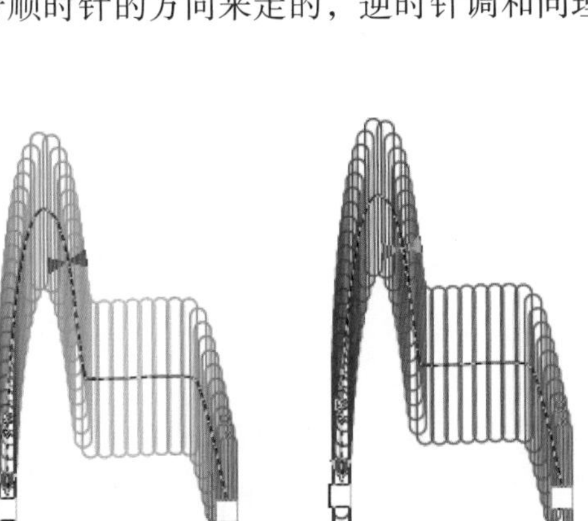

图4-21

4.3.3 拆分交互式调和群组

使用CorelDRAW X7调和工具中的“沿指定路径调和”命令，会在生成的对象上保留之前使用的路径。如果想去掉路径，可以选择要拆分的调和对象，并单击右键，在弹出的快捷菜单中选择“拆分路径群组上的混合”命令，也可以使用快捷键Ctrl+K将路径和对象分离，然后单独选择路径并删掉就可以了。

4.3.4 复合交互式调和

复合调和是对两个以上的对象进行调和，或连接几个独立的调和图形为一个统一的调和图形，但在具体操作时仍是针对两个对象进行的，不过已完成的调和可以作为一个对象参与操作，如图4-22所示。

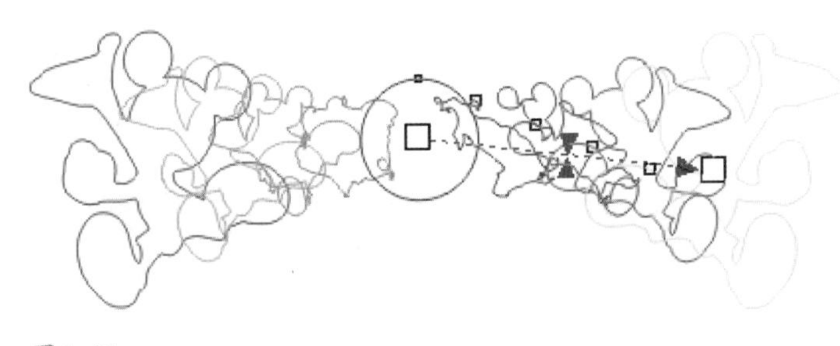

图4-22

提示

在建立对象调和时必须有两个对象，分别作为起点对象和终点对象。当拖动起点或终点控制标记时，将改变调和的长度。在调和状态下，可以单击选择起始对象或终点对象，也可修改对象的大小、位置、变换填充颜色等，修改对象属性后，调和的效果也将随之发生相应的变化。

4.4 交互式变形效果

变形效果是指不规则地快速改变对象的外观，使对象外观发生变形，使简单的对象变复杂，以产生更加丰富的效果。变形特效只是在原对象的基础上做变形处理，并未增加新的图形对象。

在变形的过程中，对象始终保持矢量状态。在CorelDRAW X7中，有3种不同类型的变形：即推拉变形、拉链变形和扭曲变形，通过使用变形工具可以得到变化无穷的效果。

4.4.1 推拉变形

推拉变形允许推进对象的边缘，或拉出对象的边缘使对象变形。使用多边形工具绘制七边形时，在工具箱中选择变形工具，在属性栏中单击“推拉变形”按钮，选择七边形中心点拖曳，产生的推拉效果如图4-23所示。

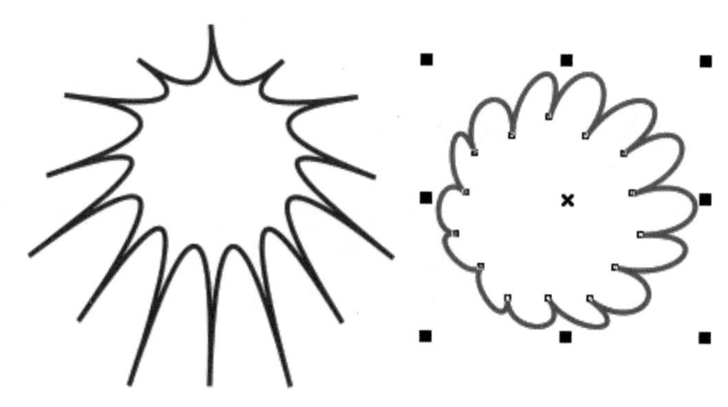

图4-23

变形后，在对象上会显示变形的控制线和控制点，白色菱形控制点用于控制中心点的位置，箭头右侧的白色矩形控制点用于控制推拉振幅，移动矩形控制点。

4.4.2 拉链变形

拉链变形允许将锯齿效果应用于对象的边缘，可以调整效果的振幅与频率。使用多边形工具绘制七边形，在工具箱中找到变形工具，在属性栏中单击“拉链变形”按钮，可以手动设置“拉链振幅”(调整锯齿效果中锯齿的高度)和拉链频率(用来调整锯齿效果中锯齿的数量)，也可以直接在图形上拖曳，产生的锯齿效果如图4-24所示。

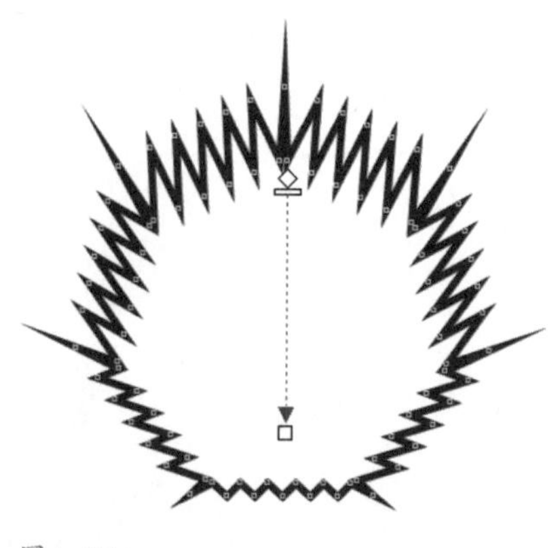

图4-24

变形后，在对象上会显示变形的控制线和控制点，同样的用箭头右侧的白色矩形可以调整锯齿效果中锯齿的高度。位于菱形中心点和白色矩形中间的白色条状小矩形，可以调整锯齿效果中锯齿的数量。

提示

对于拉链变形，可以通过再操作进一步改变造型的变形。在选中状态下可以在任意位置拖曳。将圆形运用两个拉链边形的效果如图4-25所示。

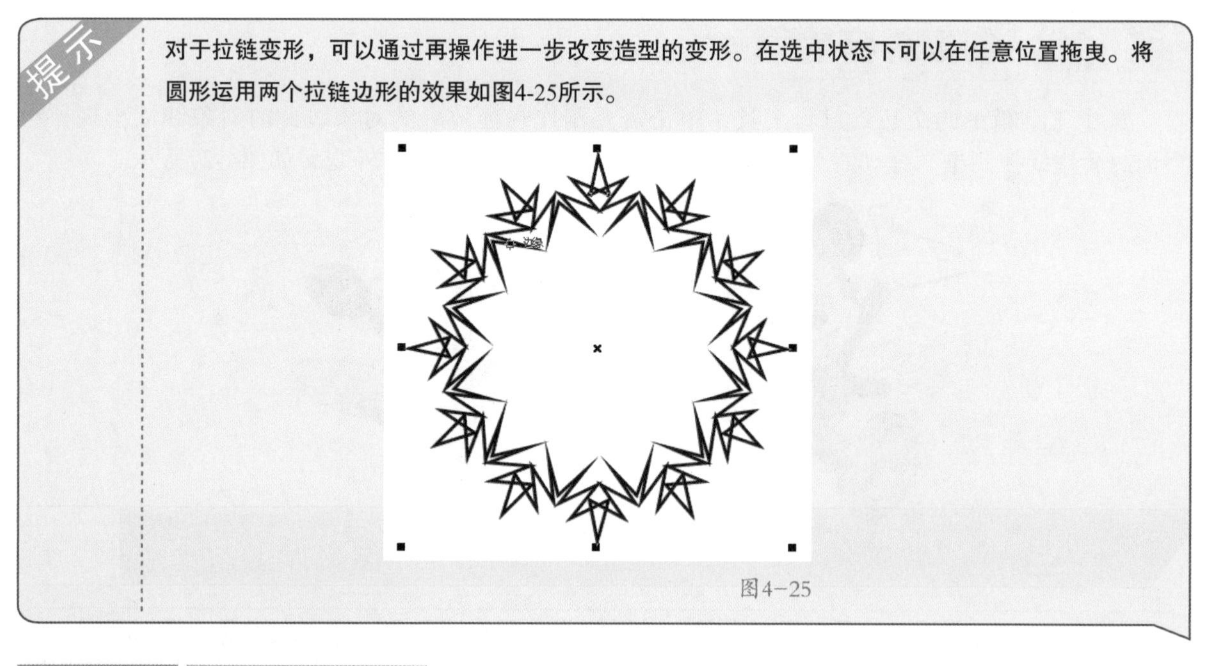

图4-25

4.4.3 扭曲变形

扭曲变形允许旋转对象应用于漩涡效果，可以调整效果的旋转方向、圈数以及度数的设置。使用椭圆形工具绘制一个花样造型，在工具箱中找到变形工具，在上面的属性栏中单击“扭曲变形”按钮，可以手动设置“完整旋转”和“附加度数”，星形扭曲边形效果如图4-26所示。

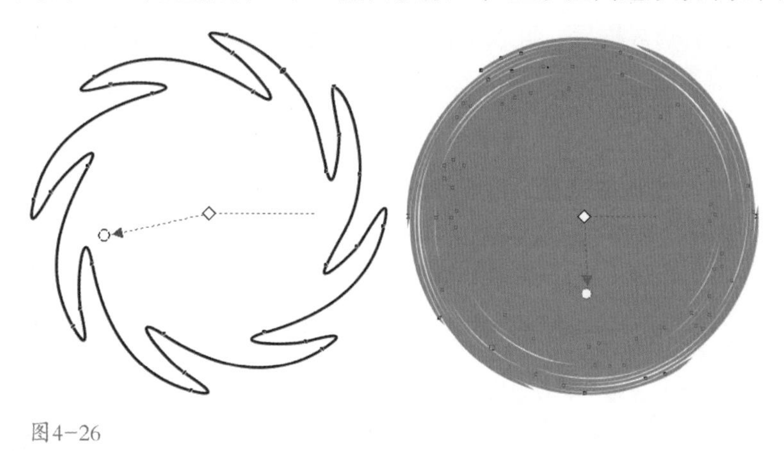

图4-26

4.5 交互式封套效果

封套工具可以使文本、矢量图产生丰富的变形效果。封套的边线框上有多个节点，可以移动这些节点和边线来改变对象形状。封套工具有 4 种工作模式，分别为非强制模式、直线模式、单弧模式和双弧模式。此外，封套工具还有 4 种映射模式，分别为水平、垂直、原始和自由变形。通过掌握封套工具的使用方法，可以绘制出多种图形。

4.5.1 创建封套效果

选中工具箱中的交互式封套工具，单击需要制作封套效果的对象，此时对象四周出现一个矩形封套虚线控制框。拖动封套控制框上的节点，即可控制对象的外观，如图4-27所示。

图4-27

添加封套效果的两种方法：1.蓝色矩形框上的节点可以任意拖曳，它会根据拖曳幅度的大小，改变其形状。2.选择菜单栏中的“效果”|“封套”命令，单击“添加预设”按钮，在样式表中选择预设的封套样式。设置完成之后，单击“应用”按钮即可。

4.5.2 编辑封套效果

当对象四周出现封套边界框后，可以结合属性栏各模式对对象进行编辑，如图4-28所示。

图4-28

- 非强制模式：单击该按钮后，可任意编辑封套形状，更改封套边线的类型和节点类型，如图4-29所示。
- 直线模式：单击该按钮后，移动封套的节点时，可以

图4-29

封套节点编辑

- 添加节点：在虚线框上需要添加节点的位置单击，出现黑点，单击“添加节点”按钮，即将黑点转成节点。
- 删除节点：选中要删除的节点，再单击“删除节点”按钮，即可将节点删除。
- 节点编辑按钮：单击这些按钮可以对图形进行直线和曲线之间的转换，或调整节点的平滑度等。

保持封套边线为直线段，只能对节点进行水平和垂直移动，如图4-30所示。

- 单弧模式：单击该按钮后，移动封套的节点时，应用封套构建弧形，如图4-31所示。

图4-30　　图4-31

- 双弧模式：单击该按钮后，移动封套的节点时，封套边线将变为S形弧线，如图4-32所示。
- 封套工具的4种映射模式 水平 ：在其下拉列表中，可选择封套中对象的调整方式。
  - ◆ 水平：延展对象以适合封套的基本尺度，然后水平压缩对象以适合封套的形状。
  - ◆ 原始：将对象选择框的角手柄映射到封套的角节点。其他节点沿对象的选择框的边缘线性映射。
  - ◆ 自由变形：将对象选择框的角手柄映射到封套的角节点上。
  - ◆ 垂直：延展对象以适合封套的基本尺度，然后垂直压缩对象以适合封套的形状。

图4-32

4.5.3 使用泊坞窗

在建立或编辑交互式封套效果时，可以使用泊坞窗来设置各种效果。在泊坞窗中使用预设样式比较方便，单击“添加预设”按钮可在图框中提供的众多图样中选择预设图形，具体步骤如下。

Step01 绘制椭圆，填充成黄色并去掉轮廓线，然后添加封套。

Step02 选择菜单栏中的“窗口”|“泊坞窗”|“效果”|“封套”命令，在弹出的泊坞窗中单击“添加预设”按钮，可以显示系统预设的形状，如图4-33所示。选择“添加新封套”按钮，调整节点可以编辑封套的形状。

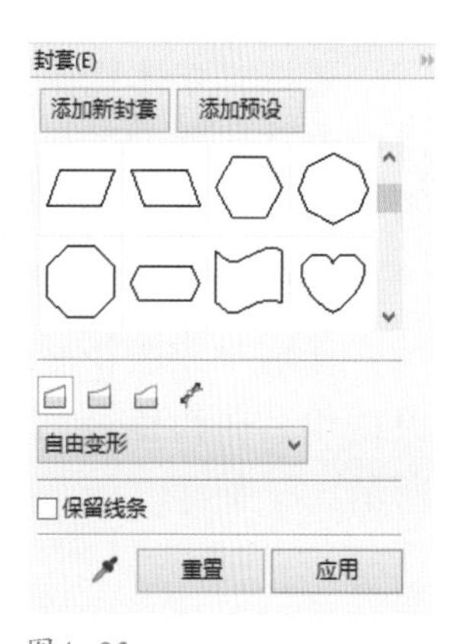

图4-33

4.6 交互式立体效果

CorelDRAW X7中的立体化工具所添加的立体化效果是利用三维空间的立体旋转和光源照射的功能，为对象添加产生明暗变化的阴影，从而制作出逼真的三维立体效果。使用工具箱中的立体化工具，可以轻松地为对象添加上具有专业水准的矢量图立体化效果或位图立体化效果。

4.6.1 添加立体化效果

在工具箱中选中交互式立体化工具，在选中的对象上按住鼠标左键向添加立体化效果的方向拖动，此时对象上会出现立体化效果的控制虚线，拖动到适当位置后释放鼠标，即可完成立体化效果的添加，效果如图4-34所示。交互式立体化工具属性栏如图4-35所示。

图4-34

图4-35

4.6.2 修改立体化效果

1. 改变立体化的深度

拖动立体化工具控制线中的白色矩形滑块，可以改变对象立体化的深度。拖动控制线箭头所指一端的控制点，可以改变立体化消失点的位置。

2. 设置立体化的颜色

选择“立体化颜色”，可以修改立体化的颜色，如图4-36所示。

3. 设置立体化斜角

选择“立体化倾斜”，可以使用斜角修饰效果，如图4-37所示。

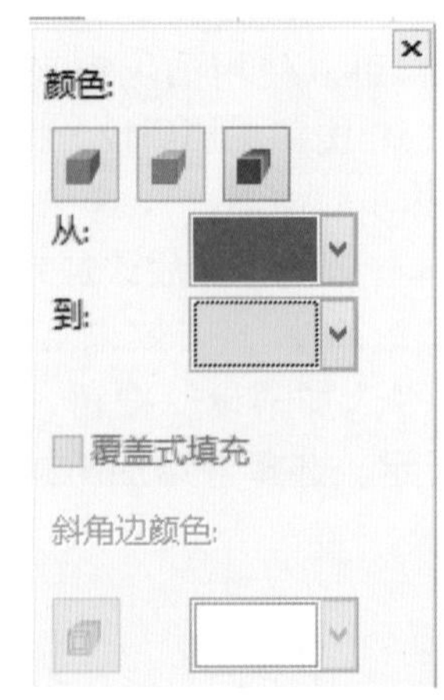

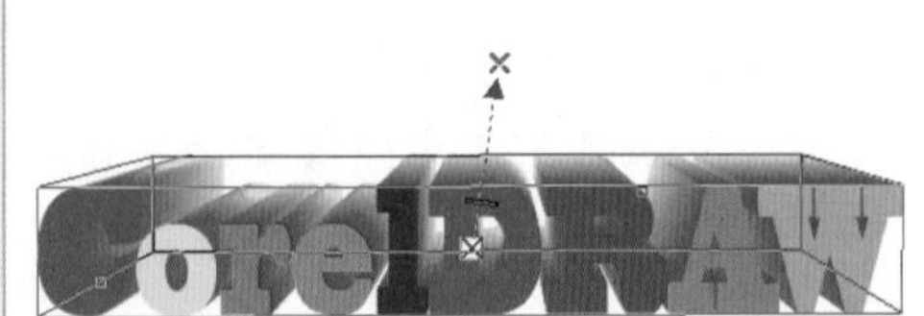

图4-36

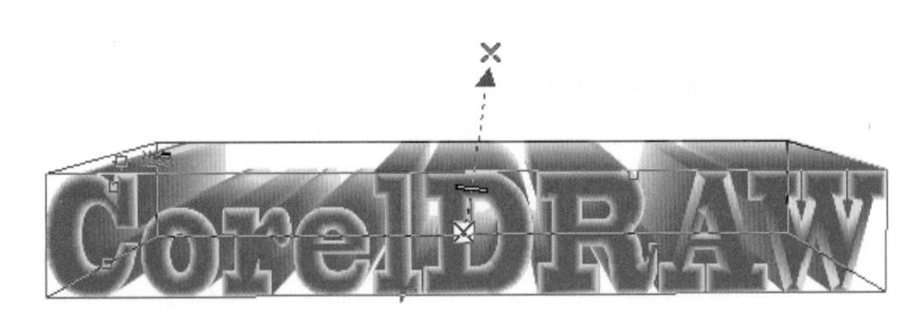

图4-37

4. 添加立体化照明

选择“立体化照明”，可以为立体化对象添加光源，从而得到不同角度和强度的光照，进而增强立体化对象的质感。当不需要光源时，可以将其移除。

5. 添加立体化统一灭点

将矢量立体模型的灭点复制到另一个对象，使两个对象看起来向同一点后退，如图4-38所示。

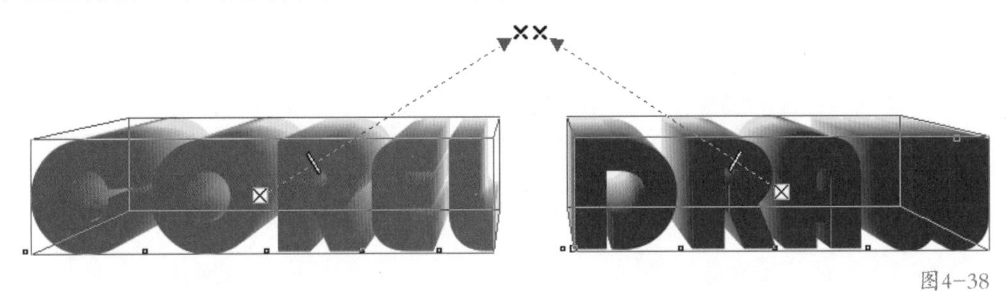

图4-38

4.7 交互式透明效果

透明效果是通过改变对象填充颜色的透明程度来创建独特的视觉效果。使用交互式透明工具可以方便地为对象添加“标准”、“渐变”、“图案”及“材质”等透明效果。

4.7.1 添加交互式透明效果

选择要添加透明效果的对象，选择“交互式透明”命令，如图4-39所示。

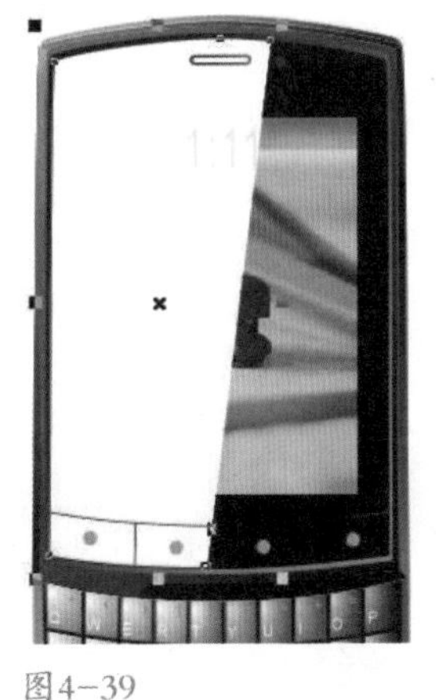
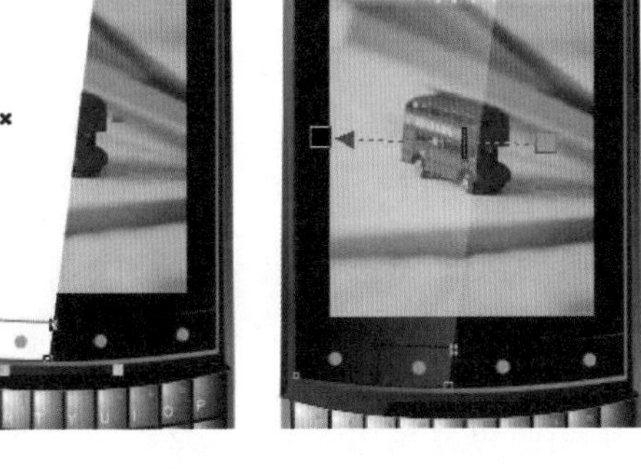

图4-39

4.7.2 编辑交互式透明效果

选择工具箱中的交互式透明工具，其属性栏如图4-40所示。

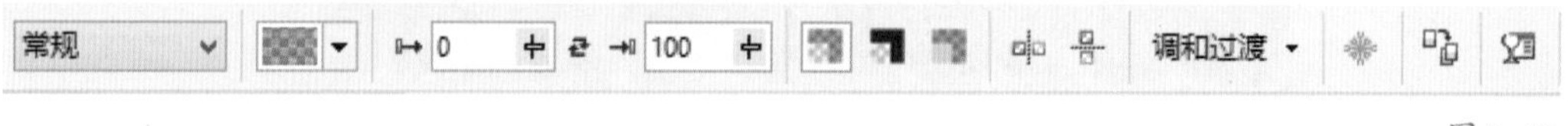

图4-40

1. 通过对话框编辑透明度

单击“透明度”按钮，弹出的对话框如图4-41所示。CorelDRAW X7提供了6种基本的交互式透明类型，分别是均匀透明度、渐变透明度、向量图样透明度、位图图样透明度、双色图样透明度和底纹透明度，每个交互类型都有对象的选项设置。

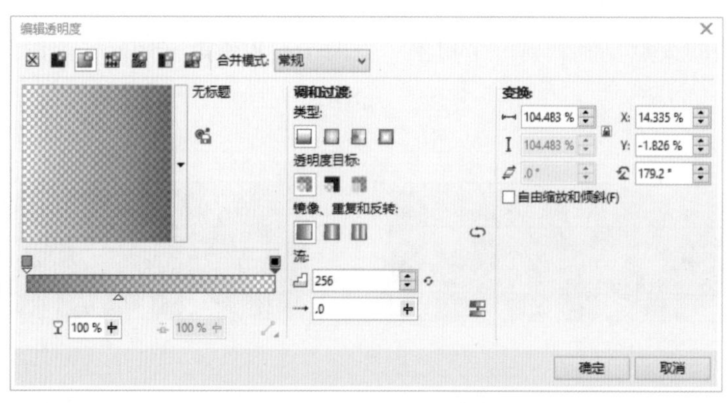

图4-41

2. 透明中心点

指透明度效果离中心的远近，0为不透明，100为透明。

3. 复制属性

可以将一个透明属性复制到当前图形上。

4. 清除透明效果

删除交互式透明效果。

5. 合并模式

可以将合并模式应用于透明度，以指定透明度的颜色如何与透明度后面的对象的颜色合并，也可以应用于阴影。

将合并模式应用于透明度或阴影，在工具箱中单击透明度工具，在属性栏中单击“编辑透明度”按钮，在弹出的对话框中选择“合并模式”并单击右侧的黑色三角，出现透明度的合并模式设置。或者选择菜单栏中的“窗口”|“泊坞窗”|“对象属性”命令，单击“透明度”按钮，从透明度区域的合并模式列表框中选择一种合并模式。

- 常规：在底色上应用透明度颜色。
- 添加：将透明度颜色值与底色值相加。
- 减少：将透明度颜色值与底色值相加，再减去255。

- 差异：从底色中减去透明度颜色，然后再乘以255，如果透明度颜色值是0，结果会始终为255。
- 乘：底色乘以透明度颜色，然后除以255，除非将颜色应用于白色，否则会产生加深效果，黑色乘以任何颜色的结果都是黑色，白色乘以任何颜色不会改变颜色。
- 除：用底色除以透明度颜色，或者用透明度颜色除以底色，具体取决于哪种颜色的值更大。
- 如果更亮：用透明度颜色替换任何更深的底色像素，比透明度颜色亮的底色像素不受影响。
- 如果更暗：用透明度颜色替换任何更亮的底色像素，比透明度颜色暗的底色像素不受影响。
- 底纹化：将透明度颜色转换为灰度，然后用底色乘以灰度值。
- 颜色：使用来源颜色的色度和饱和度值以及底色的光度值来生成结果，此合并模式与光度合并模式相反。
- 色度：使用透明度颜色的色度以及底色的饱和度和亮度，如果给灰度图像添加颜色，图像不会有变化，因为颜色已被取消饱和。
- 饱和度：使用底色的亮度与色度以及透明度颜色的饱和度。
- 亮度：使用底色的色度和饱和度以及透明度颜色的亮度。
- 反转：使用透明度颜色的互补色，如果透明度颜色的值是127，则不会发生任何变化，因为该颜色值位于色轮中心。
- 逻辑AND：将透明度颜色和底色的值都转换成二进制值，然后对这些值应用布尔代数公式AND。
- 逻辑OR：将透明度颜色和底色的值都转换为二进制值，然后对这些值应用布尔代数公式OR。
- 逻辑XOR：将透明度颜色和底色的值都转换为二进制值，然后对这些值应用布尔代数公式XOR。
- 后面：为图像的这些透明区域应用来源颜色，此效果类似于透过负35mm的清晰无银色的区域观看。
- 屏幕：颠倒来源颜色和底色值，将它们相乘，然后将结果颠倒，获得的颜色始终比底色要亮。
- 叠加：根据底色值来乘或屏蔽来源颜色。
- 柔光：对底色应用柔和的扩散光。
- 强光：对底色应用强烈的直接聚合光。
- 颜色减淡：模拟照相技术“遮挡”，通过减少曝光使图像区域变亮。
- 颜色加深：模拟照相技术“加深”，通过增加曝光使图像区域变暗。
- 排除：从底色中排除透明色，此模式与“差异”模式类似。
- 红：将透明度颜色应用于RGB对象的红色通道。
- 绿：将透明度颜色应用于RGB对象的绿色通道。
- 蓝：将透明度颜色应用于RGB对象的蓝色通道。

4.8 图框精确剪裁

CorelDRAW X7中的“图框精确剪裁”命令可以将对象置入目标对象中，使对象按目标对象的外形进行精确剪裁，它可用来进行图像编辑、版式安排，是一项非常重要的功能。

4.8.1 图框剪裁的应用

使用矩形工具绘制一个矩形，在工具箱中单击“选择工具”按钮，选择要置入矩形的位图对象，如图4-42所示。再选择菜单栏中的“对象”|“图框精确剪裁”|“置于图文框内部”命令，这时光标变成黑色粗箭头形状，单击矩形，即可将所选对象置于矩形中，如图4-43所示。

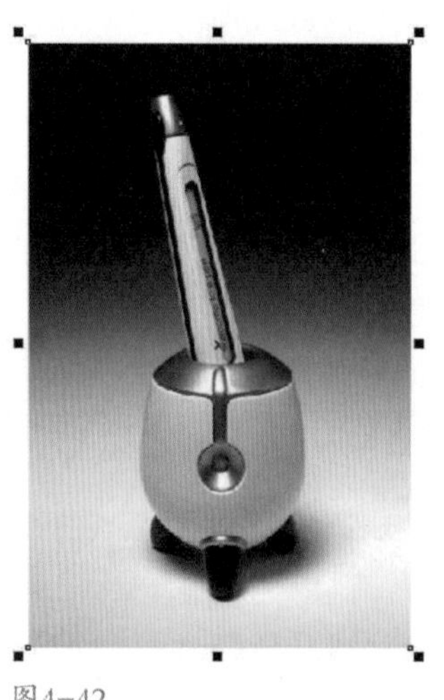

图4-42

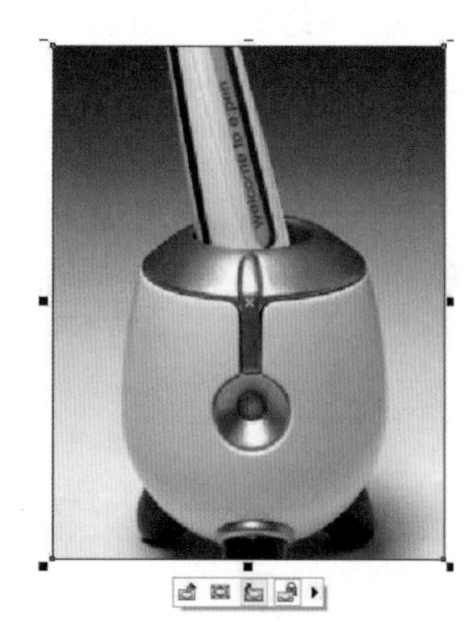

图4-43

4.8.2 图框剪裁内容编辑

将对象精确裁剪后，还可以单独对框内的对象进行缩放、旋转或位置等调整，具体操作方法如下。

在工具箱中单击选择工具，双击图文框，或者选择菜单栏中的“对象”|“图框精确剪裁”|“编辑PowerClip”命令，也可以在选中图文框的状态下鼠标右键，在弹出的快捷菜单中选择“编辑PowerClip”命令。当边框呈蓝色线条时，此时框内被剪裁的图片全部显示出来。单击图片，其四周将显示出控制点，这时可以对其进行位移、缩放和旋转等操作，调整内部对象的位置及大小。

4.8.3 结束编辑

在完成对图框精确剪裁内容的编辑之后，选择“效果”|“图框精确剪裁”|“结束编辑”命令或者在图框精确剪裁对象上单击鼠标右键，从弹出的快捷菜单中选择“结束编辑”命令，效果如图4-44所示。

在编辑结束以后，还可以将其锁定，单击鼠标右键，在快捷菜单中选择“锁定PowerClip”命令，这样无论怎样移动、缩放或旋转，它们都是一个整体。

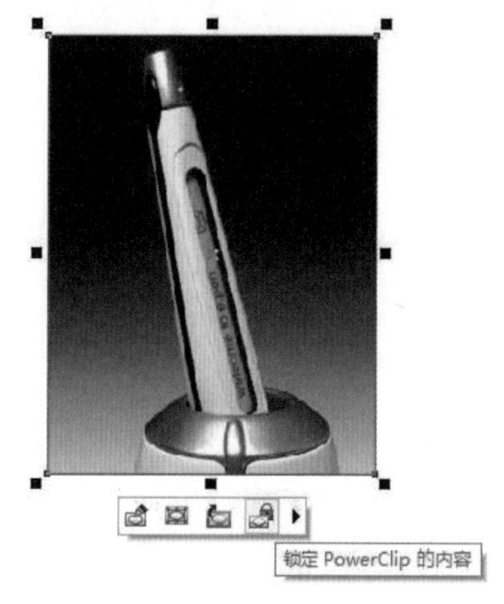

图4-44

4.9 透镜效果

透镜效果是指通过改变对象外观或改变观察透镜下对象的方式所取得的特殊效果。CorelDRAW X7透镜效果有12种，每一种类型的透镜都有自己的特色，能使位于透镜下的对象显示出不同的效果。选择菜单栏中的“效果”|“透镜”命令或按快捷键Alt+F3，弹出“透镜”泊坞窗，如图4-45所示。

透镜效果只能应用于封闭路径及艺术字对象，而不能应用于开放路径、位图或段落文本对象，也不能应用于已经建立了动态链接效果的对象(如立体化、轮廓化等效果的对象)。

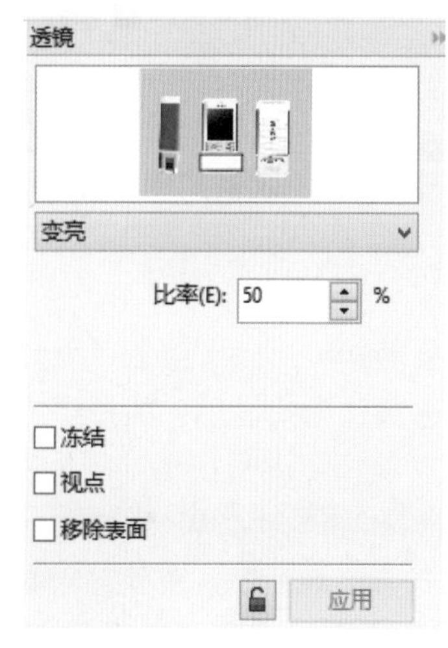

图4-45

4.10 设计案例——绘制概念车

设计分析：

主要运用了矩形工具、形状工具、修剪工具、智能填充工具、文字工具、交互式透明及交互式阴影工具等。

Step 01 新建一个横版的A4文件，在对象管理器中设置图层，分别命名为“阴影”、“汽车主体”、“汽车轮子”、“前部装饰”，如图4-46所示。

Step 02 导入“概念汽车”图片，选择菜单栏中的“对象”|“锁定对象”命令，将导入的图片锁定，如图4-47所示。

图4-46

图4-47

Step 03 选择钢笔工具，沿着车体的顶部绘制3个封闭曲线，并结合形状工具进行调整，效果如图4-48所示。注意两条线之间的连接一定要相交上。

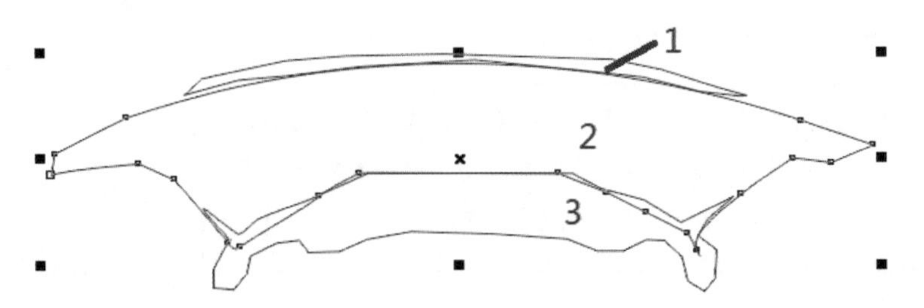

图4-48

Step 04 分别为3个图形填充颜色，图形1均匀填充黑色；图形2均匀填充CMYK值为(0,0,0,10)；图形3应用线性渐变填充。在渐变预览条上，设置各点的CMYK值为：0%(0,0,0,100)、20%(0,0,0,80)、30%(0,0,0,100)、70%(0,0,0,100)、76%(0,0,0,80)、100%(0,0,0,100)，如图4-49所示，并将3个图形轮廓线去掉，效果如图4-50所示。

Step 05 采用同样的方法，绘制3个图形并填充，图形1垂直线性渐变填充，在渐变预览条上，设置各点的CMYK值为：0%(0,0,0,40)、100%(0,0,0,70)；图形2均匀填充CMYK值为(0,0,0,20)；图形3垂直线性渐变填充，在渐变预览条上，设置各点的CMYK值为：0%(0,0,0,30)、50%(0,0,0,20)、60%(0,0,0,0)、66%(0,0,0,20)、100%(0,0,0,30)，效果如图4-51所示，将3个图形轮廓线去掉。

Step 06 采用同样的方法，绘制2个图形并填充白色和黑色，如图4-52所示。

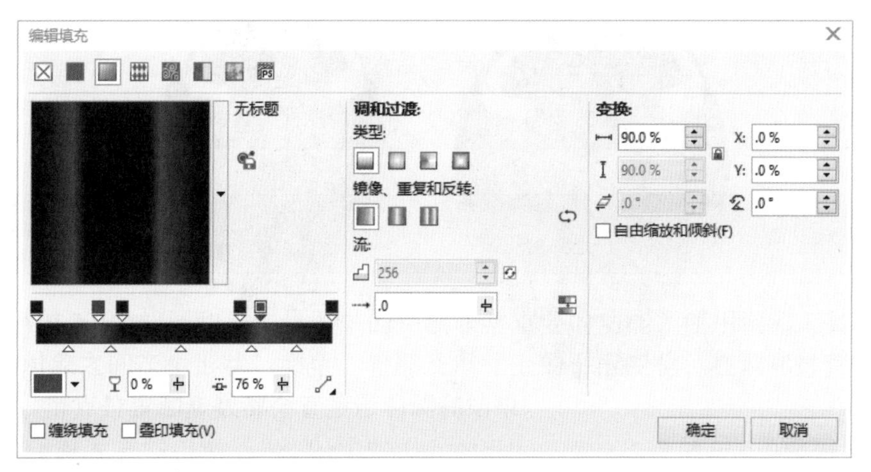

图4-49

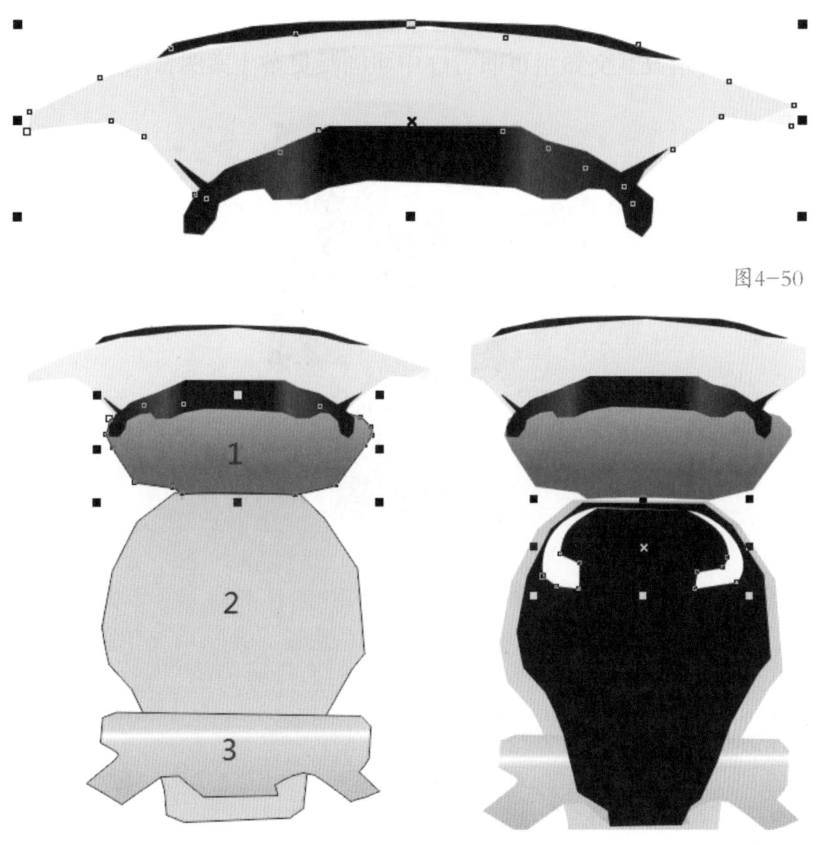

图4-50

图4-51

图4-52

Step07 使用交互式透明工具增加立体感，绘制图形并水平线性渐变填充，在渐变预览条上，设置各点的CMYK值为：0%(0,0,0,30)、25%(0,0,0,90)、75%(0,0,0,100)、100%(0,0,0,30)，如图4-53所示。使用交互式透明工具，类型为线性渐变，颜色为从白色到黑色，效果如图4-54所示。

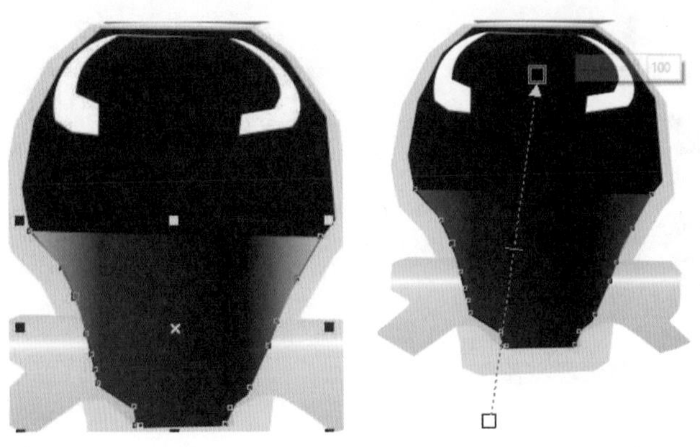

图4-53　　　　图4-54

Step 08 复制步骤6中绘制的黑色图形并均匀填充70%黑色，使用交互式透明工具增加立体感，类型为线性渐变，从白色到黑色，效果如图4-55所示。再使用钢笔工具绘制图形，并填充为黑色。

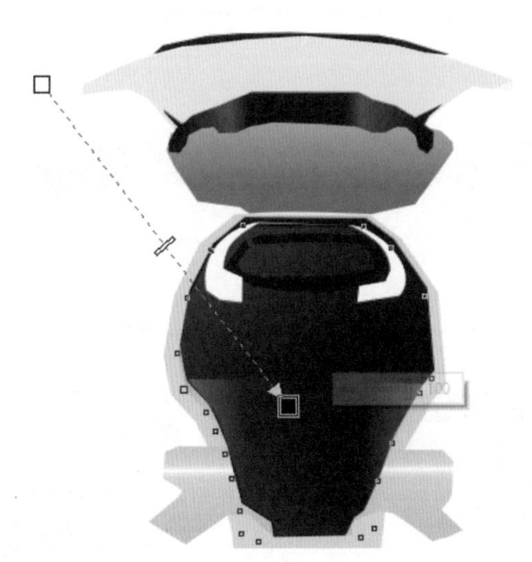

图4-55

Step 09 使用钢笔工具绘制并填充如图4-56所示的对象，对象1均匀填充30%黑色，对象2均匀填充20%黑色，对象3首先绘制两个倒角矩形，分别填充50%黑色和30%黑色，如图4-57所示。使用交互式调和工具使倒角矩形过渡均匀，效果如图4-58所示。对象4填充白色，添加交互式透明效果，如图4-59所示。

图4-56

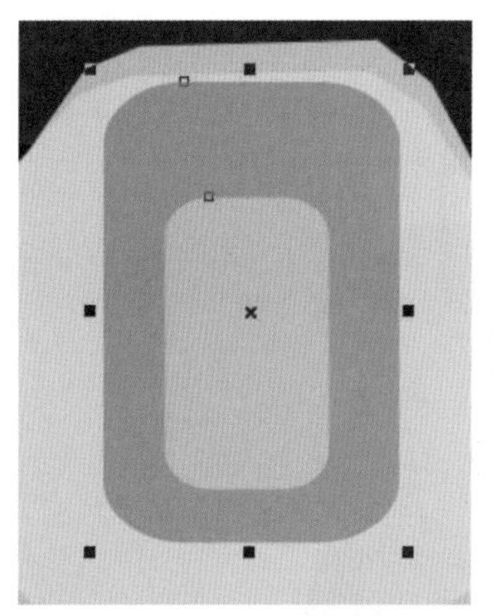
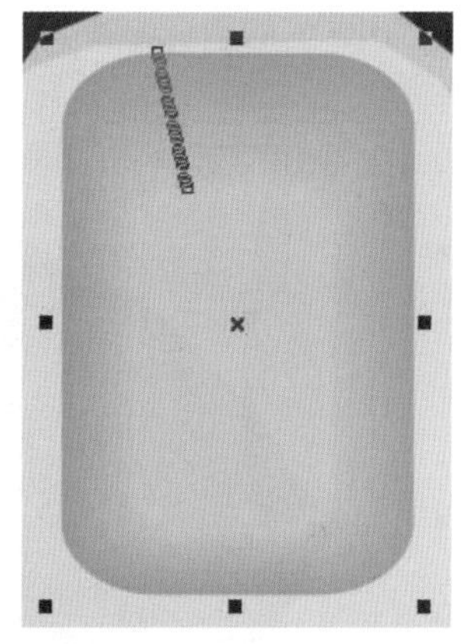
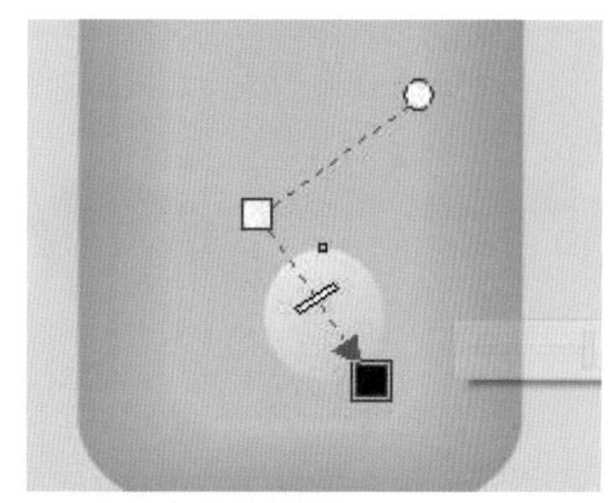

图4-57　　图4-58　　图4-59

Step 10 使用钢笔工具绘制并填充如图4-60所示的对象，对象1均匀填充白色，对象2均匀填充黑色，对象3均匀填充90%黑色。

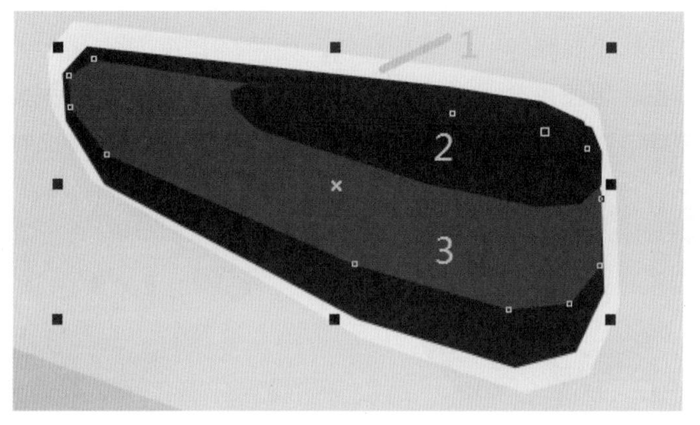

图4-60

Step 11 使用钢笔工具绘制图形并均匀填充80%黑色，如图4-61所示。选择交互式透明工具，类型设置为线性渐变，颜色由白色到黑色，如图4-62所示。

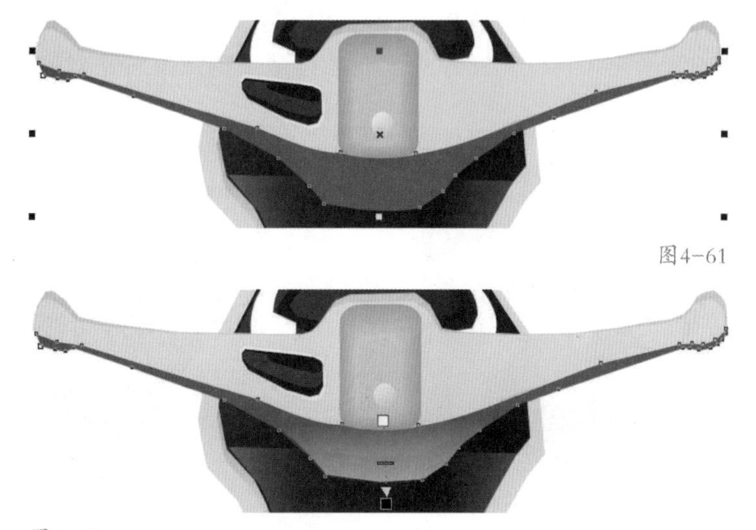

图4-61

图4-62

Step 12 使用钢笔工具绘制并填充如图4-63所示的3个对象，对象1均匀填充黑色，制作对象2时，首先绘制两个图形，分别填充90%黑色和黑色，如图4-64所示。再使用交互式调和工具使两个图形过渡更加柔和，对象3的制作方法同对象2。

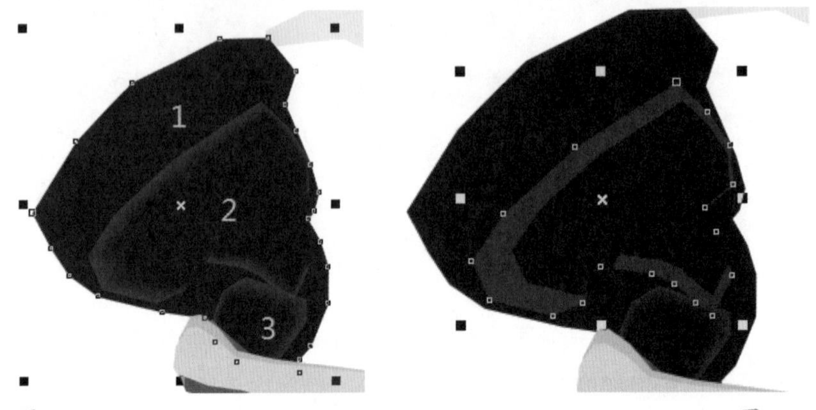

图4-63　　　　图4-64

Step 13 使用椭圆形工具绘制椭圆，并填充红色，如图4-65所示。将绘制的椭圆形复制一层并填充80%黑色，再使用交互式透明工具将绘制的灰色椭圆颜色减淡，如图4-66所示。

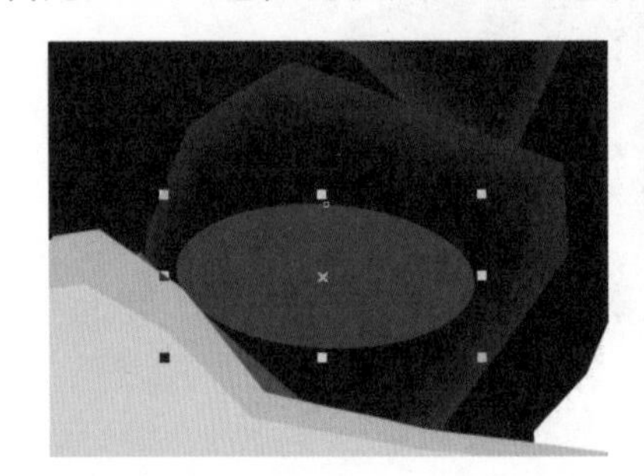

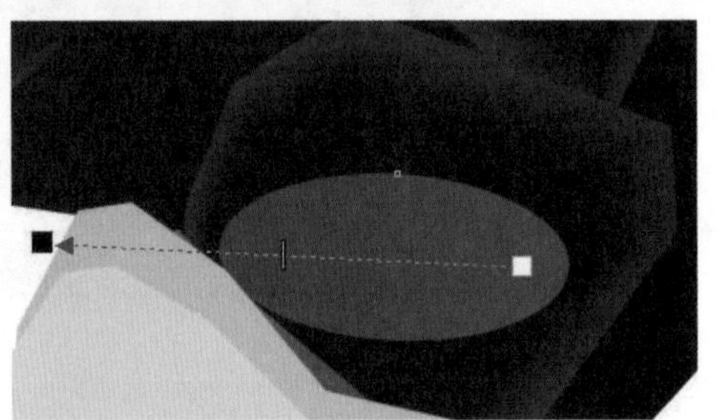

图4-65　　　　图4-66

Step 14 使用钢笔工具绘制并填充4个对象，如图4-67所示。对象1线性渐变填充，在渐变预览条上，设置各点的CMYK值为：0%(0,0,0,90)、13%(0,0,0,90)、24%(0,0,0,60)、35%(0,0,0,90)、100%(0,0,0,90)；对象2均匀填充黑色；对象3均匀填充黑色，复制一层填充90%黑色，再使用交互式透明工具添加特效，对象4均匀填充90%黑色；如图4-68所示。

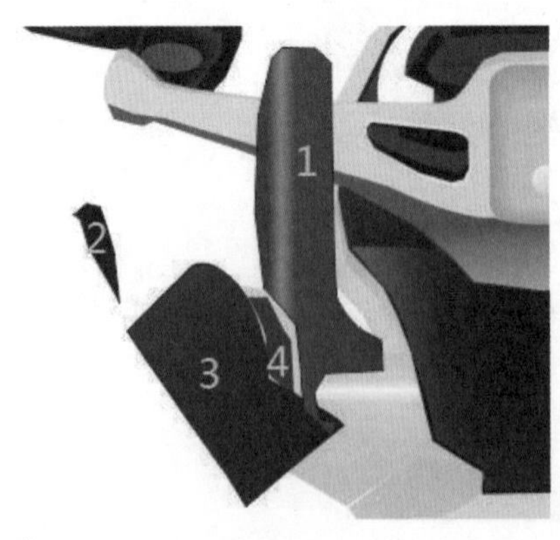

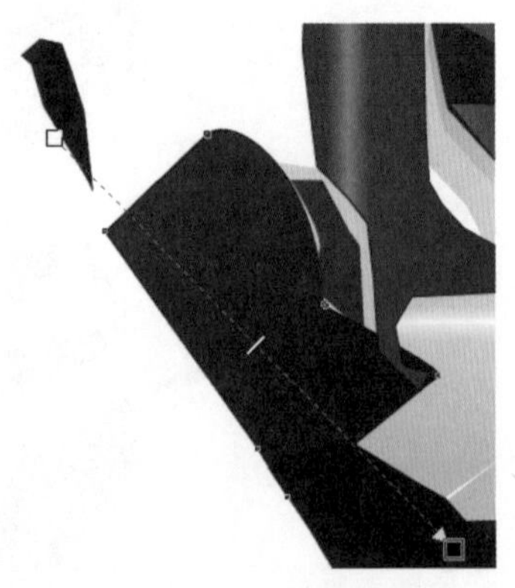

图4-67　　　　图4-68

Step 15 使用钢笔工具绘制并填充如图4-69所示的4个对象，对象1均匀填充，CMYK值为(83,72,72,83)，复制一层填充90%黑色，再使用交互式透明工具添加特效，如图4-70所示；对象2均匀填充黑色；对象3均匀填充，CMYK值为 (87,82,87,73)，再使用交互式阴影工具为对象3添加阴影，设置阴影颜色和对象3填充色相同；对象4与对象3填充相同，如图4-71所示。

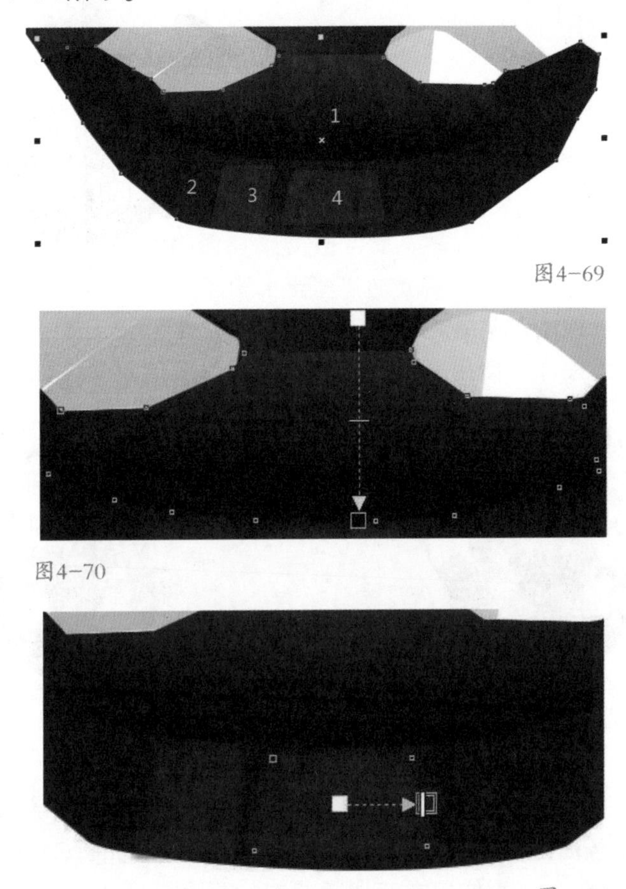

图4-69

图4-70

图4-71

Step 16 使用椭圆形工具绘制椭圆，并填充相应颜色，完成车灯的绘制，如图4-72所示。

Step 17 按照汽车位图效果，将对称的图形从左侧复制到汽车的右侧，效果如图4-73所示。

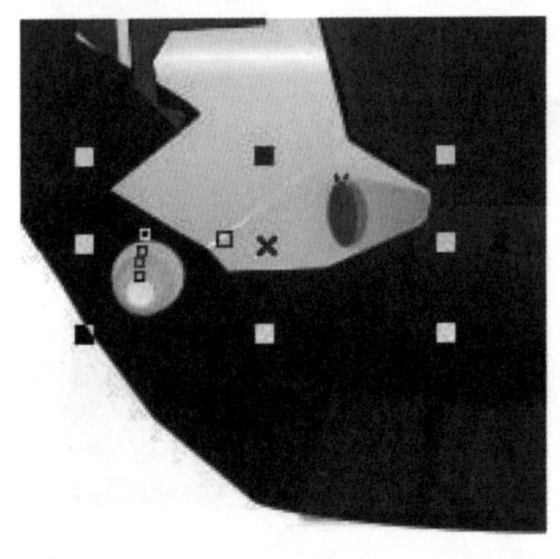

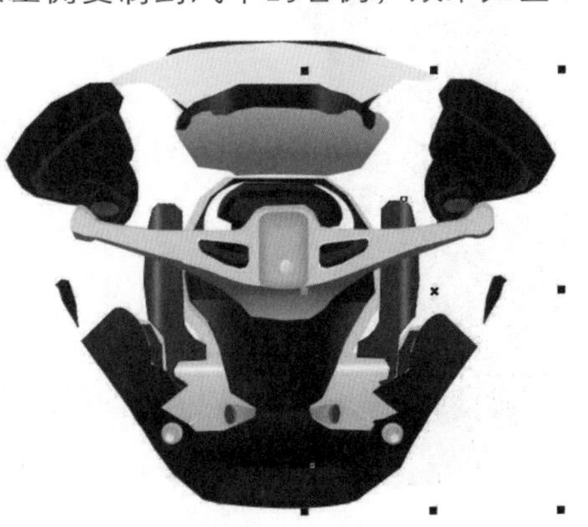

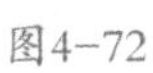

图4-72

图4-73

Step 18 绘制主体的挡风玻璃，选择钢笔工具，绘制对象并填充白色，如图4-74所示。将所绘制对象的轮廓线去掉，使用交互式透明工具制作玻璃效果，如图4-75所示。

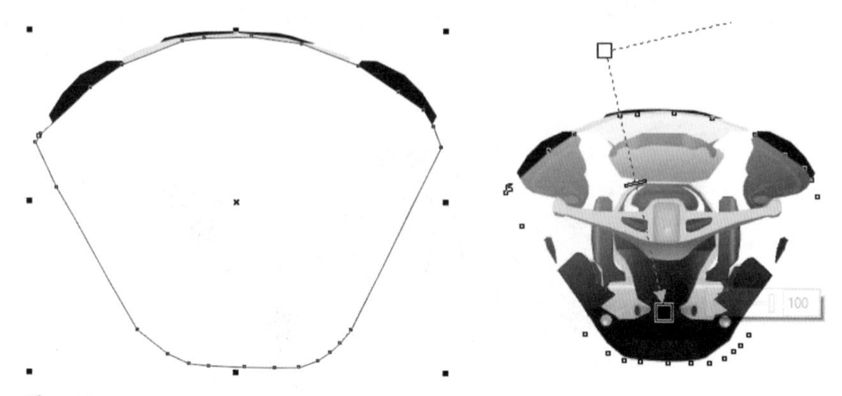

图4-74　　图4-75

Step 19 选择钢笔工具，绘制对象并均匀填充，CMYK值为 (9,6,8,0)，如图4-76所示。将所绘制对象的轮廓线去掉，使用交互式透明工具制作玻璃效果，如图4-77所示。

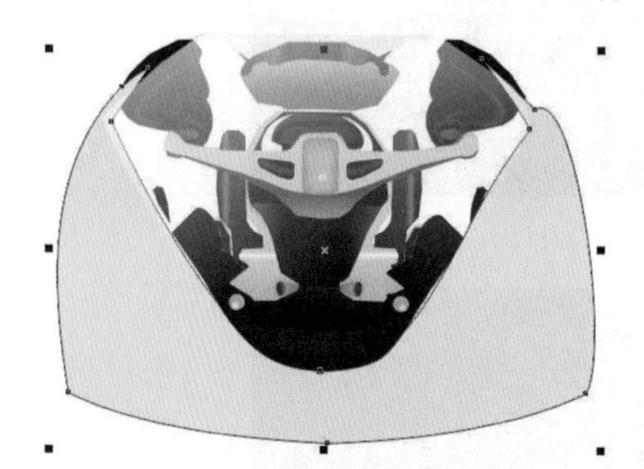

图4-76　　图4-77

Step 20 选择“汽车轮子”图层，使用钢笔工具绘制4个对象并填充，如图4-78所示。对象1均匀填充40%黑色；对象2填充均匀黑色；对象3均匀填充，CMYK值为(80,75,81,57)；对象4填充90%黑色，并使用交互式透明工具制作反光效果，如图4-79所示。

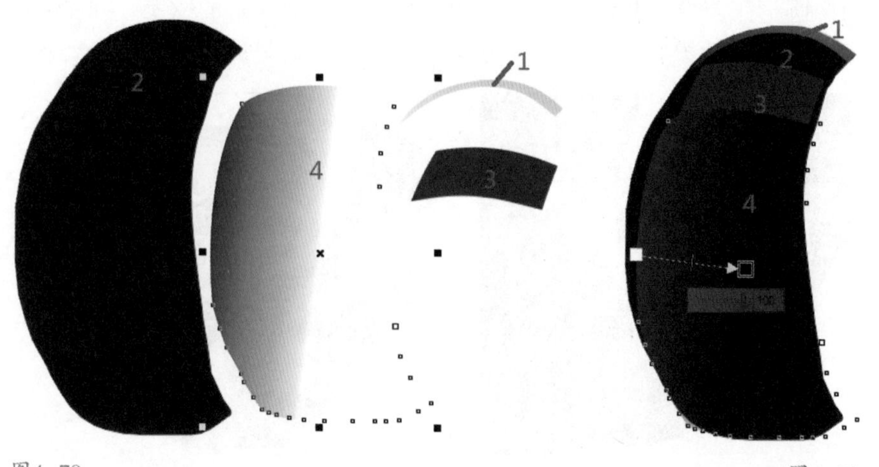

图4-78　　图4-79

Step 21 使用矩形工具绘制矩形，选择双色填充，设置如图4-80所示，填充效果如图4-81所示。将绘制的矩形复制一层并填充为白色，再使用交互式透明工具制作反光效果，设置类型选择均匀透明，透明度选择90，如图4-82所示。为了使填充效果更加真实，还可以使用交互式封套工具对填充进行编辑，如图4-83所示。

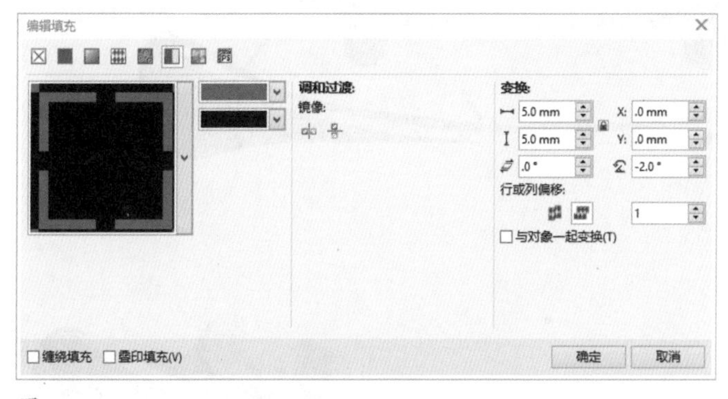

图4-80

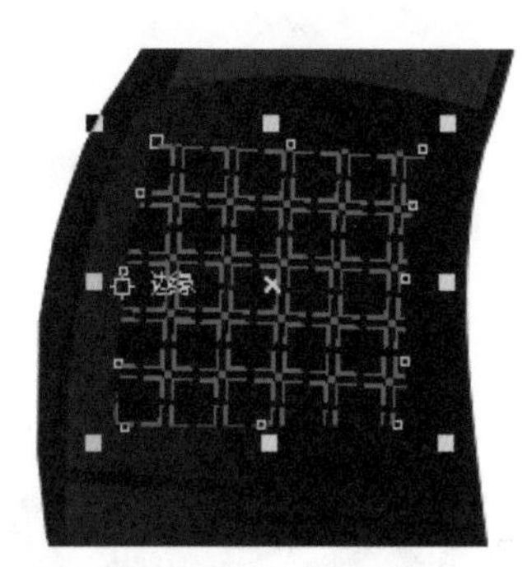

图4-81

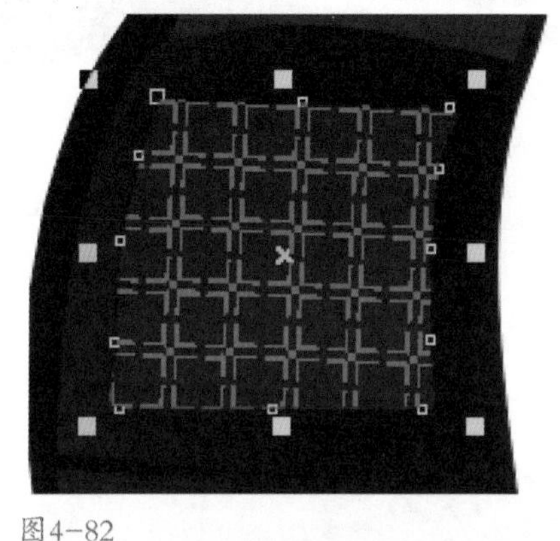

图4-82

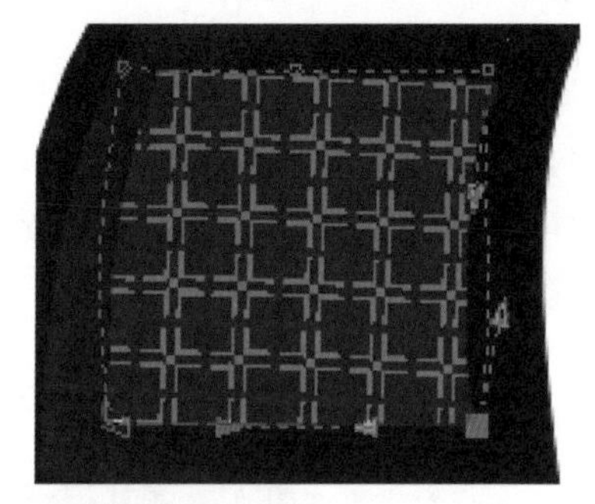

图4-83

Step 22 将绘制的轮子群组镜像到另一侧，如图4-84所示。

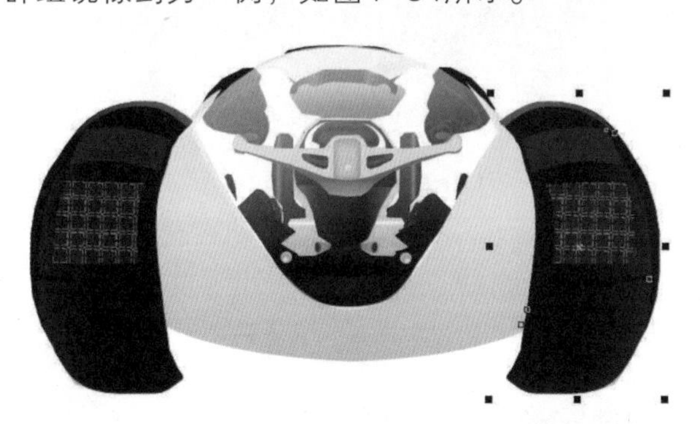

图4-84

Step 23 选择“前部装饰”图层，使用钢笔工具绘制前部装饰图形，效果如图4-85所示，共分为5部分。对象1均匀填充30%黑色；对象2和对象3均匀填充黑色，再使用钢笔工具绘制细节曲线，均匀填充80%黑色；选择菜单栏中的“对象”|“将轮廓转换为对象”命令，将绘制的对象4进行转换，然后将其均匀填充为白色；对象5均匀填充黑色，将轮廓线去掉，位置如图4-86所示。

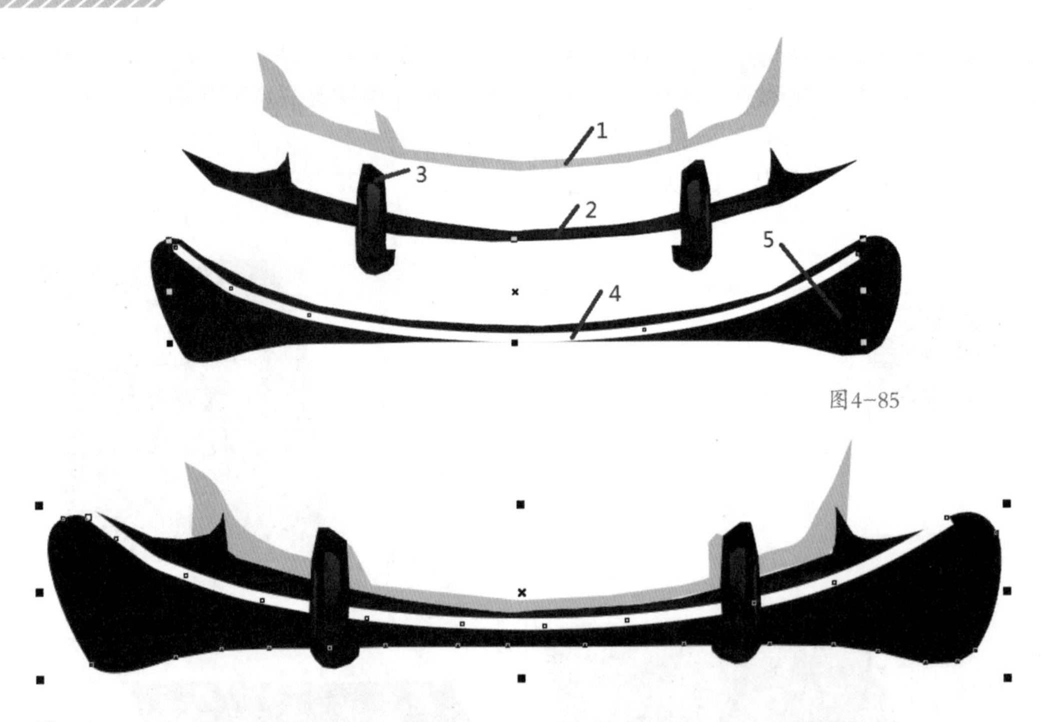

图4-85

图4-86

Step24 使用钢笔工具绘制汽车的标志部分，如图4-87所示，分为3个部分。对象1均匀填充白色；对象2均匀填充30%黑色；对象3均匀填充黑色，再使用交互式透明工具使其具有反光效果，设置如图4-88所示。

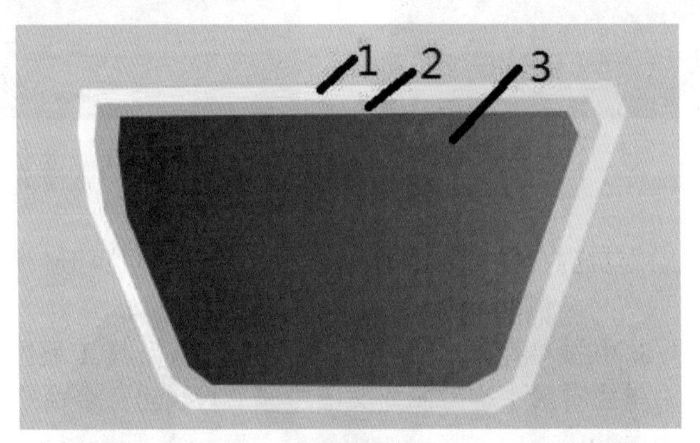

图4-87

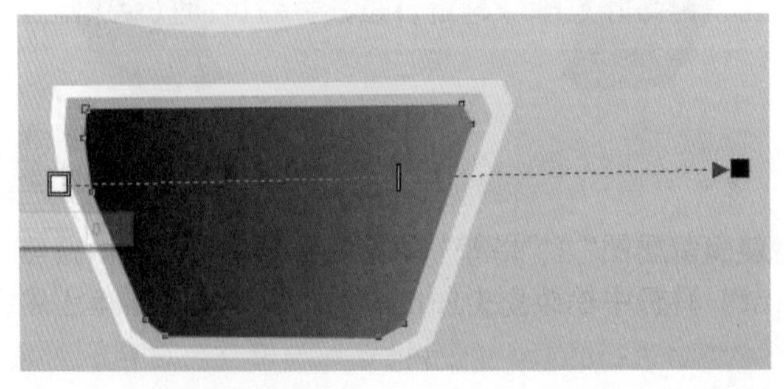

图4-88

Step 25 使用钢笔工具绘制标志，并填充30%黑色，如图4-89所示。再使用交互式阴影工具制作立体效果，如图4-90所示。

图4-89

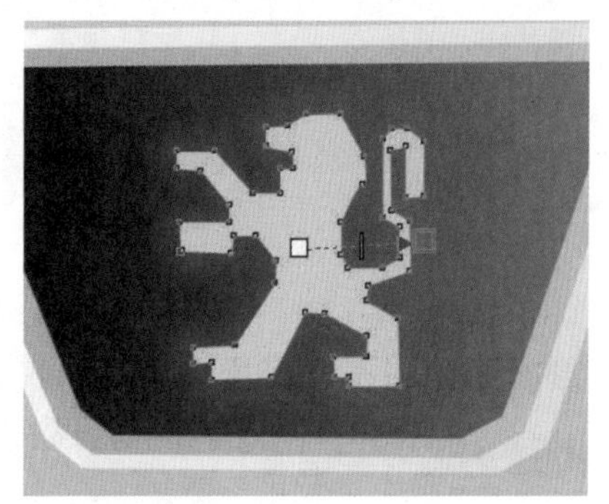

图4-90

Step 26 选择阴影图层，绘制汽车的整体阴影。选择椭圆形工具，绘制椭圆并均匀填充90%黑色，再使用交互式阴影工具添加阴影，如图4-91所示，整体效果如图4-92所示。

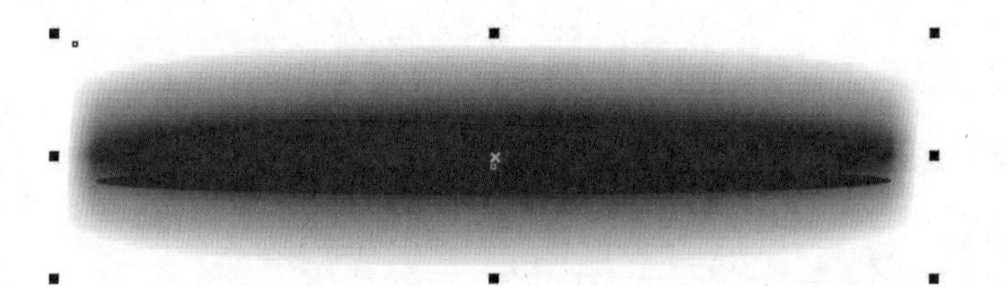

图4-91

图4-92

文本与表格

本章主要讲解文本和表格的创建方法和使用技巧，通过学习可以掌握文本的创建和编辑、文本特殊效果的添加等，并通过手机绘制设计案例让读者更好地掌握相关知识点。

本章知识点

- 文本的基本操作
- 文本的特殊效果
- 创建表格工具
- 图纸工具与表格工具的区别

CorelDRAW X7软件不仅对图形具有强大的处理功能，对文字也有很强的编排能力。文本工具可创建美术文本和段落文本两种类型，美术文本实际上是指单个文字对象，可以作为单独的图形对象来使用，因此可以使用处理图形的方法为其添加特殊效果；段落文本是建立在美术文本模式的基础上的大块区域的文本，适合大段文本的编排。

5.1 文本的基本操作

5.1.1 创建文本

1. 美术文本

在工具箱中单击文本工具或按快捷键F8，在页面中任意位置单击鼠标，出现光标后，即可输入美术字。在输入过程中可按下Enter键进行段落换行，如图5-1所示。

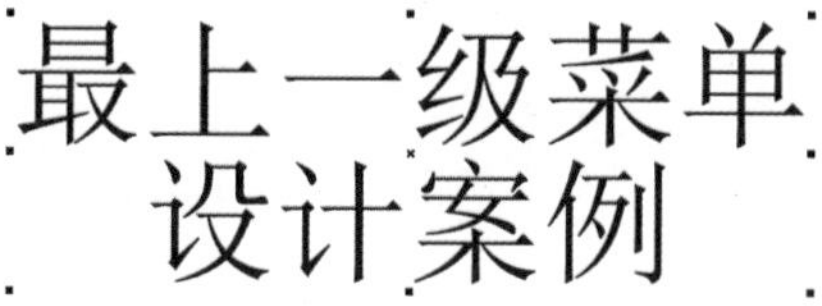

最上一级菜单
设计案例

图5-1

2. 段落文本

输入段落文本和美术字类似，只是在输入段落文本之前必须先画一个段落文本框。段落文本框可以是一个任意大小的矩形虚线框，输入的文字受文本框大小的限制。

在工具箱中单击文本工具，在页面中按住鼠标左键拖出一个矩形框，松开鼠标后可拖动矩形框周围的控制点调整矩形大小，在文本框中的左上角将出现输入文字的光标，可输入文字。输入文本时，如果文字超过了文本框的宽度，文字将自动换行，这和美术字的换行有区别，如图5-2所示。

输入段落文本和美术字类似，只是在输入段落文本之前必须先画一个段落文本框。段落文本框可以是一个任意大小的矩形虚线框，输入的文字受文本框大小的限制。

图5-2

也可以将已经编辑好的文本复制到段落文本框中，按快捷键Ctrl+V即可复制文本。

默认状态下，无论输入多少字，文本框的大小都会保持不变，超出文本框的文字都会被自动隐藏，此时文本框下方居中的控制点会变成▼形状，且虚线文本框的颜色由黑变红，如图5-3所示。单击▼形状，在旁边拖动一个新的文本框，隐藏内容将在新的文本框中显示，如图5-4所示。也可拖动文本框周围的控制点将文本框变大来显示出所有文字。

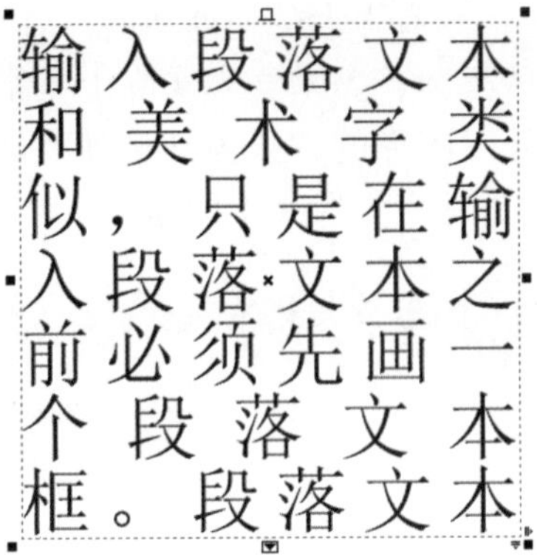

图5-3

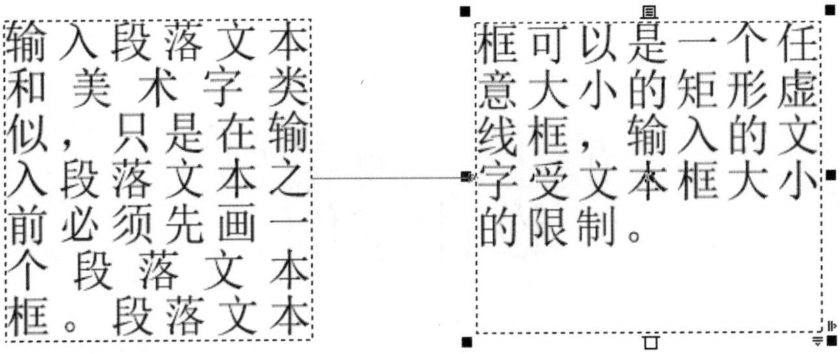

图5-4

选择菜单栏中的“文本”|“段落文本框”|“使文本适合框架”命令，文本框将自动调整文字的大小，使文本充满整个文本框。

3. 美术文本与段落文本之间的转换

在编辑文本时，根据版面需要，美术字和段落文本可以相互转换。将美术字转换成段落文本时，选择菜单栏中的“文本”|“转换为段落文本”命令，或者使用选择工具在要转换的美术字上单击右键，在弹出的快捷菜单中选择“转换到段落文本”命令，如图5-5所示。

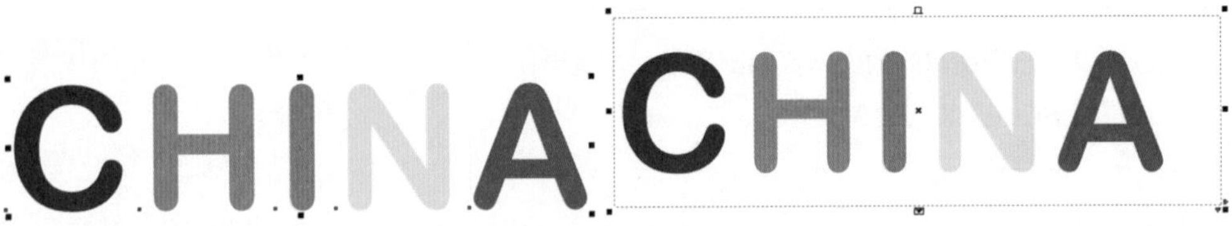

图5-5

将段落文本转换成美术字的方法同上。

5.1.2 文本属性

在编辑文本的过程中，有时可以根据内容需要，为文字添加相应的字符效果，以达到区分、突出文字内容的目的。设置字符效果可通过“文本”|“文本属性”泊坞窗来完成。选中要编辑的文本，打开“文本属性”泊坞窗。

- 脚本：将字体、样式、大小更改限制在特定脚本里，选项如图5-6所示。
- 字体列表：为新文本或所选文本选择一种字样，部分选项如图5-7所示。

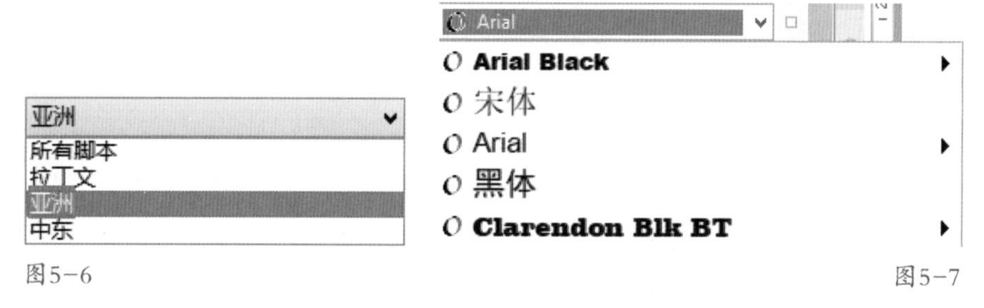

图5-6　　图5-7

- 字体大小 48 pt：为新文本或所选文本选择字体的大小。
- 字体颜色 均匀填充：为新文本或所选文本选择字体颜色。
- 字体轮廓样式 细线：为新文本或所选文本选择轮廓线的粗细及颜色。

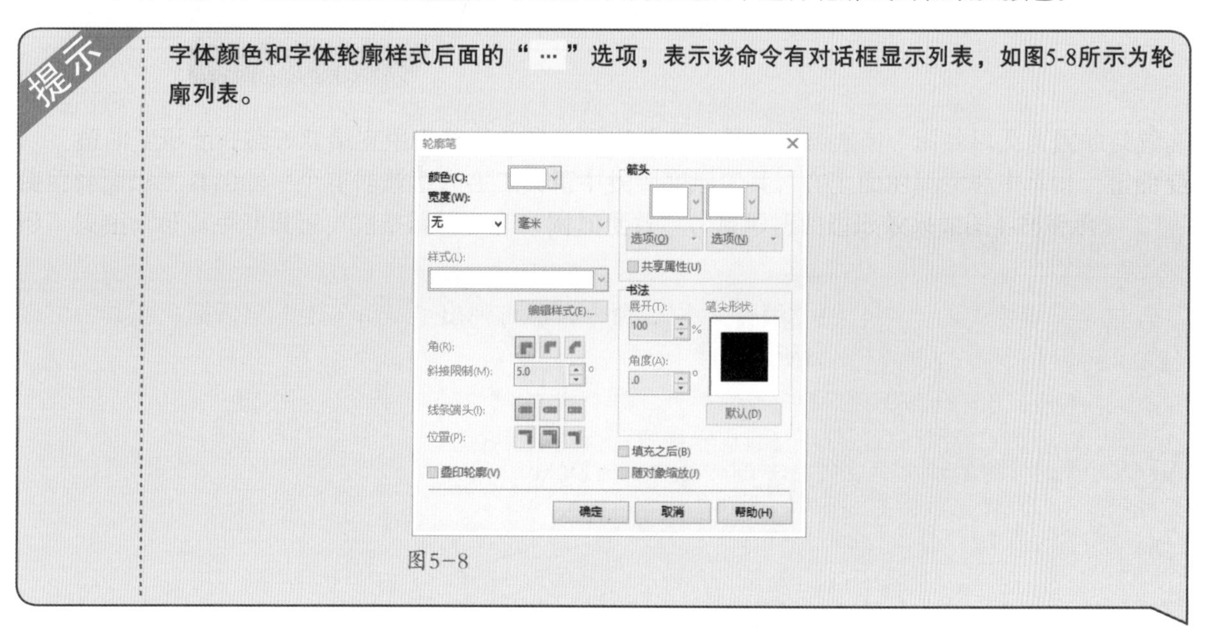

图5-8

- 下划线：用于为文本添加下划线的字符效果，如图5-9所示。
- 大写字母：用于英文编辑时所进行的大写调整，如图5-10所示。
- 位置：用于设置字符的上标和下标效果。通常应用在某些专业数据的符号中，如图5-11所示。

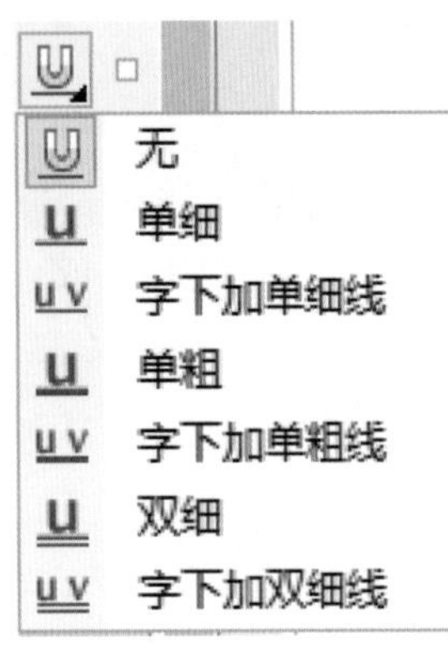

图5-9

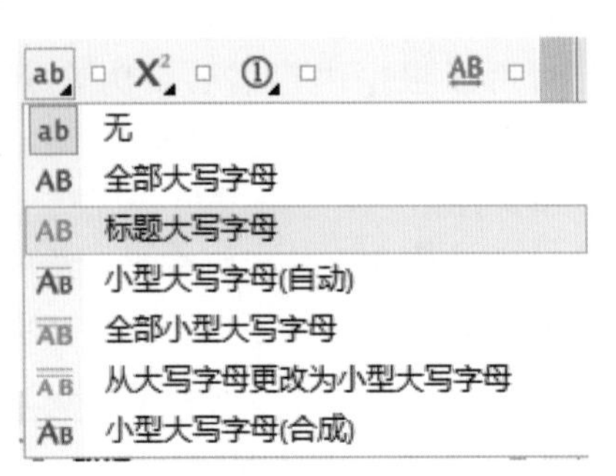

图5-10

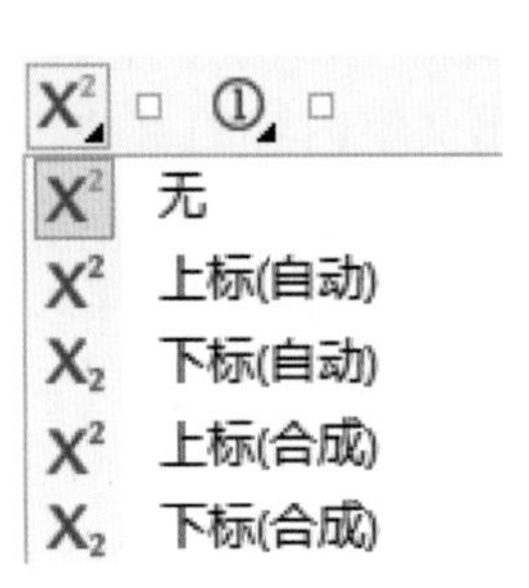

图5-11

- 其他样式：字符选项中还提供了其他更多字符效果样式，用于特殊排版需要，如图5-12所示。
- 字符角度：单击文本工具，在页面上已有的文本中单击，将文字光标插入到文本中，选择需要调整的文字内容，在“文本属性”泊坞窗的“字符”栏下，单击下方的三角形按钮，展开隐藏的选项。在“字符角度”数值框中设置文字旋转的角度。

图5-12

使用文本工具选择一个或多个字符，选择“文本”|“矫正文本”命令，可矫正位移或旋转的字符。

5.1.3 编辑文本

选择菜单栏中的“文本”|“编辑文本” 命令，即可弹出“编辑文本”对话框，在其中可以设置文本的基本属性，如图5-13所示。

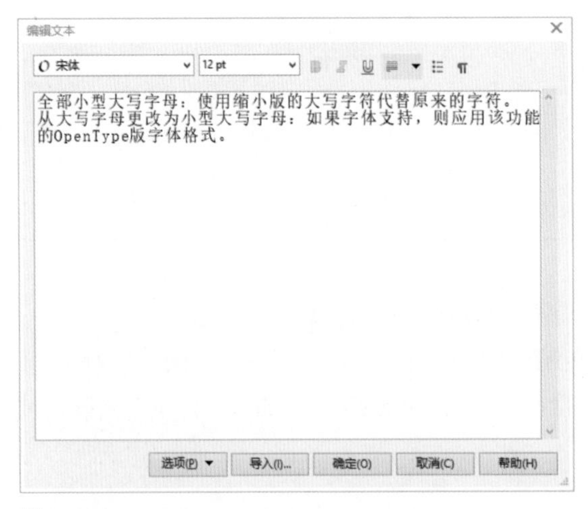

图5-13

5.2 文本的特殊效果

5.2.1 沿路径排列文本

CorelDRAW X7允许文字沿着各种各样的路径排列。沿路径排列文本中的路径可以是开放的，也可以是闭合的，文本框中的段落文本只适合开放路径。

1. 创建沿路径排列文本

绘制一条螺旋线，在菜单栏中选择“文本”|“使文本适合路径”命令，将光标移动到路径边缘，当光标右下角显示曲线图标“~”时，单击曲线路径，出现输入文本的光标，在路径上输入文字即可，如图5-14所示。

2. 编辑沿路径排列文本

在属性栏中可以设置文字的大小、与路径的距离、文本方向等，从下列列表中选择文本的总体朝向，如图5-15所示。

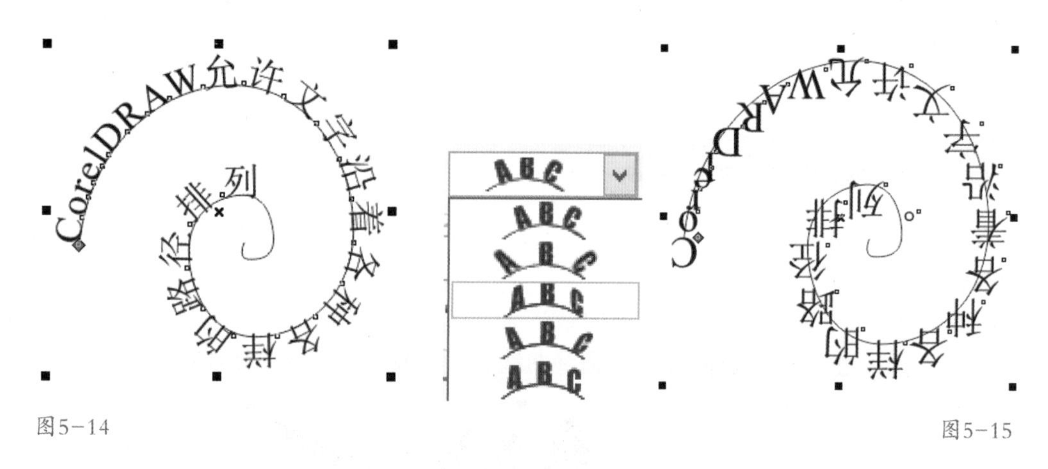

图5-14

图5-15

3. 拆分沿路径排列文本

选取路径文字，选择菜单栏中的“对象”|“拆分在路径上的文本”命令，可以将文字与路径分离，分离后的文字仍然保持之前的位置，可以使用选择工具对其进行移动，如图5-16所示。

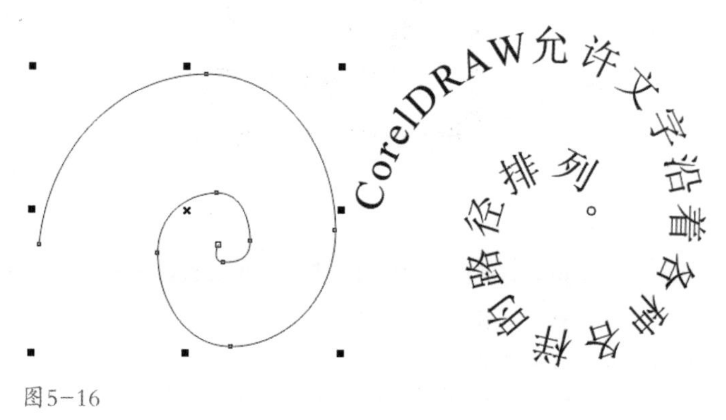

图5-16

沿路径排列后的文本仍具有文本的基本属性，可以添加或删除文字，也可以更改文字的字体和字体大小等属性。

5.2.2 为美术字添加颜色

使用形状工具选中文本时，文本处于节点编辑状态，每一个字符左下角的空心矩形框为该字符的节点，拖动字符节点，可以将该字符移动。按住Shift键，使用形状工具可以选中多个节点，拖动节点可以同时移动多个文本，也可以单击节点，为单个字体改变颜色，如图5-17所示。

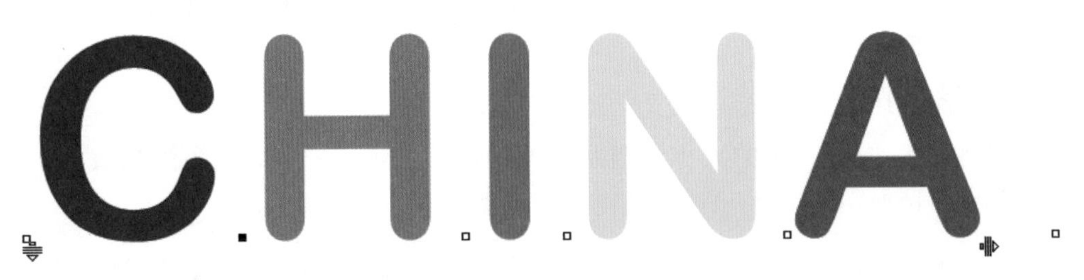

图5-17

5.2.3 将文本转换为曲线

在实际创作中，使用系统提供的字体进行设计有时会有局限性， CorelDRAW X7允许将文字转换为曲线，并对其进行变形编辑操作。

选择菜单栏中的“对象”|“转换为曲线”命令，或按快捷键Ctrl+Q可以将文本转换为曲线，选择形状工具，进入节点编辑状态，调整曲线中的相应节点，如图5-18所示。

图5-18

美术字转换成曲线后将不再具有任何文本属性，与一般的曲线图形一样，所以在使用该命令改变字体形状之前，一定要先设置好所有的文本属性。还可以将段落文本转换成曲线，这样段落文本中的每个字符都转换成为单独的曲线图形对象。

将段落文本转换为曲线，不但能保留字体原来的形状，还可以在其他计算机上打开该文件，也不会因为缺少字体而受到影响，因为它已经被定义为图形而存在。所以在一般的设计工作中，在绘图方案定稿之后，通常都需要对图形档案中的所有文字进行转曲处理，以保证在后续流程中打开文件时，不会因为缺少字体而出现不能显示出原有设计效果的问题。但是要转换为曲线的段落文本的字符数量不要过大(最好不要超过 5000 个字符)，以保证文件的合理大小。

CorelDRAW X7里最后印刷的时候为什么要将文字转曲，是因为CorelDRAW X7中的文字在电脑上设置了某个特定的字体，如果不转曲发到印刷厂而他们的电脑上缺少你电脑上的字体，打开CorelDRAW X7文件时字体就会变形，所以印刷时转曲是为了保持文字字体样式不变。转曲后文字就成图片格式了。需要注意的是，CorelDRAW X7文字的转曲是一个不可逆的过程，一般我们都会在所有排版完成后保存一份副本，然后再进一步转曲存为转曲文件，这样就有修改的余地了。

5.2.4 编辑段落文本

1. 栏

选择菜单栏中的“文本”|“栏” 命令，即可弹出栏设置对话框，如图5-19所示。

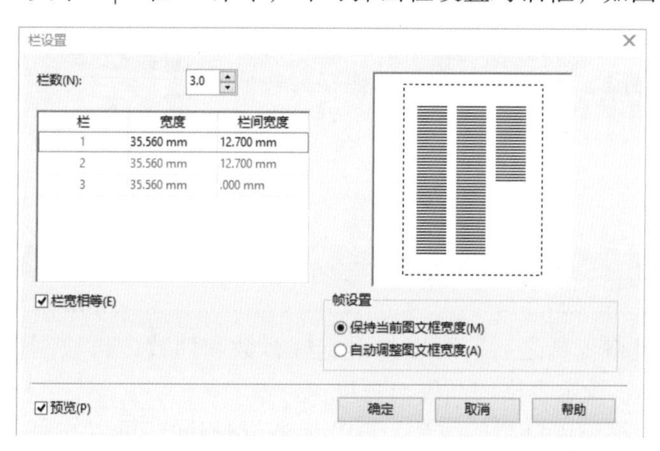

图5-19

- 栏数：设置分栏的数量。
- 宽度：设置分栏的宽度。
- 栏间宽度：设置栏间距。

2. 项目符号

选择菜单栏中的“文本”|“项目符号” 命令，即可弹出“项目符号”对话框，如图5-20所示。

- 字体：设置字体。
- 符号：设置项目符号的样式。
- 大小：设置项目符号的大小。

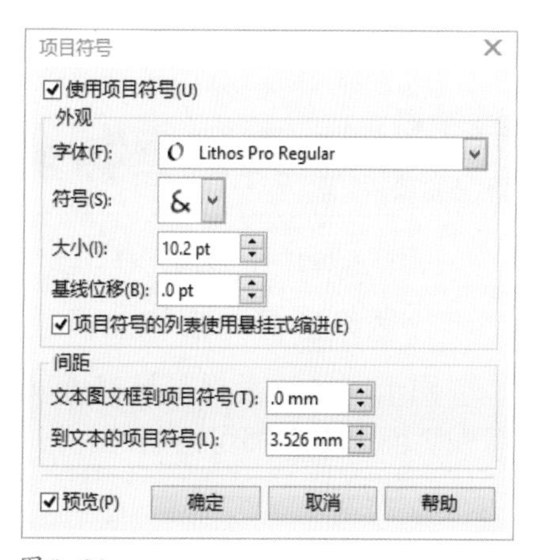

图5-20

3. 文字绕图

将文本围绕在对象的周围，可以进行简单的排版操作，产生特殊的效果。当段落文字与其他对象重叠时，可以利用它的属性设定不同的效果。“文本绕图”效果只适用于段落文本。

选择文本工具输入段落文本，再导入一张图片，在“绕图样式”下拉列表中选择“跨式文本”选项，如图5-21所示。

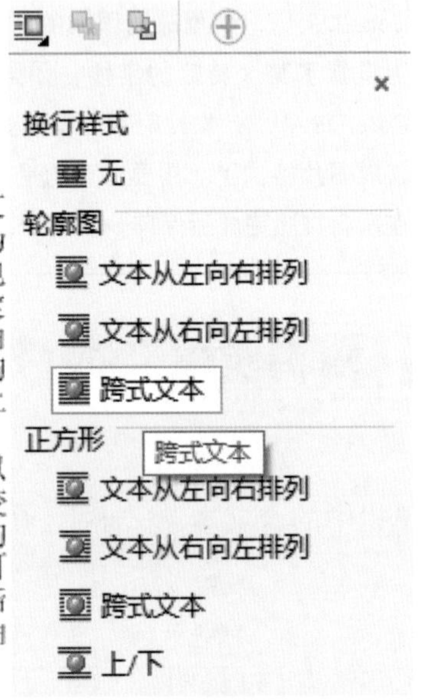

图5-21

5.3 创建表格工具

在工具箱中选择表格工具之后，可以先设定好行数和列数，再绘制表格，也可以先绘制好之后再修改行数与列数、设定表格的高度与宽度。

CorelDRAW X7表格输入资料的方法与Office Word相同，可以在每一个储存格输入资料，预设按下Tab键时将会移至下一个储存格，而第一次按Tab键时出现选项对话框，让用户设定按Tab键时的预设动作。

5.4 图纸工具与表格工具的区别

图纸工具位于多边形工具组类，表格工具位于文本工具组类。

1. 图纸工具与表格工具的相同点

图纸工具和表格工具都可以绘制出如图5-22所示的表格。工具用法均为首先选择工具，然后在页面上拖动即可绘制好表格。

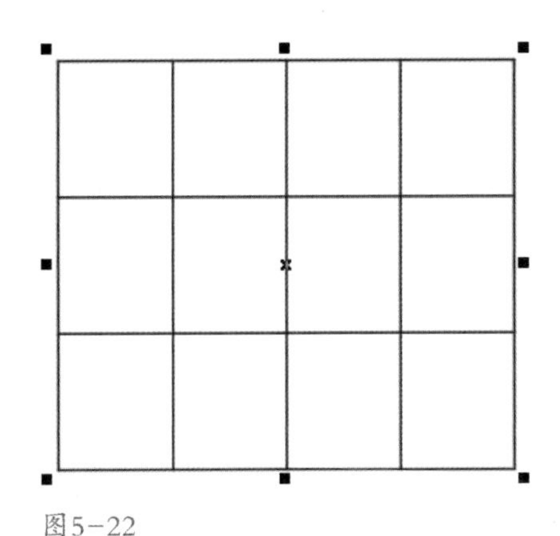

图5-22

2. 图纸工具与表格工具的不同点

(1)图纸工具只能先设定行数和列数再拖动鼠标绘制表格，当表格绘制完成后，更改表格行列数不会对当前表格有所影响。而表格工具在绘制完成之后是可以任意更改行列数的。

(2)图纸工具用法：选择图纸工具，然后在属性栏中设置网格显示的行数和列数，如设定为3列5行的网格。选中网格，选择菜单栏中的“排列”|“取消全部群组”命令，可以看到图纸工具画出的是矩形组，打散后是矩形。

表格工具用法：在工具箱中选择表格工具之后，绘制表格，选择菜单栏中的“排列”|“拆分表格”命令将表格拆分，再单击鼠标右键，在弹出的快捷菜单中选择“取消组合所有对象”命令，由此操作可知，CorelDRAW X7表格工具画出的是网格，拆分后打散是线条。

5.5 设计案例——绘制手机

设计分析：

主要运用矩形工具、形状工具、修剪工具、智能填充工具、文字工具、交互式透明及交互式阴影工具等。

1. 绘制背景部分

新建一个A4大小的文件，选择“导入”命令，将导入的位图设为背景图片，如图5-23所示。

2. 绘制手机按键部分

Step01 绘制手机按键部分轮廓：在“手机”图层中绘制矩形，并选择形状工具为矩形倒角。按快捷键Ctrl+Q将倒角矩形转换为曲线，并使用形状工具缩小底部的宽度，上部分完全倒为半圆，复制并缩小至合适比例，如图5-24所示。

图5-23　　图5-24

Step02 采用同样的方法，再选择形状工具和钢笔工具画出键盘区，绘制过程如图5-25所示。键盘区完成效果如图5-26所示。

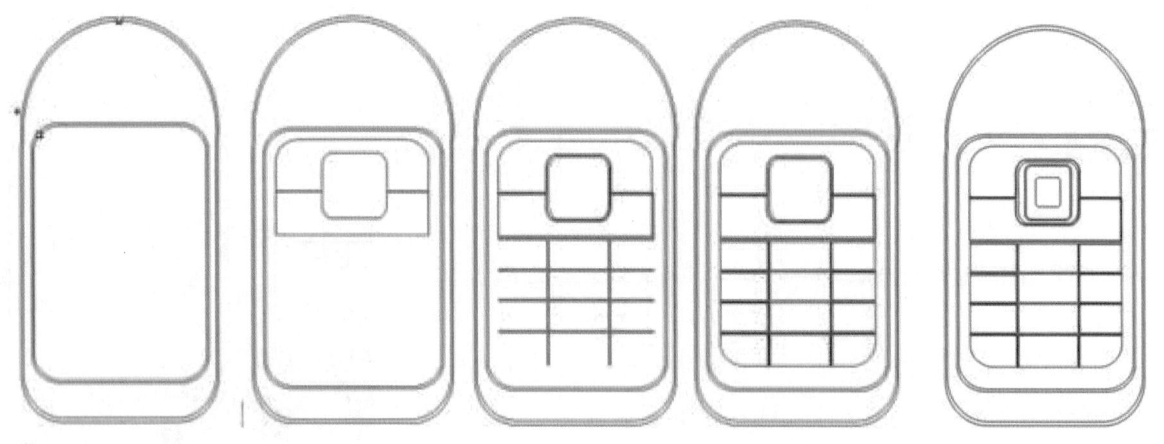

图5-25　　图5-26

Step03 选择形状工具和钢笔工具，在键盘轮廓圆角处绘制小的月牙弧度，方便手机后期立体感的表现，如图5-27所示。再绘制手机的功能键以及键盘下半部分细节，如图5-28所示。

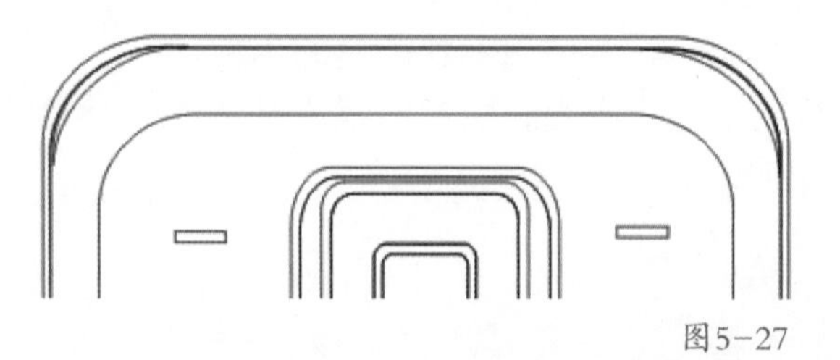

图5-27

Step04 为键盘填充颜色，选择智能填充工具，对手机外壳进行渐变填充，颜色值为：RGB0%(69,56,4)、32%(127,111,73)、100%(176,158,132)，对话框设置如图5-29所示。填充效果如图5-30所示。

Step05 采用同样的方法，选择智能填充工具，对手机内部进行均匀填充，颜色值RGB(143,111,63)，如图5-31所示。

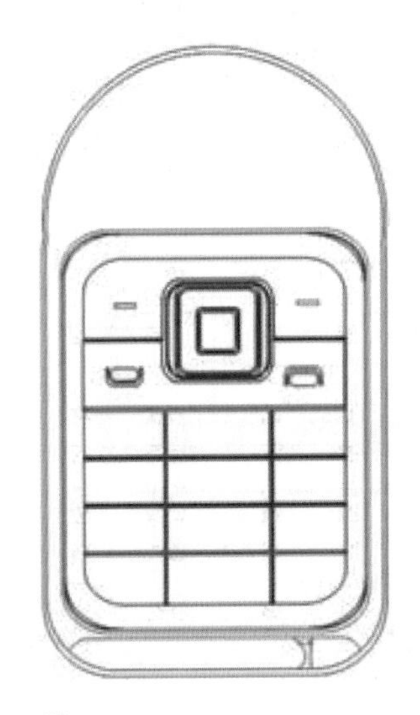

图5-28

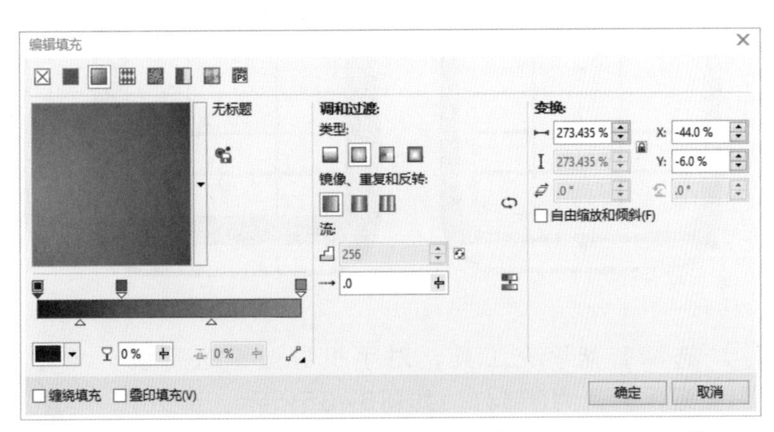

图5-29

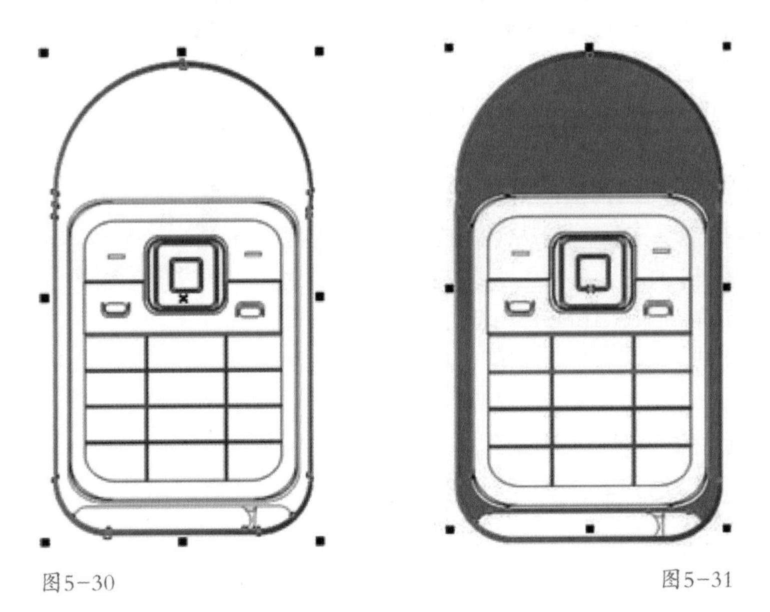

图5-30

图5-31

Step06 采用同样的方法，选择智能填充工具，对按键外壳进行填充，外轮廓颜色为RGB(191,180,138)，如图5-32所示。

Step07 采用同样的方法，选择智能填充工具，对按键外轮廓进行标准填充，颜色值为RGB(143,111,63)，再对按键区域和轮廓圆角处的4个月牙弧度细节进行标准填充，颜色值为RGB(255,255,224)，如图5-33所示。

Step08 采用同样的方法，选择智能填充工具，对手机按键缝隙进行均匀填充，颜色值为

RGB(143,111,63)，如图5-34所示。中间小条为100%黑色，将必要的键涂成黑色。

图5-32

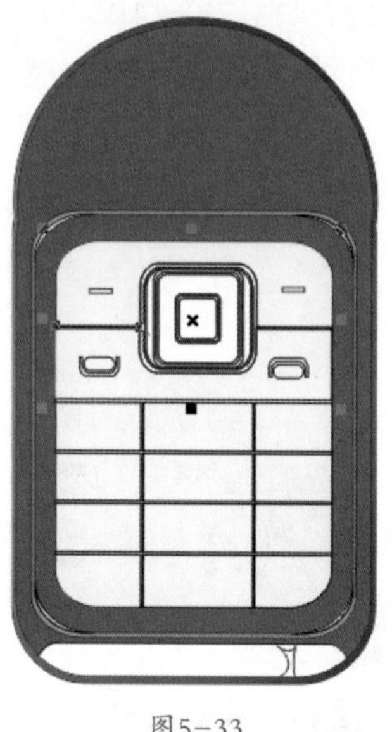

图5-33

图5-34

Step 09 选择智能填充工具，对手机导航键进行填充，共分为5部分，如图5-35所示。部分1圆锥渐变填充，颜色从RGB(143,133,117)到RGB(199,178,147)，其设置对话框如图5-36所示。

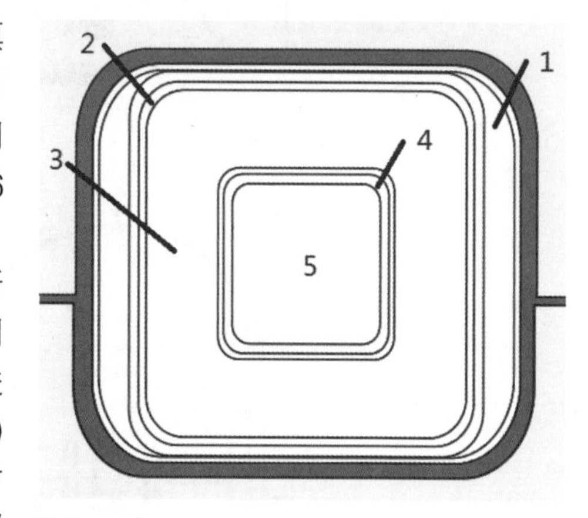

图5-35

Step 10 选择智能填充工具，对部分2进行线性渐变，填充颜色值从RGB(194,179,119)到RGB(245,239,213)，角度设置为0。对部分3进行线性渐变，填充颜色值从RGB(255,255,244)到RGB(255,255,224)，角度设置为0。对部分4均匀填充RGB(161, 161, 161)。对部分5渐变填充，类型为“方角”，颜色分别为0%(255,153,0)、23%(255,86,22)、

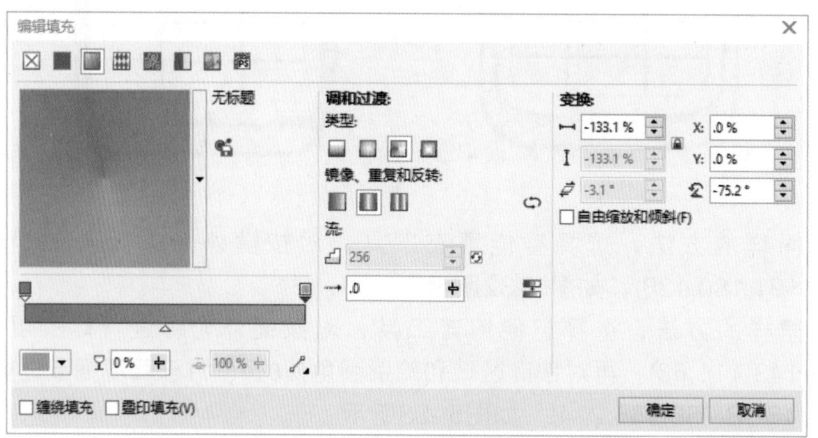

图5-36

100%(255,0,51)，对话框如图5-37所示，填充效果如图5-38所示。为了使导航键填充更加真实，将部分5复制并粘贴一层，填充颜色值为RGB(220,221,221)，再选择交互式透明工具，设置如图5-39所示。

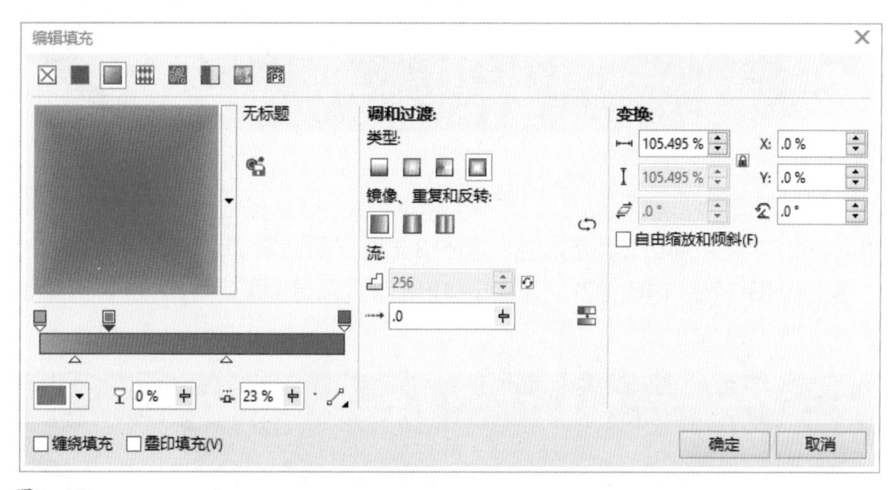

图5-37

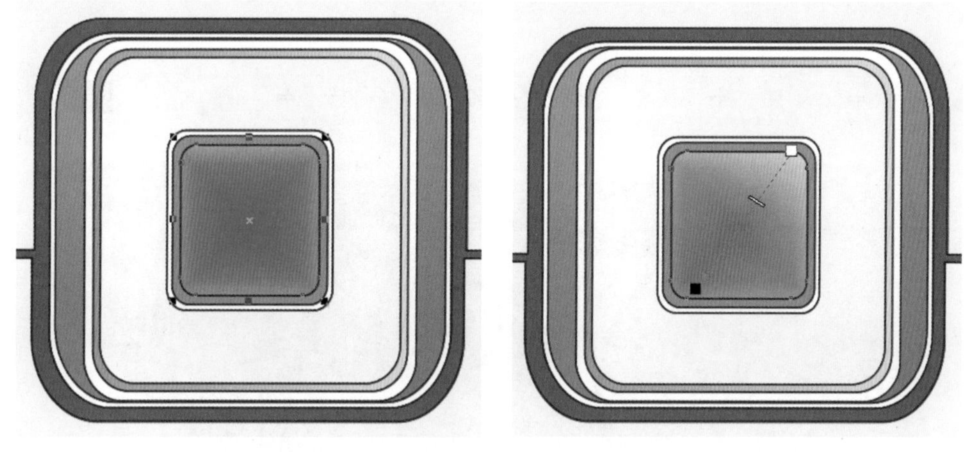

图5-38　　图5-39

Step 11 选择智能填充工具，对手机底部细节进行填充，底部分为4个部分进行填充，如图5-40所示。部分1均匀填充RGB(143,111,63)，再选择交互式阴影工具添加阴影，使其更有立体感，阴影设置如图5-41所示。

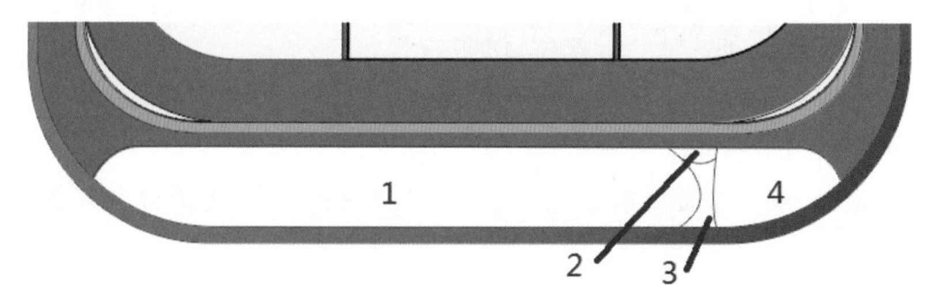

图5-40

图5-41

Step 12 采用同样的方法，部分2填充黑色；部分3先填充黑色背景，再使用钢笔工具绘制图形，均匀填充RGB(173, 140, 92)，如图5-42所示。部分4填充同部分1，阴影设置如图5-43所示。

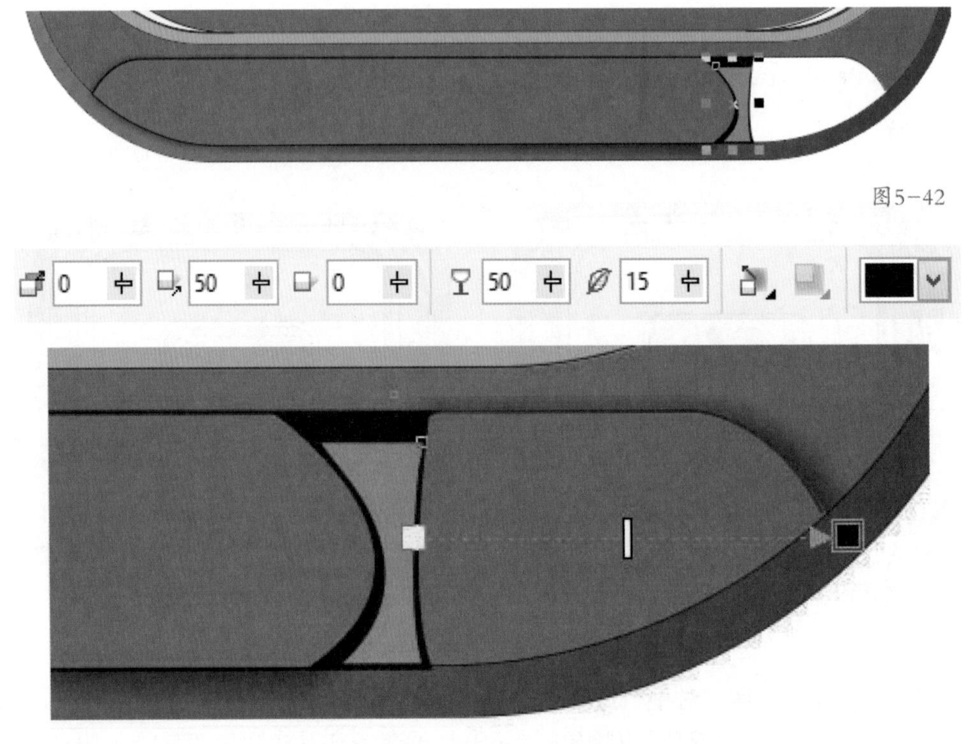

图5-42

图5-43

Step 13 选择4个功能键，均匀填充为黑色。使用选择工具全选手机键盘部分，选择轮廓线命令，将轮廓线设为“无”，如图5-44所示。

Step 14 选择文本工具，绘制手机按键，如图5-45所示。

Step 15 选择交互式透明工具和交互式阴影工具为手机键盘部分添加细节，如图5-46所示。

Step 16 选择手机最外侧的图形复制粘贴，并填充为白色，再选择交互式透明工具，设置如图5-47所示。

Step 17 使用选择工具全选键盘部分，并群组添加交互式阴影，效果如图5-48所示。

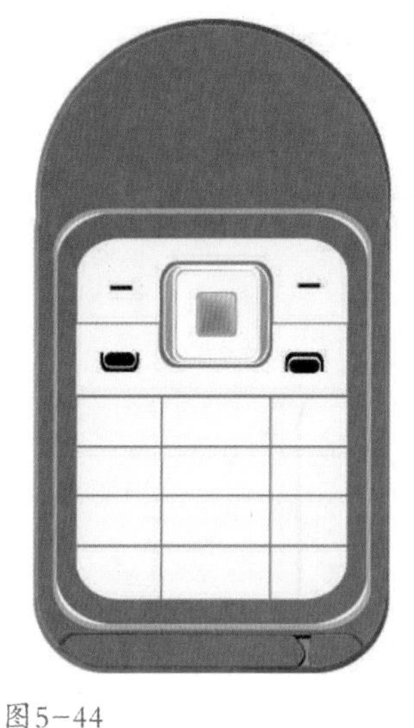

图5-44

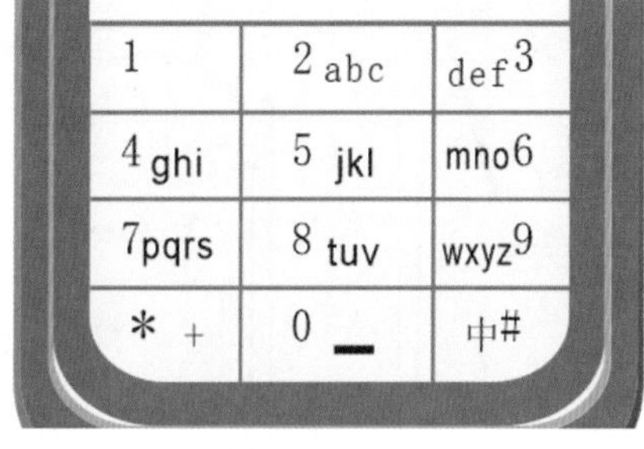

图5-45

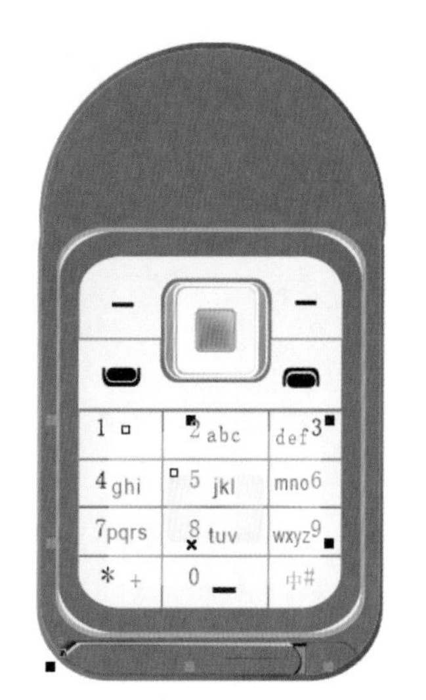

图5-46

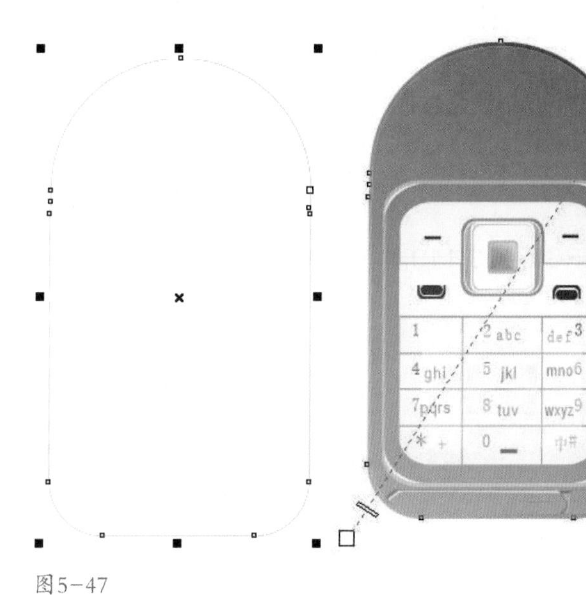

图5-47

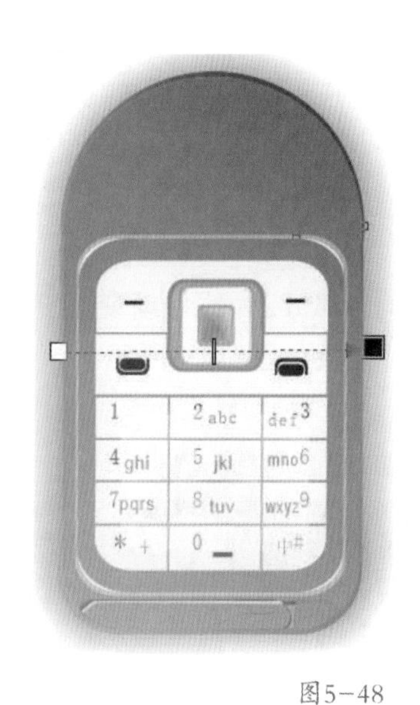

图5-48

3. 绘制手机显示部分

Step01 采用同样的方法，使用钢笔工具和形状工具绘制屏幕曲线，如图5-49所示，绘制时注意听筒细节，如图5-50所示。

Step02 为手机显示部分填充颜色，分为5部分进行填充，如图5-51所示。部分1设置线性渐变填充，颜色值CMYK(2,2,20,0)到CMYK(0,0,0,20)，将部分1复制一层，均匀填充颜色值CMYK(0,0,0,10)，再添加交互式透明效果，使其更真实，如图5-52所示。

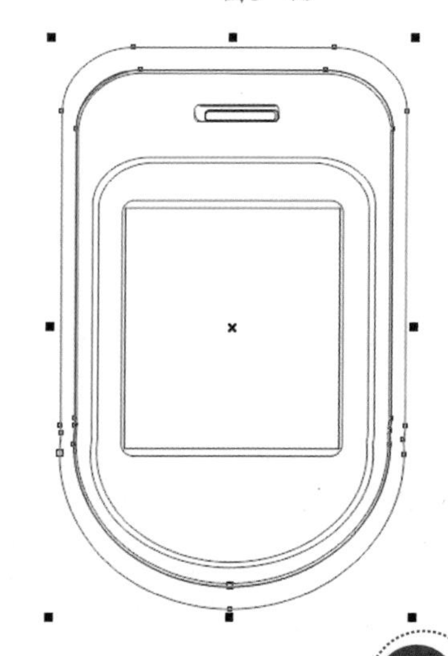

图5-49

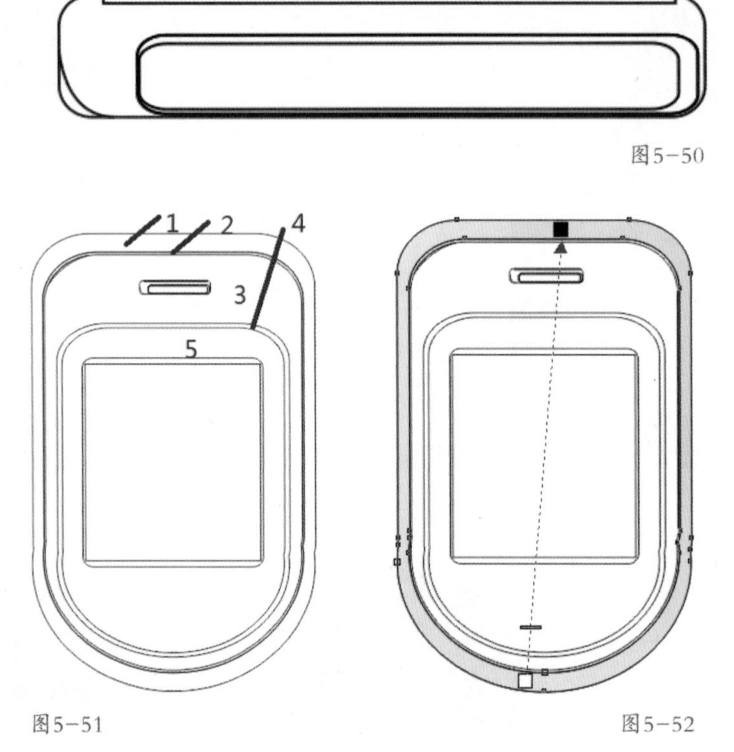

图5-50

图5-51

图5-52

Step 03 部分2为线性渐变填充，颜色值从RGB(143,119,21)到RGB (204,197,167)，对话框设置如图5-53所示。

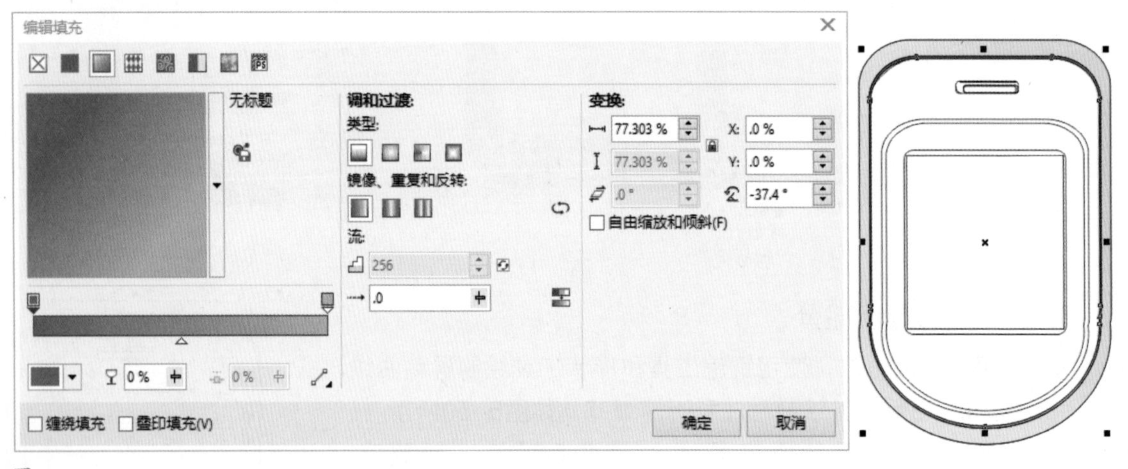

图5-53

Step 04 部分3为均匀填充，颜色值为RGB(237,222,161)，如图5-54所示。部分4为圆锥渐变填充，颜色值从RGB(194,178,116)到RGB(224,224,199)，对话框设置如图5-55所示。

Step 05 部分5填充同部分1，先设置均匀填充，颜色值为RGB(181,162,87)，将部分5复制一层，均匀填充颜色值CMYK(0,0,0,30)，再添加交互式透明效果使其更真实，如图5-56所示。再复制部分5，均匀填充颜色值CMYK(0,0,0,0)，再添加交互式透明效果使其更加真实，如图5-57所示。

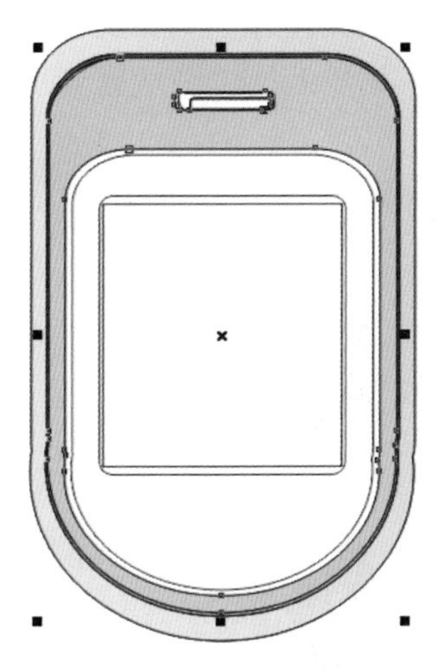

图5-54

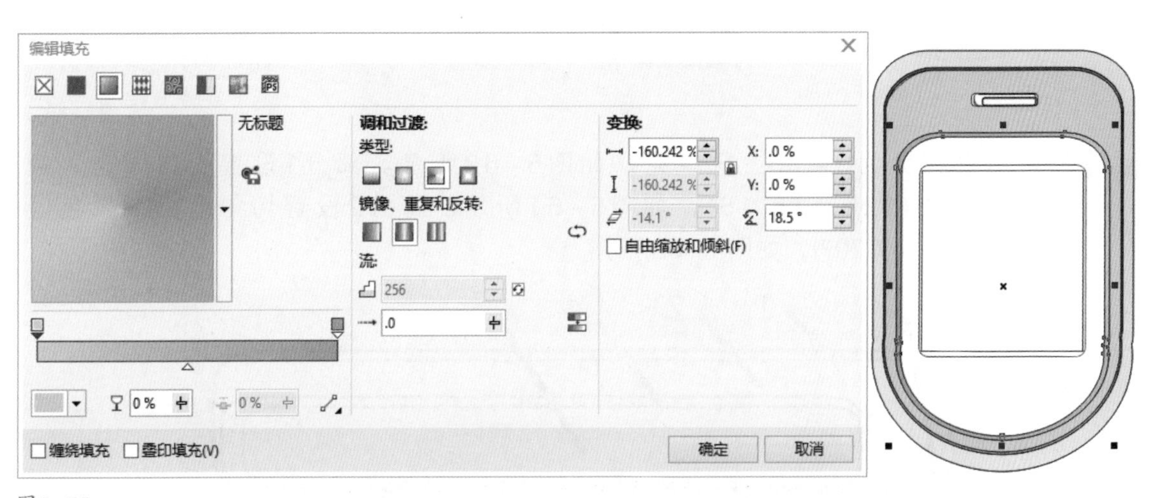

图5-55

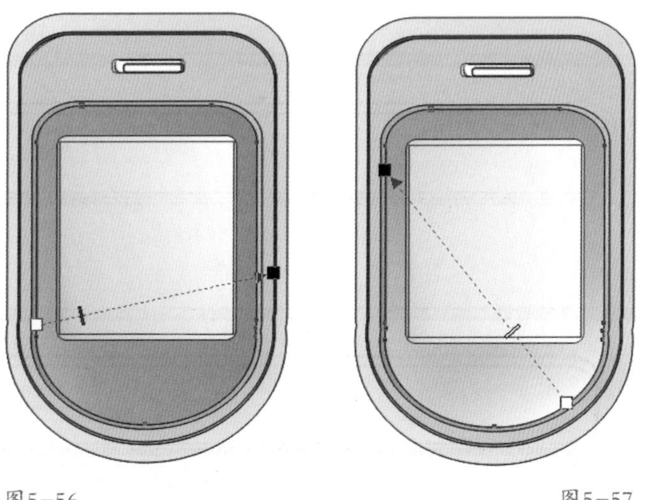

图5-56　　图5-57

Step06 屏幕显示部位分为两部分填充，外框线性渐变填充从RGB(102,92,53)到RGB(178,178,178)，如图5-58所示。导入光盘中的素材“屏幕背景.png”，屏幕中心部分运用图框剪裁命令，将导入的位图放置到屏幕中央，如图5-59所示。

图5-58　　图5-59

Step07 听筒部位分为5部分进行填充，如图5-60所示。部分1设置均匀填充，颜色值为RGB(128,115,15)，如图5-61所示。部分2设置均匀填充，颜色值为RGB(247,247,207)，如图 5-62所示。

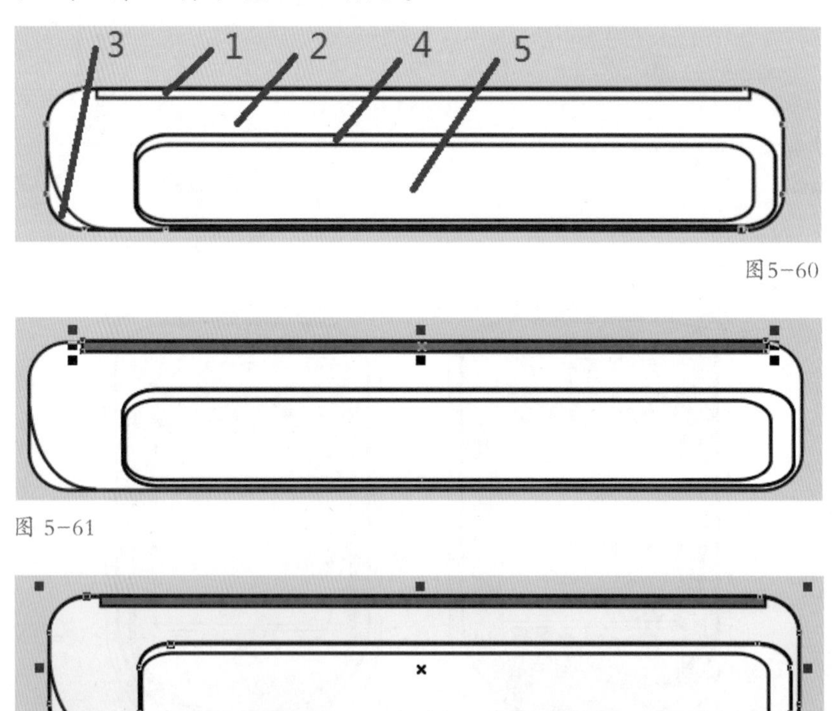

图5-60

图 5-61

图 5-62

Step 08 部分3设置均匀填充，颜色值为RGB(115,115,69)，如图5-63所示。部分4先均匀填充黑色，然后复制一层，均匀填充RGB(247,247,207)，选择交互式透明工具，设置如图5-64所示。部分5线性渐变填充，从RGB(204,204,204)到白色。

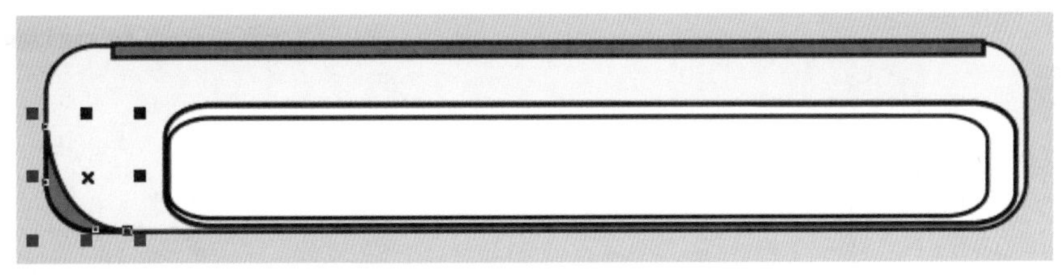
图 5-63

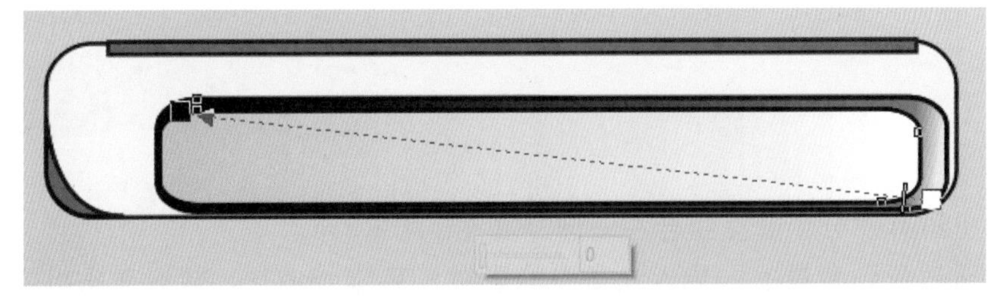
图5-64

Step 09 除听筒外，选中其余部分，将其轮廓线去掉，如图5-65所示。

Step 10 绘制装饰线条，如图5-66所示。再将听筒部分轮廓线去掉，如图5-67所示。

图5-65　　图5-66

Step 11 将所有屏幕部分选中，并群组。再选择交互式阴影命令，添加阴影效果，如图5-67所示。

Step 12 使用钢笔工具绘制背景中花朵的形状，放置到手机下方作为装饰，如图5-68所示。

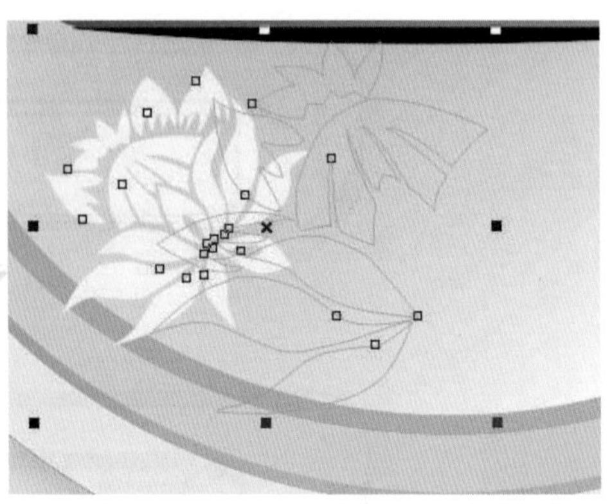

图5-67　　图5-68

Step 13　将手机屏幕部分和键盘组合在一起，如图5-69所示。

Step 14　将手机放置到背景上，导入光盘中的素材“字体.png”，放置在手机听筒部位上，并使用文本工具添加“NOKIA、诺基亚”等文字，如图5-70所示。

图5-69　　图5-70

Step 15　复制手机屏幕部分，并更改不同的颜色或更换手机屏幕位图。同样复制花朵图案，更改不同颜色并添加交互式透明效果，将手机与花朵组合，如图5-71所示。

Step 16　调整大小和放置位置，最终效果如图5-72所示。

图5-71

图5-72

管理位图

本章主要讲解位图的转换和编辑，通过学习可以将矢量图形转换成位图，同时对位图添加特殊效果，并通过设计案例材质表现，让读者更好地掌握相关知识点。

本章知识点

- 将矢量图转换为位图
- 位图的编辑
- 位图的滤镜效果

在CorelDRAW X7中不但可以创建矢量图形，还可以将矢量图形转换成位图，同时也可以编辑位图以及对位图添加特殊效果。

6.1 将矢量图转换为位图

为了应用位图的滤镜功能，首先要把矢量图转换为位图，选择菜单栏中的“位图”|“转换为位图”命令，就可以打开“转换为位图”对话框，如图6-1所示。在该对话框中可以设置分辨率、颜色模式、透明背景等。

有些图形或文本带有特殊效果，转换成位图后，这些特殊效果可能会丢失，例如斜角效果等。

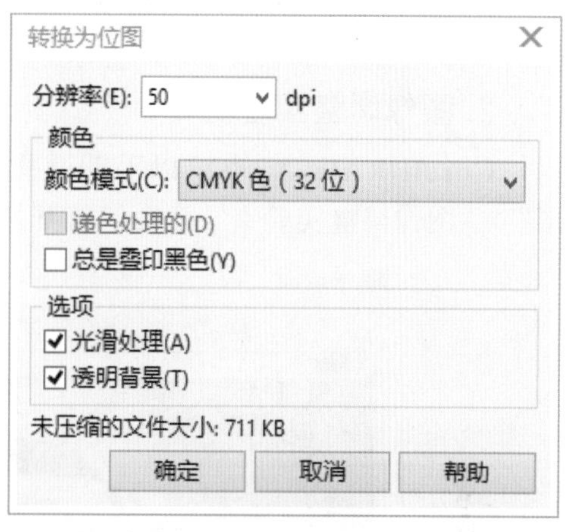

图6-1

6.2 位图的编辑

6.2.1 位图的缩放、修剪

在导入位图时可对位图进行缩放、修剪处理，也可以使用各种图像处理工具将位图编辑成任意形状。

1. 缩放位图

导入位图图像，再使用工具箱中的选择工具选中位图图像，此时图像的四周会出现控制框及其8个控制节点。拖动控制框中的控制节点，可缩放位图图像的尺寸大小。双击导入的位图，即可旋转和倾斜位图。

2. 修剪位图

导入位图图像，再选择工具箱中的形状工具，单击导入的位图图像，此时图像的4个边角出现4个控制节点，可以拖动节点来修剪位图，也可以在边框线上添加、删除、转换节点后，再修剪位图，如图6-2所示。

3. 旋转、倾斜位图

导入位图图像，双击导入的位图，即可旋转和倾斜位图。

图6-2

6.2.2 位图的颜色管理

使用位图的颜色管理可以更改图片的颜色，从而做出产品的不同色彩方案。

1. 自动调整位图

CorelDRAW X7可以对位图的颜色和对比度进行自动调整。选择需要调整的位图后，选择菜单栏中的“位图”|“自动调整”命令，将不用设置参数，自动调节。

2. 图像调整实验室

CorelDRAW X7也可以手动调节位图的色相、对比度和明亮度等，选择菜单栏中的“位图”|“图像调整实验室”命令，打开的对话框如图6-3所示，在其中可进行各种选项的设置。

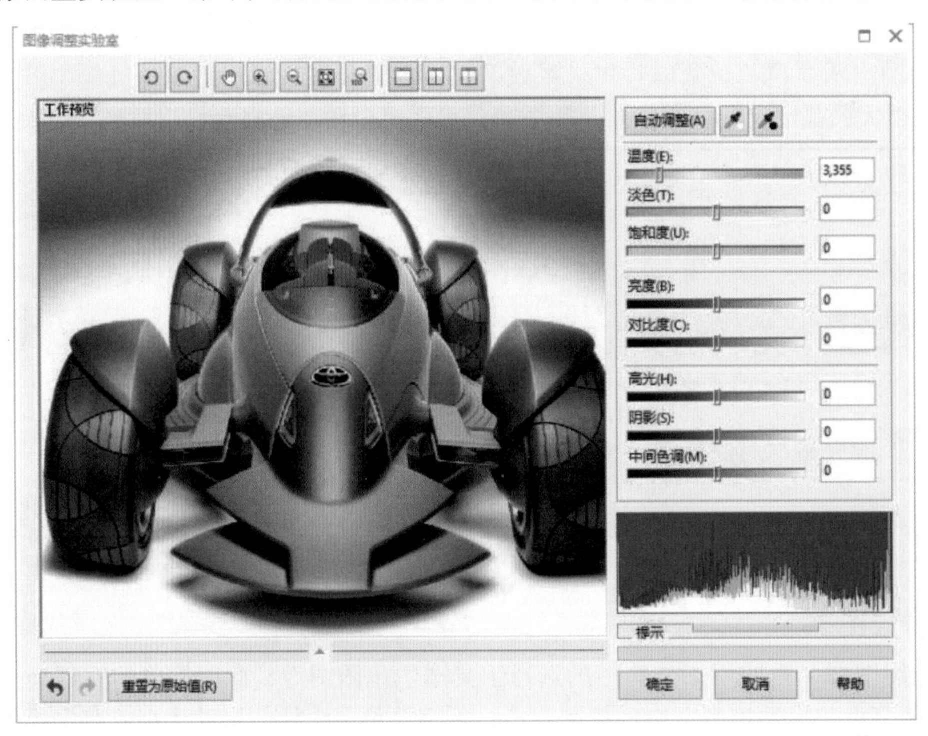

图6-3

3. 位图颜色模式

选择“位图”|“模式”子菜单中的命令，可以选择位图的色彩模式。

- 黑白模式：该模式只有黑和白两种颜色，没有灰度图像，也没有层次变化。
- 灰度模式：将选定的位图转换成灰度(8 位)模式，可以产生一种类似于黑白照片的效果。
- 双色模式：该模式也是一种灰度模式，将彩色图转换成8位灰度图，在“双色调”对话框中不仅可以设置单色调模式，还可以在“类型”下拉列表中选择“双色调”、“三色调”或“全色调”模式，双击颜色方块，还可以设置不同颜色显示，效果如图6-4所示。
- 调色板模式：该模式为8位颜色模式，转换后的文件较小。

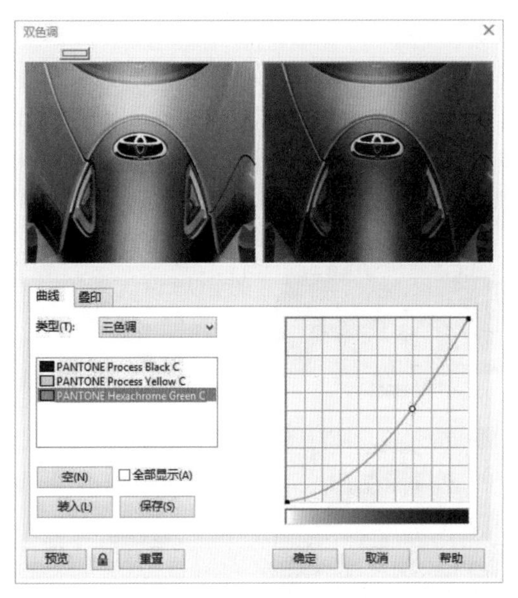

图6-4

6.2.3 位图的轮廓描摹

“轮廓描摹”方式还称为“轮廓图描摹”，“轮廓图描摹”命令中有6个子命令，这6个子命令分别代表6种位图的图像类型。6种类型依次往下，图像细节保留越好、生成的矢量图形也越复杂。根据位图所属类型，选择不同的描摹命令，才能达到更理想的转换效果。

1. 线条图

用于描摹黑白草图与图解的位图，选择该命令，效果如图6-5所示。

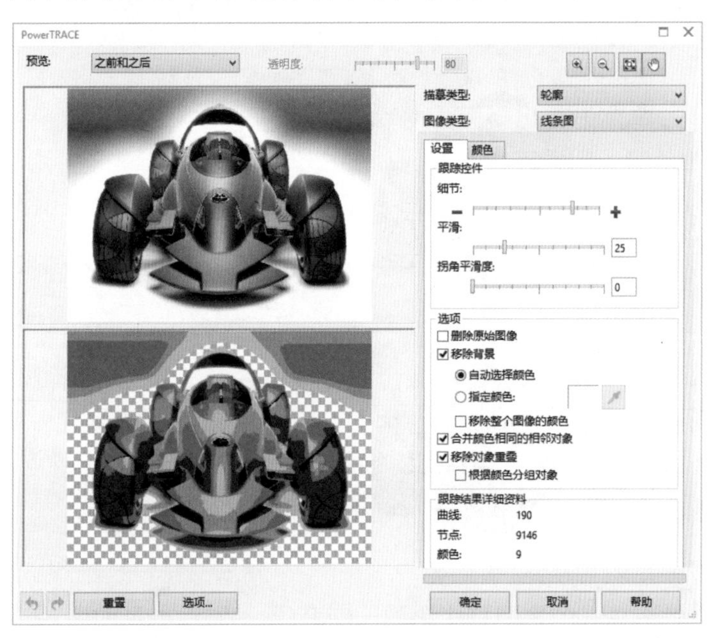

图6-5

2. 徽标

用于描摹细节和颜色都较少的简单徽标位图，选择该命令，效果如图6-6所示。

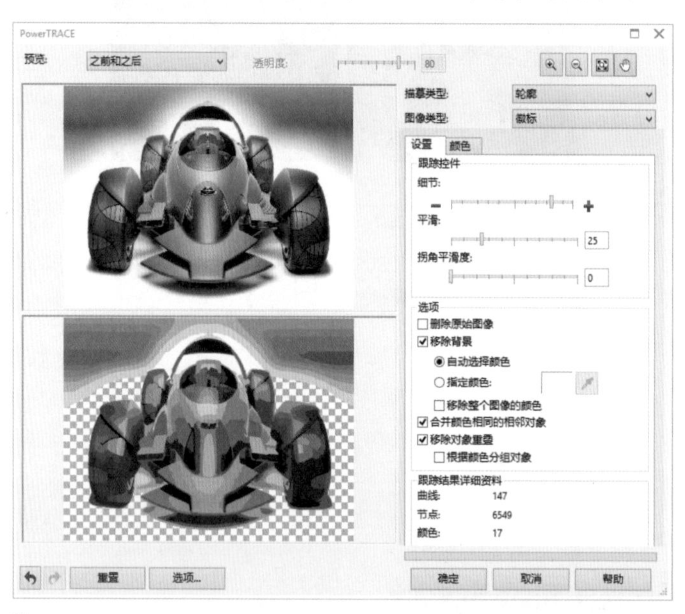

图6-6

3. 详细徽标

用于描摹包含精细细节和许多颜色的徽标。

4. 剪贴画

描摹根据细节量和颜色数而不同的现成图形，选择该命令，效果如图6-7所示。

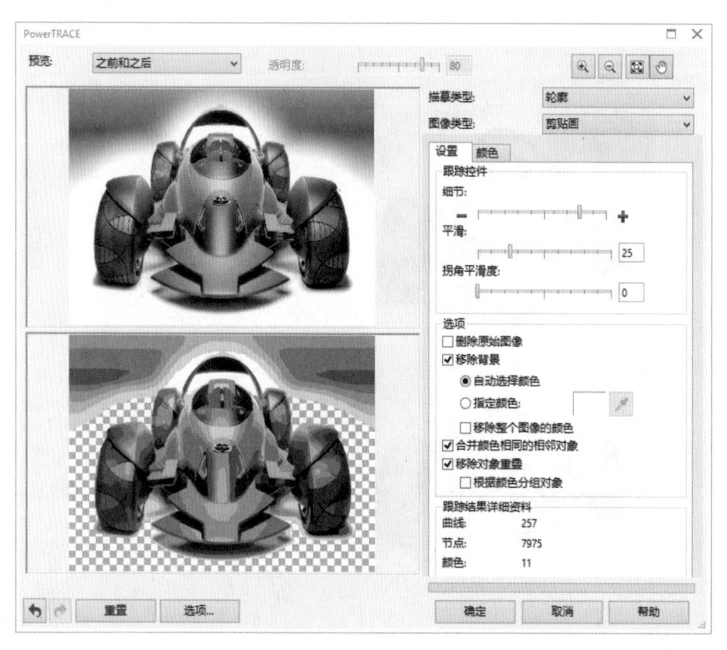

图6-7

5. 低品质图像

用于描摹细节不足或包括要忽略精细细节的相片，选择该命令，即可忽略图片的细节对位图进行描摹，效果如图6-8所示。

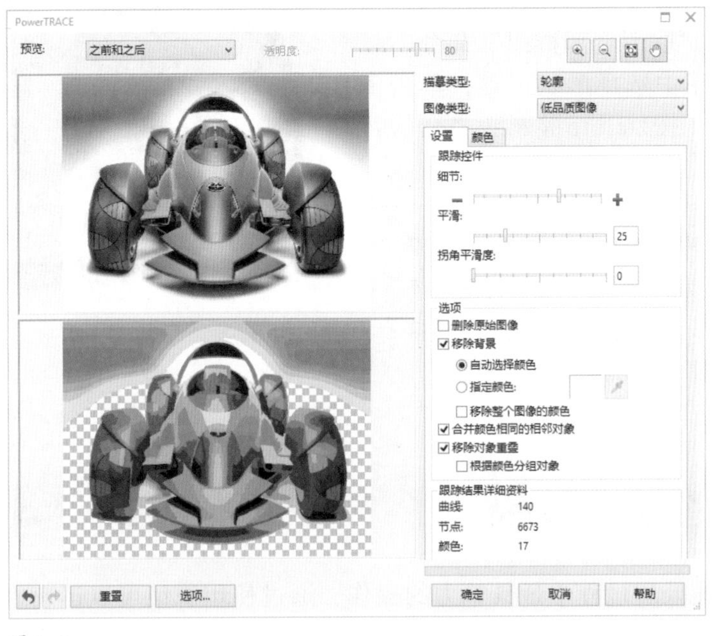

图6-8

6. 高质量图像

用于描摹高质量、超精细的相片，选择该命令，对高质量的图像进行描摹，如图6-9所示。高质量图像要比低品质图像描摹出来的效果更具细节。

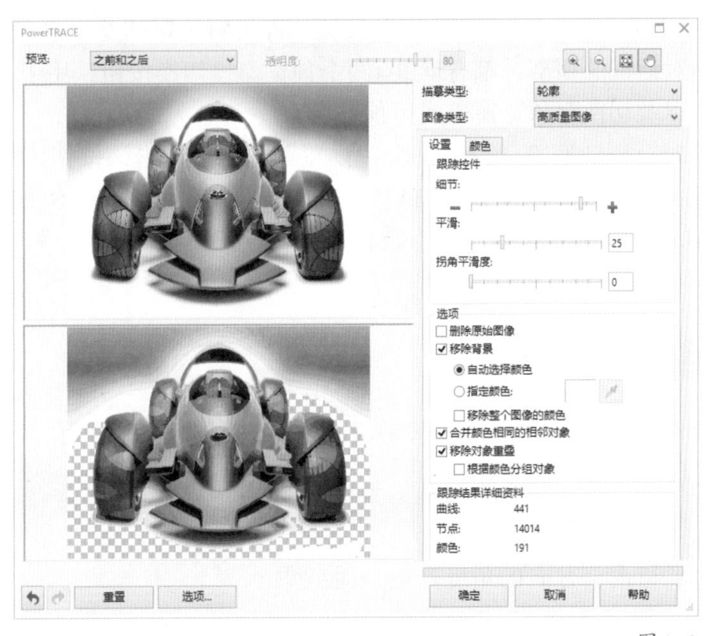

图6-9

选中“删除原始图像”复选框，单击“确定”按钮，即可将选择的位图转换为轮廓矢量图。若不勾选“删除原始图像”复选框，则描摹好的图像会和原图像重合在一起。再选择菜单栏中的“排列”|“取消全部群组”命令，将群组解散，在工具箱中选择形状工具，单击多余的背景矢量图形，按Delete键删除多余的背景，如图6-10所示。

提示：有时候图片颜色过于复杂，描摹出来的效果不是很理想，要进行详细调节才可以，一般来说，图片越简单，描摹出来的图片越完美。

图6-10

6.3 位图的滤镜效果

使用滤镜是位图处理过程中最具魅力的操作，通过使用滤镜可以迅速地改变位图对象的外观效果。CorelDRAW X7中共有11组滤镜，每一组滤镜中都包含了多个滤镜效果命令，每种滤镜都有各自的特性，灵活运用可产生丰富多彩的图像效果。在必要时用户还可装载需要的外挂式滤镜。

滤镜的种类很多，但添加滤镜效果的操作却很相似，首先选择需要添加滤镜效果的位图，再单击“位图”菜单，从相应滤镜的子菜单中选定命令，即可打开相应的滤镜设置对话框。在滤镜对话框中设置相关的参数选项后，单击“确定”按钮，即可将选定的滤镜效果应用到位图中。

- 在每一个滤镜对话框的顶部，都有□和□两个预览窗口切换按钮，用于在对话框中打开和关闭预览窗口，以及切换双预览窗口或单预览窗口。
- 在每一个滤镜对话框的底部，都有一个“预览”按钮。单击该按钮，即可在预览窗口中预览到添加滤镜后的效果。在双预览窗口中，还可以比较图像的原始效果和添加滤镜效果之后的变化。如果对添加的滤镜效果不满意，可以按快捷键Ctrl+Z，将刚添加的效果滤镜撤销掉。

6.3.1 三维效果滤镜

三维效果滤镜可以为位图添加三维立体效果，包括三维旋转、柱面、浮雕、卷页、透视、挤远或挤近和球面这几种效果。

1. 三维旋转

可以设置位图水平和垂直方向的角度产生三维效果。

2. 柱面

柱面是指位图如同被贴在柱子上的效果，通过设置水平或垂直方向的百分比大小，来调整位图柱面程度。

3. 浮雕

使位图生成浮雕效果，如图6-11所示。该对话框中各参数按钮的功能如下。

- 深度：设置浮雕的深度。
- 层次：设置浮雕包含的背景颜色。
- 方向：设置浮雕的方向。
- 浮雕色：设置浮雕的颜色。

4. 卷页

使位图生成一角卷起来的效果，如图6-12所示。对话框中各参数按钮的功能如下。

- 定向：卷页的方向。
- 纸张：卷页部分是否透明。
- 颜色：设置卷曲和背景的颜色。
- 宽度和高度：设置卷页的宽度和高度。

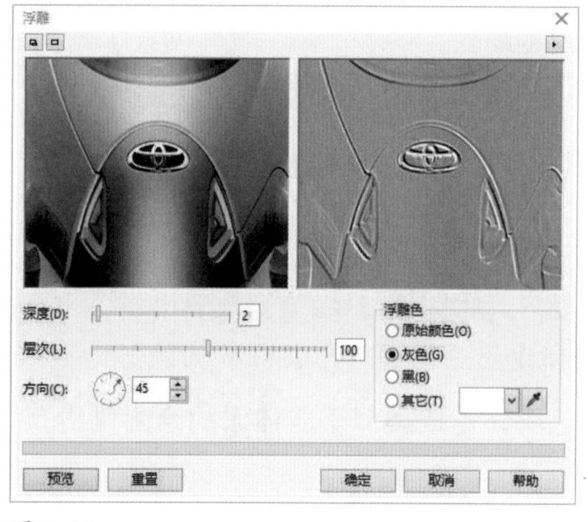

图6-11

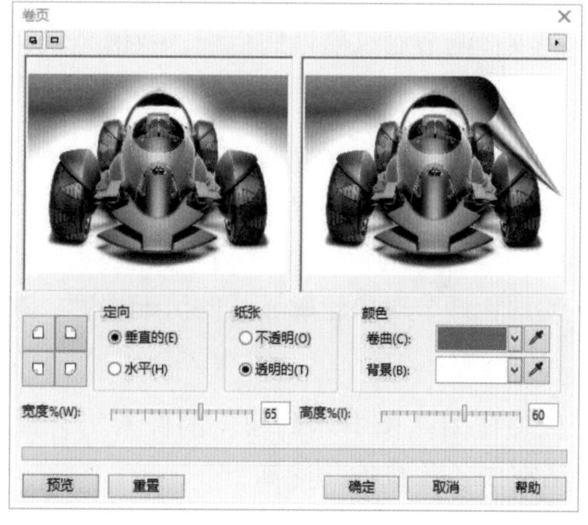

图6-12

5. 透视

设置位图三维效果，将“最适合”复选框勾选后，可以使透视处理的位图尽量接近原图的大小。

6. 挤远或挤近

通过变形效果使位图生成被拉近或拉远的效果。

7. 球面

使位图生成包围在球体内侧或外侧的效果。

6.3.2 艺术笔触滤镜

艺术笔触滤镜组可以为位图添加一些手工美术绘画技法的效果，此滤镜中包含了炭笔画、单色蜡笔画、蜡笔画、立体派、印象派、调色刀、彩色蜡笔画、钢笔画、点彩派、木版画、素描、水彩画、水印画和波纹纸画共14种特殊的美术表现技法。

1. 炭笔画

可以使位图图像产生类似于用炭笔绘画的效果，“炭笔画”对话框中各参数的功能如下。

- 大小：可以设置画笔尺寸的大小。
- 边缘：可以设置轮廓边缘的清晰程度。

2. 单色蜡笔画

可以使位图图像制作成类似于粉笔画的图像效果，“单色蜡笔画”对话框中各参数的功能如下。

- 单色：可以选择制作成单色蜡笔画的整体色调，可同时选择多个颜色的复选框，组成混合色。
- 纸张颜色：设置背景的纸张颜色。
- 压力：调节单色蜡笔画的轻重。
- 底纹：调节底纹质地的粗细，数值越大，质地越细腻。

3. 蜡笔画

可以使位图图像变成蜡笔画的效果，“蜡笔画”对话框中各参数的功能如下。

- 大小：调节图像上的像素值，数值越大，图像上的像素就越多，图像就越平滑；数值越小，图像上的像素越少，图像就越粗糙。
- 轮廓：调节对象轮廓显示的清晰程度，数值越大，轮廓越明显。

4. 立体派

可以使位图图像中相同颜色的像素组合成颜色块，生成类似于立体派的绘画风格，“立体派”对话框中各参数的功能如下。

- 大小：设置颜色块的色块大小，即颜色相同部分像素的稠密程度。数值越小，图像就越平滑；数值越大，图像就越粗糙。
- 亮度：调节图像的光亮程度，数值越大，图像就越清晰。
- 纸张色：设置背景纸张的颜色。

5. 印象派

可以使位图图像制作出印象派绘画效果，使画面呈现未经修饰的笔触，着重于光影的变化，“印象派”对话框中各参数的功能如下。

- 样式：选择“笔触”或“色块”任意单选按钮，作为构成画面的元素。
- 技术：可以调节“笔触”的大小、“着色”的强度以及图像的“亮度”。

6. 调色刀

可以使位图图像产生一种用刀刻画的效果，“调色刀”对话框中各参数的功能如下。

- 刀片尺寸：调节刀刃的锋利程度。数值越小，刀片刻画痕迹越粗、越深；数值越大，刀片刻画痕迹越细、越浅。
- 柔化边缘：调节刀的坚硬程度。在“刀片尺寸”参数一定的情况下，数值越大，在图像上刻画的痕迹就越平滑，数值越小，痕迹就越粗糙。
- 角度：刀片刻画的角度。

7. 彩色蜡笔画

可以使图像产生使用彩色蜡笔绘画的效果，如图6-13所示。“彩色蜡笔画”对话框中各参数的功能如下。

- 彩色蜡笔类型：选择“柔性”将使创建的图像柔和，选择“油性”使图像产生一种涂上油脂的感觉，画面更模糊。
- 笔触大小：调节笔触的大小，数值越大，笔触就越大。
- 色度变化：用于调节图像的色调，数值越大，绘制出来的图像色调就越重，颜色区别就越明显；数值越小，绘制出来的图像色调就越轻，颜色就越接近。

8. 钢笔画

可以使图像产生使用钢笔绘画的效果，通过单色线条的变化和由线条的轻重疏密组成的灰白调子来表现对象，如图6-14所示。“钢笔画”对话框中各参数的功能如下。

- 样式：有两种绘画样式。选择“交叉阴影”，可产生由疏密程度不同的交叉线条组成的素描画效果；选择“点画”可产生由疏密程度不同的点组成的素描画效果。
- 密度：调节素描画中交叉笔画和点的密度，值越大，密度越高。
- 墨水：控制绘画的复杂程度。数值越大，区域内绘画的笔画线条就越多，颜色就越深；反之则越浅。

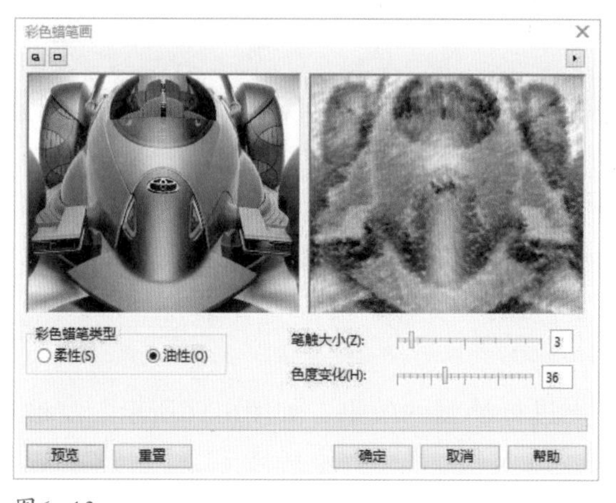

图6-13

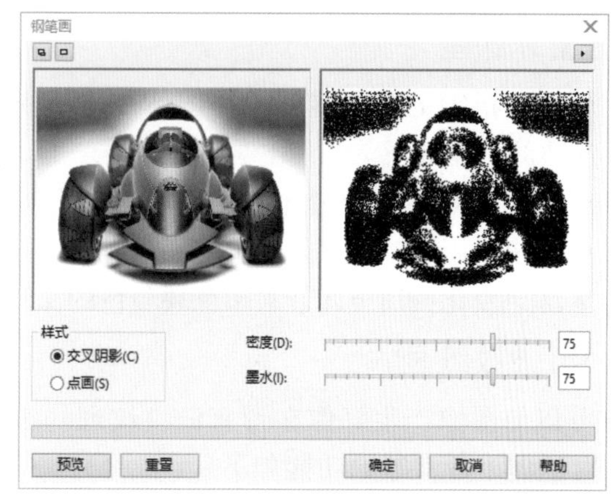

图6-14

9. 点彩派

可以将图像分解成颜色点，“点彩派”对话框中各参数的功能如下。

- 大小：调节像素点的大小。
- 亮度：调节图像的亮度。

10. 木版画

可以在图像上产生有刮痕的效果，“木版画”对话框中各参数的功能如下。

- 刮痕至：选择“颜色”，可制作成彩色木版画效果；选择“白色”，可制作成黑白木版画效果。
- 密度：调节木版画中线条的密度，数值越大，线条密度集。
- 大小：调节木版画中线条的尺寸，数值越大，线条就越长、越宽。

11. 素描

使图像产生类似于透过彩色玻璃看到的画面效果，“素描”对话框中各参数的功能如下。

- 炭色：选择该选项后，图像可制作成黑白素描的效果。
- 颜色：选择该选项后，图像可制作成彩色素描的效果。
- 样式：设置从粗糙到精细的画面效果，数值越大，画面就越精细。
- 笔芯：设置笔芯颜色深浅的变化，数值越大，笔芯越软，画面越精细。
- 轮廓：设置轮廓的清晰程度，数值也越大，轮廓越清晰。

12. 水彩画

可以使图像周围产生虚光的画面效果，“水彩画”对话框中各参数的功能如下。

- 画刷大小：设置笔刷的大小。
- 粒状：设置纸张底纹的粗糙程度。
- 水量：设置笔刷中的含水量，数值越大，含水量越多，画面颜色就越浅。
- 出血：设置颜色块超出轮廓线的程度。数值越小，图像的轮廓越清晰；数值越大，颜色块覆盖在轮廓线上的面积越大，轮廓线将会被更多的颜色所覆盖。
- 亮度：设置画面的亮度。

13. 水印画

可以按指定的角度旋转，使图像产生漩涡的变形效果，如图6-15所示。“水印画”对话框中各参数的功能如下。

- 变化：提供3种变化形式，即默认、顺序和随机。
- 大小：用于调节水印色块的大小。
- 颜色变化：用于调节水印色块颜色的深浅。

14. 波纹纸画

可以使图像产生好像在带有波纹纹理的纸张上进行绘画的效果，如图6-16所示。“波纹纸画”对话框中各参数的功能如下。

- 颜色：选择该选项，图像可制作成在彩色波纹纸上绘画的效果。
- 黑白：选择该选项，图像可制作成在黑白波纹纸上绘画的效果。
- 笔触压力：数值越大，波纹的线条颜色就越深。

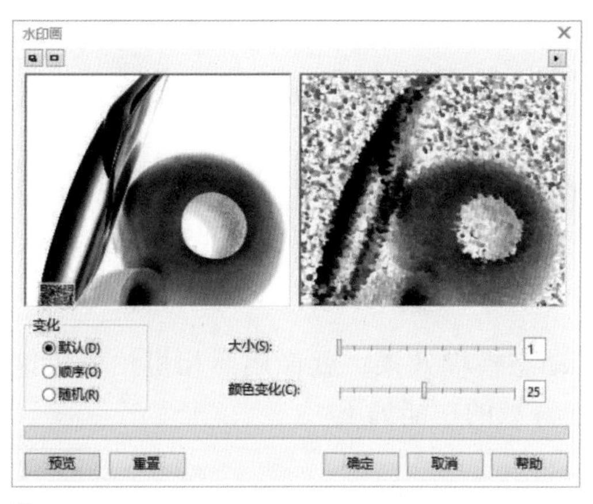

图6-15

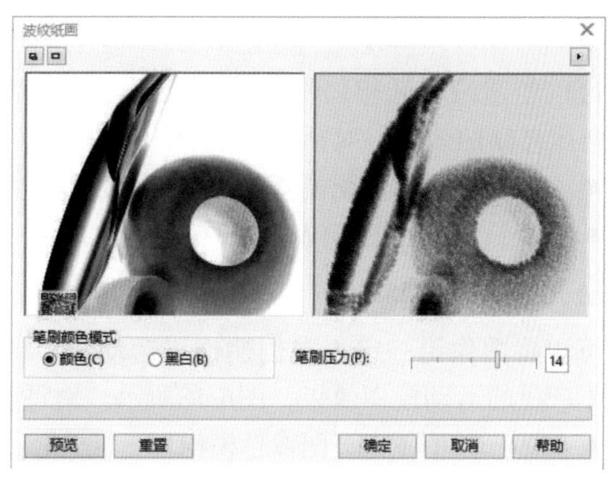

图6-16

6.3.3 模糊效果滤镜

模糊效果滤镜功能非常强大，使用这些模糊滤镜可以让图片拥有别致的效果，相对以前的版本而言，CorelDRAW X7增加了“智能模糊”滤镜功能，增强了对模糊效果的控制。模糊滤镜可以使位图产生不同的模糊效果，包括定向平滑、高斯式模糊、动态模糊等。

1. 定向平滑效果

可以为图像的边缘添加细微的模糊效果，使图像中的颜色过渡平滑，一般不容易察觉，只有放大图像后才能看见效果，对话框中参数的功能如下。

- 百分比：可以调节位图边缘模糊程度，数值越大效果越明显。

2. 高斯式模糊效果

可以使图像按照高斯分布曲线产生一种朦胧雾化的效果和朦胧效果，这种滤镜可以改变边缘比较锐利的图像的品质，提高边缘参差不齐的位图的图像质量，如图6-17所示。对话框中参数的功能如下。

图6-17

- 半径：产生薄雾效果，数值越大越明显。

3. 锯齿状模糊效果

可以在相邻颜色的一定高度和宽度范围内产生锯齿波动的模糊效果，是一种柔和的模式效果，对话框中参数的功能如下。

- 宽度和高度：可以调节左右或上下邻边的像素的数量。
- 均衡：可使宽度和高度的数值相同。

4. 低频通行效果

可以使图像降低相邻像素间的对比度，即消除图像锐利的边缘，保留光滑的低反差区域，从而产生模糊的效果，对话框中参数的功能如下。

- 百分比：调节位图模糊效果强弱，数值越大阴影区域就会逐渐消失。
- 半径：调节位图模糊程度，数值越大越明显。

5. 动态模糊效果

可以将图像沿一定方向创建镜头运动所产生的动态模糊效果，就像用照相机拍摄快速运动的物体产生的运动模糊效果，图6-18所示。对话框中参数的功能如下。

- 间距：数值越大，图像越模糊。
- 方向：指动态模糊的方向。

图6-18

6. 放射式模糊效果

可以使图像产生从中心点开始的放射模糊效果，如图6-19所示。对话框中参数的功能如下。

- 数量：数值越大，越明显。

7. 平滑效果

可以消除位图中的锯齿，使位图变得平滑，对话框中参数的功能如下。

- 百分比：数值越大越明显，调节平滑度。

8. 柔和效果

可以使图像产生轻微的模糊效果，从而达到柔和画面的目的。

9. 缩放效果

可以从图像的某个点往外扩散，产生爆炸的视觉冲击效果，如图6-20所示。

10. 智能模糊

可以光滑表面，同时又保留鲜明的边缘，如图6-21所示。

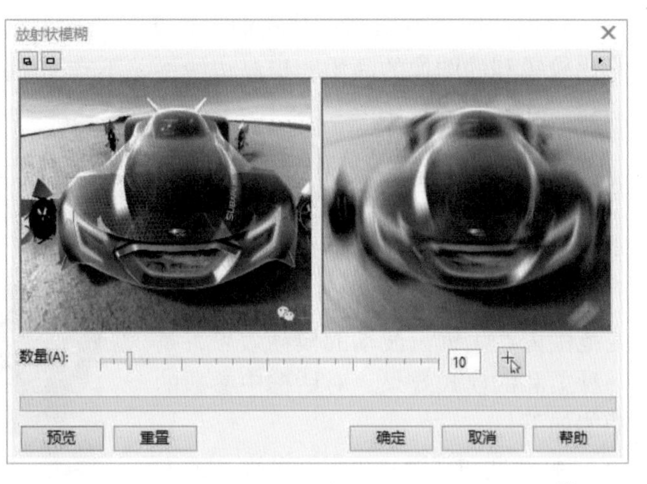

图6-19

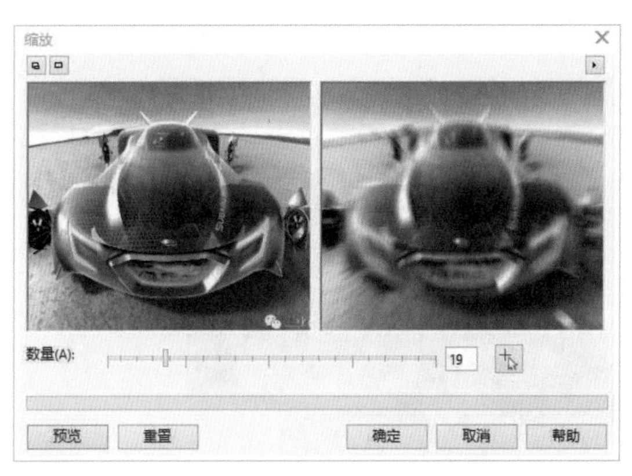

图6-20

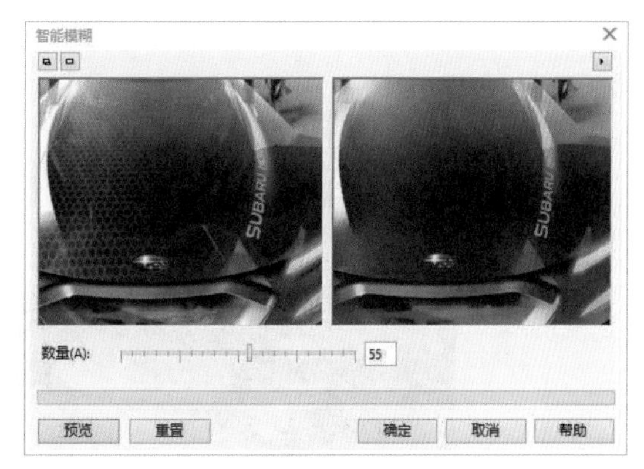

图6-21

6.3.4 相机效果滤镜

CorelDRAW X7软件中相机效果滤镜较之以前版本又增添了许多功能，模拟各种相机镜头产生的效果，包括照片过滤器、棕褐色色调和延时效果，可以让照片展示不同的摄影风格。

1. 着色

利用“着色”滤镜可以使位图变换颜色。调节它的“饱和度”，能使照片变为有彩色或无彩色。

2. 扩散

利用“扩散”滤镜可以使位图的像素向周围均匀扩散，从而使图像变得模糊、柔和。

3. 照片过滤器

可以在固有色的基础上改变色相，使色调变得更亮或更暗。

4. 棕褐色色调

可以制造怀旧照片的感觉，让照片具有年代感，如图6-22所示。

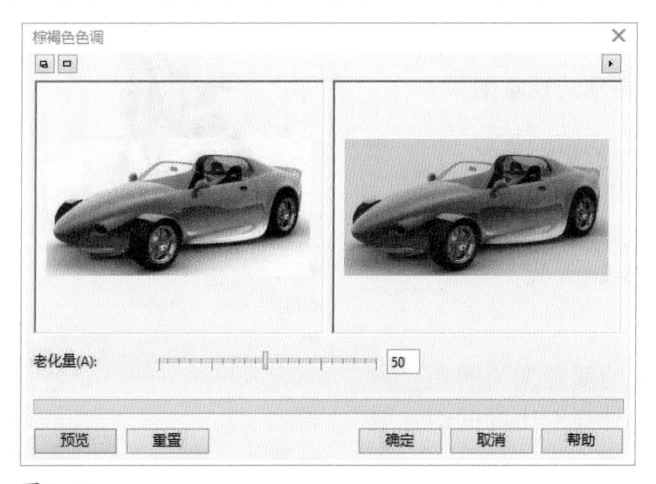

图6-22

5. 延时

可以重新营造旧照片风格，单击一种效果，调整任何特殊效果设置，如图6-23所示。

图6-23

6.3.5 颜色转换滤镜

CorelDRAW X7软件中的颜色转换滤镜可以通过减少或替换颜色来创建摄影幻觉效果。使用这些滤镜可以让图片产生特殊的视觉效果。

1. 位平面

可以使位图图像中的颜色以红、绿、蓝三种色块平面显示出来，用纯色来表示位图中颜色的变化，以产生特殊的视觉效果。

2. 半色调

可以使位图图像产生彩色网版的效果。若把彩色图片去色，添加该滤镜效果，相当于无彩报纸一样，如图6-24所示。

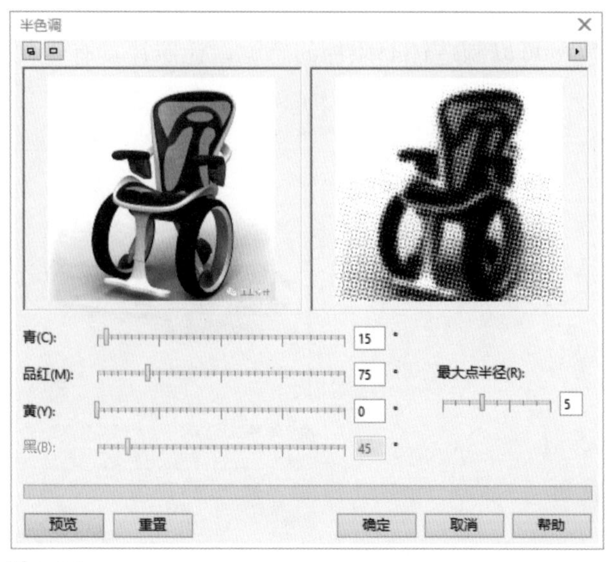

图6-24

3. 梦幻色调

可以将位图图像中的颜色变为明快、鲜亮的颜色，从而产生一种高对比度的幻觉效果，如图6-25所示。

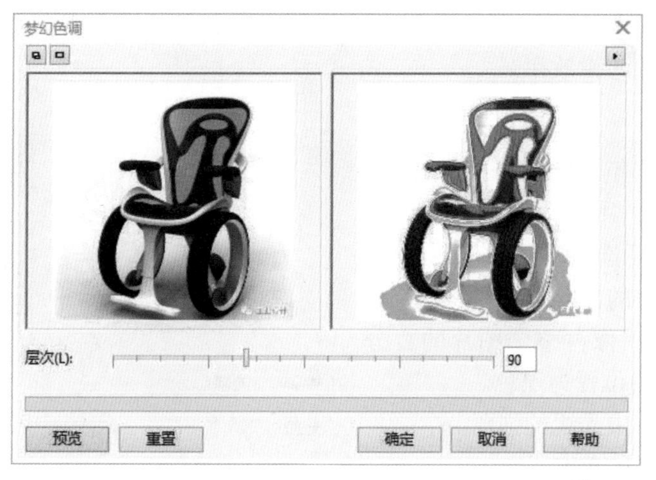

图6-25

4. 曝光

可以将图像制作成类似胶片底片的效果。

6.3.6 轮廓图滤镜

CorelDRAW X7软件中的轮廓图滤镜组，可以突出显示和增强图像的边缘，使图片有一种素描的感觉。该滤镜组中共包括边缘检测、查找边缘和描摹轮廓3种滤镜效果。

1. 边缘检测

可以查找位图图像中的边缘并勾画出对象轮廓，此滤镜适合高对比的位图图像的轮廓查找。

- 灵敏度：调节边缘清晰度。

2. 查找边缘

可以自动寻找位图的边缘，将其边缘以较亮的色彩显示出来，如图6-26所示。

- 软：生成平滑的轮廓线。
- 纯色：生成尖锐的轮廓线。
- 层次：数值越大效果越明显。

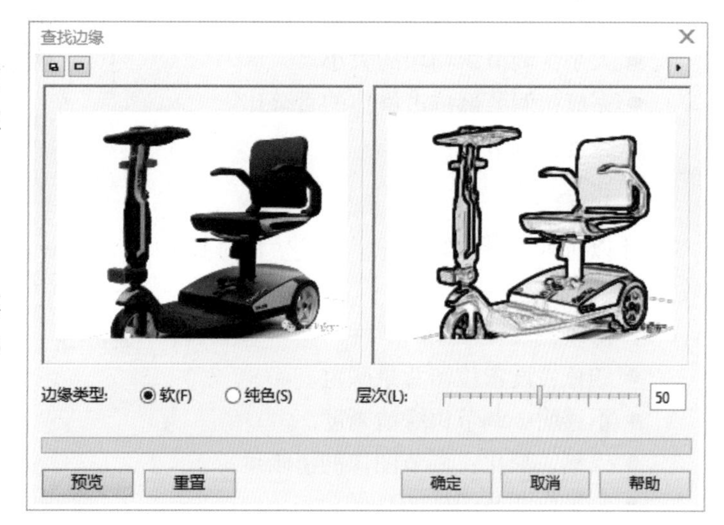

图6-26

3. 描摹轮廓

可以勾画出图像的边缘，边缘以外的大多以白色填充。

6.3.7 创造性滤镜

CorelDRAW X7中的创造性滤镜组可以为图像添加各种底纹和形状。该滤镜组中共包括工艺、晶体化、织物、框架、玻璃砖、儿童游戏、马赛克、粒子、散开、茶色玻璃、彩色玻璃、虚光、漩涡及天气14种滤镜效果。

1. 工艺

可以使位图图像具有类似于用工艺元素拼接起来的画面效果。在“样式”下拉列表中有许多效果选项，可以任意选择，如图6-27所示。

- 大小：调节图块的大小。
- 完成：调整的图像占整个图片的百分比，没有覆盖的位置为黑色。
- 亮度：调节位图中光线的强弱。
- 旋转：调节图像的角度。

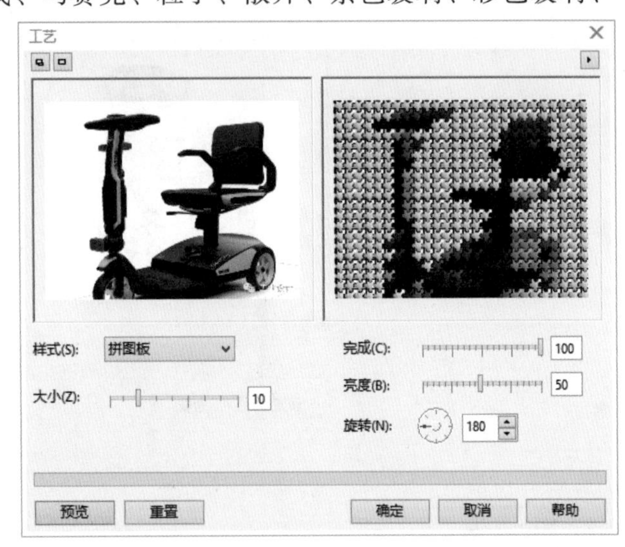

图6-27

2. 晶体化

可以使位图图像产生类似于晶体块状组合的画面效果。

- 大小：调节晶体化颗粒块的大小。

3. 织物

可以使位图图像产生类似于各种编织物的画面效果，如图6-28所示。

- 样式：可以选择不同织物的种类。
- 大小：调节织物块的大小。
- 完成：调节部位占整体的百分比。
- 亮度：调节光线强弱。

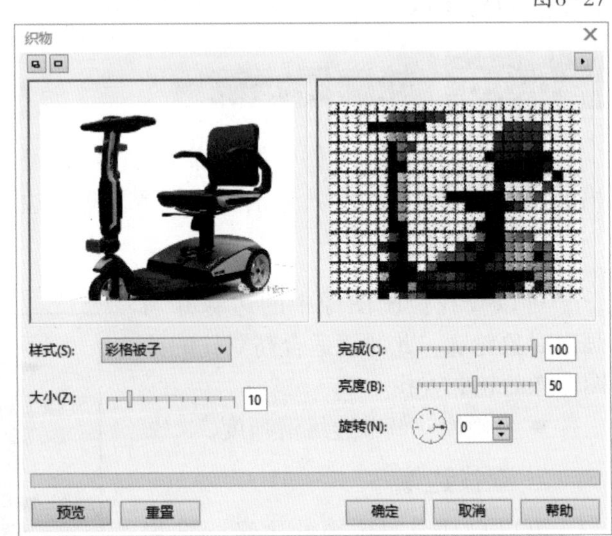

图6-28

4. 框架

可以使位图图像边缘产生艺术的抹刷效果。

- 修改：设置框架的属性。
- 颜色：设置位图背景颜色。
- 不透明：调节边缘清晰度。
- 模糊、羽化：调节图像的清晰度。
- 水平：调节图像的高低。
- 垂直：调节图像的长宽。
- 旋转：调节图像的角度。

5. 玻璃砖

可以使位图图像产生通过块状玻璃观看图像的效果，如图6-29所示。

- 块宽度：调节玻璃块的宽度。
- 块高度：调节玻璃块的高度。

6. 儿童游戏

可以使位图图像产生拼图游戏组合画面的效果，如图6-30所示。

● 游戏：调节游戏的不同样式拼图，其中包含圆点图案、积木图案、手指绘画和数字绘画4种拼图。
● 大小：调节图块的大小。

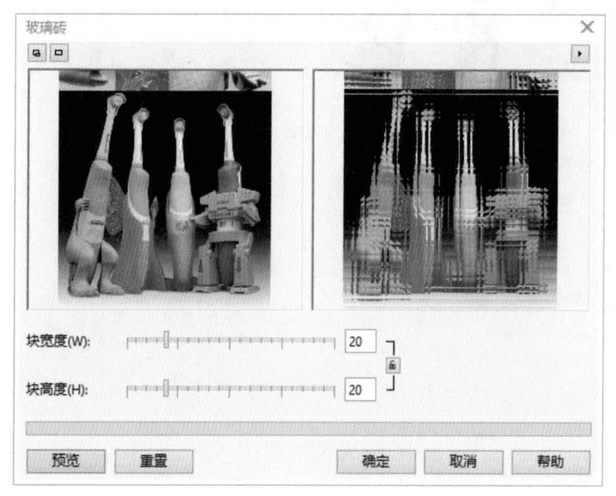

图6-29

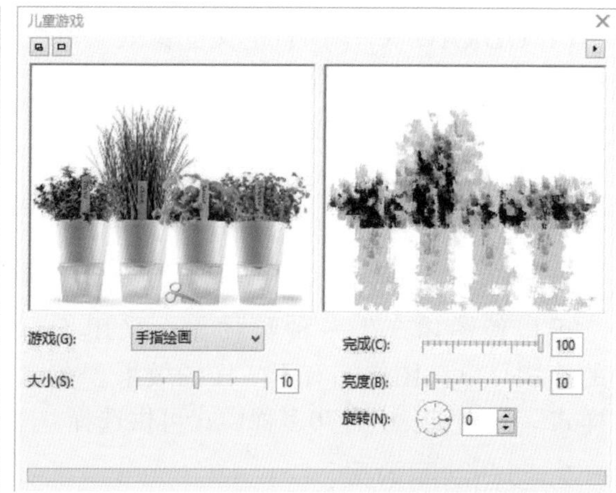

图6-30

7. 马赛克

可以使位图图像产生类似于马赛克拼接成的画面效果。

8. 粒子

可以在图像上添加星星或气泡。

9. 散开

可以将图像分解成颜色点。

10. 茶色玻璃

使图像产生类似于透过茶色玻璃或其他单色玻璃看到的画面效果。

● 淡色：调节颜色不透明度。
● 模糊：调节模糊效果。
● 颜色：设置玻璃的颜色。

11. 彩色玻璃

使图像产生类似于透过彩色玻璃看到的画面效果。

12. 虚光

可以使图像周围产生虚光的画面效果。

13. 漩涡

可以按指定的角度旋转，使图像产生漩涡的变形效果。

14. 天气

可以在图像中模拟雨、雪、雾的天气效果，如图6-31所示。

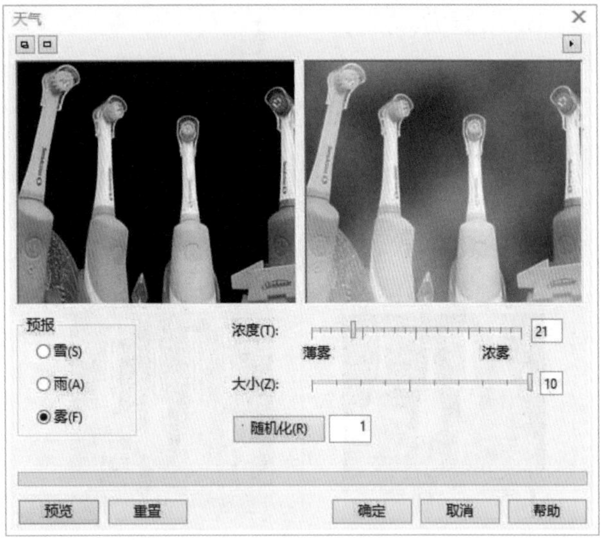

图6-31

6.3.8 自定义滤镜

CorelDRAW X7中的自定义滤镜效果可以将各种效果应用到图像。例如，可以通过应用笔刷笔触(Alchemy效果)将图像转换为艺术笔绘画，或者添加底纹和图案到图像(凹凸贴图效果)。

1. Alchemy效果

可以使图像产生一种朦胧美，采用不同的笔刷可以让图像拥有不一样的效果。在“样式”下拉列表中有70多种样式可供选择。

2. 凹凸贴图效果

可以使图像显示出一种在3D场景中模拟粗糙表面的效果，通过纹理方法产生表面凹凸不平的视觉效果，如图6-32所示。

图6-32

6.3.9 扭曲滤镜

CorelDRAW X7软件中的扭曲滤镜组可以为图像添加各种扭曲效果，此滤镜组中包含块状、置换、网孔扭曲、偏移、像素、龟纹、旋涡、平铺、湿画笔、涡流及风吹效果共11种扭曲效果。

1. 块状

可以使图像分裂成块状的效果，如图6-33所示。

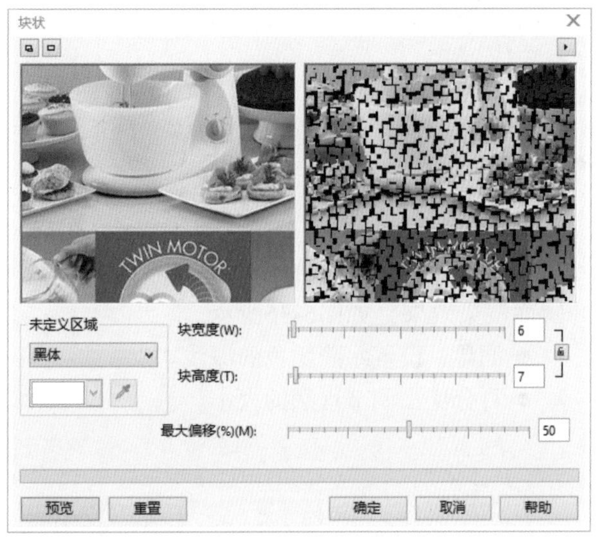

图6-33

- 块宽度：调节显示块的宽度。
- 块高度：调节显示块的高度。
- 最大偏移：调节块之间的距离。

2. 置换

可以使图像边缘按波浪、星形或方格等图形进行置换，产生类似于夜晚灯光发出射线光芒的扭曲效果。

- 缩放模式：不同的模式将产生不同的效果。
- 未定义区域：选择设置效果后空白处的填充方式。
- 水平和垂直：调节水平和垂直方向图的位置。

3. 网孔扭曲

可以按网格曲线扭动的方向变形图片，产生飘动的效果。

4. 偏移

可以使图像产生画面对象的位置偏移效果。

高度和宽度：调节像素块的大小。

5. 像素

可以使图像产生由正方形、矩形和射线组成的像素效果。

6. 龟纹

可以对位图图像中的像素进行颜色混合，使图像产生畸变的波浪效果，如图6-34所示。

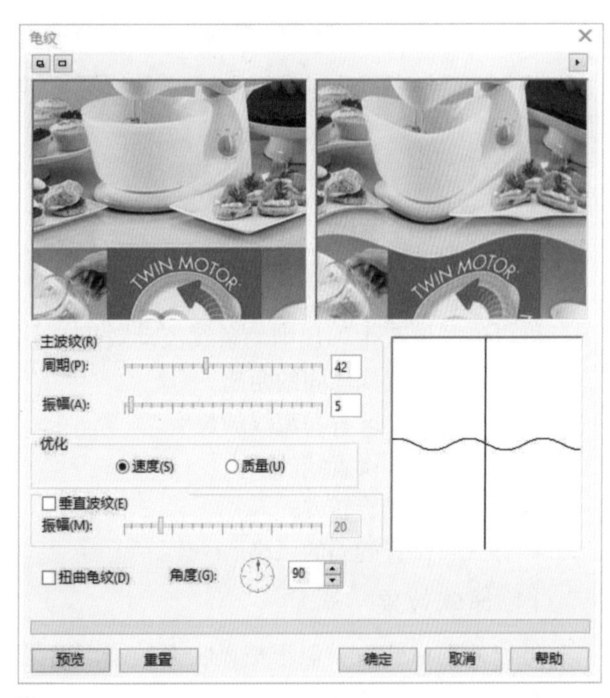

图6-34

- 周期：调节龟纹的次数。
- 振幅：调节波纹的振动幅度。
- 扭曲龟纹：设置波纹边缘的锯齿。

7. 旋涡

可以使图像产生顺时针或逆时针的旋涡变形效果，如图6-35所示。

- 整体旋转：设置图像旋转的圈数。
- 附加度：设置图像旋转的附加角。

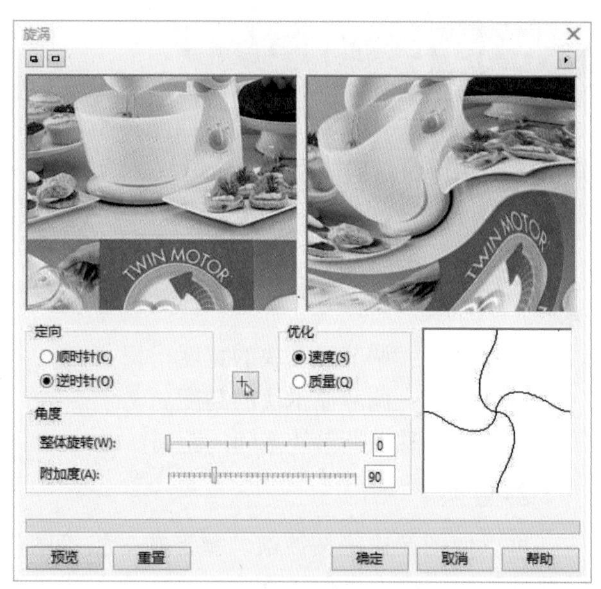

图6-35

8. 平铺

可以使图像产生由多个原图像平铺成的图像效果。

9. 湿画笔

可以使图像产生类似于油漆未干时往下流的画面浸染效果，如图6-36所示。

- 润湿：设置水滴颜色的深浅。
- 百分比：调节水滴的大小。

图6-36

10. 涡流

可以使图像产生不规则的条纹流动效果。

- 间距：设置涡流间的距离。
- 擦拭长度：设置涡流线的长度。
- 条纹细节：设置线的层次。
- 扭曲：设置旋转方式。
- 样式：设置旋涡的风格。

11. 风吹效果

可以使图像产生类似于被风吹过的画面效果，用此滤镜可做拉丝效果。

- 浓度：设置风的强度。

● 不透明：设置风吹效果的透明度。

6.3.10 杂点滤镜

CorelDRAW X7软件中的杂点滤镜组可以在位图中模拟或消除由于扫描或者颜色过渡所造成的颗粒效果。“杂点”滤镜组中包含添加杂点、最大值、中值、最小、去除龟纹及去除杂点共6种滤镜效果。

1. 添加杂点

可以在位图图像中增加颗粒，使图像画面具有粗糙效果，如图6-37所示。

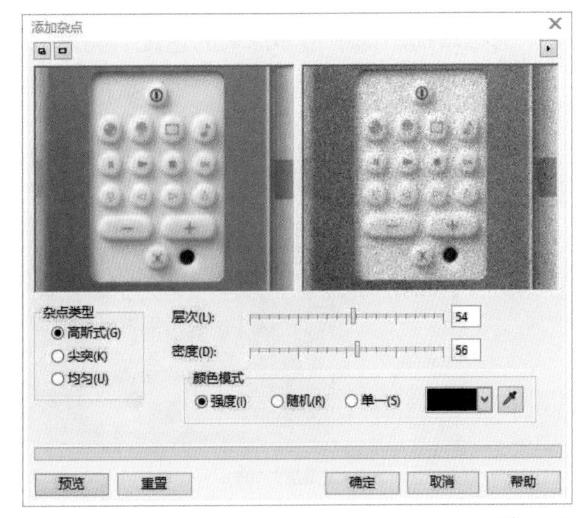

图6-37

2. 最大值

可以扩大图像边的亮区，缩小图像的暗区，产生边缘浅色块状模糊效果。

● 半径：用于设置暗区像素被替换为亮区像素的范围。

● 百分比：可以设置替换的多少，值越大效果越强烈；减少“百分比”值，可以得到重影效果，可以更明显地观察到图像原始边缘扩展后的边缘。

3. 中值

“中值”滤镜会对图像的边缘进行检测，将邻域中的像素按灰度级进行排序，然后选择该组的中间值作为像素的输出值，产生边缘模糊效果。

4. 最小

可以使图像中颜色浅的区域缩小，颜色深的区域扩大，产生深色的块状杂点，进而产生边缘模糊效果。

5. 去除龟纹

龟纹是指在扫描、拍摄、打样或印刷中产生的不正常的、不悦目的网纹图形。“去除龟纹”滤镜可以去除图像中的龟纹杂点，减少粗糙程度，但同时去除龟纹后的画面会相应变得模糊。

6. 去除杂点

可以去除图像中的灰尘和杂点，使图像有更干净的画面效果，但同时去除杂点后的画面也会变得模糊。

6.3.11 鲜明化滤镜

CorelDRAW X7软件中的鲜明化滤镜组可以改变位图图像中相邻像素的色度、亮度及对比度，从而增强图像的颜色锐度，使图像颜色更加鲜明突出，使图像更加清晰。“鲜明化”滤镜组中包含适应非鲜明化、定向柔化、高通滤波器、鲜明化及非鲜明化遮罩共5种滤镜效果。

1. 适应非鲜明化

可以增强图像中对象边缘的颜色锐度，使对象的边缘颜色更加鲜艳，提高了图像的清晰度。

2. 定向柔化

可以通过提高图像中相邻颜色对比度的方法，突出和强化边缘，使图像更清晰。

3. 高通滤波器

可以增加图像的颜色反差，准确地显示出图像的轮廓，产生的效果和浮雕效果有些相似。

4. 鲜明化

通过增加图像中相邻像素的色度、亮度以及对比度，使图像更加鲜明、清晰，如图6-38所示。

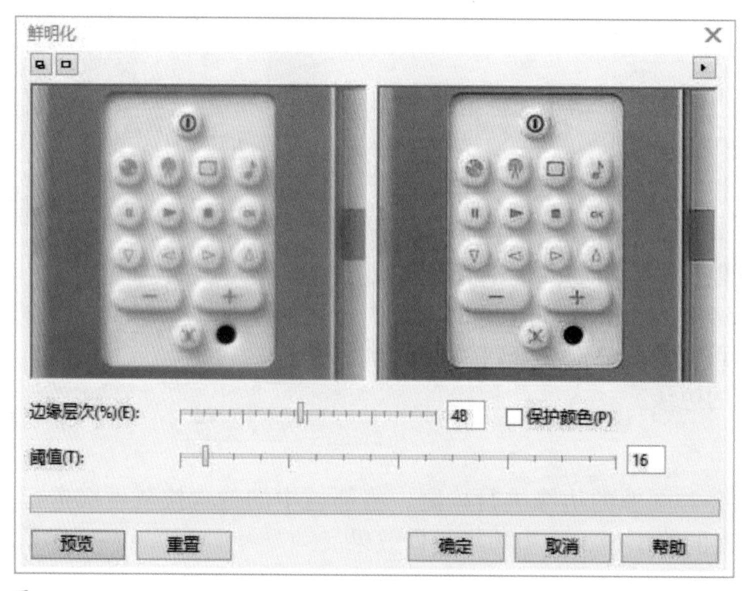

图6-38

5. 非鲜明化遮罩

可以增强图像的边缘细节，对模糊的区域进行锐化，从而使图像更加清晰。

6.3.12 底纹滤镜

CorelDRAW X7软件中的底纹滤镜组为新添加的效果，使图片呈现一种特殊的质地感。“底纹”滤镜组中包含鹅卵石、折皱、蚀刻、塑料、浮雕及石头共6种滤镜效果。

1. 鹅卵石

可以为图像添加一些类似于砖石块拼接的效果，设置粗糙度及大小可以使图像拥有岩石一般的效果。

2. 折皱

可以为图像添加一些类似于折皱纸张的效果。常常用此滤镜做皮革材质的物品，如图6-39所示。

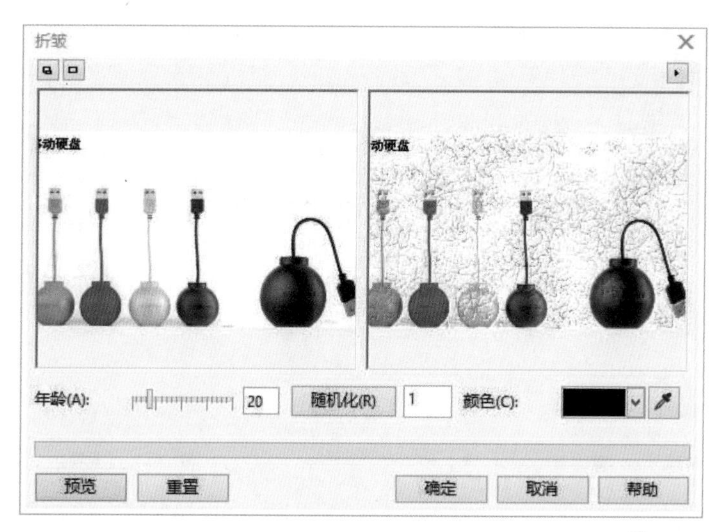

图6-39

3. 蚀刻

蚀刻通常在抛光的硬物板上进行，如钢板、铜板等。使用此滤镜可以使图像呈现出一种雕刻在金属板涂以不同的底板的效果。

4. 塑料

可以描摹图像的边缘细节，通过为图像添加液体塑料质感的效果，使图像看起来更具真实感，如图6-40所示。

5. 浮雕

可以增强图像的凹凸立体效果，创造出浮雕的感觉。

6. 石头

可以使图像产生摩擦效果，呈现石头表面，如图6-41所示。

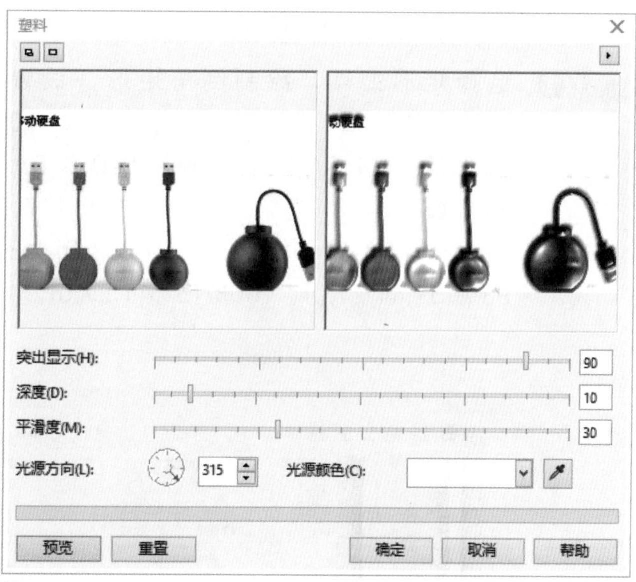

图6-40

在CorelDRAW X7中，除了可以使用自带的滤镜外，还可以选择外挂第三方厂商出品的效果滤镜。可以根据不同的需要选择不同类型的滤镜，然后将其载入到CorelDRAW X7滤镜中。

根据外挂滤镜文件的不同形式，可以有不同的安装方法。通常第三方厂商生产的外挂滤镜都自带了安装程序，其安装方法与普通的应用程序类似，在外挂滤镜安装向导的提示下安装即可。

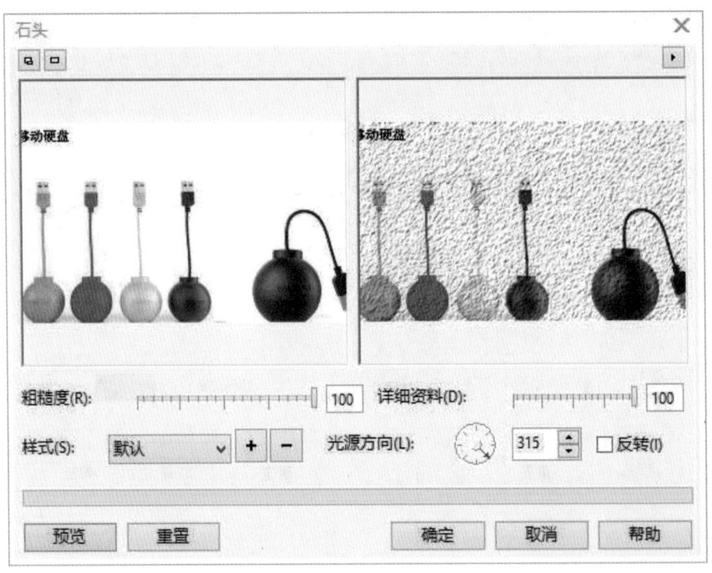

图6-41

6.4 设计案例——材质表现

设计分析：主要运用了矩形工具、形状工具、钢笔工具、修剪工具、填充工具、交互式透明、交互式阴影工具及位图菜单栏的滤镜工具等。

1. 金属材质——制作不锈钢水杯

Step01 选择矩形工具，绘制倒角矩形，设置线性渐变填充，渐变预览条上，设置各点的CMYK值：0%(49,40,27,0)、10%(51,41,27,0)、13%(93,88,89,80)、15%(87,84,84,73)、16%(0,0,0,0)、23%(0,0,0,0)、24%(93,88,89,80)、30%(87,84,84,73)、33%(51,41,27,0)、53%(27,20,11,0)、69%(0,0,0,0)、70%(27,20,11,0)、82%(13,9,2,0)、84%(93,88,89,80)、90%(93,88,89,80)、93%(51,41,27,0)、100%(51,41,27,0)，如图6-42所示。

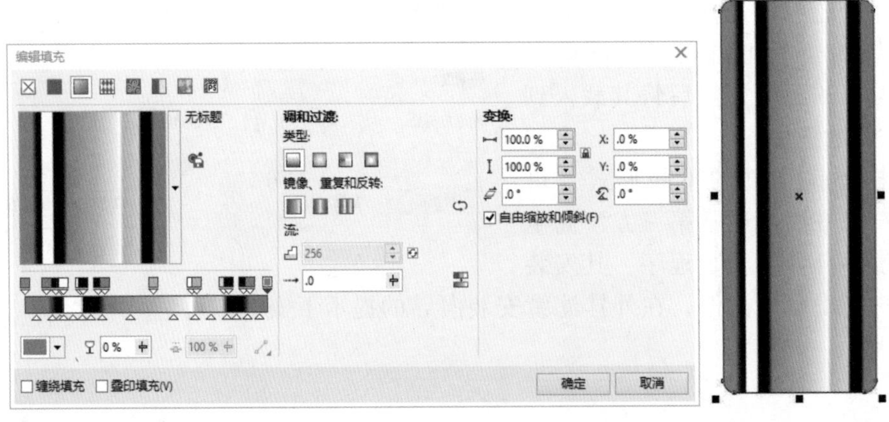

图6-42

Step02 使用钢笔工具和形状工具绘制弧线，设置轮廓线的宽度为0.5，复制两条曲线，分别设置轮廓宽度为0.5，轮廓颜色的CMYK颜色值为(51,41,27,0)，如图6-43所示。

2. 木质材质——制作木质碗

Step01 选择椭圆工具和矩形工具，绘制如图6-44所示的图形。

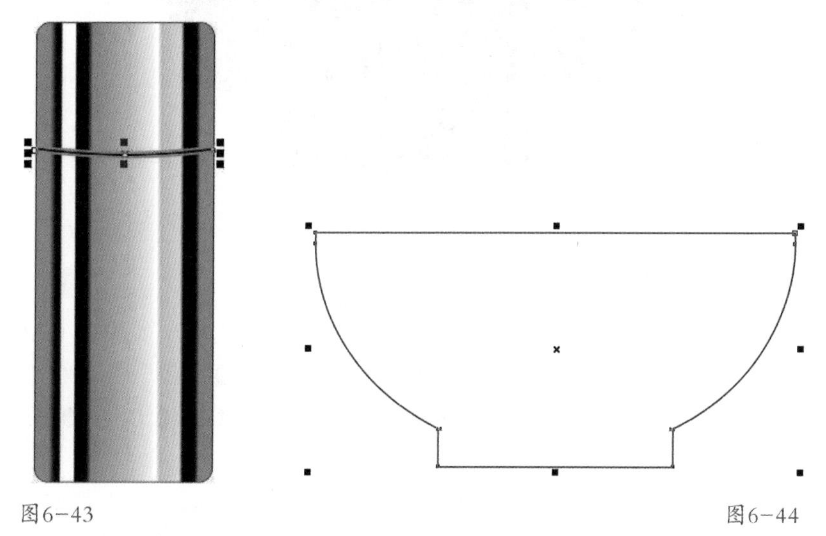

图6-43　　图6-44

Step02 选择“底纹填充”命令，在“底纹填充”对话框中选择“底纹库”中的“样式”选项，并在“样式”下拉列表中选择“窗帘”选项，对话框设置如图6-45所示，填充效果如图6-46所示。

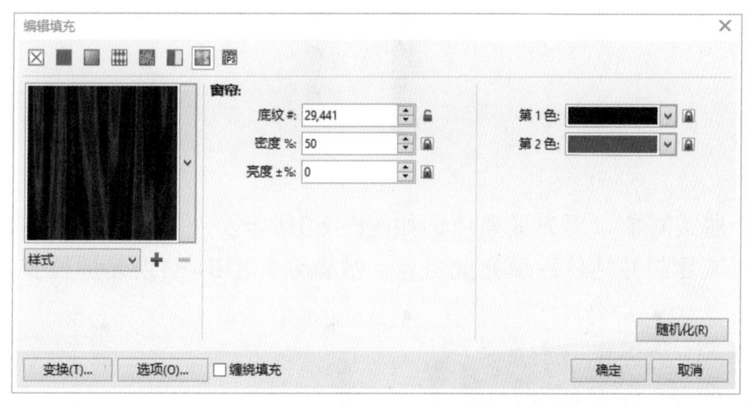

图6-45

图6-46

Step03 选择交互式封套工具，设置图形的弧度，如图6-47所示。

图6-47

3. 透明材质——制作香水瓶瓶盖

Step01 绘制香水瓶瓶盖的外轮廓曲线，并填充线性渐变，分别设置CMYK颜色值为：0%(0,0,0,100)、2%(0,0,0,100)、5%(10,0,0,10)、14%(0,0,0,0)、87%(0,0,0,0)、94%(10,0,0,10)、98%(0,0,0,100)、100%(0,0,0,100)，效果如图6-48所示。

Step02 为外轮廓添加阴影效果，交互式阴影设置如图6-49所示。

图6-48　　图6-49

Step03 绘制一个曲线对象，填充成黑色，如图6-50所示。

Step04 将黑色区域复制并粘贴后填充成白色，放置到如图6-51所示的位置。

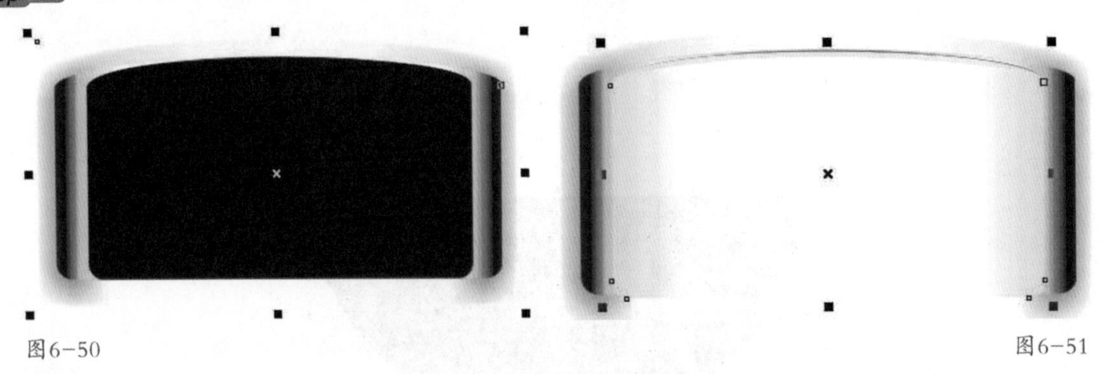

图6-50　　图6-51

Step05 绘制香水瓶喷头部分，并放置到瓶盖下面，如图6-52所示。

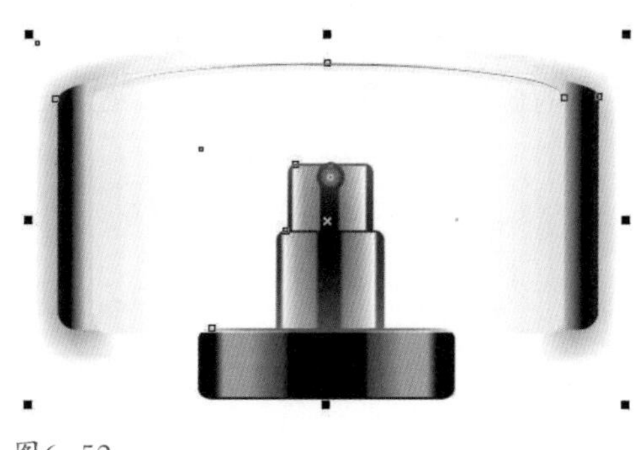

图6-52

4. 磨砂材质——制作按钮

Step01 选择椭圆形工具，绘制圆形并渐变填充，设置CMYK颜色值为：0%(22,18,15,0)、14%(7,6,3,0)、87%(16,13,8,0)、100%(65,62,51,4)，去掉轮廓线，效果如图6-53所示。

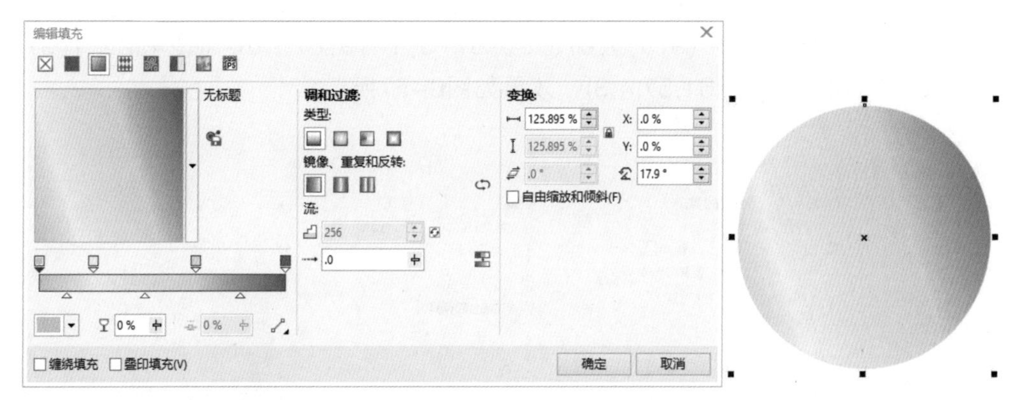

图6-53

Step02 选择矩形工具，绘制大于圆形的矩形，并填充CMYK值(0,0,0,10)。选择菜单栏中的“位图”|“转换成位图”命令，将矩形转换成位图，再选择菜单栏中的“位图”|“杂点”|“添加杂点”命令，为转换的矩形添加杂点，如图6-54所示。选择交互式透明工具，为矩形添加50%均匀透明效果，如图6-55所示。

图6-54

图6-55

Step03 选择转换的矩形图形，再选择菜单栏中的“对象”|“图像精确剪裁”|“置于图文框内部”命令，将带有杂点的位图精确剪裁到圆形内，如图6-56所示。

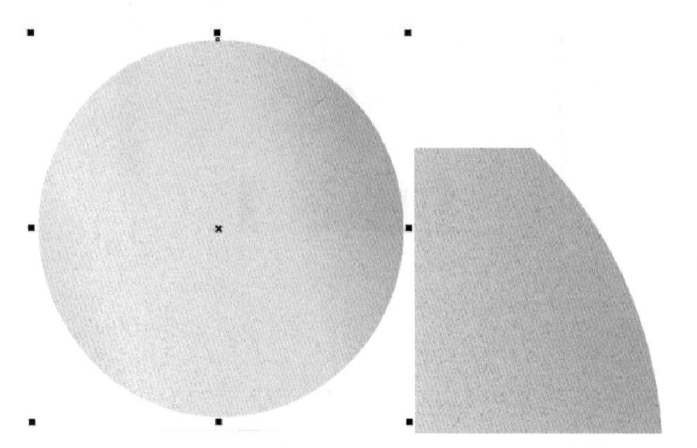

图6-56

Step04 选择椭圆形工具，绘制圆形，并进行线性渐变填充，设置CMYK颜色值为：0%(0,0,0,0)、40%(9,3,5,0)、50%(15,14,9,0)、60%(24,22,1,3)、40%(34,30,18,0)、100%(61,57,4,3)，效果如图6-57所示。

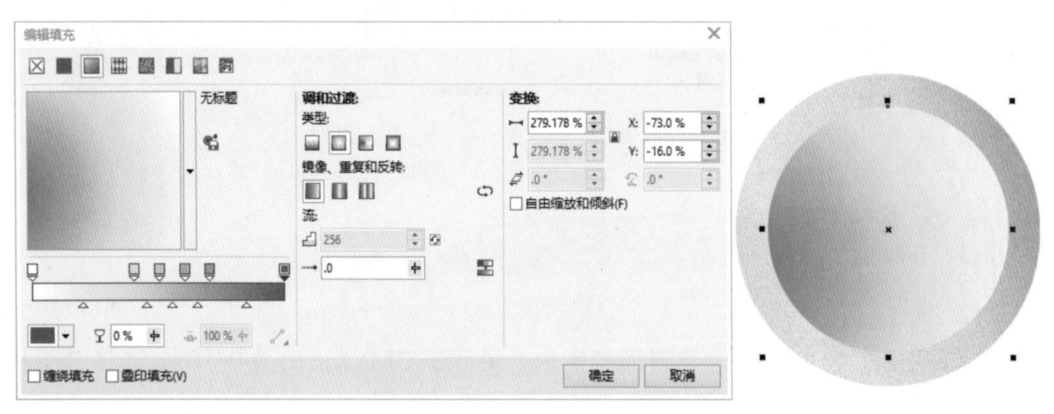

图6-57

Step05 选择交互式透明工具，为绘制的圆形添加透明效果，如图6-58所示。

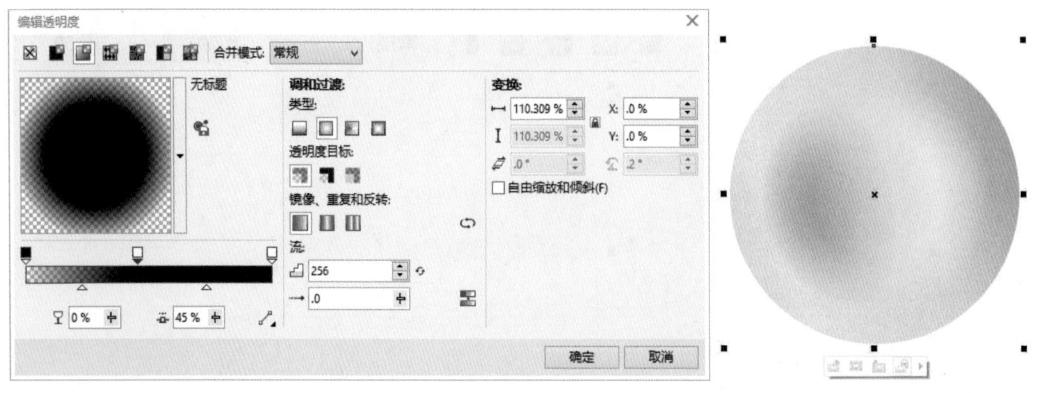

图6-58

5. 荧光材质——制作烛光

Step01 使用钢笔工具和形状工具绘制图形，均匀填充CMYK值为(16,100,63,0)，如图6-59所示。

Step02 将绘制的图形复制两个并粘贴，调整形状，并均匀填充颜色CMYK值为(0,0,0,70)，如图6-60所示。

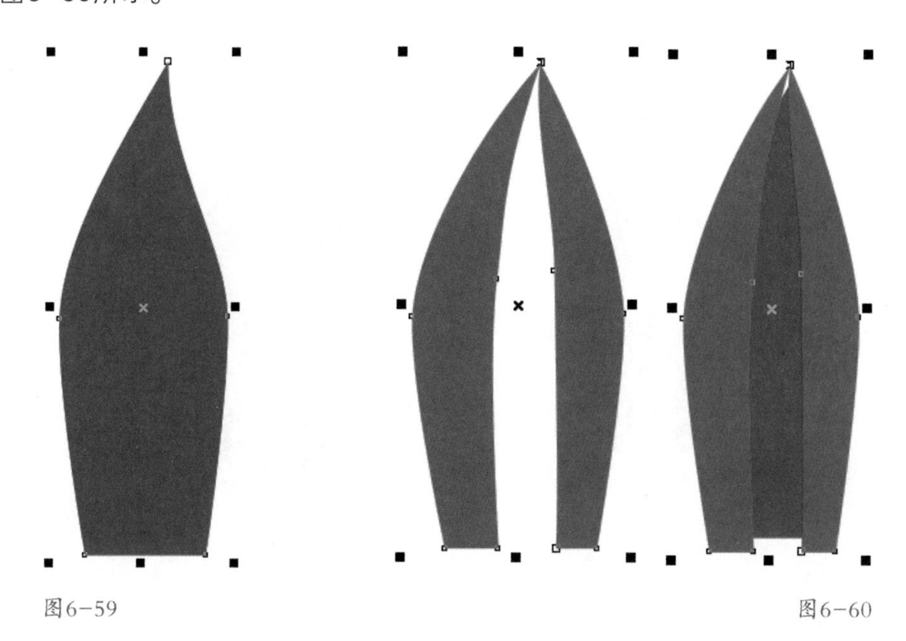

图6-59　　图6-60

Step03 选择菜单栏中的“位图”|“转换为位图”命令，将绘制的图形转换为位图，并选择菜单栏中的“位图”|“模糊”|“高斯模糊”命令，参数设置和效果如图6-61所示。

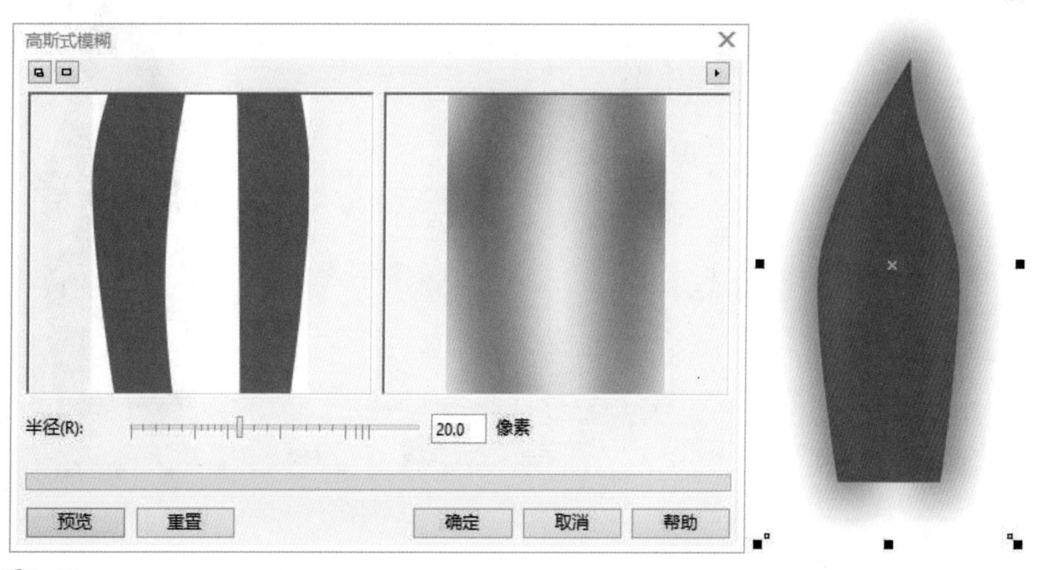

图6-61

Step04 选择交互式透明工具，为转换的位图添加交互式透明效果，属性栏中的“模式”设置为“减少”，效果如图6-62所示。

Step05 使用钢笔工具绘制图形，并均匀填充颜色CMYK值为(0,0,0,20)，如图6-63所示。

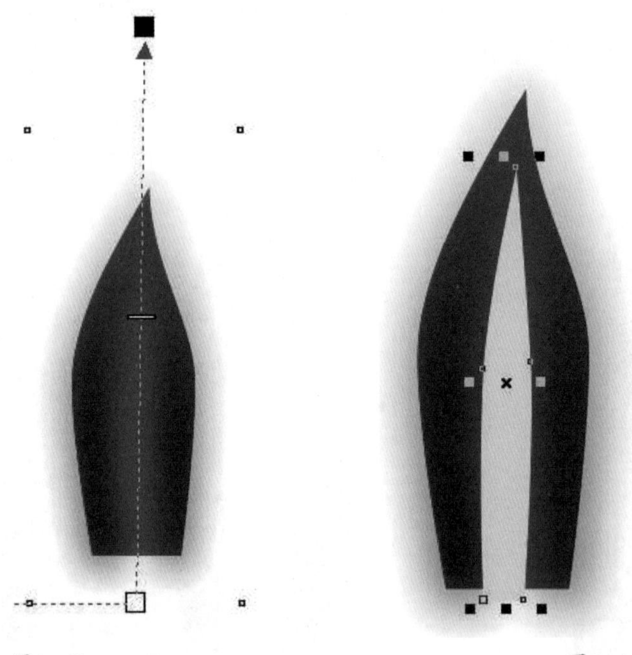

图6-62　　图6-63

Step06 选择菜单栏中的“位图”|“转换为位图”命令，将绘制的图形转换为位图，并选择菜单栏中的“位图”|“模糊”|“高斯模糊”命令，效果如图6-64所示。

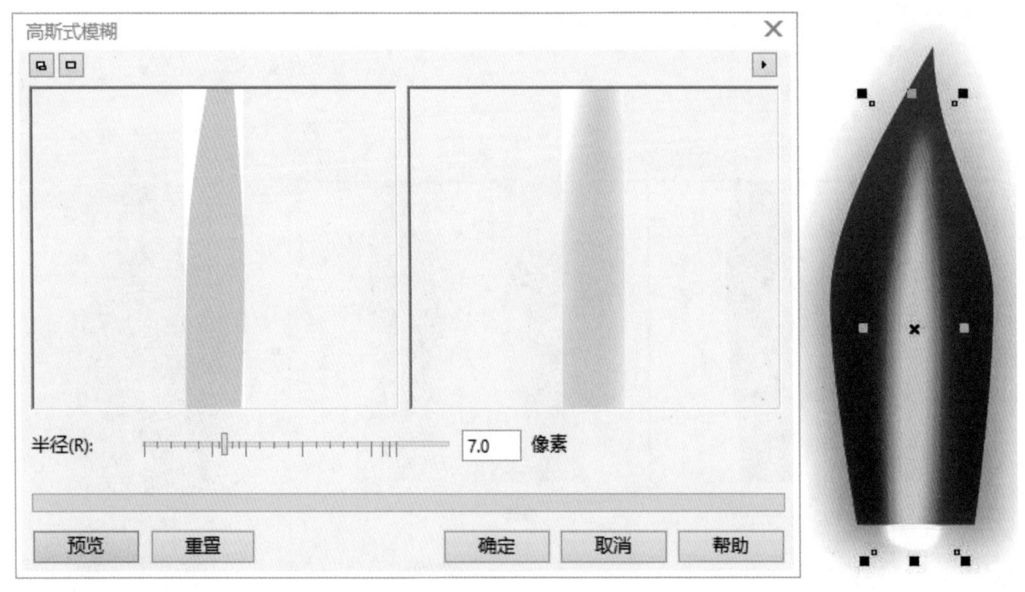

图6-64

Step07 选择交互式透明工具，为转换的位图添加交互式透明效果，属性栏中的“模式”设置为“添加”，效果如图6-65所示。

Step08 将绘制的两个位图群组，选择菜单栏中的“对象”|“图像精确剪裁”|“置于图文框内

部”命令，将带有杂点的位图精确剪裁到圆形内，如图6-66所示。

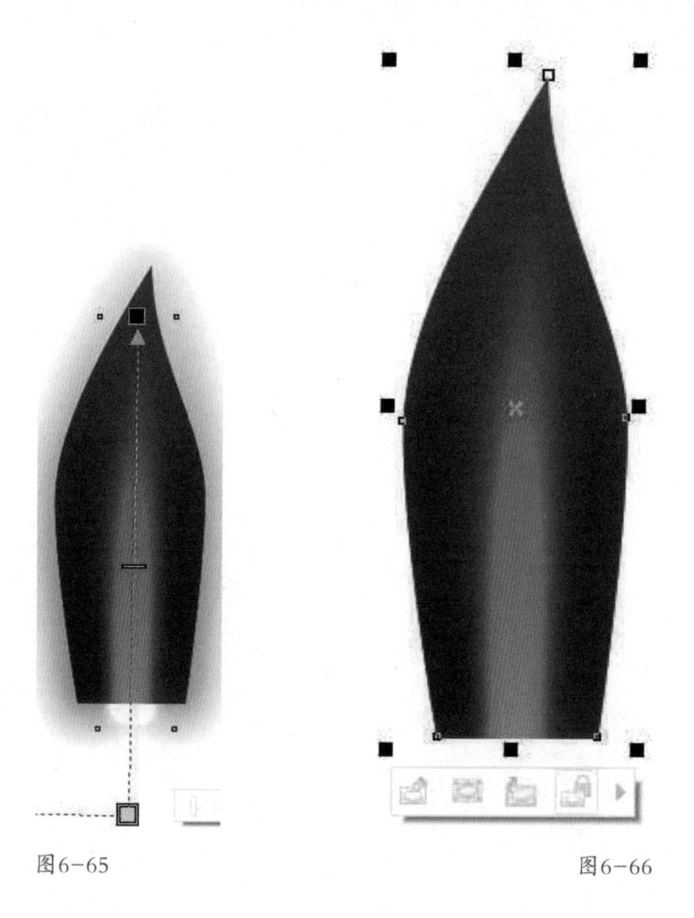

图6-65

图6-66

文件打印和输出

本章主要讲解文件的打印和文件商业印刷，通过学习可以掌握打印设置的方法、打印预览的方法以及商业印刷的基本设置等内容。

本章知识点

- 文件打印设置
- 打印预览
- 打印文档
- 文件商业印刷
- CorelDRAW X7中的“出血”设置

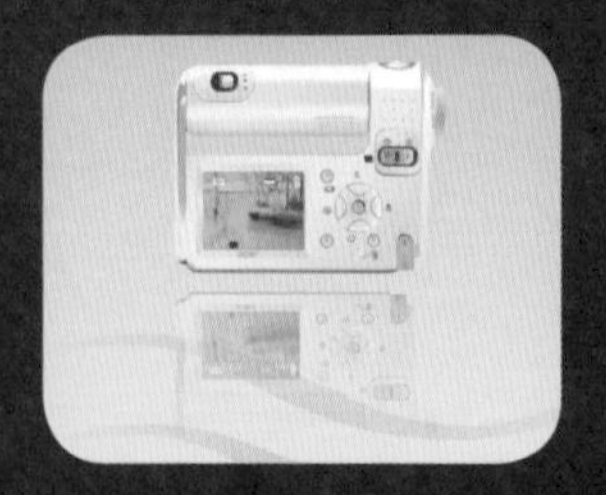

7.1 文件打印设置

在CorelDRAW X7中，可以对打印前的作品进行打印设置，所谓打印设置就是对打印机的型号以及其他各种打印事项进行设置。

7.1.1 打印机属性的设置

在“打印”设置对话框中可以选择适当的打印机，也可观察打印机的状态、类型与端口位置。如果需要打印的图形不能按照系统默认的设置进行打印，就需要通过“打印机属性”对话框进行设置(打印机的设置与具体的打印机有关)。

7.1.2 纸张设置选项

选择菜单栏中的“文件”|“打印”命令，弹出“打印”设置对话框，如图7-1所示。在“打印机”下拉列表中可选择打印机的名称。在该对话框中显示了打印机的相关信息，如打印机的名称、状态与类型等。

选择菜单栏中的“文件”|“打印”|“常规”|“首选项”命令，在“纸张/质量”选项卡中包含着用来设置打印机纸张属性的相关选项，如纸张尺寸、纸张来源与纸张类型，用户可根据实际需要进行设置。打开相应的选项卡，即可进行相应选项的设置，如图7-2所示。

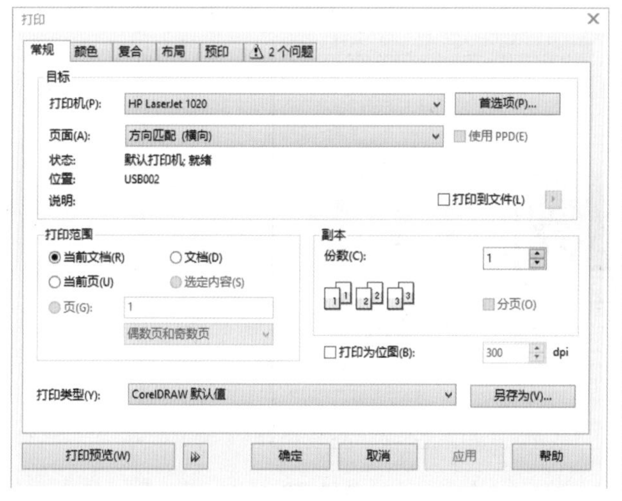

图7-1

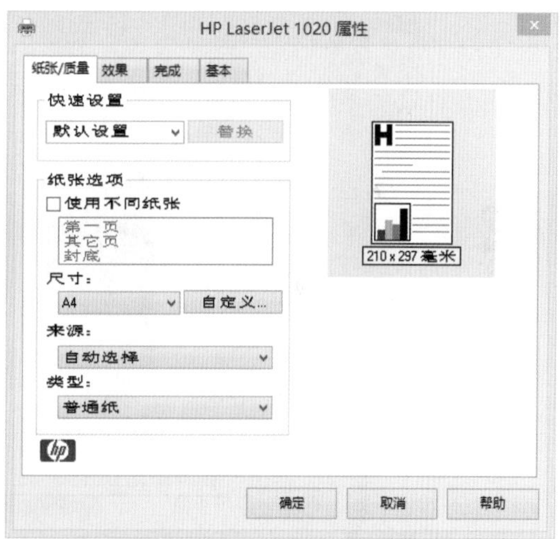

图7-2

1. 纸张尺寸

纸张的尺寸直接影响了打印对象的纸张大小，系统默认为A4纸，大小为210mm × 297mm。

2. 纸张来源

“来源”下拉列表用来指定打印时的送纸方式，一般使用系统默认的自动送纸方式。

3. 介质类型

“类型”下拉列表中显示的是打印机支持的打印介质，如普通纸、卡片纸、信纸等。

7.2 打印预览

在进行打印之前，可以进行打印预览，通过预览可以及时修改作品，提高整体的工作效率，避免造成纸墨浪费，尤其是对没有把握的打印设置，最好先进行打印预览，查看一下效果，这对于大批量打印文件也很重要。

7.2.1 预览打印作品

可以使用“全屏打印预览”来查看作品的打印效果，“打印预览”可显示出图像在打印纸上的位置与大小，还可以显示出裁剪标记和颜色校准栏等，也可手动调整作品的大小及位置。

预览打印作品的具体操作如下。

(1)选择菜单栏中的“文件”|“打印预览”命令，就会进入打印预览模式，如图7-3所示。

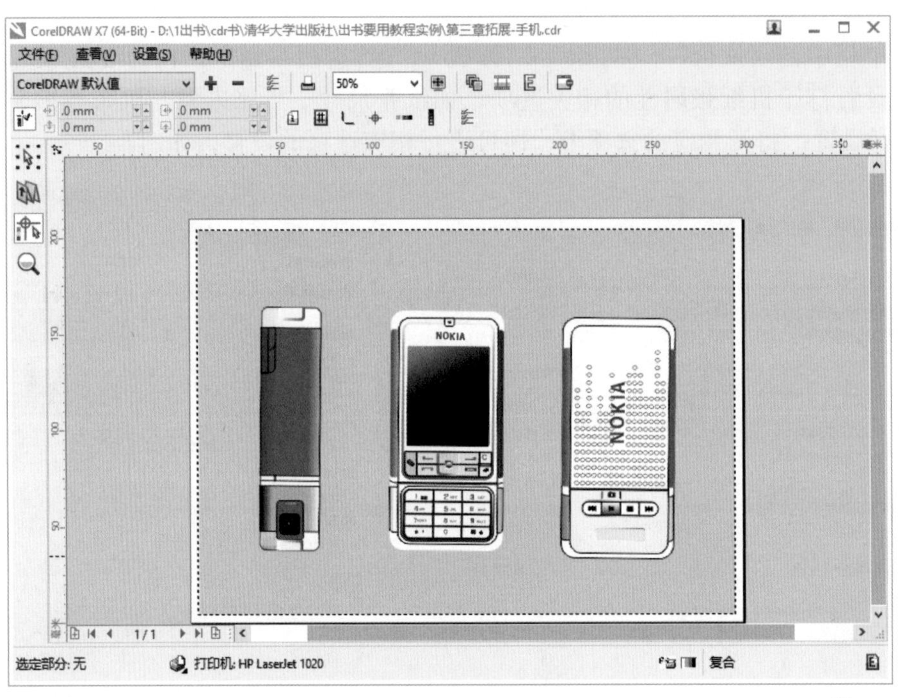

图7-3

(2)单击“打印样式另存为”按钮，可将当前预览框中的打印对象另存为一个新的打印类型。

(3)单击“打印选项”按钮，可弹出“打印选项”对话框，在此对话框中可设置打印的相关选项。

(4)单击“到页面”下拉列表框，弹出其下拉列表，从中可以选择不同的缩放比例以对对象进行打印预览。

(5)单击“满屏”按钮，可将打印的对象满屏预览。

(6)单击“启用分色”按钮，表示将一幅作品分成四色打印。

(7)单击“反色”按钮，可将打印预览的对象以底片的效果打印。

(8)单击“镜像”按钮，可将打印的对象镜像打印出来。

(9)单击“关闭”按钮，可关闭打印预览窗口，返回到正常的编辑状态。

(10)单击“版面布局工具”按钮，可以指定和编辑拼版版面。

(11)单击“标记放置工具”按钮，可以增加、删除、定位打印标记。

7.2.2 调整打印大小和定位

在打印预览窗口中，可以通过下面的方法来调整打印对象的大小。

(1)选择工具箱中的选择工具，使用选择工具选择预览窗口中的对象，此时对象上显示出8个控制点。

(2)将鼠标指针移到控制点处，当指针变为双箭头形状时，按住鼠标左键拖动便可以调整所选对象的大小。

如果要放大页面中的图像，则位图可能会呈现出锯齿状，在打印预览窗口中调整打印对象大小，不会改变原始图形的大小及图像所在位置。

7.2.3 自定义打印预览

更改预览图像的质量，可以加快打印预览的重绘速度，还可以指定预览的图像是彩色图像还是灰度图像，其具体操作如下。

(1)在打印预览窗口中，选择菜单栏中的“查看”|“显示图像”命令，此时图像将由一个框来表示。

(2)选择菜单栏中的“查看”|“彩色预览”命令，可弹出其子菜单，从中选择“彩色”命令，图像即显示为彩图；选择“灰色”命令，图像可显示为灰度图。默认的设置是“自动(模拟输出)”，它可根据所用打印机的不同而显示为灰度图像或彩色图像。

7.3 打印文档

当设置好打印机属性，且使作品的预览效果达到满意的程度后，就可以打印作品了。如果打印的是一般的图像，直接单击工具栏中的“打印”按钮即可，但如果需要打印多页文档或打印文档指定部分时，就要对打印选项进行更多的设置。

7.3.1 打印多个副本

如果要将一幅作品(例如名片、标签等)在同一张纸上打印多个，就需要设置页面格式。

要打印多个副本图形，其具体操作如下。

(1)选择菜单栏中的“文件”|“打印预览”命令，进入打印预览窗口，在工具箱中单击“版面布局工具”按钮，此时的属性栏如图7-4所示。

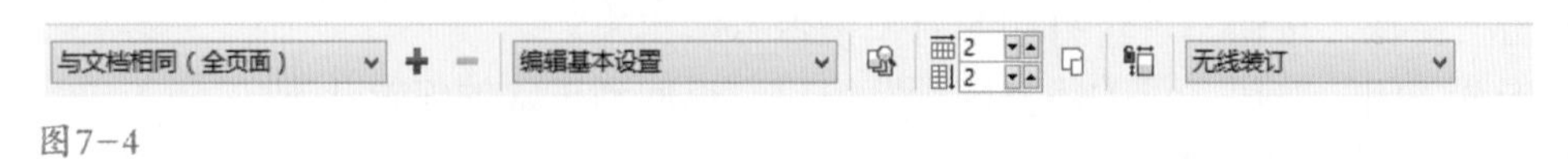

图7-4

(2)在属性栏中可设置拼版格式。在编辑内容“编辑基本设置”下拉列表中可选择“编辑基本设置”选项，然后在属性栏中的“交叉”|“向下页数”输入框中输入数值，即可设置页面的拼版页数，如图7-5所示。

(3)在预览窗口中单击“打印”按钮，可打印出绘图页面中的对象。

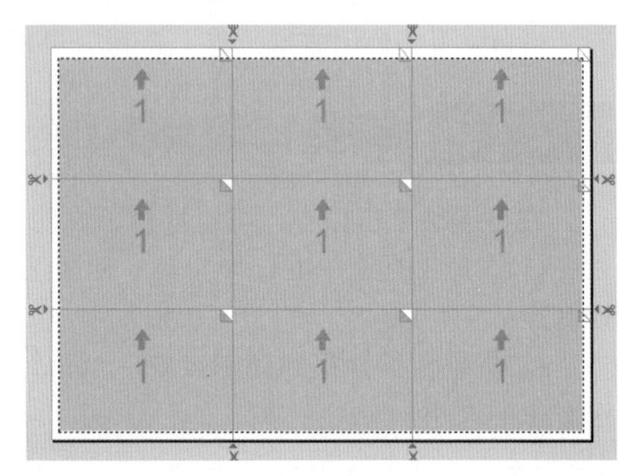

图7-5

7.3.2 打印大幅作品

如果需要打印的作品比打印纸大，可以把它“平铺”到几张纸上，然后把各个分离的页面组合在一起，以构成完整的图像作品，其具体的操作方法如下。

(1)选择菜单栏中的“文件”|“打印”命令，弹出“打印”对话框，在此对话框中打开“布局”选项卡，如图7-6所示。

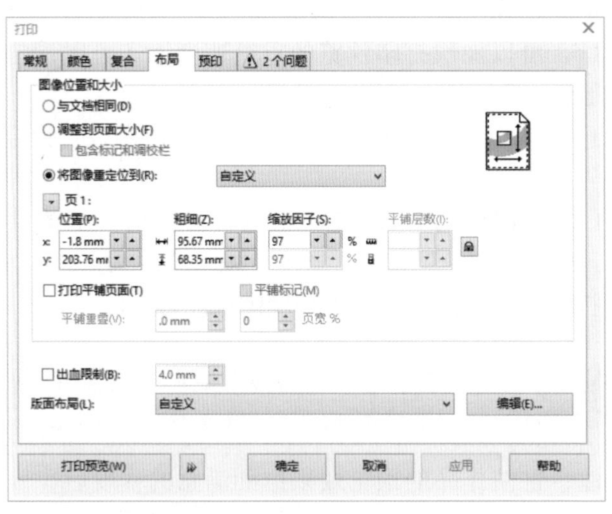

图7-6

(2)选中“打印平铺页面”复选框，在“平铺标记”输入框中可输入数值或页面大小的百分比，并指定平铺纸张的重叠程度。

(3)单击“确定”按钮，即可开始打印，也可单击“打印预览”按钮，进入打印预览窗口中查看打印效果。在预览窗口中，将鼠标指针移向页面，可观察打印作品的重叠部分及所需要的纸张数目。

7.3.3 指定打印内容

在CorelDRAW X7 中，可以打印指定的页面、对象以及图层，也可指定打印的数量以及是否对副本排序。

如果创建的文件具有多个图层，而有时候需要打印的只是单独的图层，可通过对象管理器来打印指定的图层，其具体操作如下。

(1)打开一幅包含多个图层的文件。

(2)选择菜单栏中的“工具”|“对象编辑器”命令，可弹出“对象管理器”泊坞窗，如图7-7所示。

(3)在泊坞窗中单击“显示对象属性”按钮与“跨图层编辑”按钮，可显示出该图形对象中所包含的每一个图层。

(4)选择要打印的图层，然后在泊坞窗中单击打印机图标，使其以高亮显示，表示选定打印。

图7−7

(5)单击工具栏中的“打印”按钮，可弹出“打印”对话框，打开“常规”选项卡，选中“选定内容”单选按钮，再单击“打印”按钮，即可打印所选的图层内容。

7.3.4 分色打印

分色打印主要用于专业的出版印刷，如果给输出中心或印刷机构提交了彩色作品，那么就需要创建分色片。由于印刷机每次只在一张纸上应用一种颜色的油墨，因此分色片是必不可少的。在CorelDRAW X7 中可以将彩色作品分离为印刷四色分色片，具体的操作方法如下。

选择菜单栏中的“文件”|“打印”|“颜色”命令，在弹出的对话框中选择“分色打印”选项，这时在顶端选项中会增加分色打印选项，选择“分色”选项卡，即可显示出相应的参数，也可单击“打印预览”按钮，在打印预览窗口中查看分色片，如图7-8所示。

图7−8

当打印作品中包含专色时，选中“打印彩色分色片”复选框，可为每一个专色创建一个分色片。如果使用的专色大于4个，可以将它们转换为印刷色，以节约印刷成本。

7.3.5 设置印刷标记

在CorelDRAW X7中，可以对打印作品设置印刷标记，这样可以将颜色校准、裁剪标记等信息输送到打印页面，以利于在印刷输出中心校准颜色和裁剪。

选择菜单栏中的“文件”|“打印”命令，弹出“打印”对话框，打开“预印”选项卡，可显示出相应的参数，如图7-9所示。

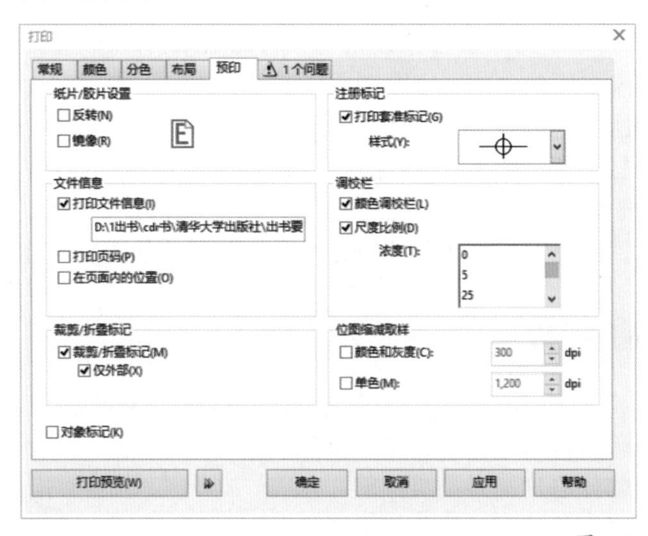

图7-9

在“纸片/胶片设置”选项区中，可指定以负片形式打印，还可设置胶片的感光面是否向下。

在“文件信息”选项区中，可在打印作品底部设置打印文件名、当前日期、时间以及应用的平铺纸张数与页码。

在“裁剪/折叠标记”选项区中选中“裁剪/折叠标记”复选框，可以将裁剪和折叠页面的标记打印出来；选中“仅外部”复选框，在打印时只打印图像外部的裁剪或折叠标记。

在“注册标记”选项区中，可以设置在每一张工作表上打印出套准标记，这些标记可用作对齐分色片的指引标记。

在“调校栏”选项区中有两个选项，选中“颜色调校栏”复选框，将在作品旁边打印出包含6种基本颜色的颜色条(红、绿、蓝、青、品红、黄)，这些颜色条用于校准打印输出的质量；选中“尺度比例”复选框，可以在每个分色工作表上打印密度计刻度，它允许使用被称为密度计的工具来检查输出内容的精确性和一致性。单击“打印预览”按钮，即可在绘图区看到设置后的打印效果。

7.4 文件商业印刷

当完成一幅作品并设置好各选项后，在进行商业印刷或交付彩色输出中心时，需要把作品印刷的各项设置告诉给商业印刷机构的工作人员，以便让他们做出最后的鉴定，并估计存在的问题。

7.4.1 准备印刷作品

商业印刷机构需要用户提供.PRN、.CDR、.EPS文件信息给商业印刷机构。

1. PRN文件

如果能全权控制印前的设置，可以把打印作品存储为.PRN文件。商业打印机构直接把这种打印文件传送到输出设备上，将打印作品存储为.PRN文件时，还要附带一张工作表，上面标出所有指定的印前设置。

2. CDR文件

如果没有时间或不知道如何准备打印文件，可以把打印作品存储为.CDR文件，只要商业打印机构配有CorelDRAW X7软件，就可以使用印前设置进行设置。

3. EPS文件

有些商业打印机构能够接受.EPS文件，输出中心可以把这类文件导入其他应用程序，然后进行调整并最后印刷。

选择菜单栏中的“文件”|“收集用于输出”命令，可弹出配备彩色输出中心向导，如图7-10所示。按照向导的提示，可以一步步地完成印刷文件的准备工作。

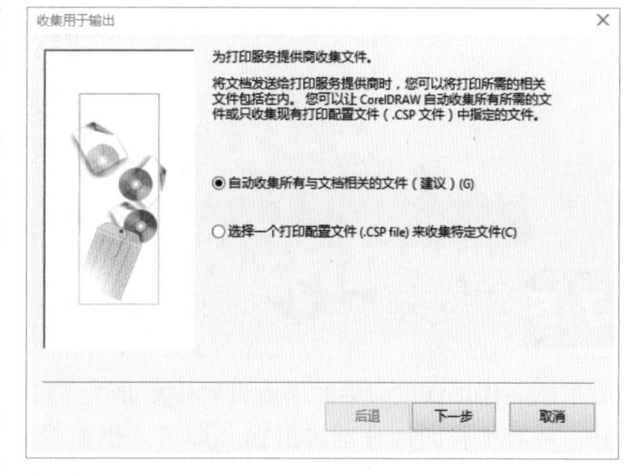

图7-10

7.4.2 打印到文件

如果需要将.PRN文件提交到商业输出中心，以便在大型照排机上输出，就需要把作业打印到文件。当要打印到文件时，需要考虑以下几点。

- 打印作业的页面应当比文档的页面大，这样才能容纳打印机的标记。
- 照排机在胶片上产生图像，这时胶片通常是负片，所以在打印到文件时可以设置打印作品产生负片。
- 如果使用PostScript设备打印，那么可以使用.JPEG格式来压缩位图，以使打印作品更小。

打印到文件的具体操作如下。

(1)选择菜单栏中的“文件”|“打印”命令，弹出“打印”对话框。

(2)选择“常规”选项卡中的“选中当前文档”复选框，单击“另存为”按钮，弹出“设置另存为”对话框，如图7-11所示。

(3)在“文件名”文本框中可输入文件名称，选择相应的类型，单击“保存”按钮，即可将图像打印到文件。

图7-11

7.5 CorelDRAW X7中的“出血”设置

CorelDRAW X7中的出血设置主要是为了印刷后的裁切更加精确。出血是指成品尺寸外的部分，一般纸张四周分别多出3mm即可。出血线是防止排了满版的底图或色块被裁切而留出的裁切线。如果不设置出血线，除非裁切得很准确，否则很容易留下白边，影响印刷品的质量和美观。设置3mm出血线的方法如下。

(1)打开CorelDRAW X7软件，新建文件尺寸为210mm×297mm。

(2)新建页面完成以后，双击页面的灰色投影部分，会出现页面尺寸选项输入3.0，并且选中“显示出血区域”复选框，如图7-12所示。

(3)设置完成以后就可以看到新加的出血线了，如图7-13所示。

图7-12

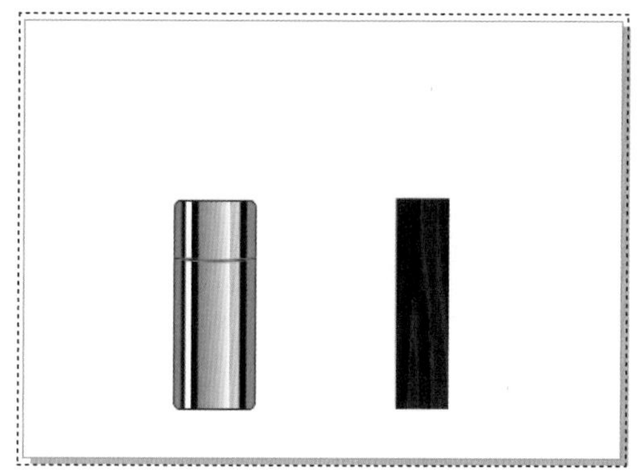

图7-13

7.6 设计案例——绘制摄像机

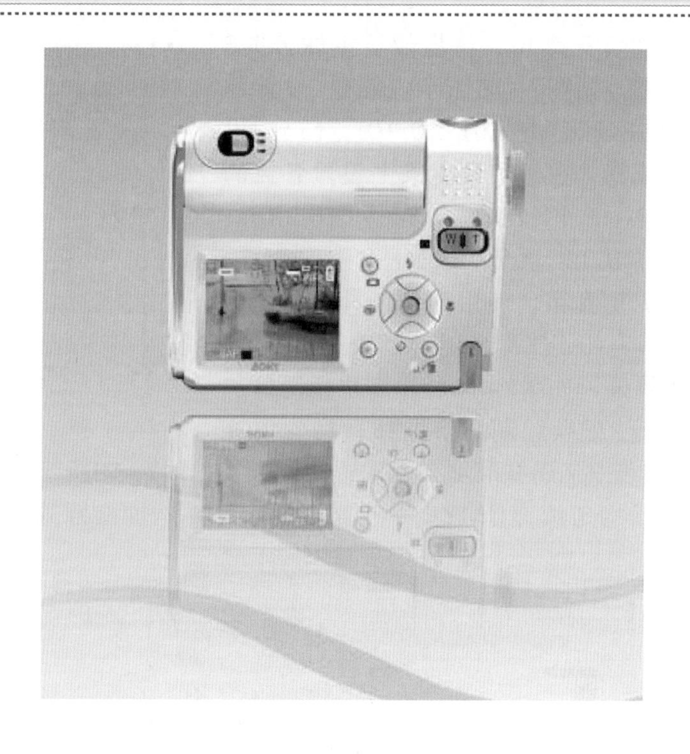

设计分析：

主要运用了矩形工具、形状工具、钢笔工具、修剪工具、填充工具、文字工具、交互式透明及交互式阴影工具等。

1. 绘制摄像机主体部分

Step01 使用钢笔工具和形状工具绘制出轮廓图形，如图7-14所示。

Step02 采用同样的方法，再选择形状工具和钢笔工具绘制主体的细节，如图7-15所示。

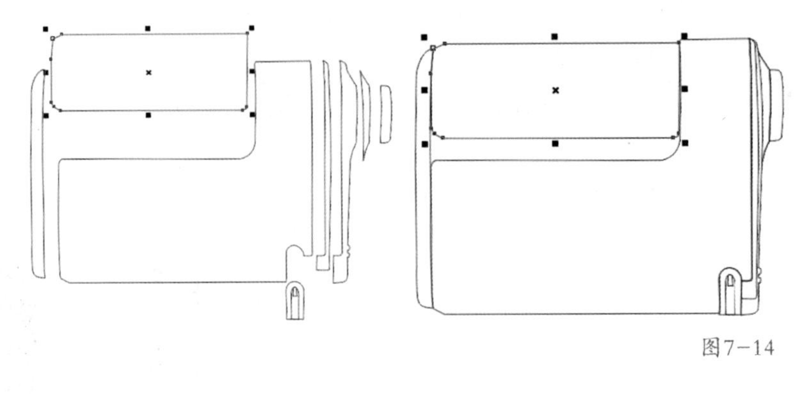

图7－14

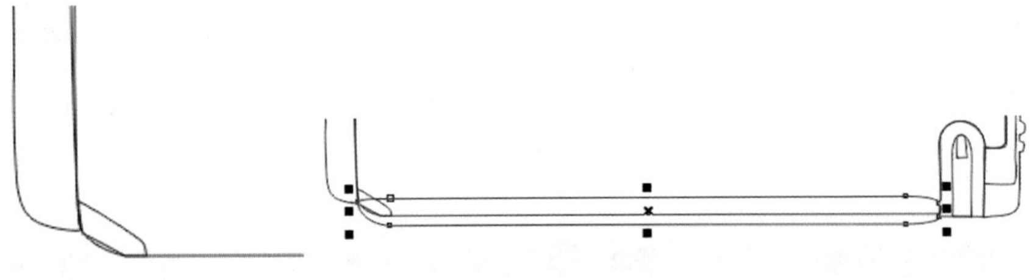

图7－15

Step 03 为摄像机图形填充颜色，将摄像机主体分成3部分进行填充，如图7-16所示。部分1设置均匀填充，CMYK颜色值为(0,0,0,10)；部分2设置线性渐变填充，在渐变预览条上设置各点的CMYK值：0%(19,14,18,0)、78%(11,8,9,0)、100%(19,14,19,0)，填充效果如图7-17所示。为了让质感更加真实，使用钢笔工具绘制细节曲线，均匀填充CMYK颜色值(0,0,0,90)并添加交互式透明效果，如图7-18所示。采用同样的方法，为部分2继续绘制细节曲线，均匀填充CMYK颜色值(5,3,7,0)并添加交互式透明效果，如图7-19所示。采用同样的方法，绘制细节曲线，均匀填充CMYK颜色值(0,0,0,0)并添加交互式透明效果，如图7-20所示。

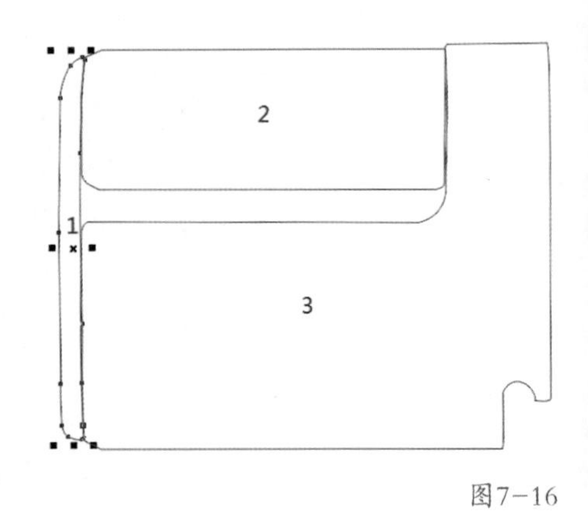

图7－16

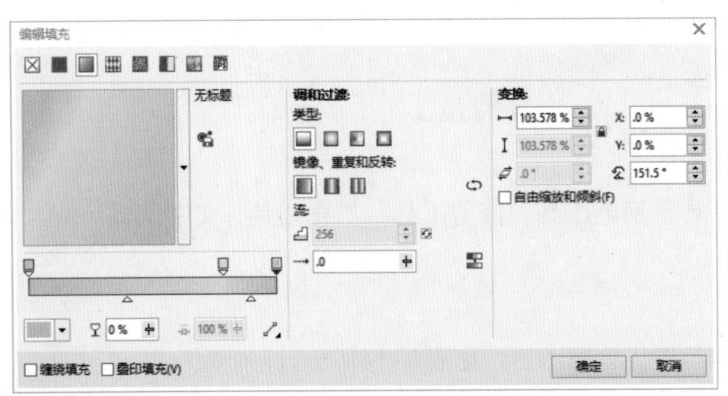

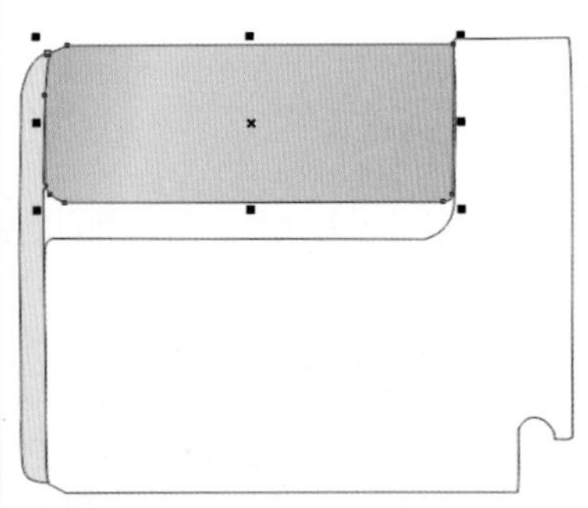

图7－17

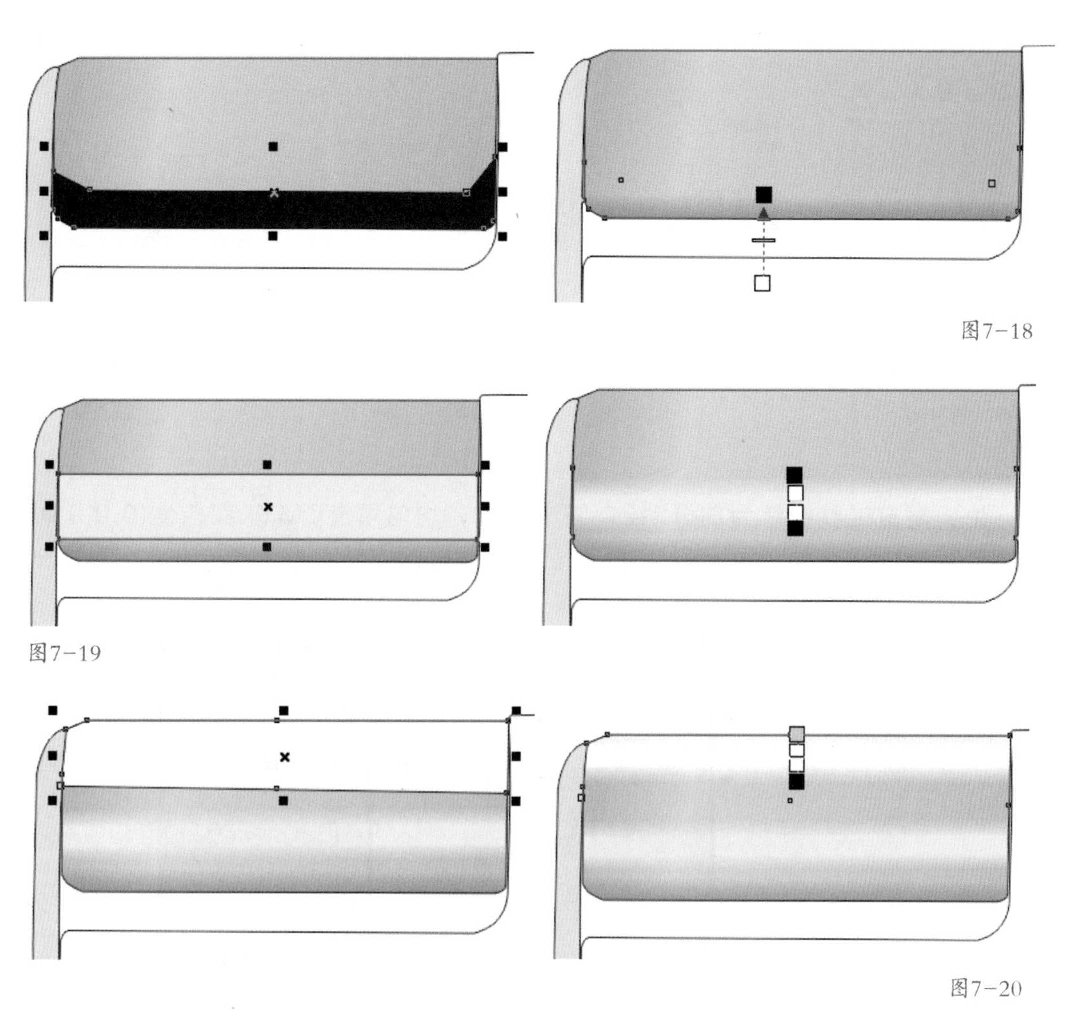

图7-18

图7-19

图7-20

Step 04 部分3设置线性渐变填充，CMYK颜色值从(33,24,31,0)到(19,14,19,0)，如图7-21所示。为了让质感更加真实，复制并粘贴部分3，使用形状工具调节图形，并设置线性渐变填充，在渐变预览条上设置各点的CMYK值：0%(19,14,18,0)、78%(11,8,9,0)、100%(19,14,19,0)，如图7-22所示。

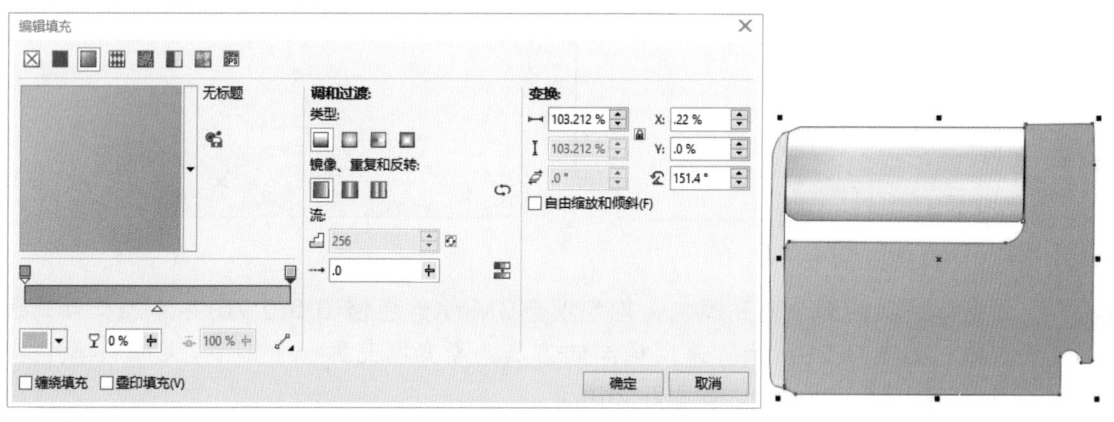

图7-21

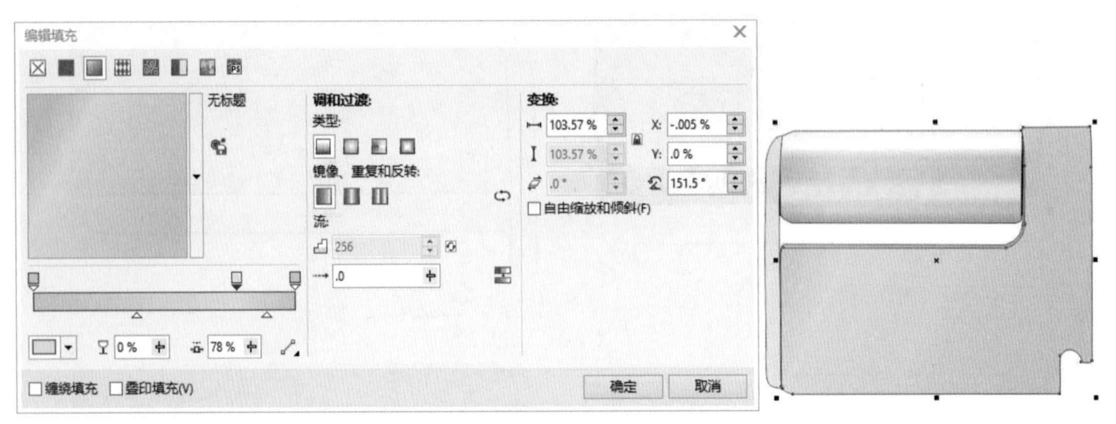

图7-22

Step 05 使用钢笔工具继续为部分3绘制细节曲线，均匀填充CMYK颜色值(0,0,0,0)并添加交互式透明效果，如图7-23所示。采用同样的方法，复制部分3，均匀填充颜色值CMYK(0,0,0,0)并添加交互式透明效果，如图7-24所示。

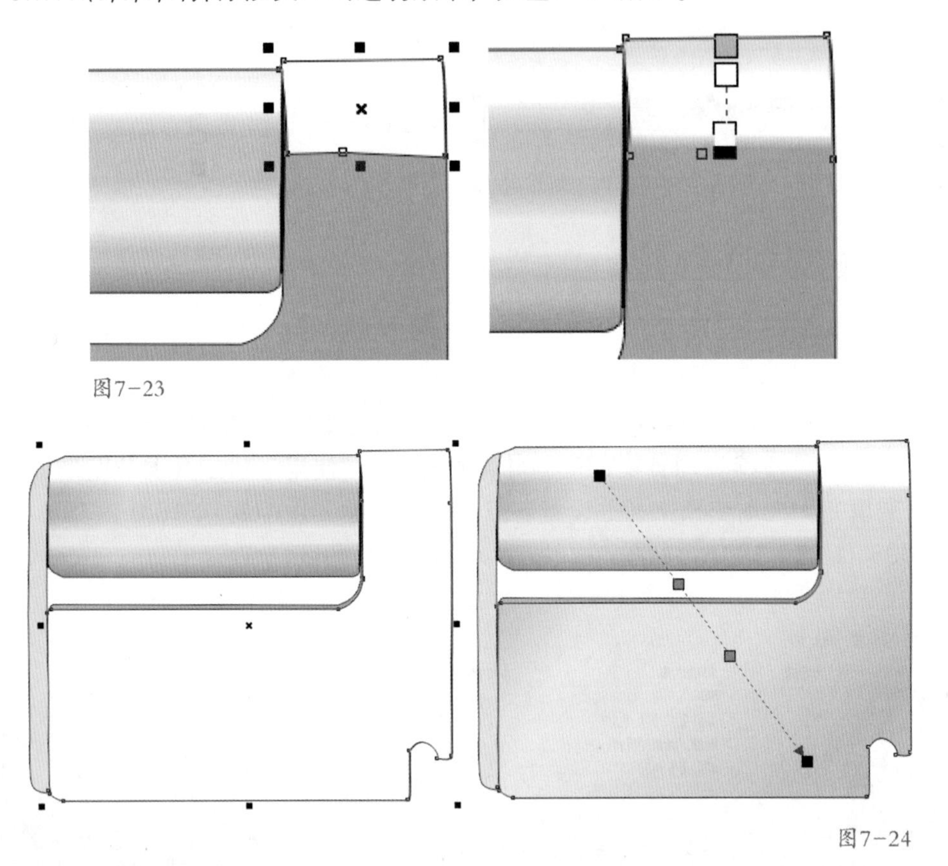

图7-23

图7-24

Step 06 为主体底部的细节填充颜色，均匀填充CMYK颜色值(0,0,0,70)并添加交互式透明效果，如图7-25所示。采用相同的方法，渐变填充另一个细节，CMYK颜色值从(0,0,0,70)到(0,0,0,20)，如图7-26所示。

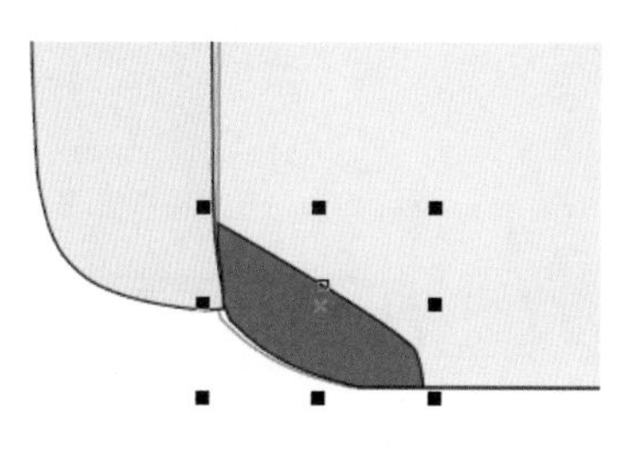

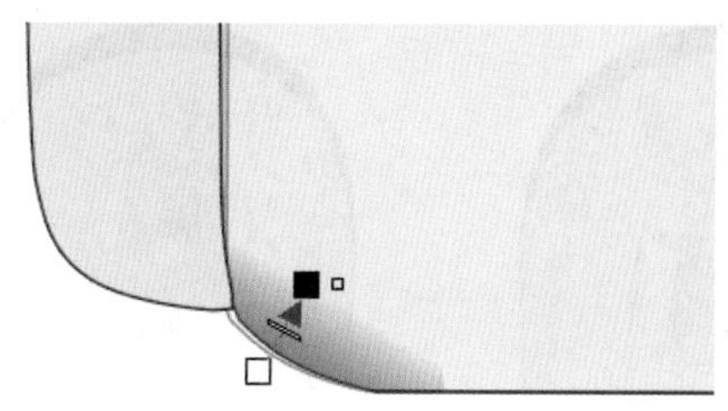

图7-25

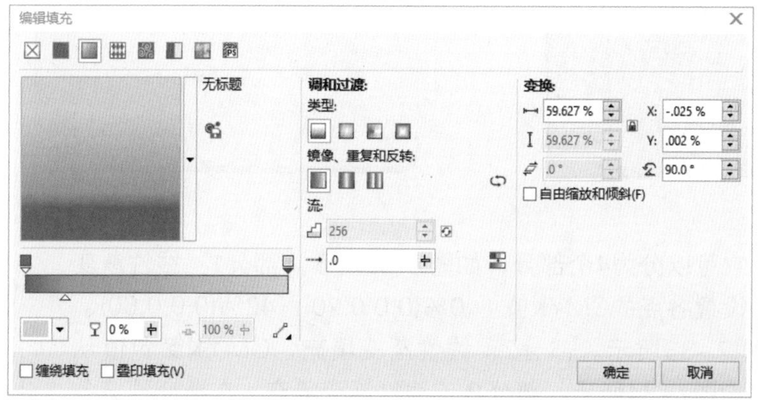

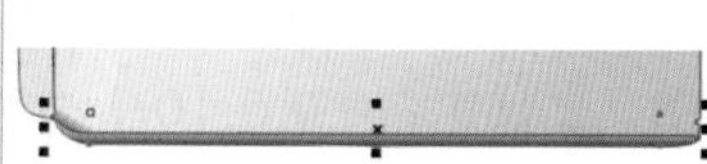

图7-26

Step07 为右下角细节填充颜色，如图7-27所示。部分1：均匀填充黑色，再复制一层略缩小一点，均匀填充CMYK颜色值(43,28,30,0)，如图7-28所示。部分2：线性渐变填充，CMYK颜色值从(56,41,41,2)到(0,0,0,20)，如图7-29所示。部分3：填充70%黑，再选择交互式透明度工具，设置如图7-30所示，整体效果如图7-31所示。

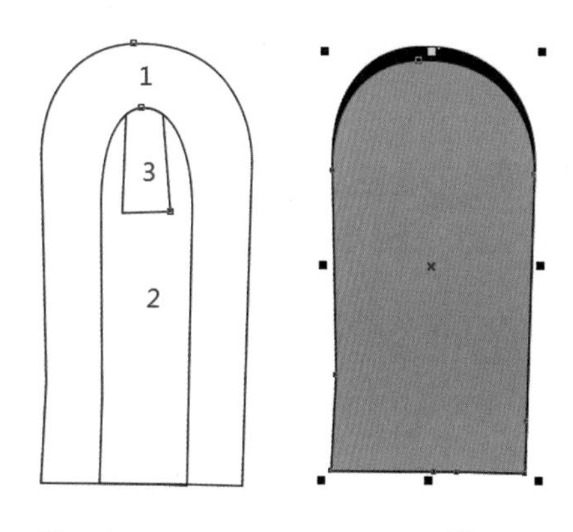

图7-27 图7-28

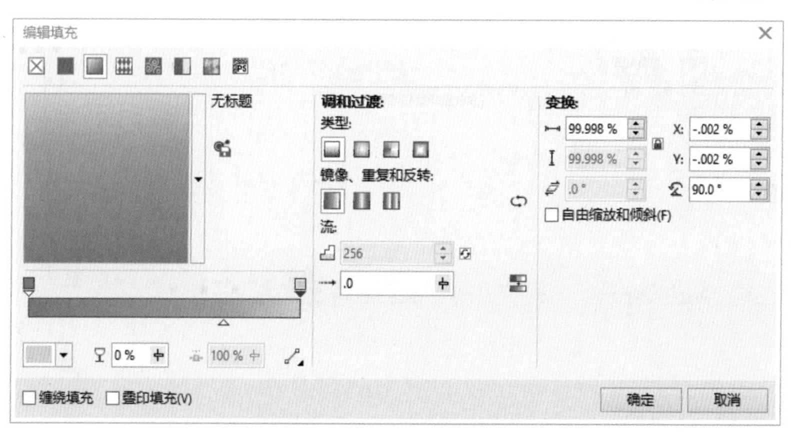

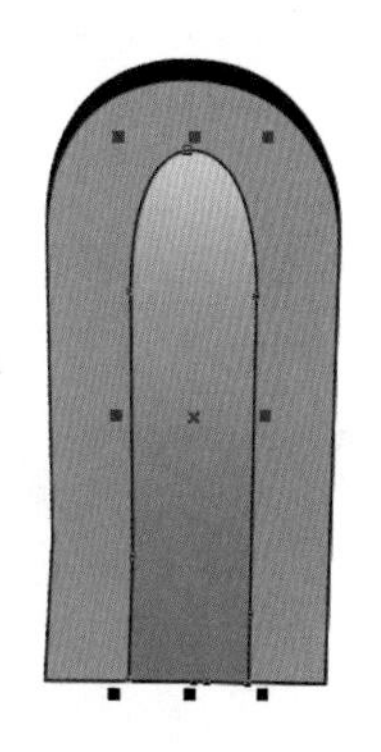

图7-29

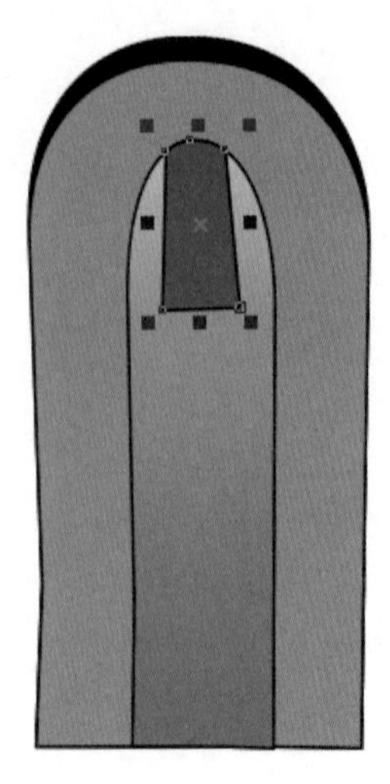

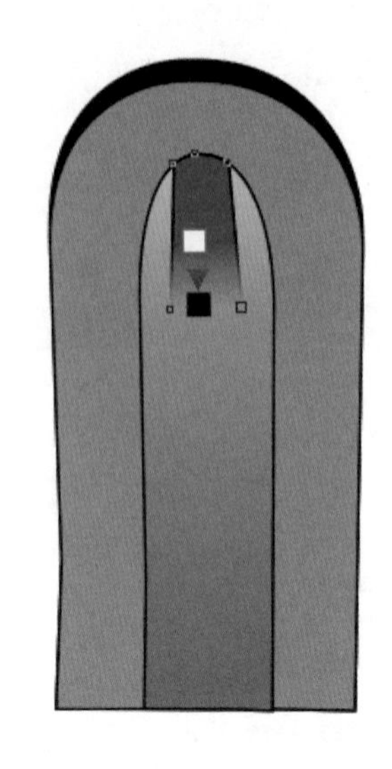

图7-30

图7-31

Step 08 为镜头图形填充颜色，它可以分为4个部分，如图7-32所示。部分1：线性渐变填充，在渐变预览条上设置各点的CMYK值： 0%(0,0,0,20)、42%(0,0,0,60)、100%(0,0,0,10)，如图7-33所示。部分2：线性渐变填充，CMYK颜色值从(0,0,0,0)到(0,0,0,30)，如图7-34所示。部分3：线性渐变填充，在渐变预览条上，设置各点的CMYK值：0%(0,0,0,20)、90%(0,0,0,0)、100%(0,0,0,20)，如图7-35所示。部分4：均匀填充40%黑，再选择交互式透明度工具，设置如图7-36所示，整体效果如图7-37所示。

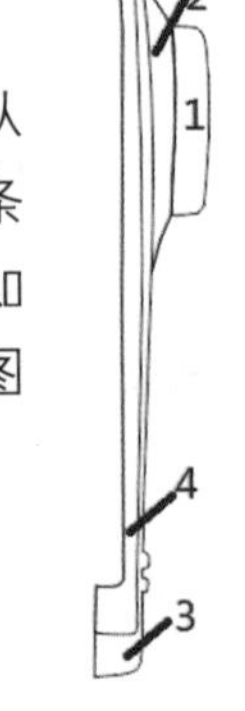

图7-32

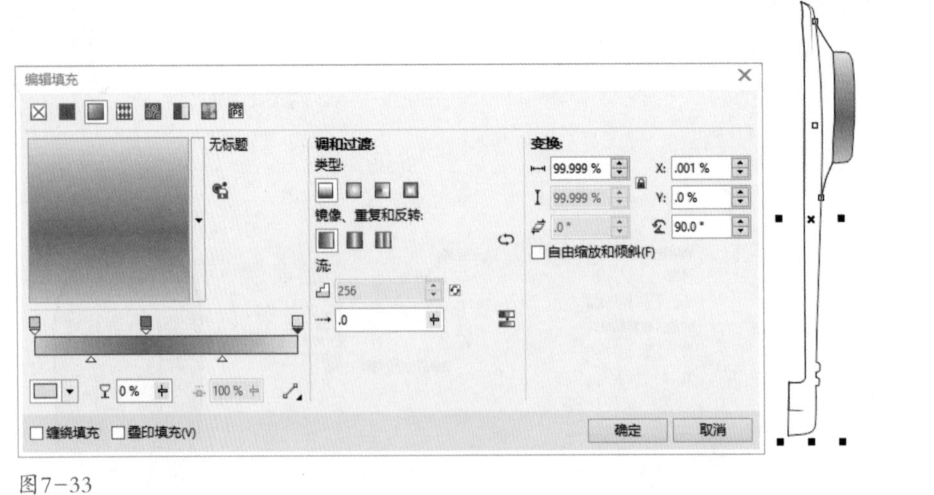

图7-33

图7-34

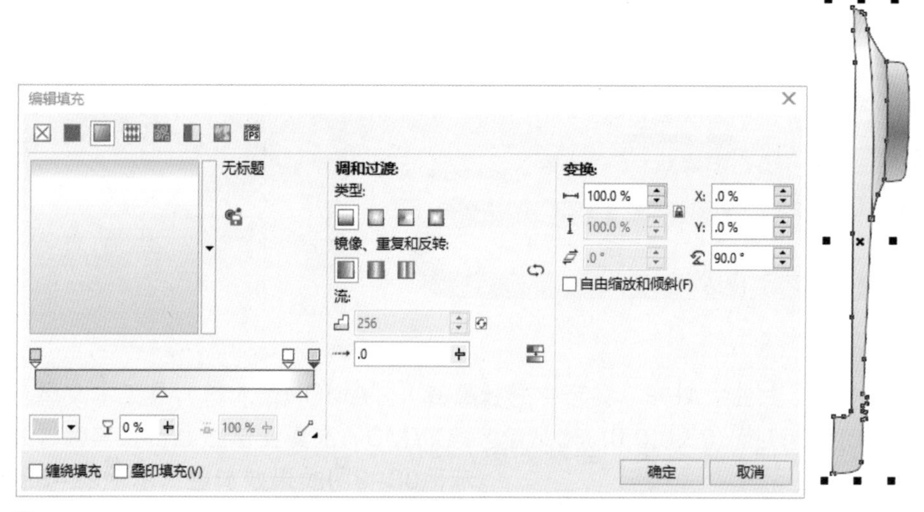

图7-35

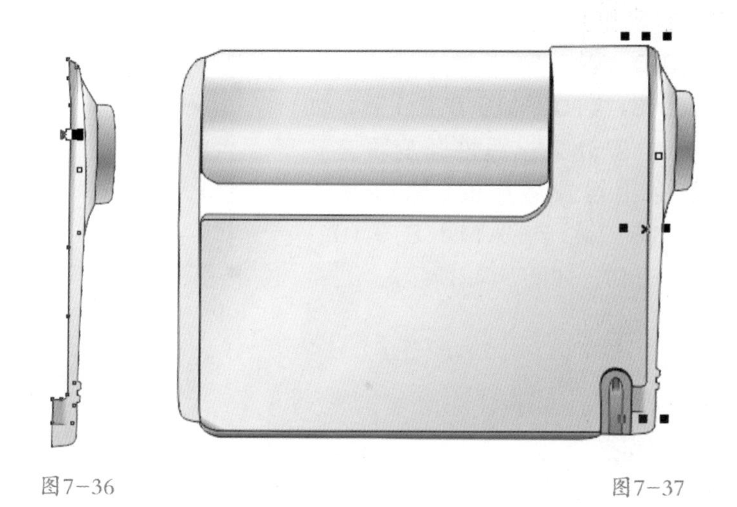

图7-36　　　　图7-37

2. 绘制摄像机显示器

Step 01 使用矩形工具和形状编辑工具绘制两个倒角矩形，选择菜单栏中的“对象”|“造型”命令，移除里面的矩形，如图7-38所示。选择线性渐变填充命令，填充颜色，在渐变预览条上设置各点的CMYK值：0%(19,14,18,0)、78% (11,8,9,0)、100%(19,14,19,0)，如图7-39所示。

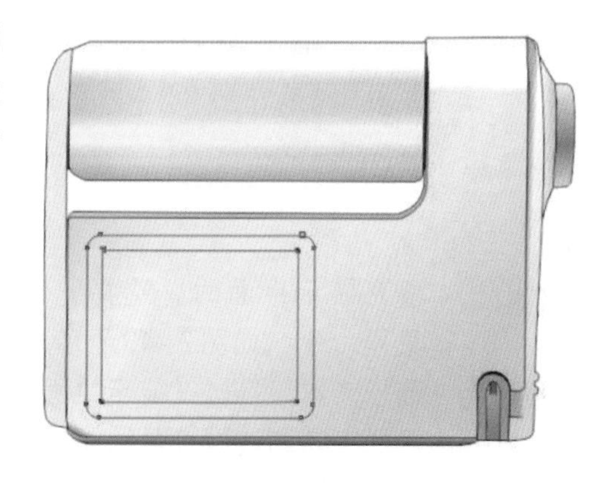

图7-38

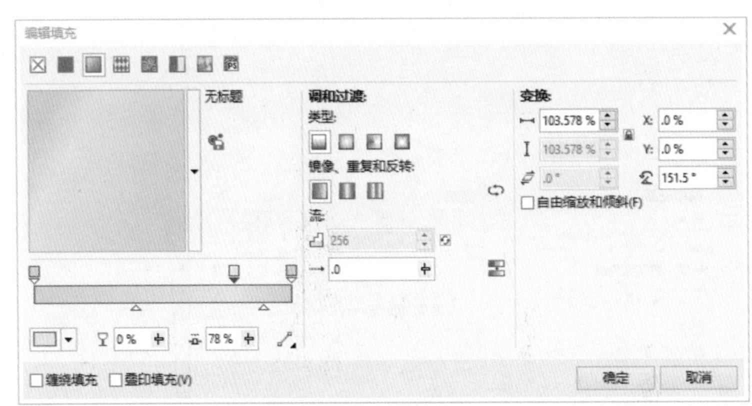

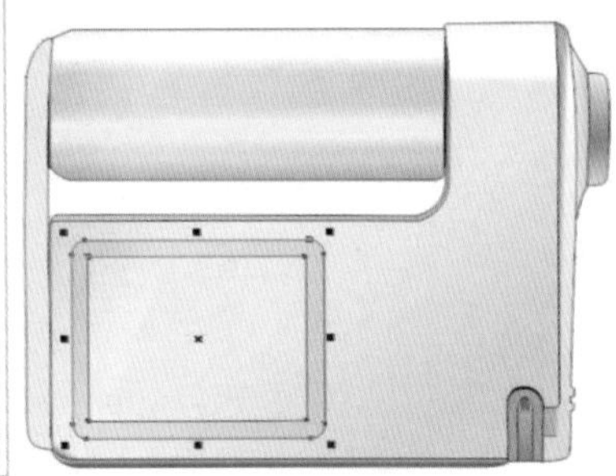

图7-39

Step02 为显示框添加立体效果，绘制如图7-40所示的两个图形，为了绘图方便，可以将摄像机主体图层隐藏。部分1：线性渐变填充，在渐变预览条上设置各点的CMYK值：0%(0,0,0,10)、50%(0,0,0,20)、78%(11,8,9,0)、100%(0,0,0,10)，如图7-41所示。部分2：线性渐变填充，在渐变预览条上设置各点的CMYK值：0%(19,14,18,0)、78%(11,8,9,0)、100%(19,14,19,0)，如图7-42所示。

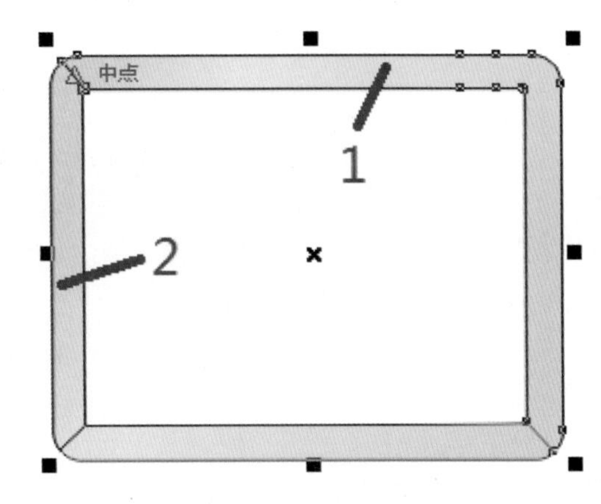

图7-40

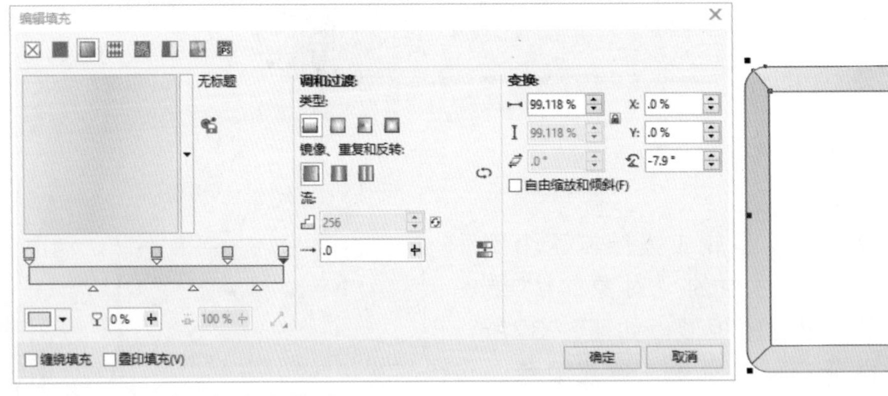

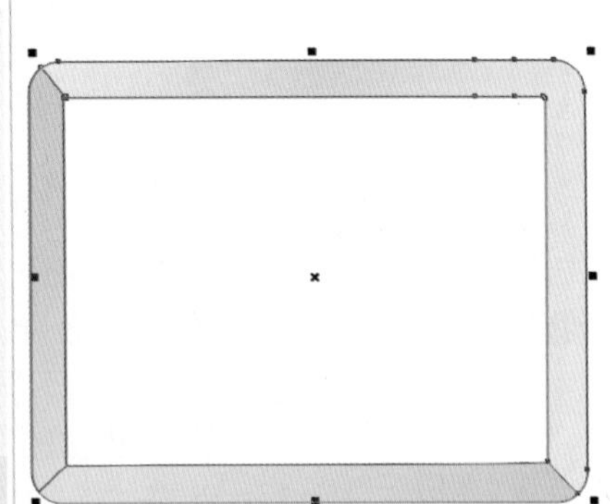

图7-41

Step03 填充显示桌面时，选择一张喜欢的图片，选择菜单栏中的“对象”|“图框精确剪裁”命令，如图7-43所示。

Step04 选择文本工具，在显示桌面上绘制如图7-44所示的文字，并调整位置和大小。再选择矩形工具和造型工具绘制桌面的图案，整体效果如图7-45所示。

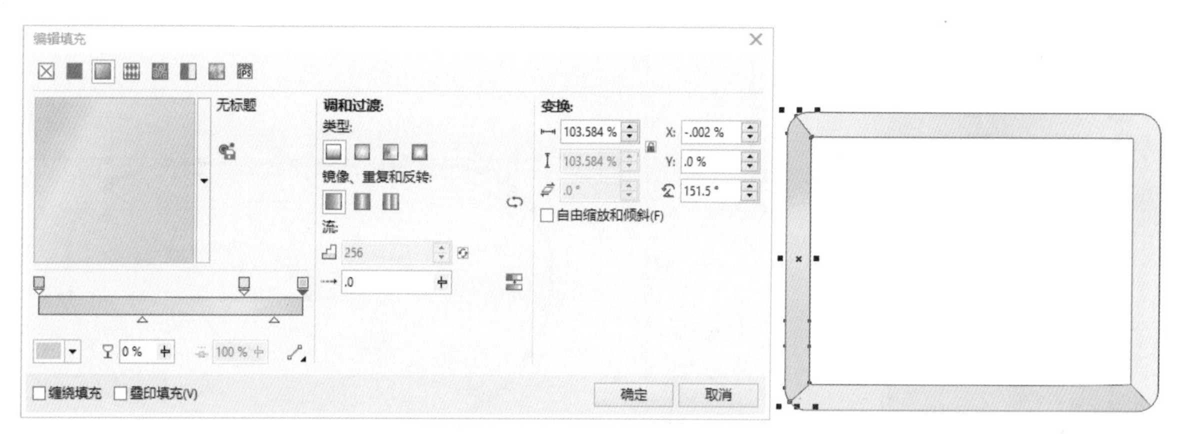

图7-42

图7-43

图7-44

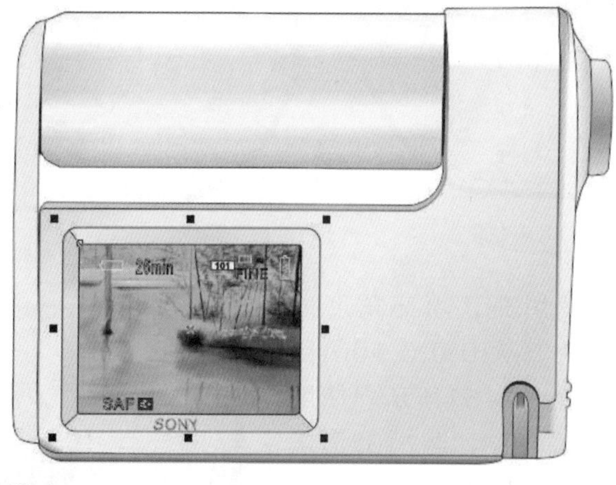

图7-45

3. 绘制摄像机按键和细节

Step 01 使用钢笔工具和形状工具绘制如图7-46所示的图案，然后分为4部分进行填充，如图7-47所示。其中部分1为不规则的圆环，而且其图层在部分2图层上方。

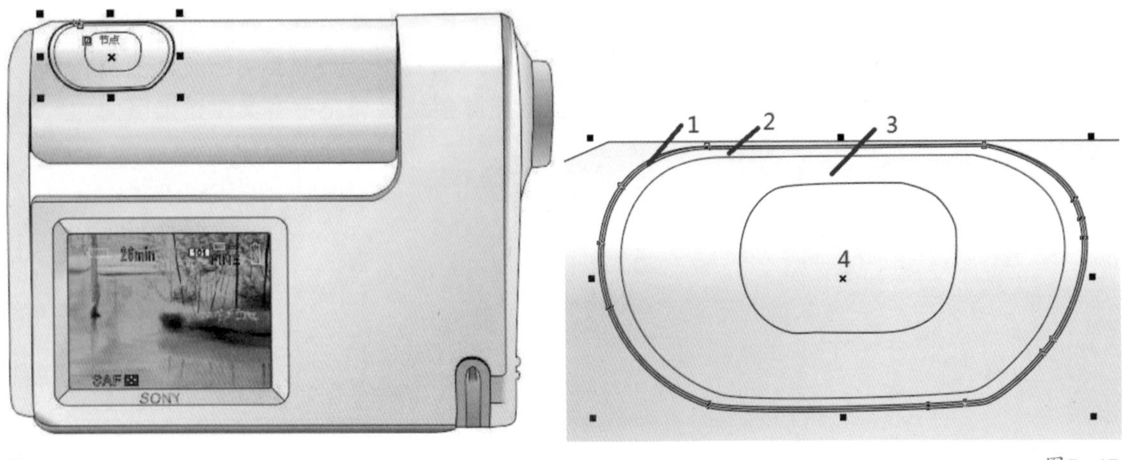

图7-46　　图7-47

Step 02 部分1：线性渐变填充，填充角度为90°，颜色从黑色到白色，效果如图7-48所示。部分2：线性渐变填充，填充角度为90°，CMYK颜色值从(0,0,0,40)到(0,0,0,0)，效果如图7-49所示。部分3：线性渐变填充，填充角度为90°，CMYK颜色值从(0,0,0,30)到(0,0,0,0)，效果如图7-50所示。

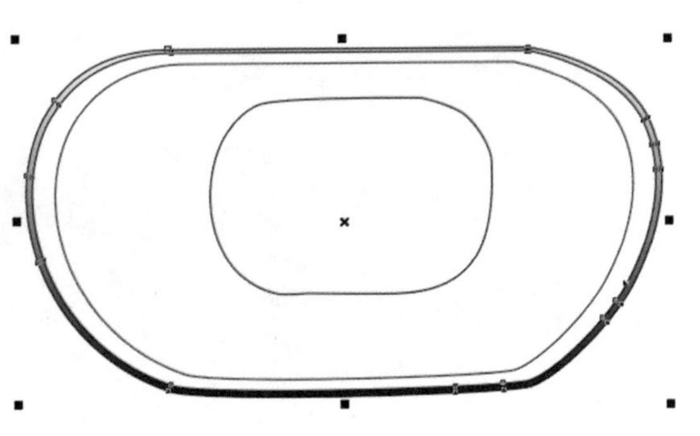

图7-48

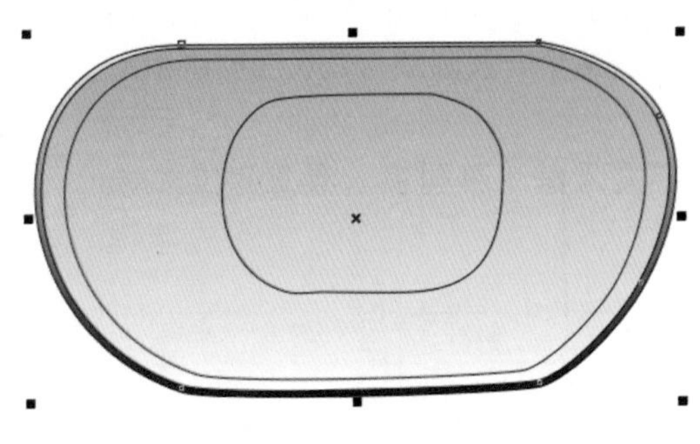

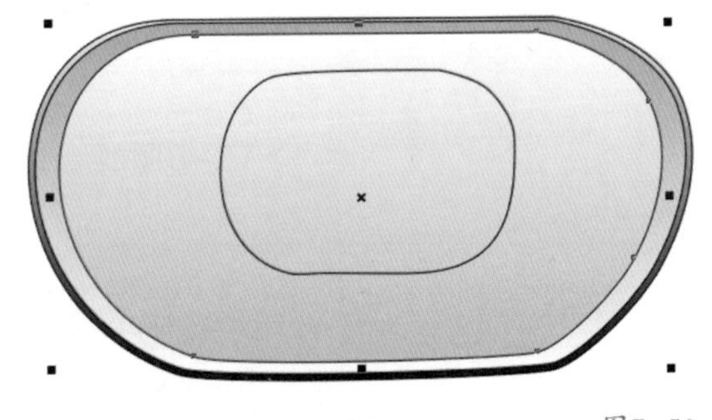

图7-49　　图7-50

Step 03 部分4：线性渐变填充，填充角度为90°，CMYK颜色值从(0,0,0,100)到(0,0,0,10)，效果如图7-51所示。使用钢笔工具和形状工具绘制如图7-52所示的环形曲线，并均匀填充白色。再选择交互式透明工具添加透明效果，如图7-53所示。继续绘制图形，并填充黑色，如图7-54所示。

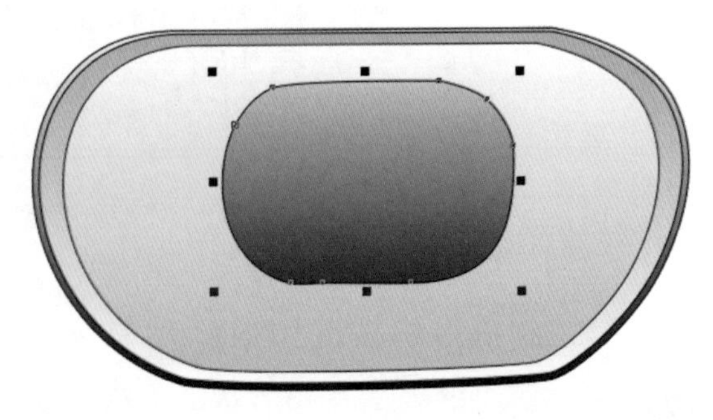

图7-51

图7-52　　图7-53

图7-54

Step 04 为视窗口绘制细节，使用钢笔工具绘制曲线，并进行线性渐变填充，角度为90°，在渐变预览条上设置各点的CMYK值：0%(0,0,0,10)、46%(29,25,44,0)、100%(0,0,0,0)，如图7-55所示。继续绘制细节曲线，并均匀填充黑色，再添加交互式透明效果，如图7-56所示。

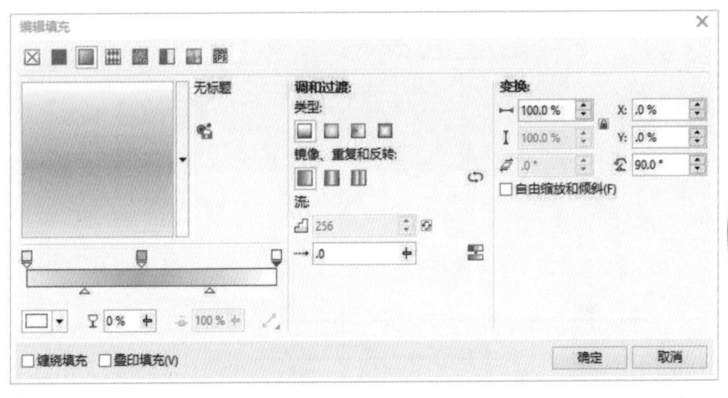

图7-55

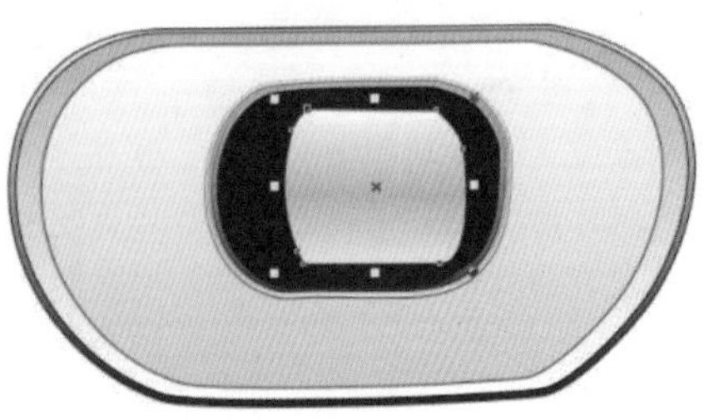

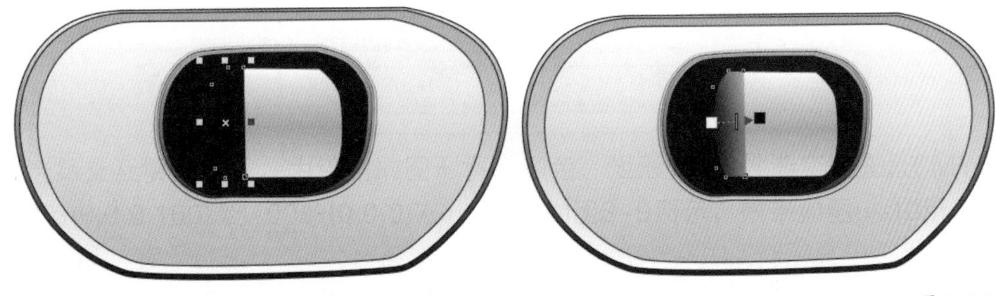

图7-56

Step 05 绘制倒角矩形，如图7–57所示。底层进行线性渐变填充，颜色从黑色到白色；顶层同样采用线性渐变填充，颜色从白色到黑色，如图7–58所示。并选择菜单栏中的“对象”|“变换”命令，向下复制2个，如图7–59所示。

Step 06 继续绘制5个倒角矩形，如图7–60所示。统一设置线性渐变填充，角度为–90°，在渐变预览条上设置各点的CMYK值为：0%(0,0,0,30)、50%(0,0,0,10)、100%(0,0,0,30)，如图7–61所示。

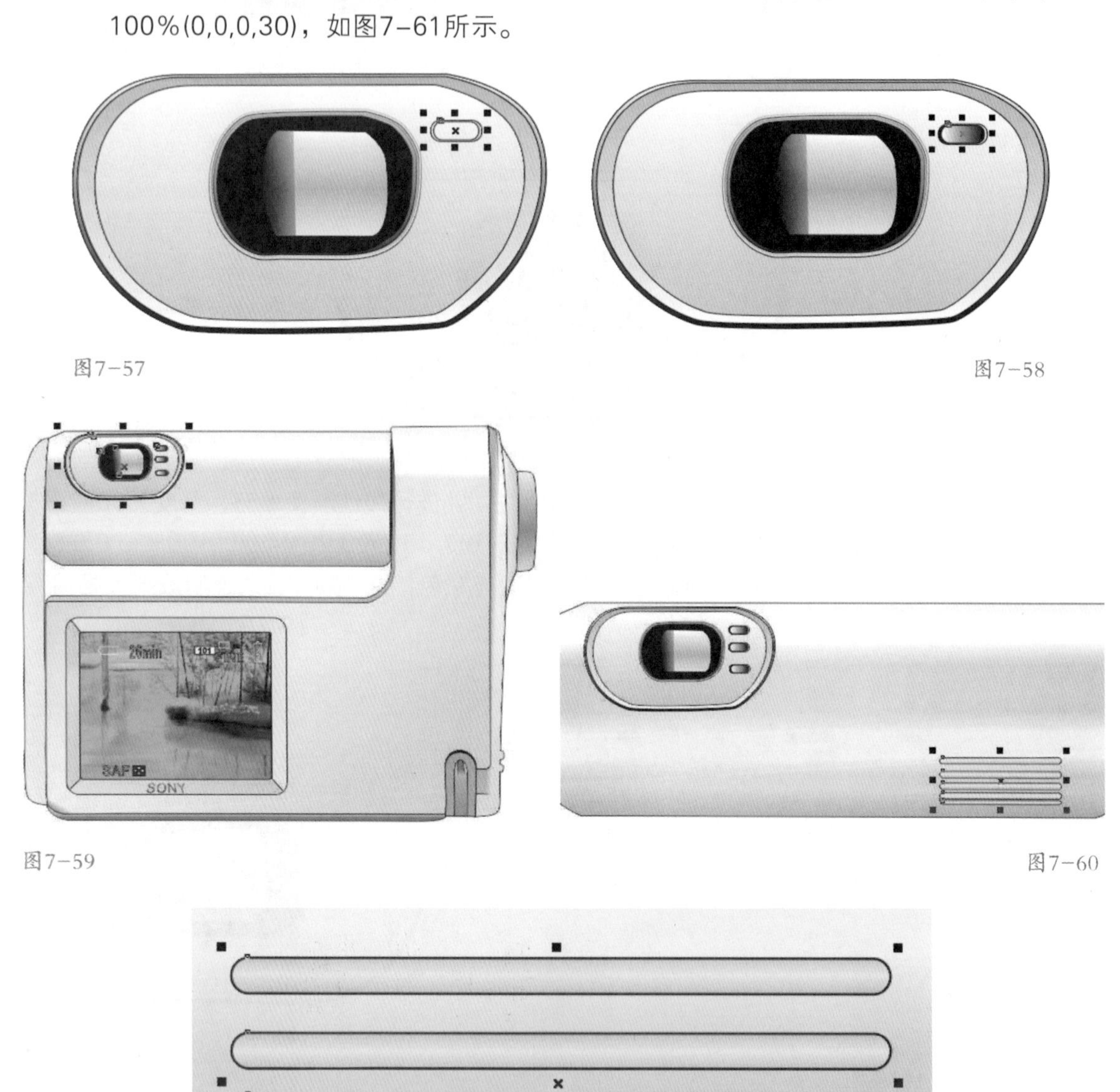

图7–57

图7–58

图7–59

图7–60

图7–61

Step 07 使用钢笔工具绘制如图7–62所示的图形，图形将分为5部分进行填充，如图7–63所示。部分 1：椭圆形渐变填充，CMYK颜色值从(0,0,0,50)到(0,0,0,0)，如图7–64所示；部分

2：均匀填充白色；部分3：线性渐变填充，在渐变预览条上设置各点的CMYK值：0%(0,0,0,50)、35%(0,0,0,0)、65%(0,0,0,20)、100%(0,0,0,0)，如图7-65所示。

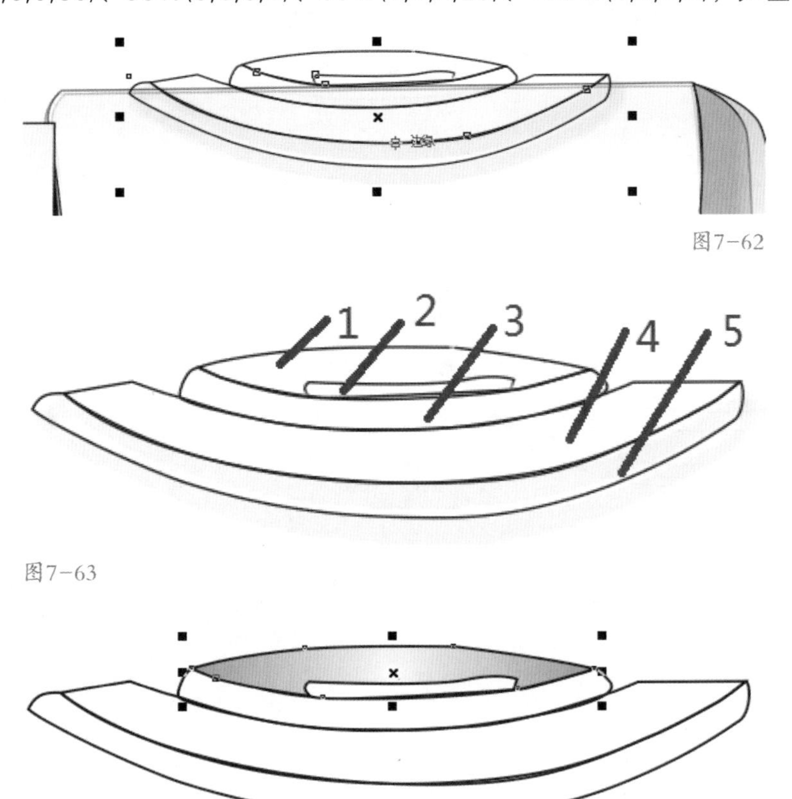

图7-62

图7-63

图7-64

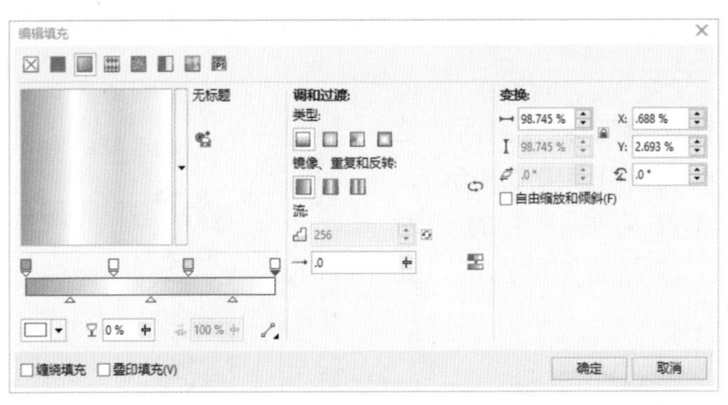

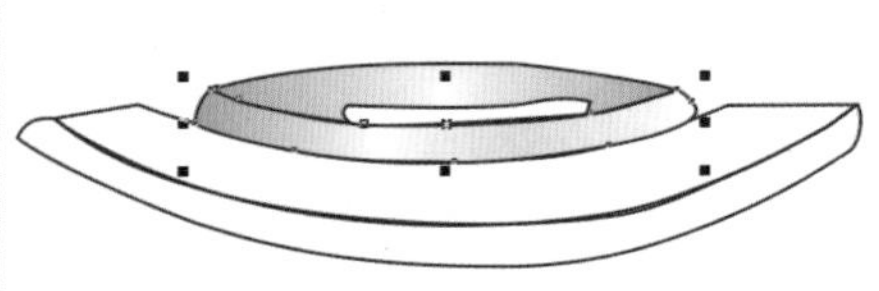

图7-65

Step 08 部分4：设置线性渐变填充，角度为-90°，CMYK颜色值从(0,0,0,60)到(0,0,0,0)，如图7-66所示。部分5：线性渐变填充，在渐变预览条上设置各点的CMYK值：0%(0,0,0,20)、10%(0,0,0,70)、40%(0,0,0,30)、88%(0,0,0,50)、100%(0,0,0,80)，如图7-67所示。再选择交互式阴影工具，为部分5添加阴影效果，如图7-68所示。

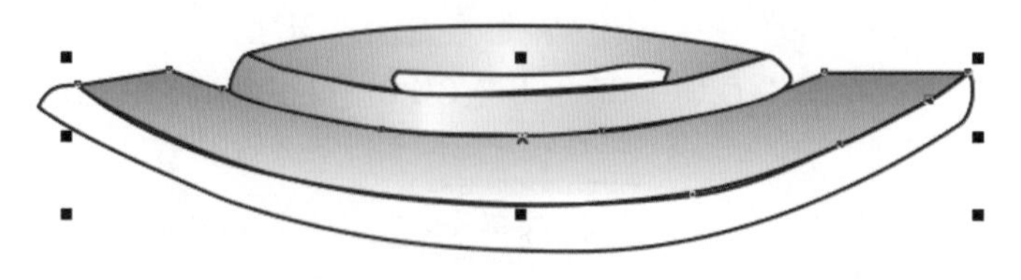

图7-66

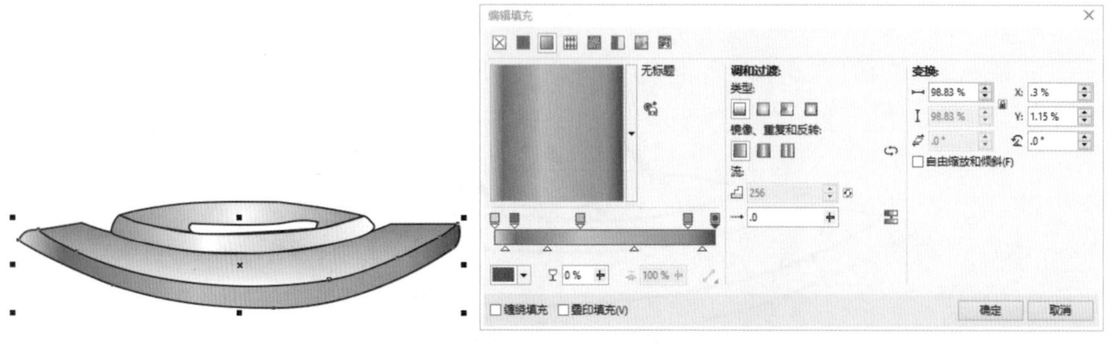

图7-67

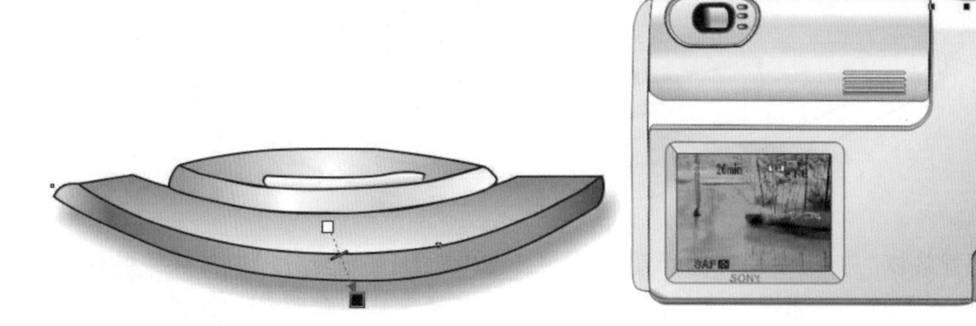

图7-68

Step 09 绘制调焦旋钮的防滑颗粒，使用钢笔工具绘制两个三角形，并均匀填充CMYK值(0,0,0,20)和(0,0,0,50)，效果如图7-69所示。再选择菜单栏中的“对象”|“变换”|“位置”命令，复制绘制的图形，如图7-70所示。

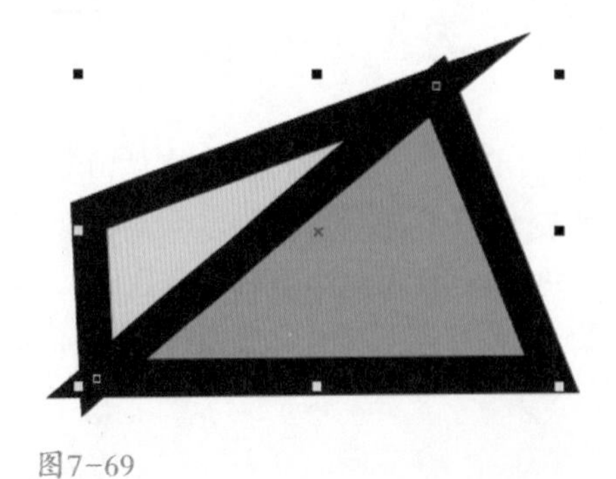

图7-69

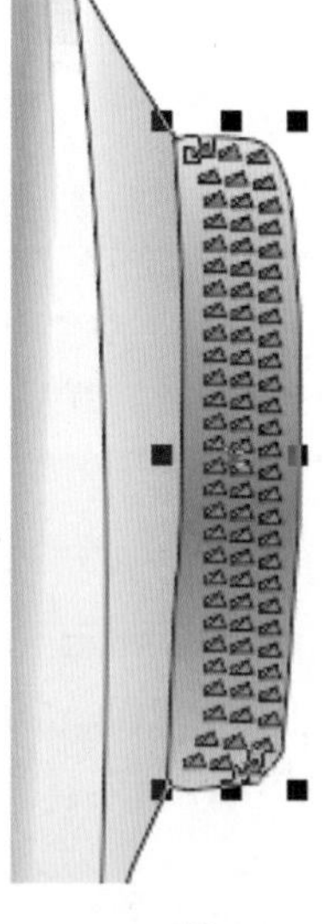

图7-70

Step 10 选择文本工具，创建如图7-71所示的文字。

Step 11 选择椭圆形工具，绘制如图7-72所示的圆形图案，设置椭圆形渐变填充，CMYK颜色值从(0,0,0,0)到(0,0,0,40)，如图7-73所示，整体效果如图7-74所示。

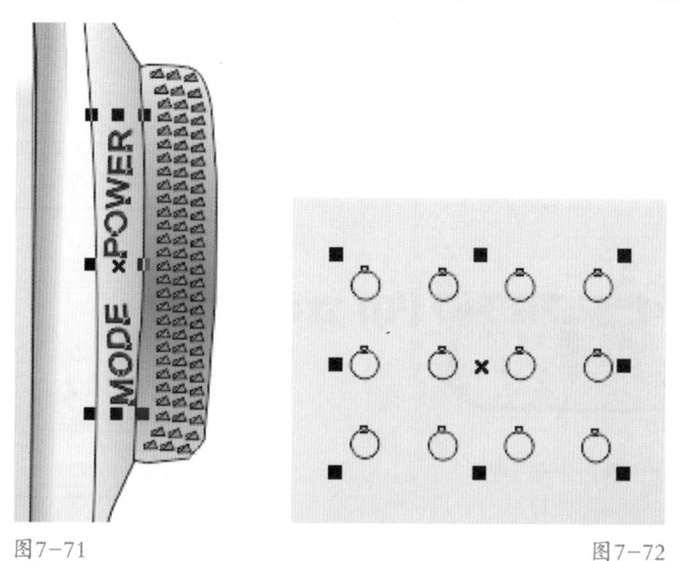

图7-71　　图7-72

图7-73

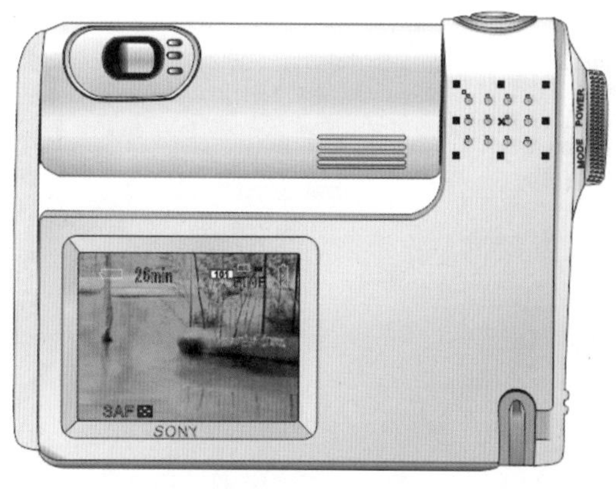

图7-74

Step 12 绘制如图7-75所示的摄像机按键图形，使用矩形工具绘制10个倒角矩形，如图7-76所示。倒角矩形 1：均匀填充CMYK颜色值(0,0,0,80)；倒角矩形2：线性渐变填充，CMYK颜色值从(0,0,0,80)到(0,0,0，0)，如图7-77所示。倒角矩形3：线性渐变填充，在渐变预览条上设置各点的CMYK值：0%(19,14,18,0)、25%(11,8,9,0)、36%(9,7,7,0)、100%(19,14,19,0)，如图7-78所示。

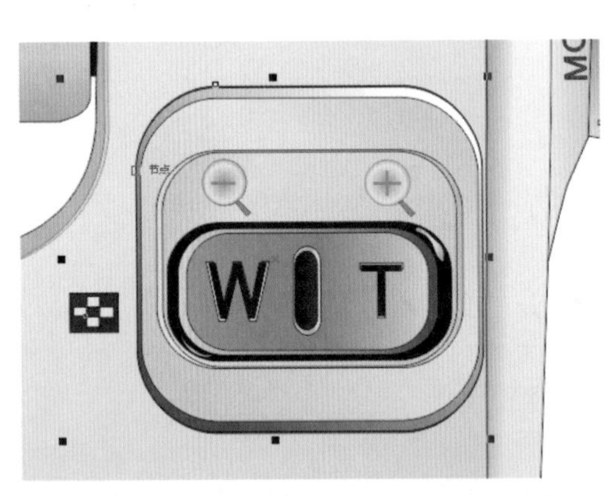

图7-75

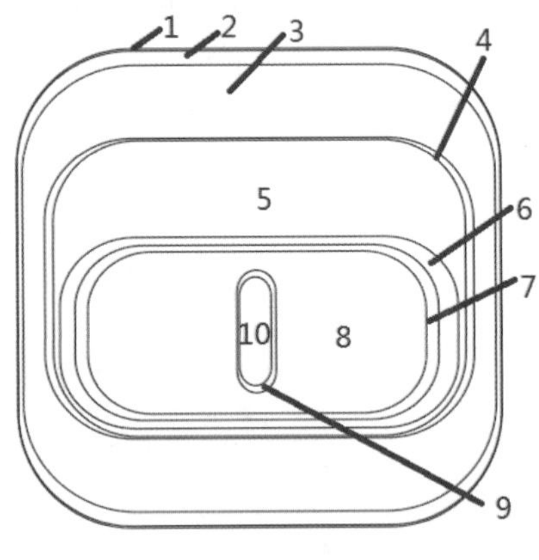

图7-76

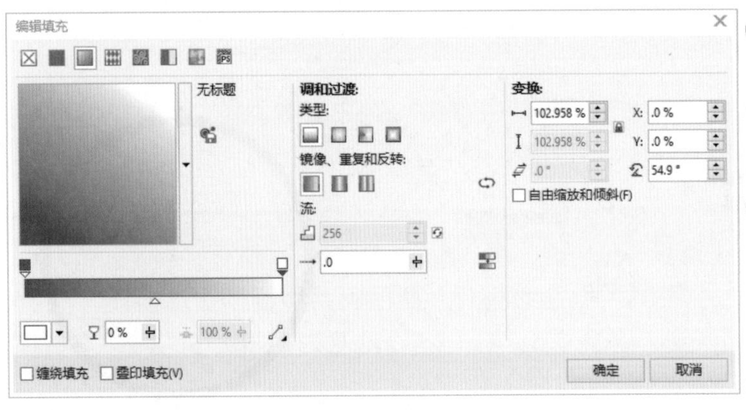

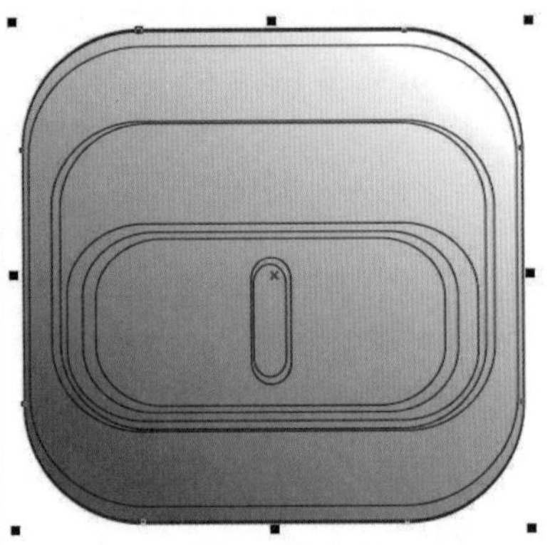

图7-77

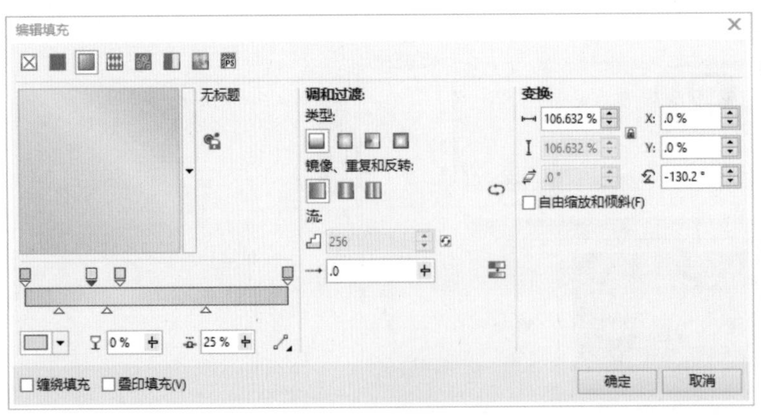

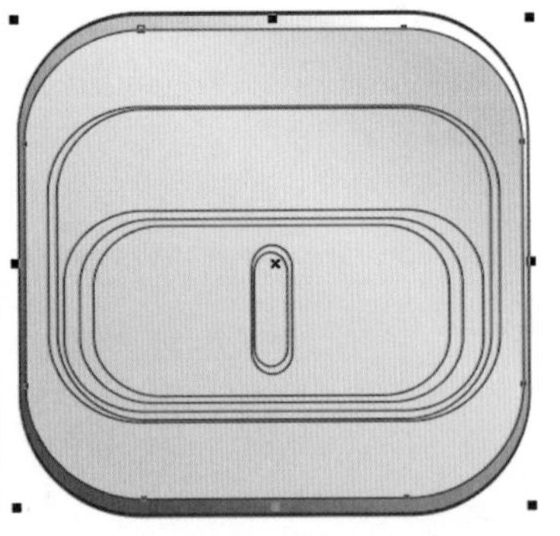

图7-78

Step 13 倒角矩形4：线性渐变填充，CMYK颜色值从(0,0,0,30)到(0,0,0,10)，如图7-79所示。倒角矩形5：线性渐变填充，在渐变预览条上设置各点的CMYK值：0%(19,14,18,0)、78%(11,8,9,0)、100%(19,14,19,0)，如图7-80所示。

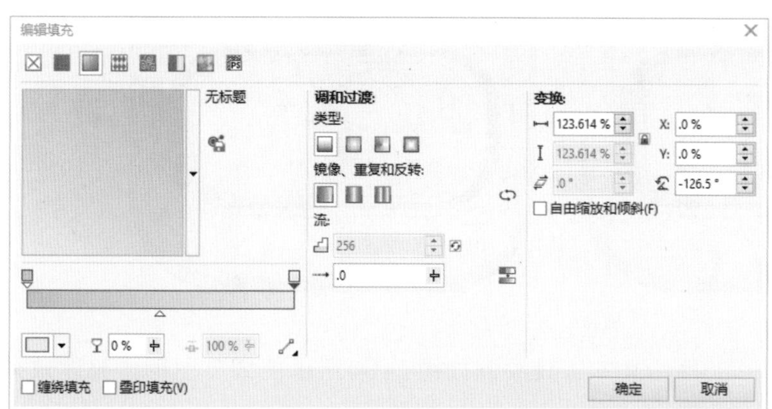

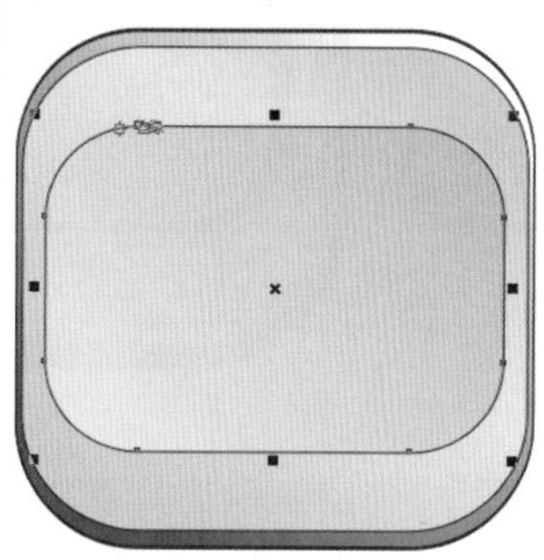

图7-79

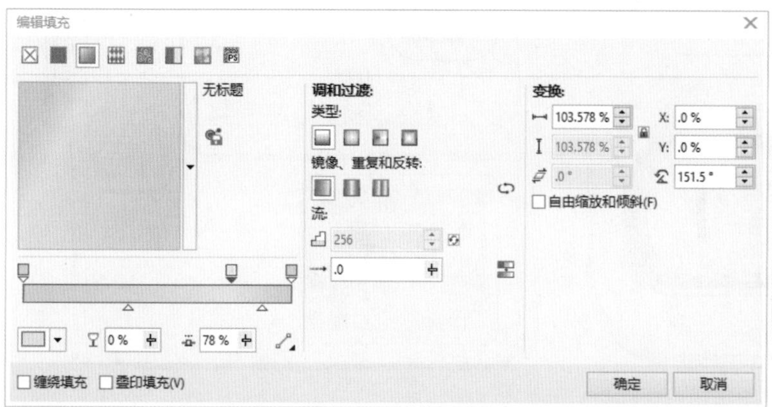

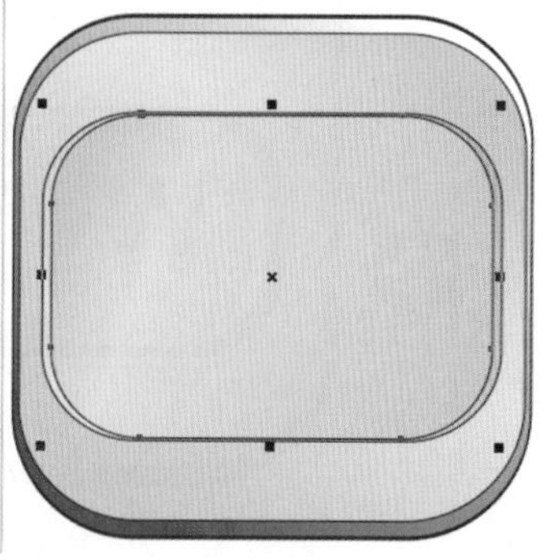

图7-80

Step 14 倒角矩形6：均匀填充黑色；倒角矩形7：线性渐变填充，CMYK颜色值从(0,0,0,20)到(0,0,0,80)，如图7-81所示。倒角矩形8：线性渐变填充，在渐变预览条上设置各点的CMYK值：0%(40,35,35,1)、58%(50,4,44,2)、100%(0,0,0,20)，如图7-82所示。倒角矩形9：均匀填充CMYK值(0,0,0,10)；倒角矩形10：线性渐变填充，CMYK颜色值从(0,0,0,100)到(0,0,0,90)，如图7-83所示。

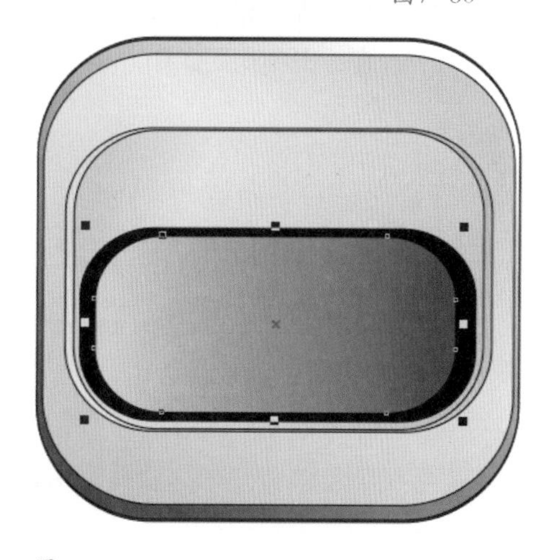

图7-81

图7-82　　图7-83

Step 15　使用矩形工具、椭圆形工具、文本工具绘制如图7-84所示的细节图形，整体效果如图7-85所示。

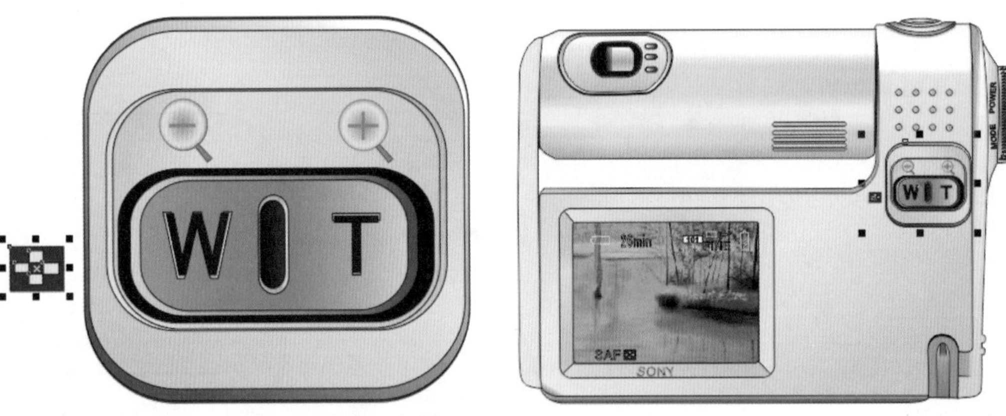

图7-84　　图7-85

Step 16　选择椭圆形工具，绘制圆形并进行线性渐变填充，在渐变预览条上设置各点的CMYK值：0%(0,0,0,0)、20%(0,0,0,20)、78%(11,8,9,0)、100%(0,0,0,10)，如图7-86所示。

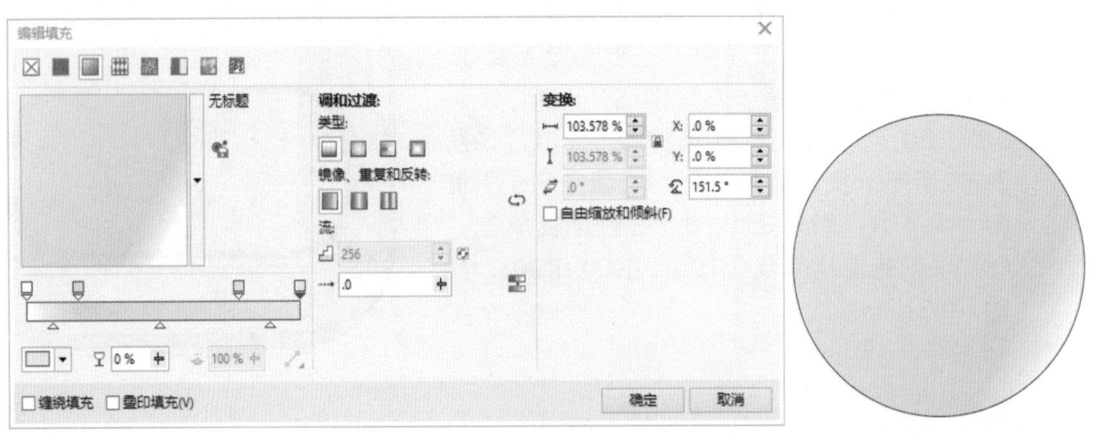

图7-86

Step 17 使用椭圆形工具绘制圆形，线性渐变填充，CMYK颜色值从(0,0,0,0)到(19,14,19,0)，轮廓线颜色为(0,0,0,40)，如图7–87所示。

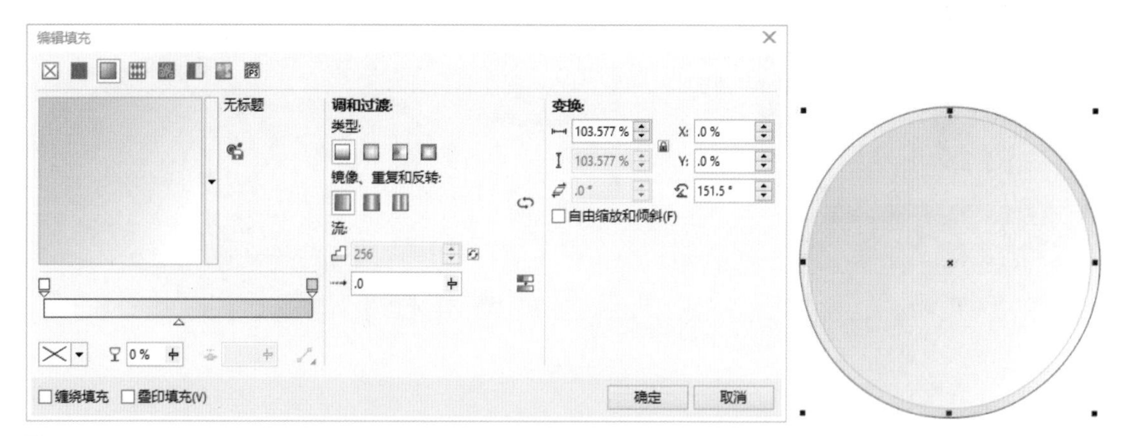

图7–87

Step 18 使用椭圆形工具绘制圆形，射线渐变填充，CMYK颜色值从(0,0,0,10)到(0,0,0,40)，轮廓线颜色为(0,0,0,40)，如图7–88所示。

Step 19 使用椭圆形工具绘制圆形，线性渐变填充，CMYK颜色值从(0,0,0,40)到(0,0,0,0)，轮廓线颜色为(0,0,0,30)，如图7–89所示。

Step 20 使用椭圆形工具绘制圆形，线性渐变填充，CMYK颜色值从(0,0,0,30)到(0,0,0,100)，轮廓线颜色为(0,0,0,20)，如图7–90所示。

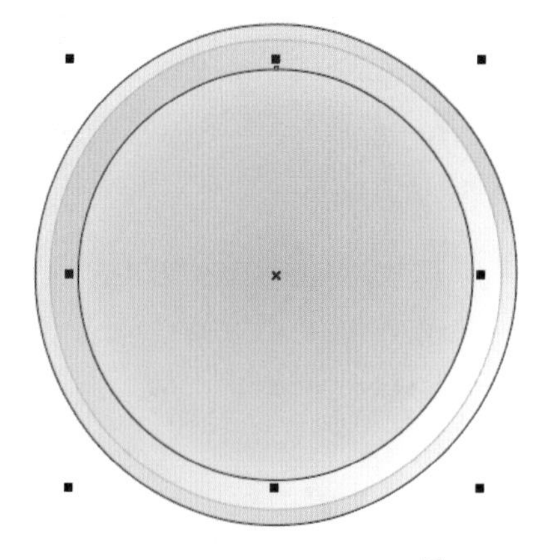

图7–88

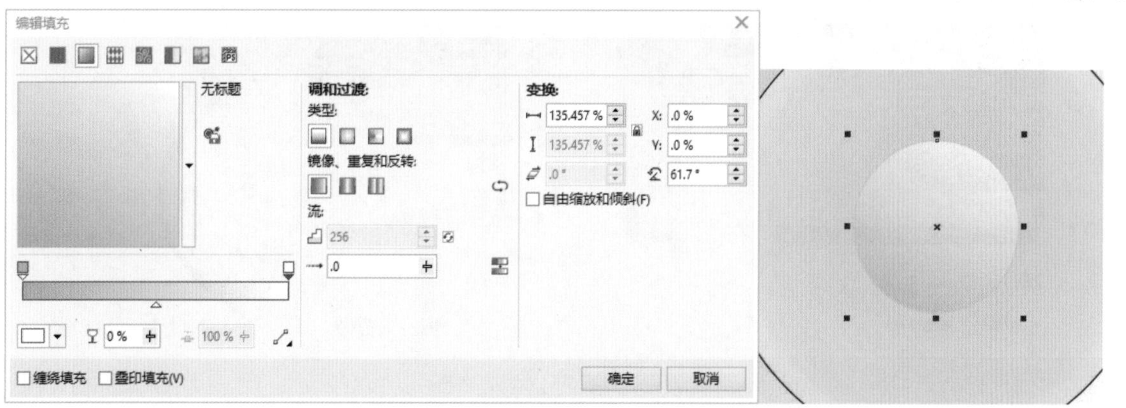

图7–89

Step 21 使用椭圆形工具绘制圆形，射线渐变填充，CMYK颜色值从(0,0,0,30)到(0,0,0,50)，轮廓线颜色为(0,0,0,70)，如图7–91所示。

Step 22 使用钢笔工具绘制曲线，并线性渐变填充，CMYK颜色值从(0,0,0,100)到(0,0,0,70)，如图7–92所示。

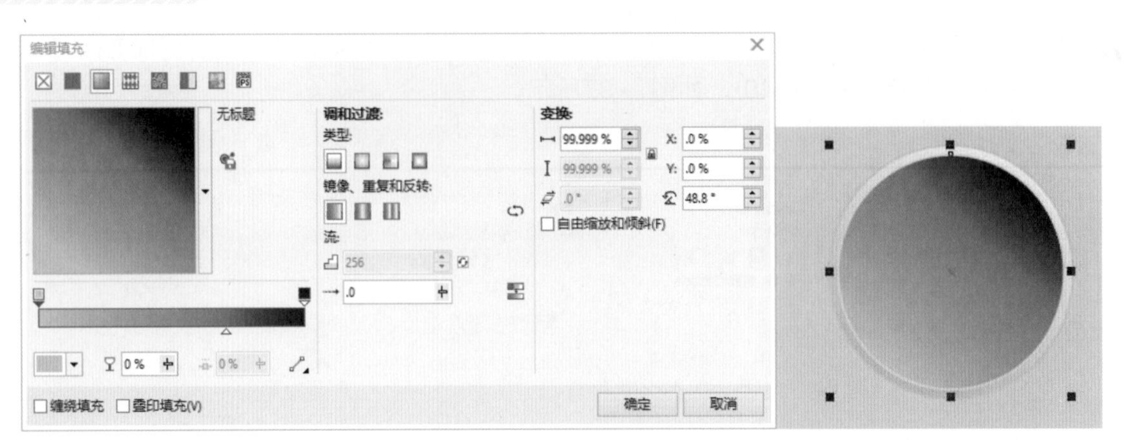

图7-90

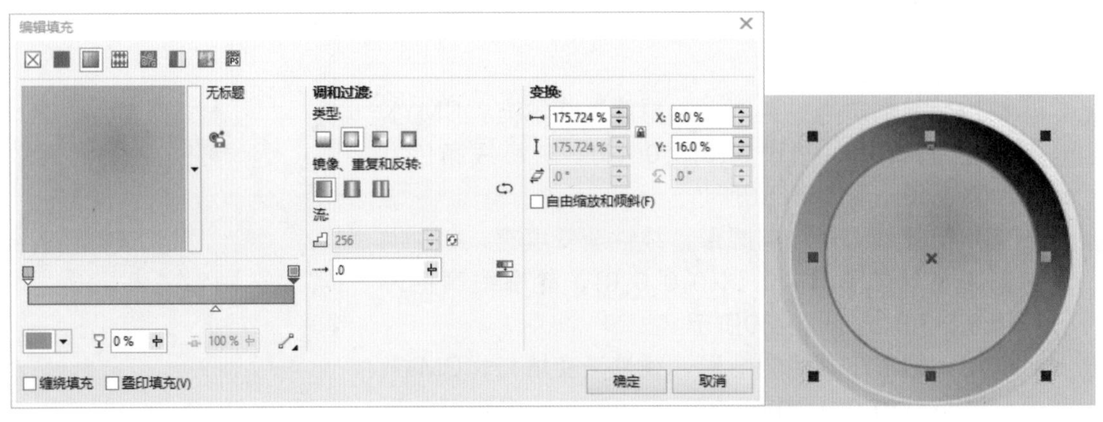

图7-91

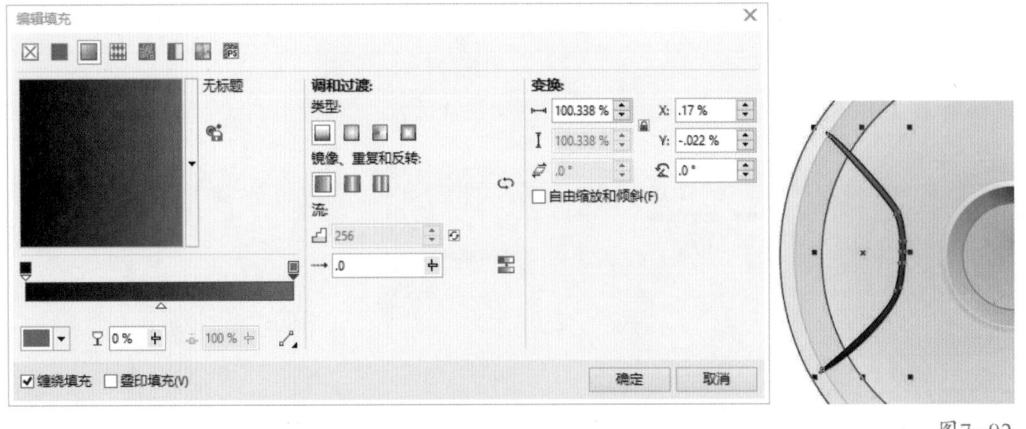

图7-92

Step 23 选择菜单栏中的“对象”|“变换工具”|“旋转”命令，将绘制的图形曲线进行旋转，如图7-93所示。

Step 24 采用同样的方法，使用椭圆形工具和钢笔工具绘制细节并进行填充，如图7-94所示，整体效果如图7-95所示。

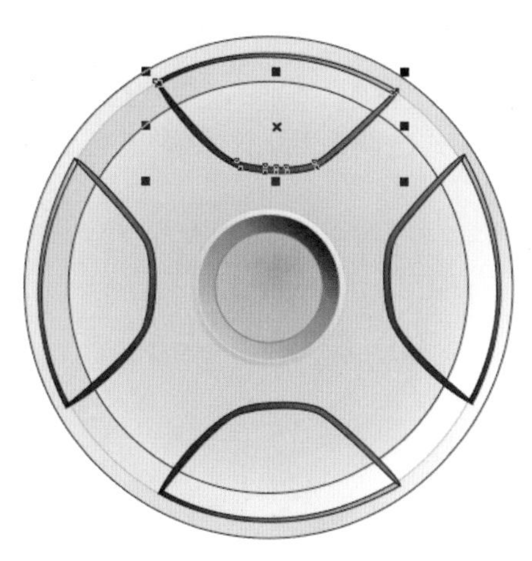

图7-93

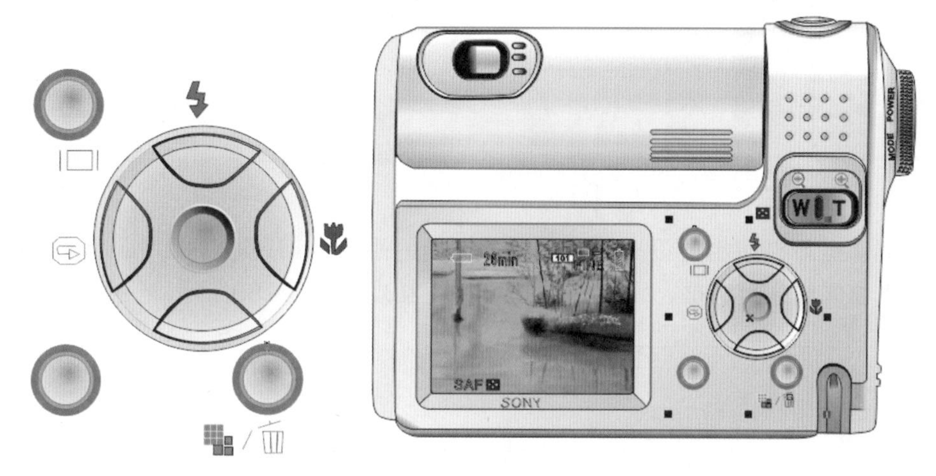

图7-94　　图7-95

Step 25 调整摄像机整体效果，将部分图形轮廓线去掉，将部分图形和文字轮廓线加粗，如图7-96所示。

图7-96

Step26 使用钢笔工具和交互式透明工具绘制摄像机左侧的细节，如图7-97所示。

Step27 选择菜单栏中的“文件”|“导入”命令，导入摄像机背景，并将摄像机主体全部群组并复制镜像，再选择交互式透明工具，对倒影进行透明编辑，如图7-98所示。

图7-97

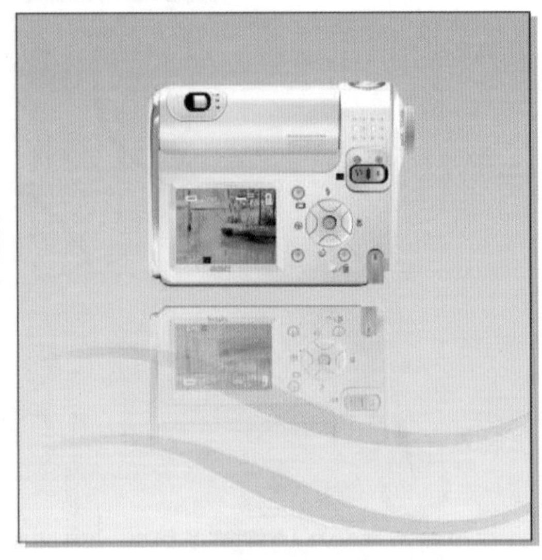

图7-98

Step28 为文件进行打印出血设置，双击页面右侧的阴影，出现页面尺寸设置选项，选中“显示出血区域”复选框，设置“出血”数值为3，如图7-99所示。

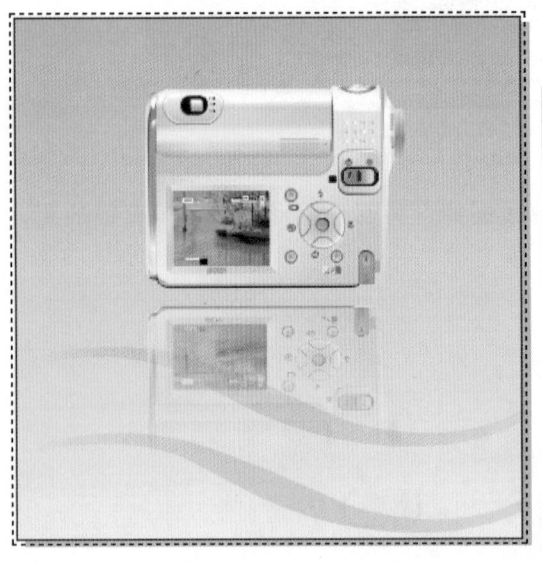

图7-99

绘制手机

本章主要运用了矩形工具、形状工具、修剪工具、智能填充工具、文字工具、交互式透明及交互式阴影工具等绘制手机。

本章知识点

- 设置手机图层
- 绘制手机屏幕部分
- 绘制手机按键部分
- 绘制手机侧面

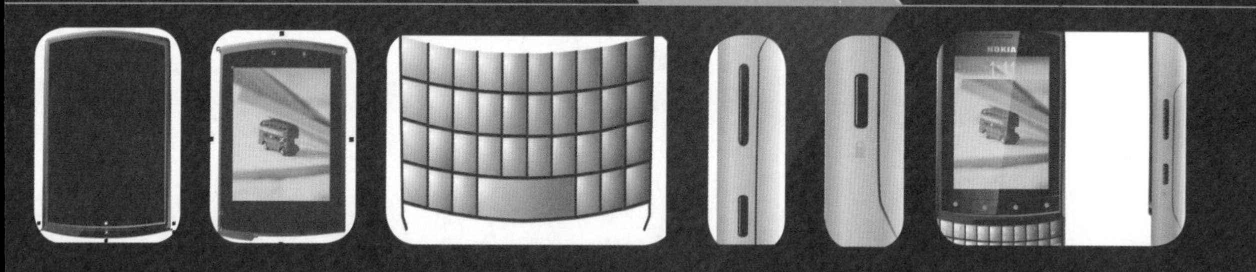

8.1 设置手机图层

Step01 新建一个横版的A4文件，如图8-1所示。

A4 | 297.0 mm | 210.0 mm | 单位: 毫米

图8-1

Step02 选择菜单栏中的“窗口”|“泊坞窗”|“对象管理器”命令，在“对象管理器”泊坞窗中新建图层，分别命名为“正上部”、“正下部”和“侧面”，如图8-2所示。

对象管理器
页1
正上部
页面1
辅助线
侧面
正下部
正上部
主页面
辅助线(所有页)
桌面
文档网格

图8-2

8.2 绘制手机屏幕部分

Step 01 选择矩形工具，绘制矩形1，使用快捷键Ctrl+Q将其转换成曲线，再选择形状工具，利用属性栏中的编辑曲线命令调整图形，如图8-3所示。

Step 02 使用相同的方法绘制矩形2，经调整得到如图8-4所示的形状。调整矩形2的大小和位置，得到如图8-5所示的形状。

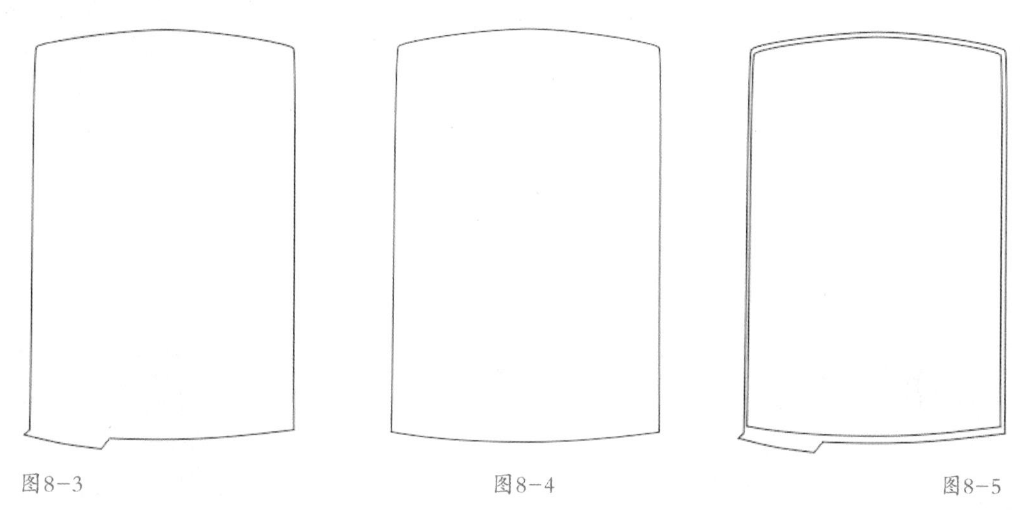

图8-3　图8-4　图8-5

Step 03 使用快捷键Ctrl+C和Ctrl+V复制并粘贴矩形2，等比例缩放得到矩形3和矩形4，如图8-6所示。细节部分如图8-7和8-8所示。

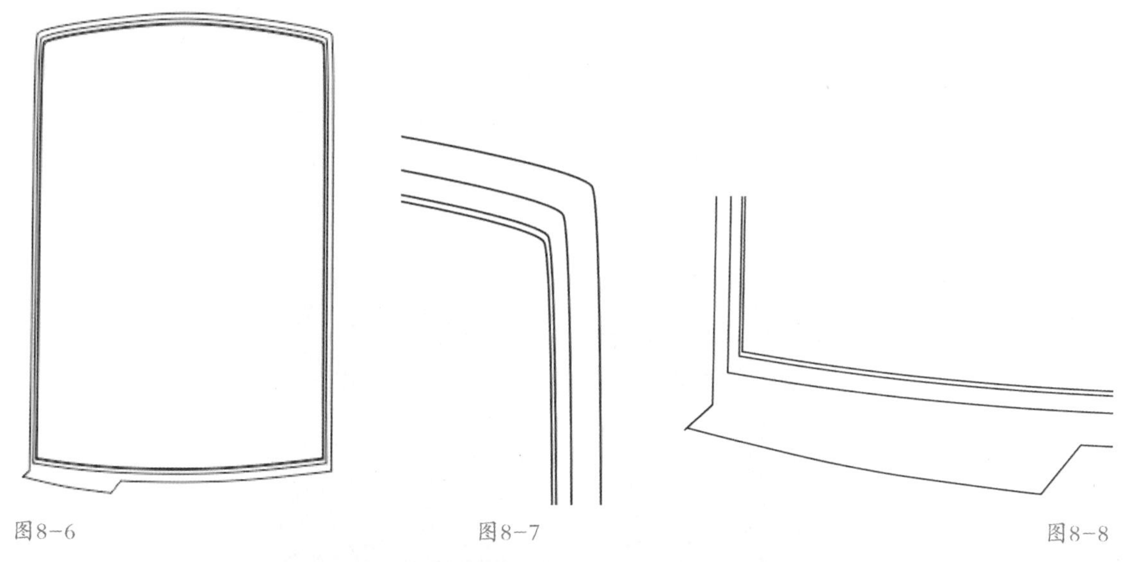

图8-6　图8-7　图8-8

Step 04 选择交互填充工具，为绘制的图形填充颜色，矩形1：线性渐变填充，CMYK颜色值从0%(0,0,0,100) 到100%(0,0,0,70)，设置如图8-9所示，效果如图8-10所示。

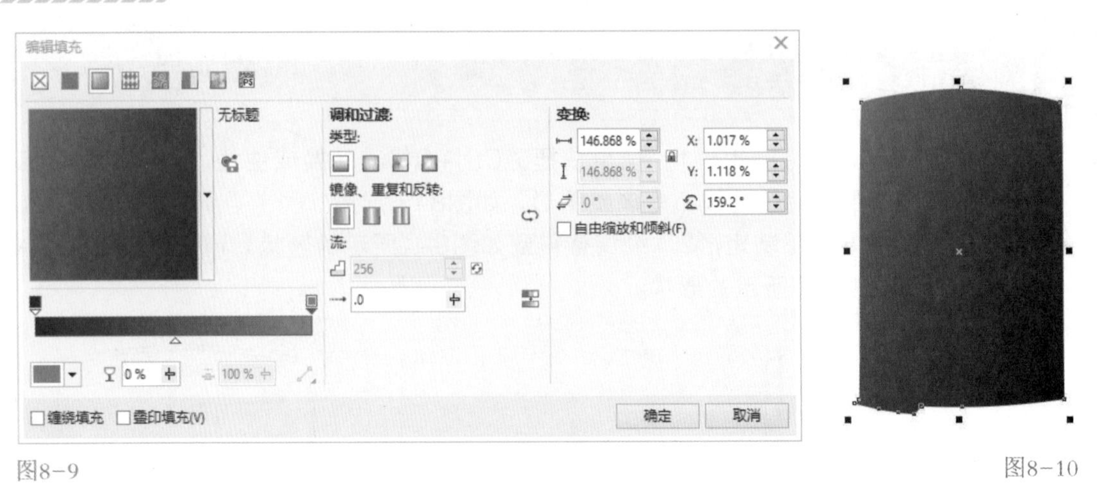

图8-9　　图8-10

Step 05 采用相同的方法为矩形2填充线性渐变颜色，CMYK颜色值从0%(0,0,0,100)到100%(0,0,0,60)，设置如图8-11所示，效果如图8-12所示。

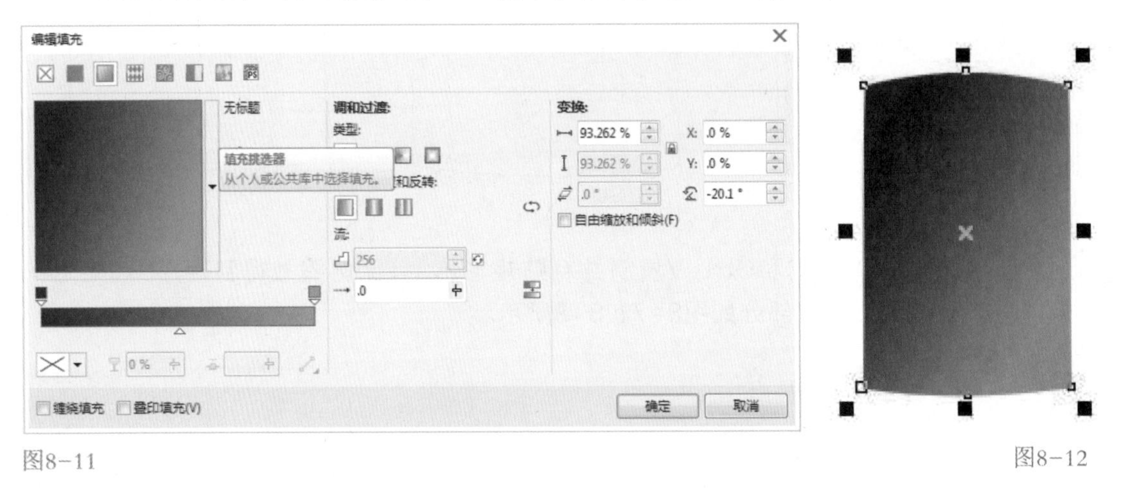

图8-11　　图8-12

Step 06 采用相同的方法，为矩形3和矩形4均匀填充颜色，CMYK值为(0,0,0,100)，得到如图8-13所示的效果。

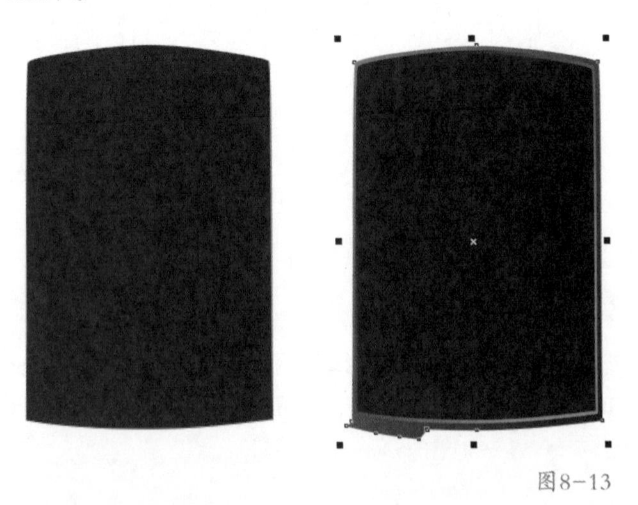

图8-13

Step 07 选择矩形工具和形状工具，绘制手机左侧的厚度细节，并均匀填充黑色。使用快捷键Ctrl+C和Ctrl+V复制并粘贴，均匀填充白色，对填充白色的图形添加交互式透明效果，如图8-14所示，整体效果如图8-15所示。

Step 08 采用相同的方法，绘制手机右侧的厚度细节，使用矩形工具及形状工具绘制图形，并均匀填充黑色，再复制第二层均匀填充白色，选择交互式透明工具，添加透明效果如图8-16所示。

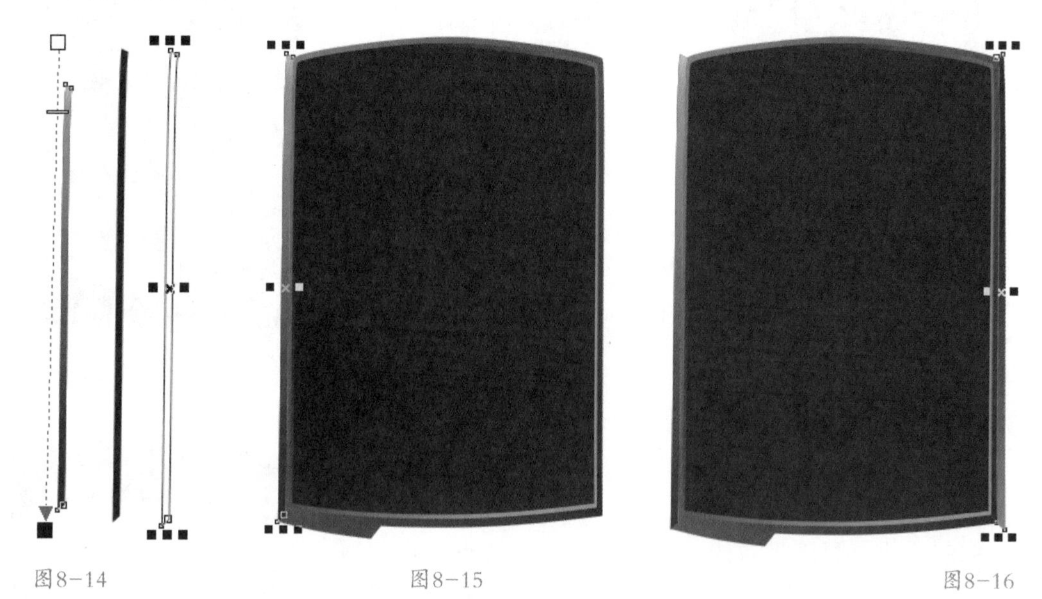

图8-14　图8-15　图8-16

Step 09 采用相同的方法，绘制手机顶部的厚度细节，选择矩形工具和形状工具，绘制如图8-17所示的两个图形，分别均匀填充黑色，然后使用快捷键Ctrl+C和Ctrl+V得到第二层，均匀填充白色，最后选择交互式透明工具，添加透明效果如图8-18所示。

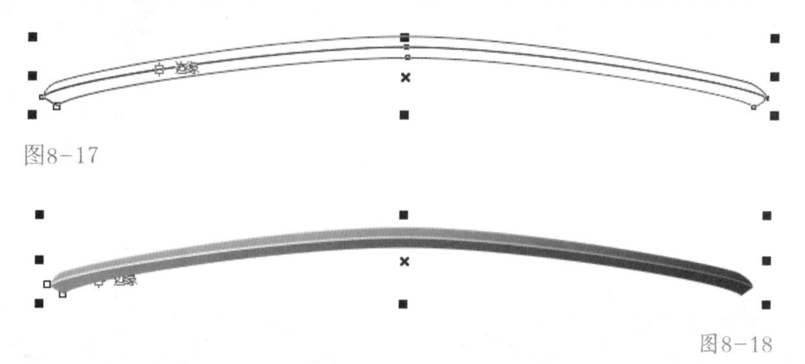

图8-17

图8-18

Step 10 使用矩形工具和形状工具绘制手机底部的厚度曲线，并均匀填充黑色，如图8-19所示。单击鼠标右键，选择菜单栏中的“顺序”|“至于此对象后”命令，再在矩形1上单击鼠标左键，如图8-20所示。

图8-19

Step 11 绘制手机屏幕，选择菜单栏中的“文件”|“导入”命令，导入名称为“手机屏幕”的位图，如图8-21所示。

Step 12 使用矩形工具在手机屏幕上绘制显示屏，如图8-22所示。

图8-20

图8-21

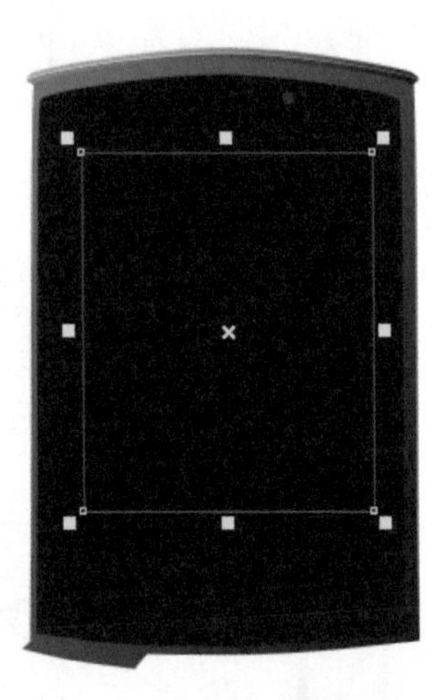
图8-22

Step 13 选择位图图片，在菜单栏中选择“效果”|“精确剪裁”|“放置在容器中”命令，设置如图8-23所示，效果如图8-24所示。

Step 14 绘制手机屏幕玻璃效果，绘制一个反光矩形，均匀填充CMYK值(0,0,0,70)，选择交互式透明工具，效果如图8-25所示。

Step 15 采用相同的方法，绘制另一个反光矩形，效果如图8-26所示。

Step 16 选择文字工具，在屏幕上输入文字1:11，如图8-27所示。

图8-23

图8-24

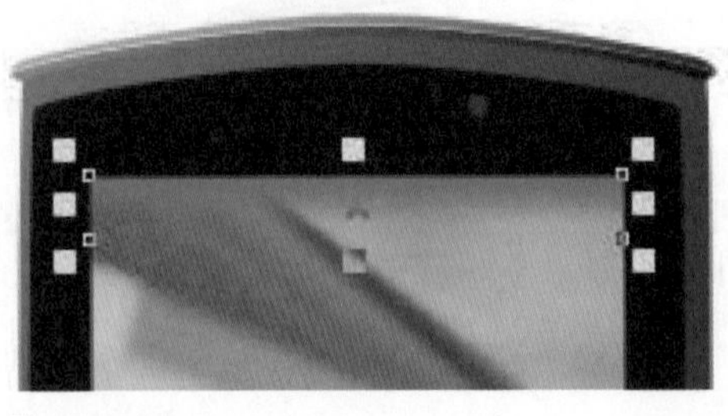
图8-25

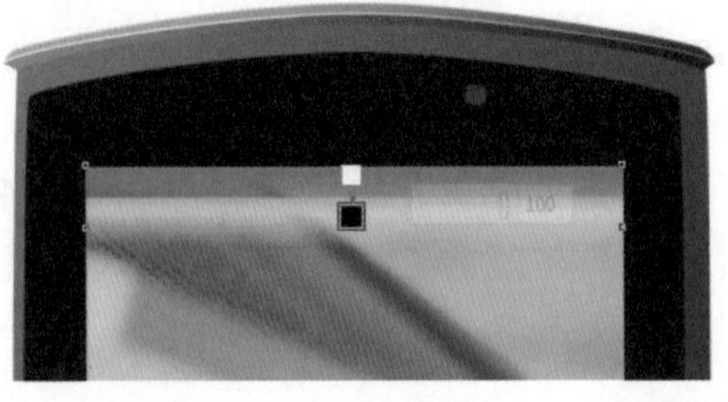
图8-26

Step 17 绘制手机正面细节，选择矩形工具和形状工具，绘制倒角矩形，并均匀填充黑色，使用快捷键Ctrl+C和Ctrl+V复制图形后等比例缩小。再框选两个倒角矩形，选择菜单栏中的

“排列”|“造型”|“移除前面对象”命令。选择交互式透明工具，为绘制的图形添加交互式透明效果，如图8-28所示。

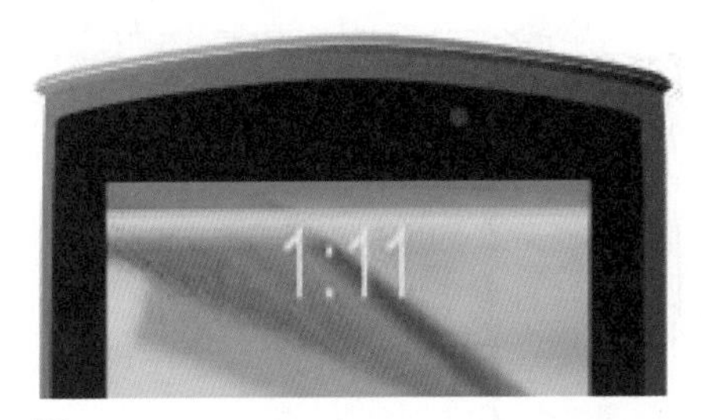

图8-27

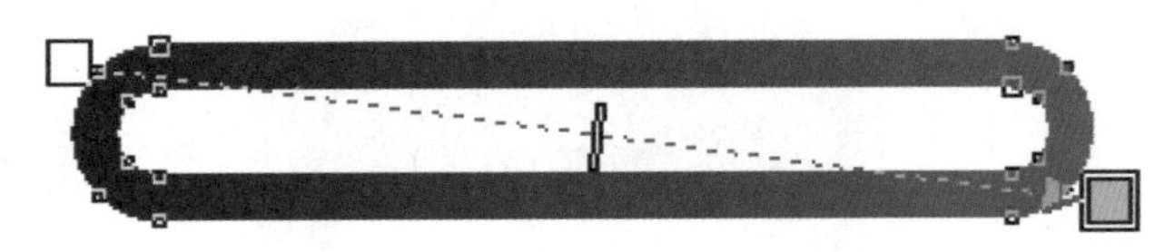

图8-28

Step 18 选择文本工具，输入“NOKIA”，在属性栏中选择“转换为曲线”命令，将其转换为曲线，为其进行线性渐变填充，CMYK颜色值从0%(0,0,0,50) 到100%(0,0,0,0)，效果如图8-29所示，整体效果如图8-30所示。

图8-29

图8-30

Step 19 选择钢笔工具，绘制如图8-31所示的图形，并均匀填充白色，再选择交互式透明工具添加透明效果。

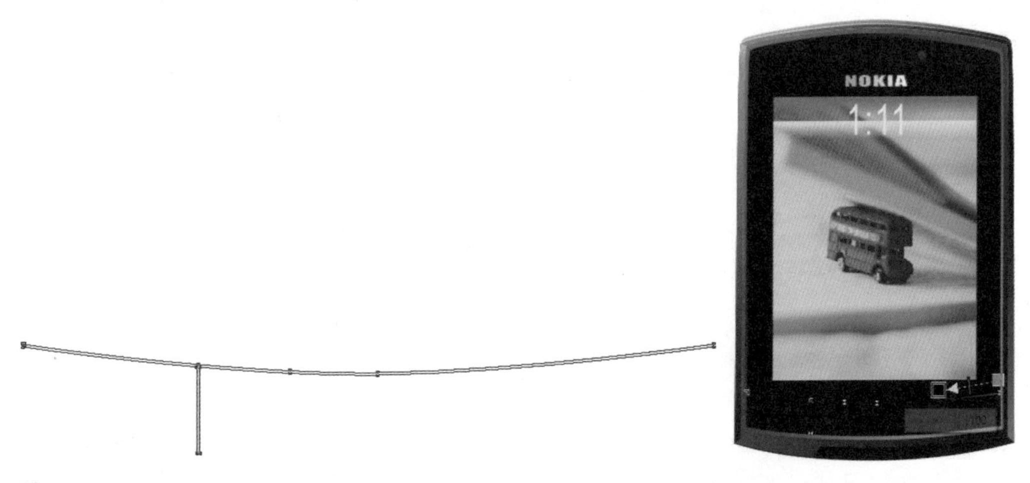

图8-31

Step 20 选择椭圆形工具，按住Ctrl键不放绘制合适的圆形，并均匀填充50%黑，然后复制4个，摆放位置如图8-32所示。

Step 21 绘制手机正面反光效果，使用钢笔工具绘制图形，并均匀填充为白色，然后添加交互式透明效果，如图8-33所示。

图8-32

图8-33

8.3 绘制手机按键部分

Step 01 选择钢笔工具，绘制如图8-34所示的图形，设置合适的宽度。

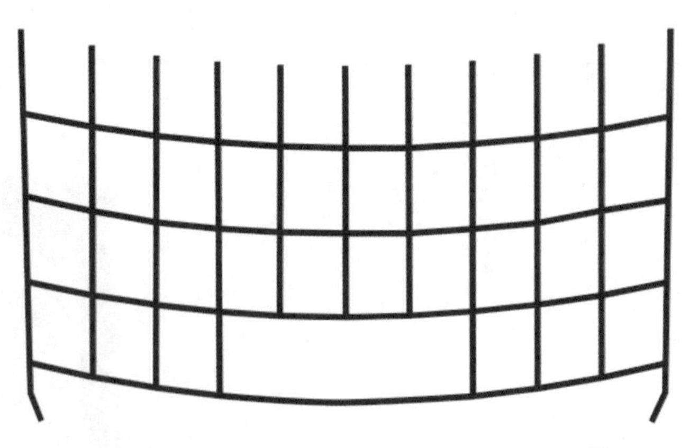

图8-34

Step 02 绘制手机按键，选择矩形工具和形状工具，绘制按键曲线，并填充射线渐变，CMYK颜色值从0%(106,106,106,106)到100%(0,0,0,0)，渐变填充设置如图8-35所示，效果如图8-36所示。使用快捷键Ctrl+C和Ctrl+V，复制一层按键，并均匀填充70%黑，再添加交互式透明效果，如图8-37所示。采用相同的方法绘制其他按键，注意明暗关系及反光角度。整体效果如图8-38所示。

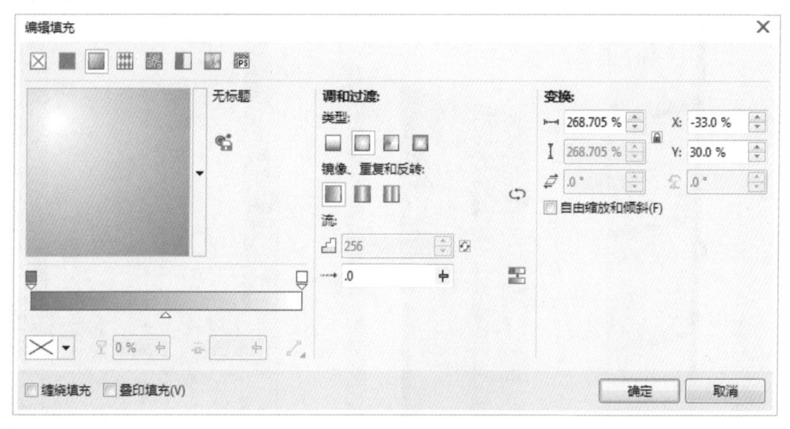

图8-35

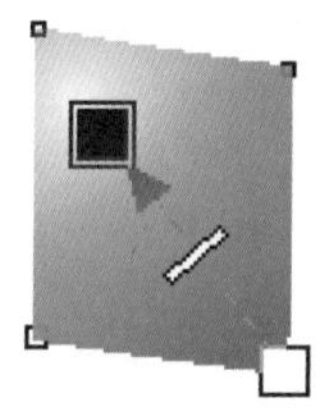

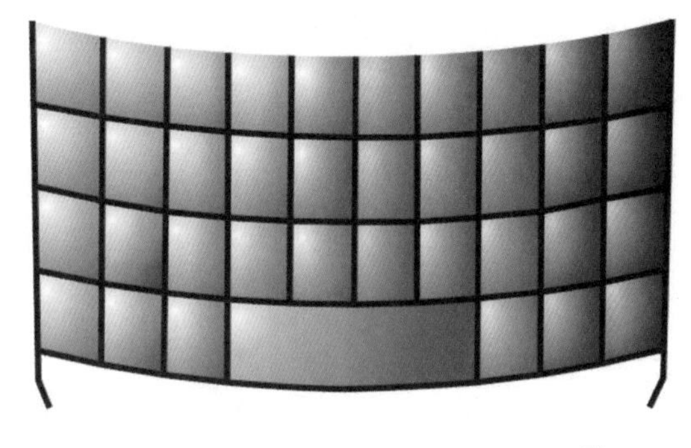

图8-36　图8-37　图8-38

Step 03 选择钢笔工具，绘制按键左侧的边缘线，并进行线性渐变填充，CMYK颜色值从0%(139,139,139,139) 到100%(160,160,160,160)，渐变设置如图8-39所示，效果如图8-40所示。采用相同的方法绘制右侧的边缘曲线，并均匀填充80%黑，如图8-41所示，整体效果如图8-42所示。

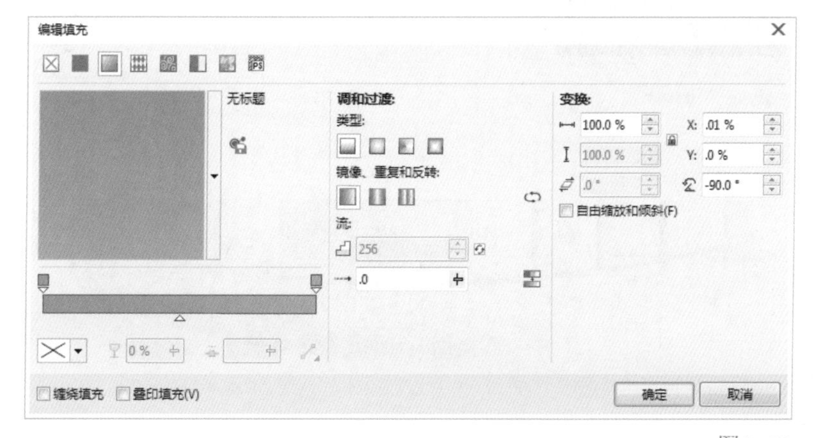

图8-39

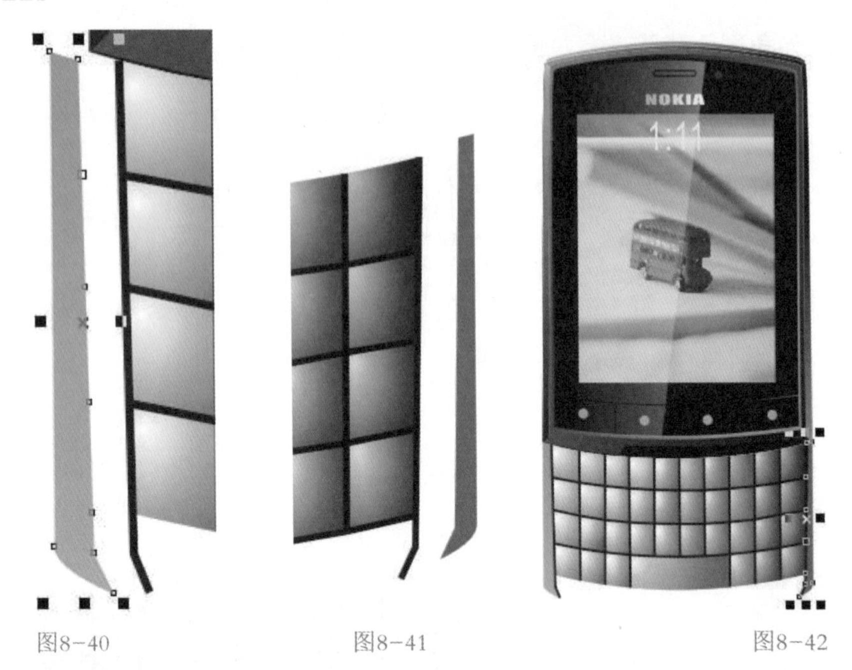

图8-40　　图8-41　　图8-42

Step04 绘制键盘下侧厚度，使用钢笔工具绘制图形，并均匀填充CMYK颜色值(0,0,0,80)，如图8-43所示。再为其添加交互式透明效果，如图8-44所示，整体效果如图8-45所示。

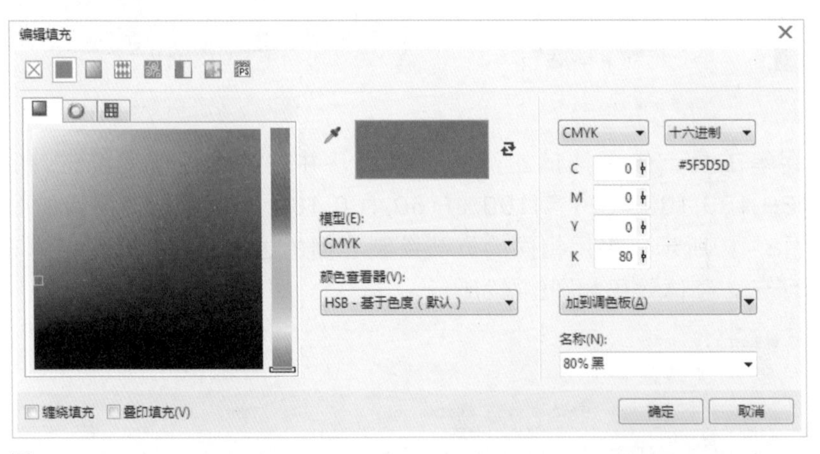

图8-43

图8-44

Step05 使用钢笔工具绘制3条曲线，填充黑色，并使用交互式透明工具添加立体效果，如图8-46所示，整体效果如图8-47所示。选择文本工具和钢笔工具绘制按键图案，如图8-48所示。

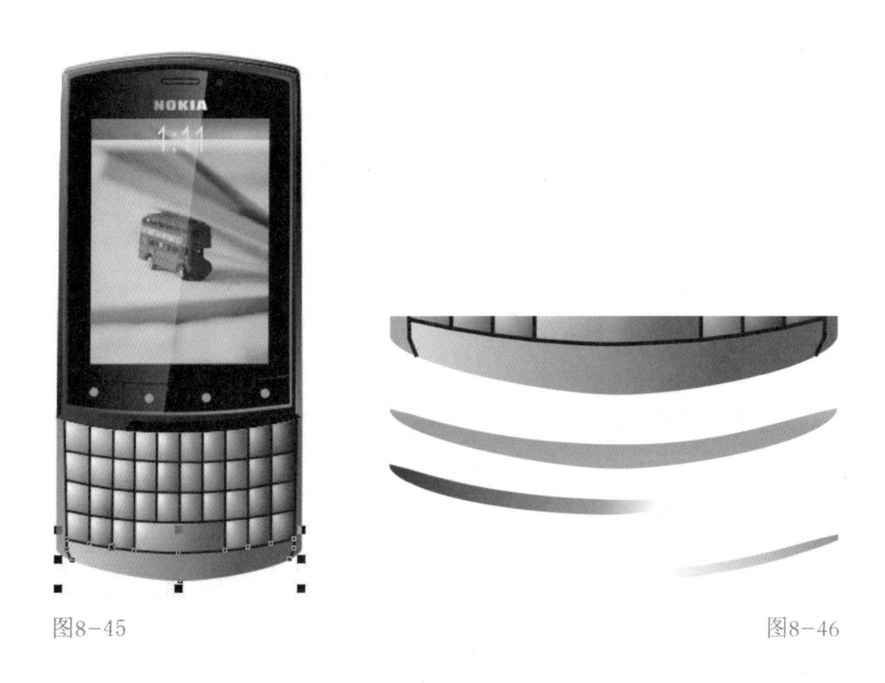

图8-45　　图8-46

图8-47　　图8-48

8.4 绘制手机侧面

Step01 选择对象管理器中的“侧面”图层，如图8-49所示。在“侧面”图层上使用钢笔工具绘制如图8-50所示的图形，并运用线性渐变填充，在颜色渐变条上设置CMYK值分别为：0%(0,0,0,60)、22%(0,0,0,30)、68%(0,0,0,50)、100%(0,0,0,0)，填充效果如图8-51所示，对话框如图8-52所示。

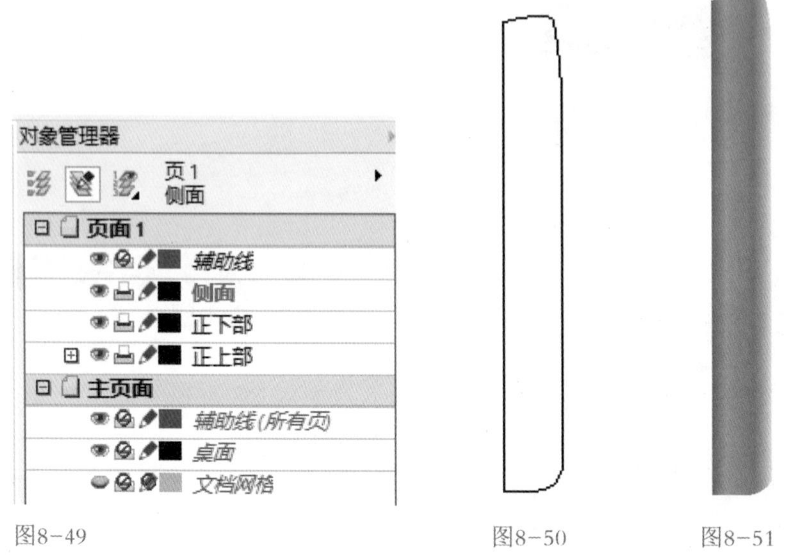

图8-49　　图8-50　　图8-51

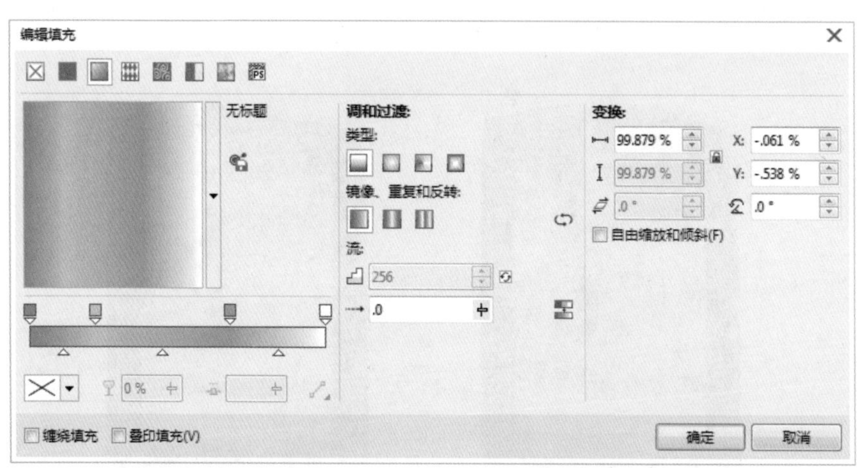

图8-52

Step 02 使用钢笔工具绘制手机侧面细节图形，并均匀填充黑色，再添加交互式透明效果，如图8-53所示。

Step 03 采用相同的方法，使用钢笔工具绘制手机侧面底部曲线，均匀填充30%黑。使用快捷键Ctrl+C和Ctrl+V，复制绘制的曲线，均匀填充黑色，并添加交互式透明效果，如图8-54所示。

Step 04 采用相同的方法，使用钢笔工具绘制手机侧面细节曲线，均匀填充黑色，并添加交互式透明效果，如图8-55所示。选择矩形工具和形状工具，绘制平行四边形，并使用线性渐变填充，在颜色渐变条上设置CMYK值分别为：0%(0,0,0,70)、55%(0,0,0,20)、100%(0,0,0,0)，再复制 4 个移动到适当位置，如图8-56所示。

Step 05 选择矩形工具和形状工具，绘制手机侧面按键，均匀填充黑色，并在其上绘制长条形反光，均匀填充10%黑色，调整合适大小并移动到合适位置，如图8-57所示。

图8-53 图8-54
图8-55 图8-56 图8-57

Step 06 选择基本形状工具，绘制如图8-58和图8-59所示的图形，再选择菜单栏中的“对象”|“造型”|“焊接”命令，得到如图8-60所示的图形，均匀填充50%黑色，移动到合适位置，效果如图8-61所示。

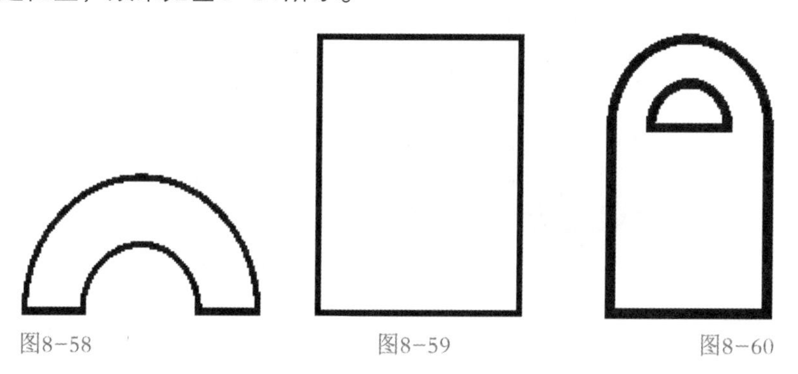
图8-58 图8-59 图8-60

Step 07 选择钢笔工具，绘制手机底盘厚度，并均匀填充黑色，再添加交互式透明效果，如图8-62所示。

Step 08 选择手机侧面主体机身，使用快捷键Ctrl+C和Ctrl+V复制一层，并均匀填充白色，再添加交互式透明效果，如图8-63所示，整体效果如图8-64所示。

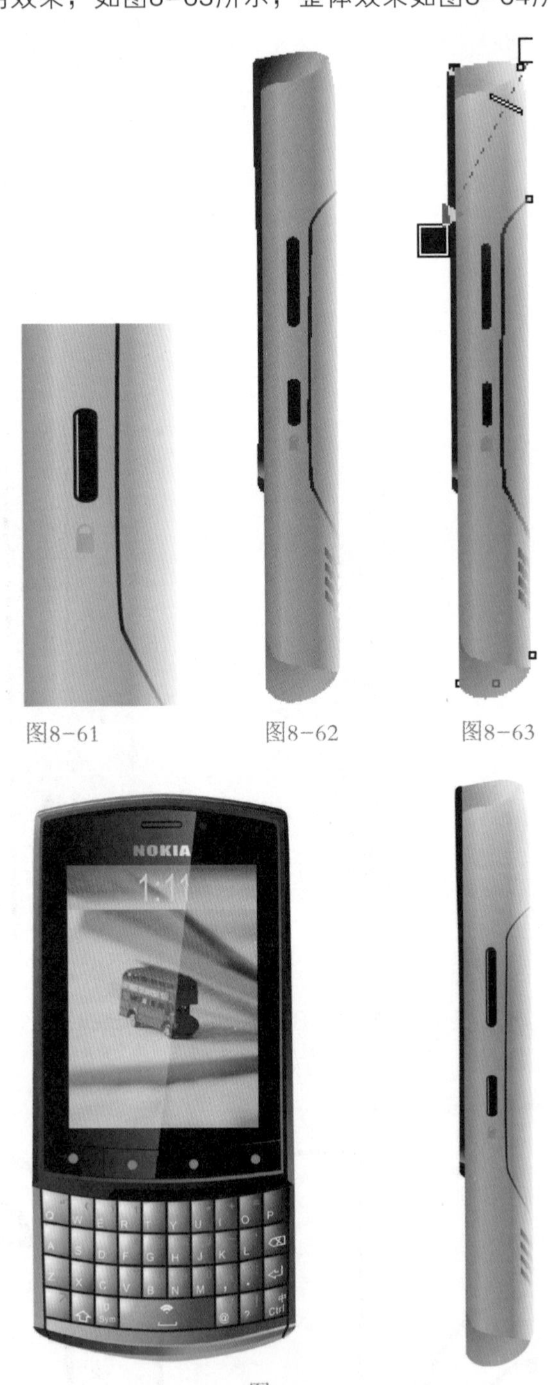

图8-61　图8-62　图8-63

图8-64

第9章

绘制概念自行车

本章通过对概念自行车的分析与绘制，提高对工具的灵活运用能力，主要应用钢笔工具、填充工具、交互式工具，通过练习熟练掌握产品外轮廓和细节的绘制，以及立体感的表现。

本章知识点

- 设置概念自行车图层
- 绘制概念自行车前轮
- 绘制概念自行车后轮
- 绘制概念自行车车身

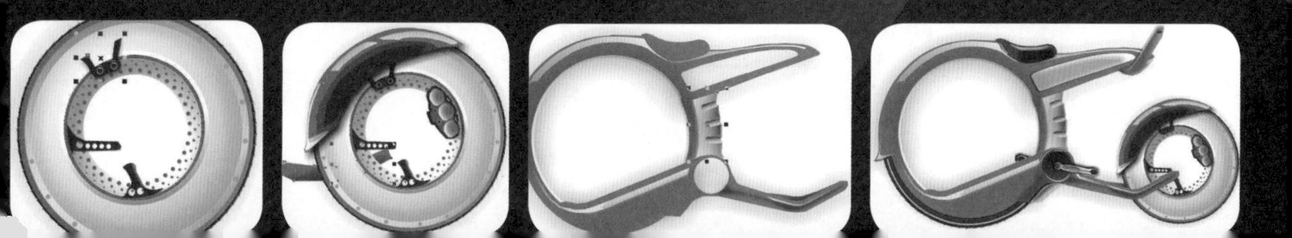

9.1 设置概念自行车图层

Step01 新建一个横版的A4文件，如图9–1所示。

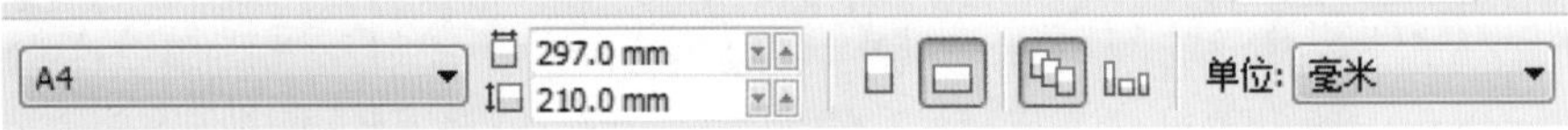

A4 297.0 mm 210.0 mm 单位: 毫米

图9–1

Step02 在对象管理器中新建图层，分别命名为“背景”、“车前轮”、“车后轮”、“车外体”，如图9–2所示。

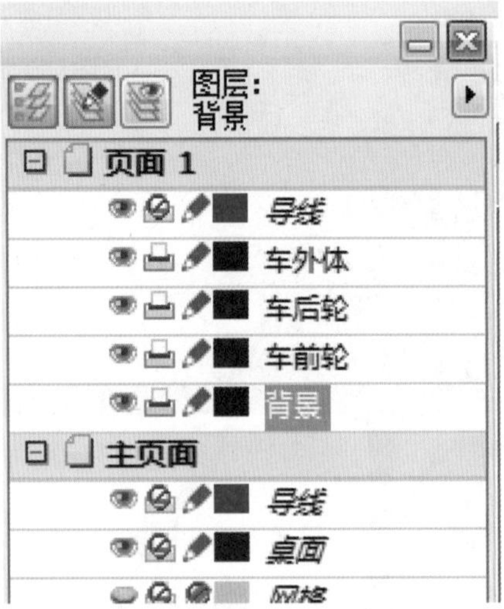

图层: 背景
页面 1
导线
车外体
车后轮
车前轮
背景
主页面
导线
桌面
网格

图9–2

Step03 选择矩形工具，绘制矩形，并设置线性渐变填充，在线性渐变预览条上设置CMYK颜色值为：0%(89,78,65,47)、29%(87,67,62,27)、46%(83,63,60,18)、84%(0,0,0,20)、100%(0,0,0,50)，对话框如图9-3所示，效果如图9-4所示。

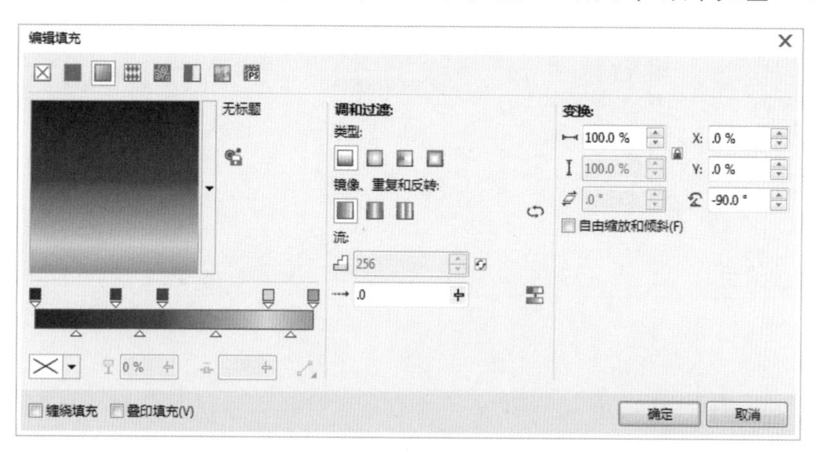

图9-3

图9-4

9.2 绘制概念自行车前轮

Step01 在“车前轮”图层上，选择椭圆形工具，按住Ctrl键，绘制圆形。使用快捷键Ctrl+C和Ctrl+V复制一个同心圆，等比例放大并用智能填充，在线性渐变预览条上设置各点CMYK颜色值为：0%(55,47,47,4)、36%(55,47,47,4) 、64%(0,0,0,0)、100%(2,2,2,0)，对话框如图9-5所示，效果如图9-6所示。

Step02 采用相同的方法，选择椭圆形工具，绘制同心圆环，并进行线性渐变填充，在渐变预览条上设置各点CMYK颜色值为：0%(73,53,46,5)、71%(0,0,0,0)、100%(0,0,0,0)，对话框如图9-7所示，效果如图9-8所示。

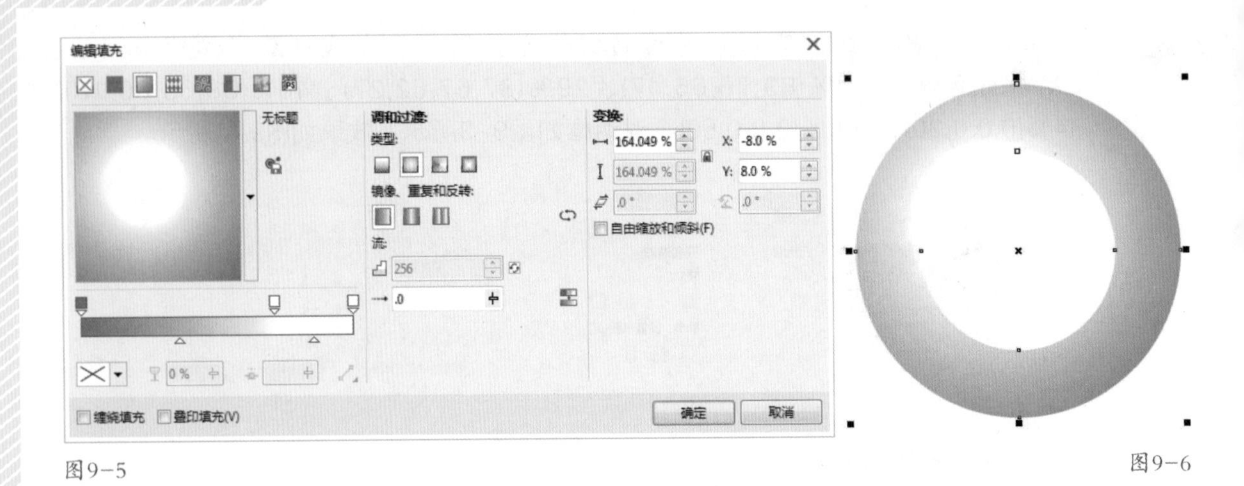

图9-5

图9-6

图9-7

图9-8

Step 03 采用相同的方法，绘制同心圆，线性渐变填充，在渐变预览条上设置各点CMYK颜色值为：0%(43,71,68,2)、48%(61,74,70,8)、100%(61,74,70,8)，对话框如图9-9所示，效果如图9-10所示。

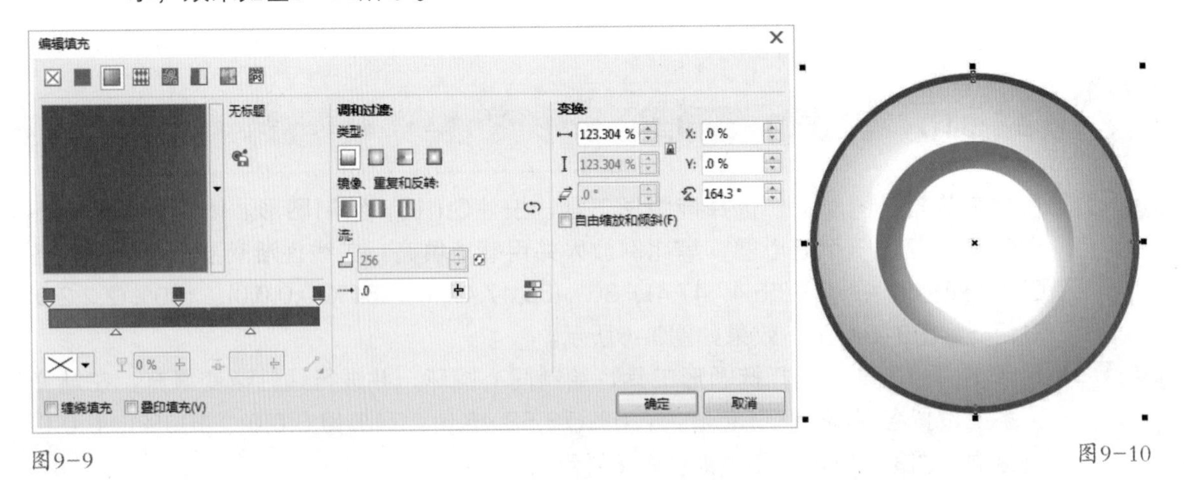

图9-9

图9-10

Step 04 采用相同的方法，绘制同心圆，均匀填充为80%黑色，如图9-11所示。

Step 05 采用相同的方法，绘制同心圆，线性渐变填充，在渐变预览条上设置各点CMYK颜色值为：0%(89,65,64,27)、49%(0,0,0,0)、100%(0,0,0,0)，对话框如图9-12所示，效果如图9-13所示。

Step 06 采用相同的方法，绘制同心圆，线性渐变填充，在渐变预览条上设置各点CMYK颜色值为：0%(80,63,59,15)、66%(0,0,0,0)、100%(0,0,0,0)，对话框如图9-14所示，效果如图9-15所示。

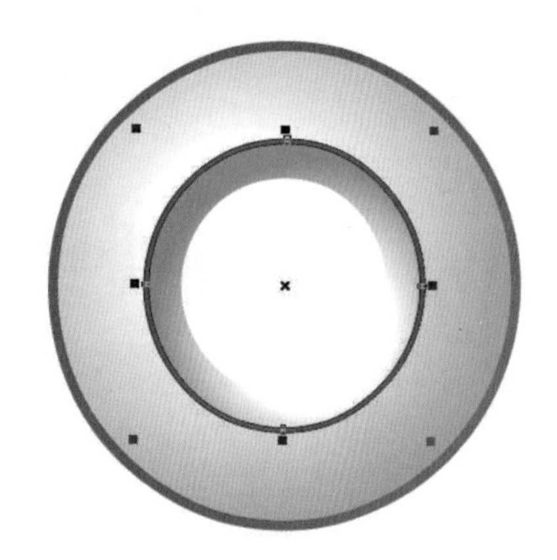

图9-11

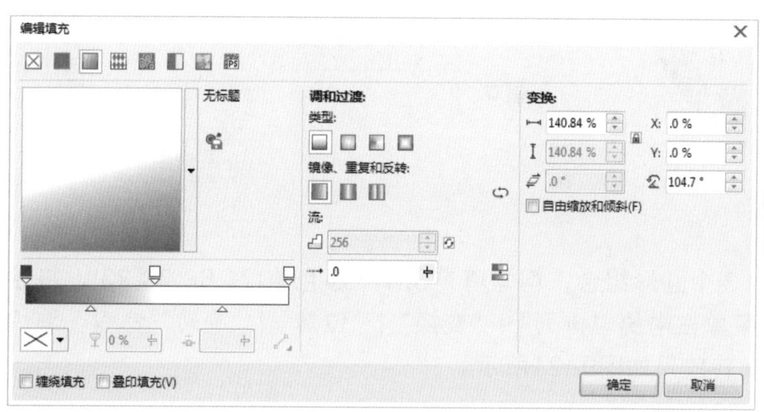

图9-12

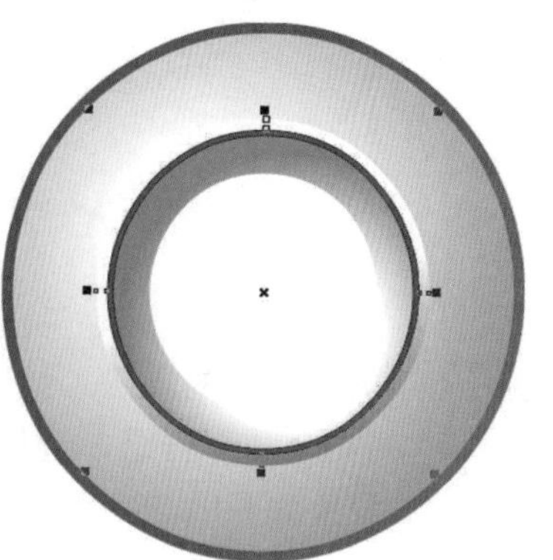

图9-13

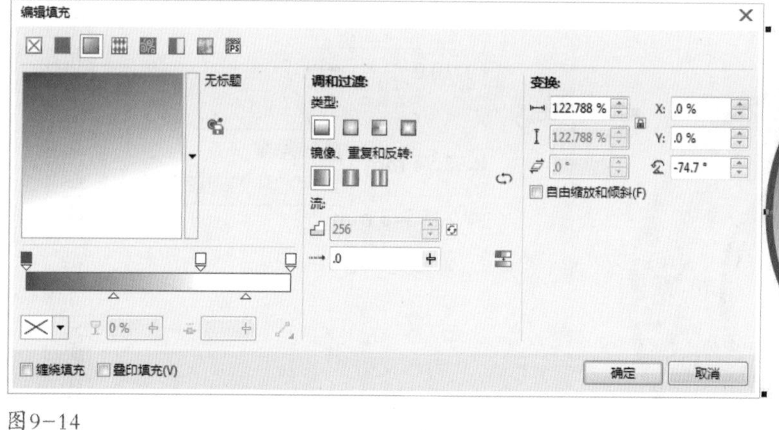

图9-14

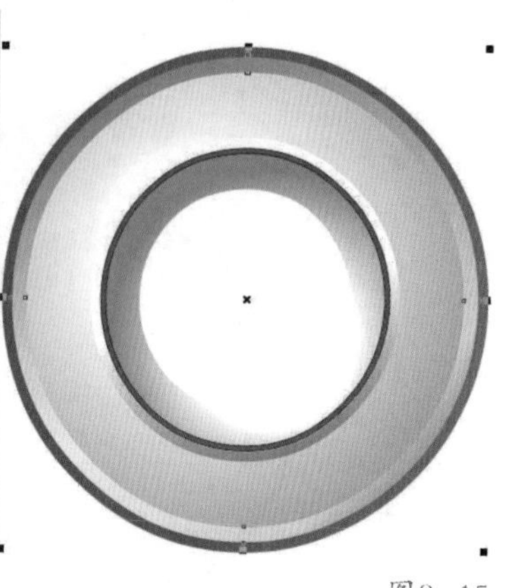

图9-15

Step 07 为绘制的图形添加交互式阴影，对话框如图9-16所示，效果如图9-17所示。

Step 08 选择椭圆工具，并按住Ctrl键绘制圆形，均匀填充60%黑色，选择菜单栏中的“排列”|“变换”|“位置”|“旋转”命令，泊坞窗设置如图9-18所示，旋转效果如图9-19所示。

图9-16

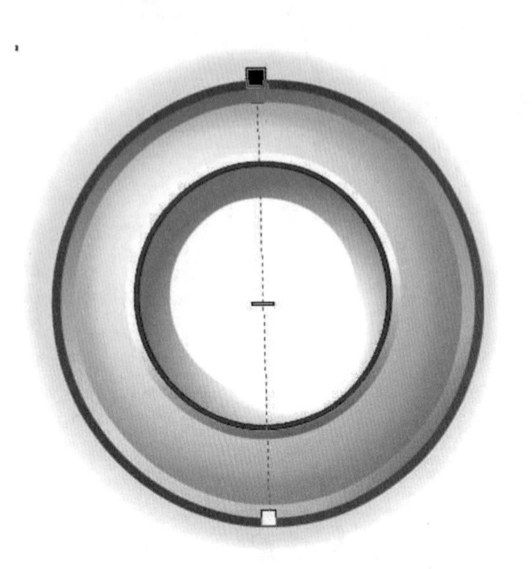

图9-17

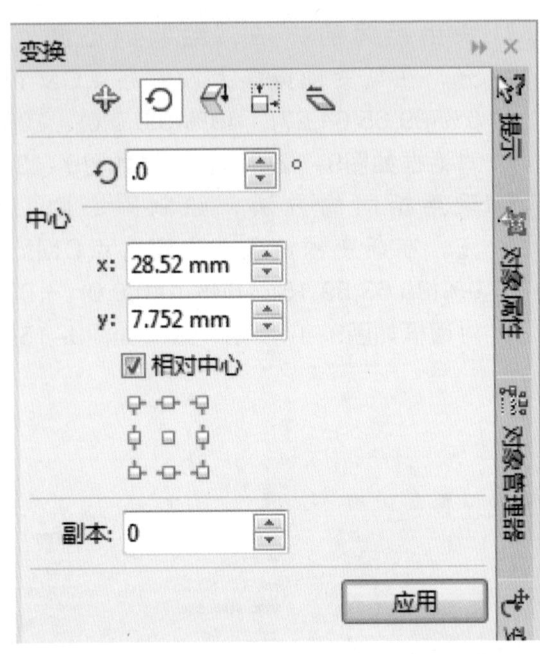

图9-18

Step 09 采用同样的方法，绘制 3 个圆形组合，均匀填充CMYK颜色值(71,68,73,22)，将绘制的3个圆形群组，选择菜单栏中的“排列”|“变换”|“位置”|“旋转”命令，泊坞窗设置如图9-20所示，旋转效果如图9-21所示。

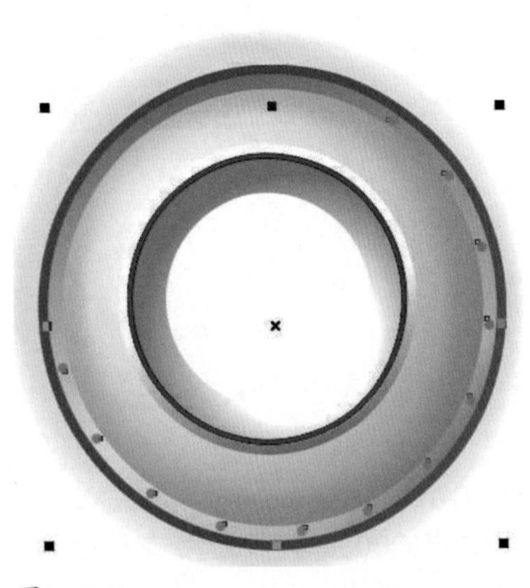

图9-19

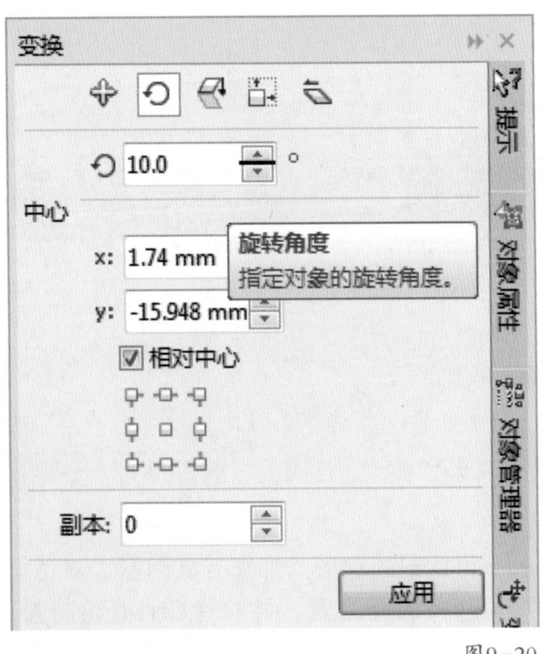

图9-20

Step 10 绘制轮胎胎纹，使用钢笔工具绘制如图9-22所示的图形。选择菜单栏中的“排列”|“变换”|“位置”|“旋转”命令，泊坞窗设置如图9-23所示，旋转效果如图9-24所示。

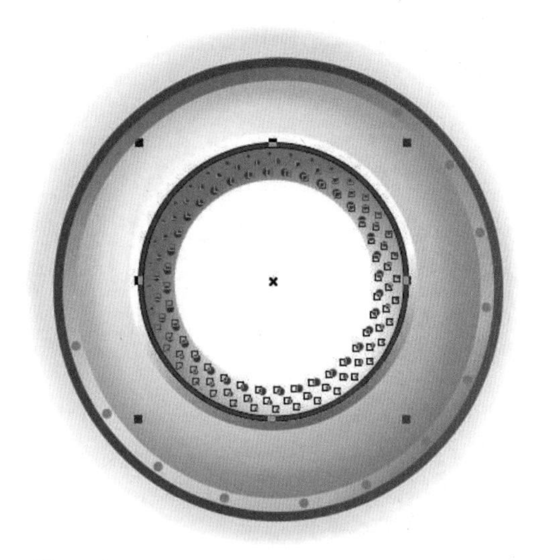

图9-21

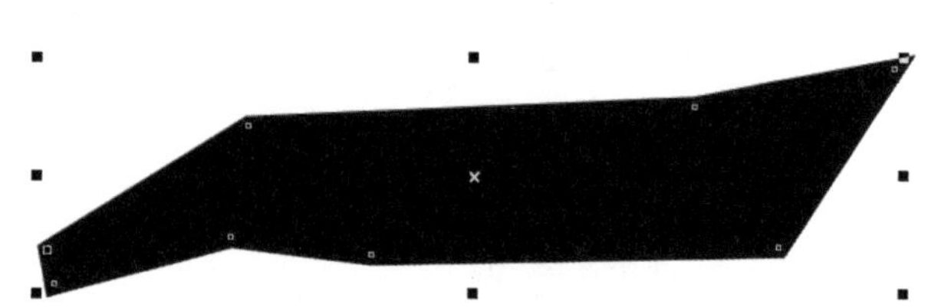

图9-22

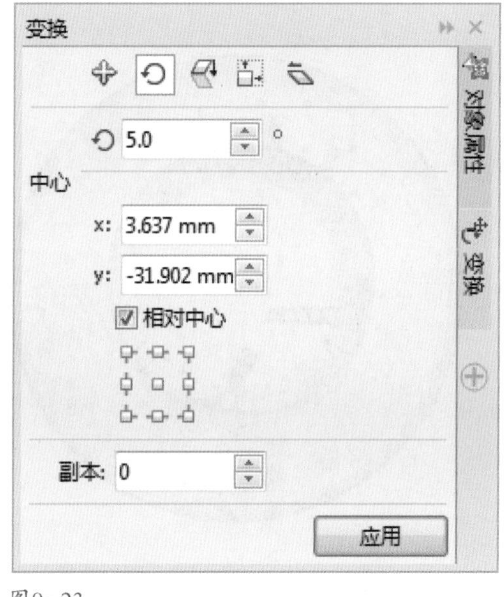

图9-23

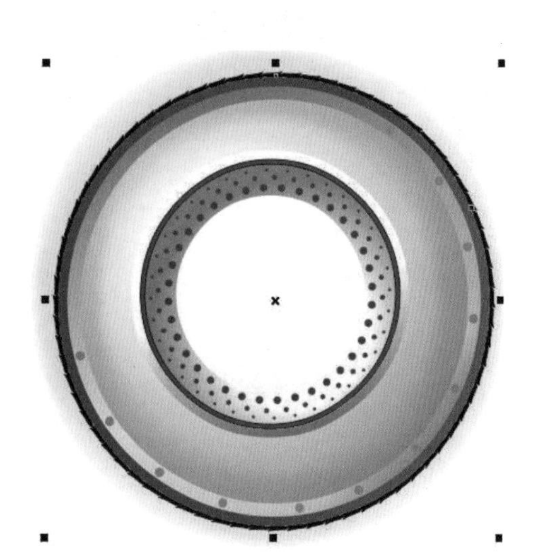

图9-24

Step 11 将步骤10中绘制的图形复制并调整大小后，放置到“车后轮”图层中，设置如图9-25所示。

Step 12 使用钢笔工具绘制零件，均匀填充黑色，再使用钢笔工具绘制零件边缘反光区，均匀填充20%黑色，添加交互式透明效果。选择椭圆工具绘制两个正圆，按住Shift键不放同时选中两个正圆及零件，在属性栏中选择“移除前面对象”命令，得到如图9-26所示的效果。

Step 13 采用相同的方法绘制零件2，如图9-27所示。

Step 14 采用相同的方法，使用钢笔工具、椭圆工具和填充工具，绘制零件3，并均匀填充黑色，其中两个圆环均匀填充20%黑色，然后选中零件3主体，添加交互式阴影，效果如图9-28所示。

图9-25

图9-26

图9-27

图9-28

Step 15 选择钢笔工具，绘制后轮上的蓄电装置，均匀填充黑色，使用快捷键Ctrl+C和Ctrl+V复制一层，等比例缩小，并均匀填充CMYK值(88,60,60,22)，如图9-29所示。

Step 16 使用钢笔工具添加色块，分别均匀填充黑色和20%黑色，如图9-30所示。

Step 17 使用椭圆工具绘制正圆，使用捷键Ctrl+C和Ctrl+V复制一层，等比例缩小得到两个同心圆，分别填充50%黑色和黑色，如图9-31所示。

Step 18 使用钢笔工具绘制蓄电装置机体，并添加线性渐变填充，设置渐变条上各点CMYK颜色值分别为：0%(0,0,0,10)、35%(0,0,0,10)、44%(49,20,11,0)、55%(72,43,16,0)、66%(85,55,18,0)、77%(85,73,35,3)、100%(85,73,35,3)，对话框如图9-32所示。再使用快捷键Ctrl+C和Ctrl+V，复制3个图形，调整位置如图9-33所示。选择交互式阴影工具为图形添加阴影效果，如图9-34所示。

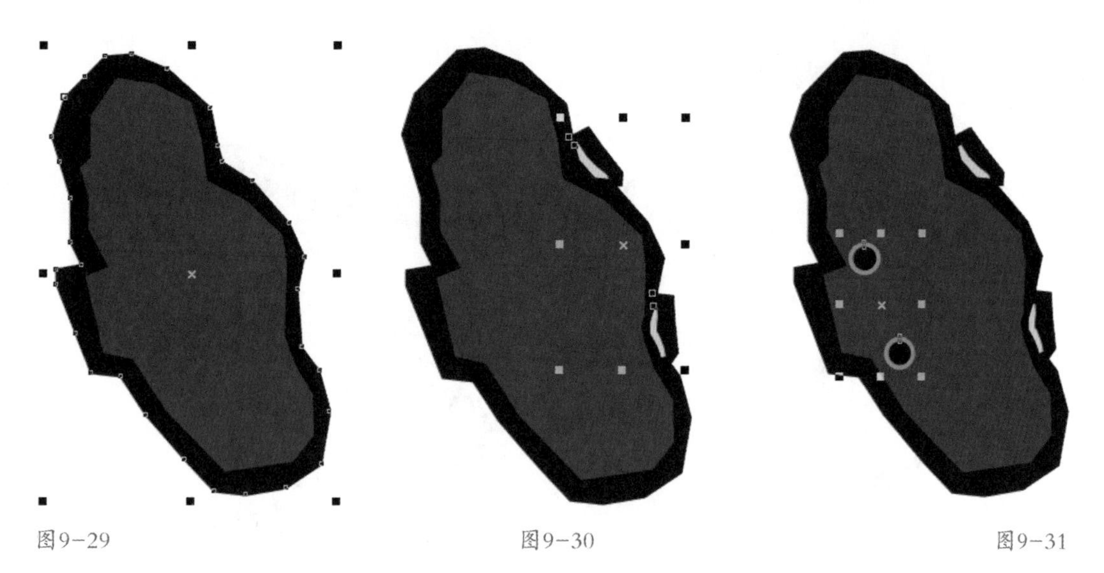

图9-29　　图9-30　　图9-31

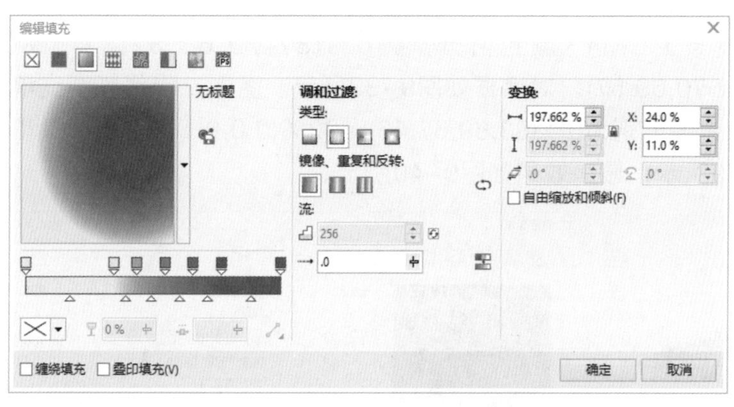

图9-32

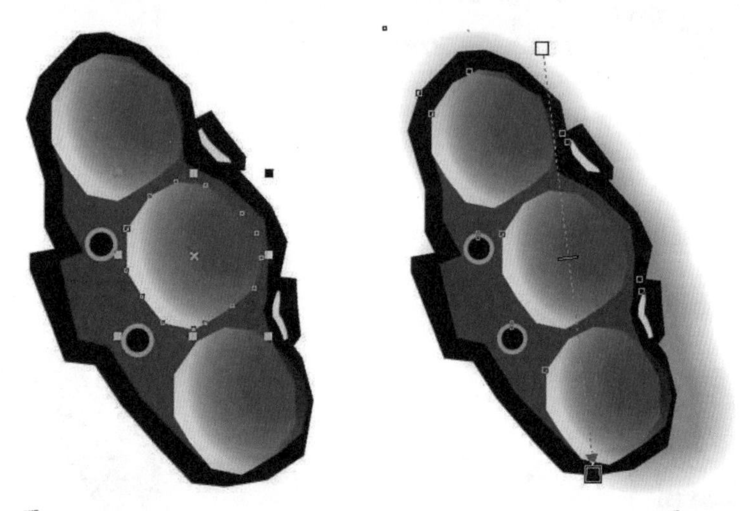

图9-33　　图9-34

Step 19 使用快捷键Ctrl+G将绘制的蓄电装置群组，调整大小和位置，如图9-35所示。

Step 20 使用钢笔工具绘制挡泥板，均匀填充CMYK颜色值(73,61,61,18)，如图9-36所示。

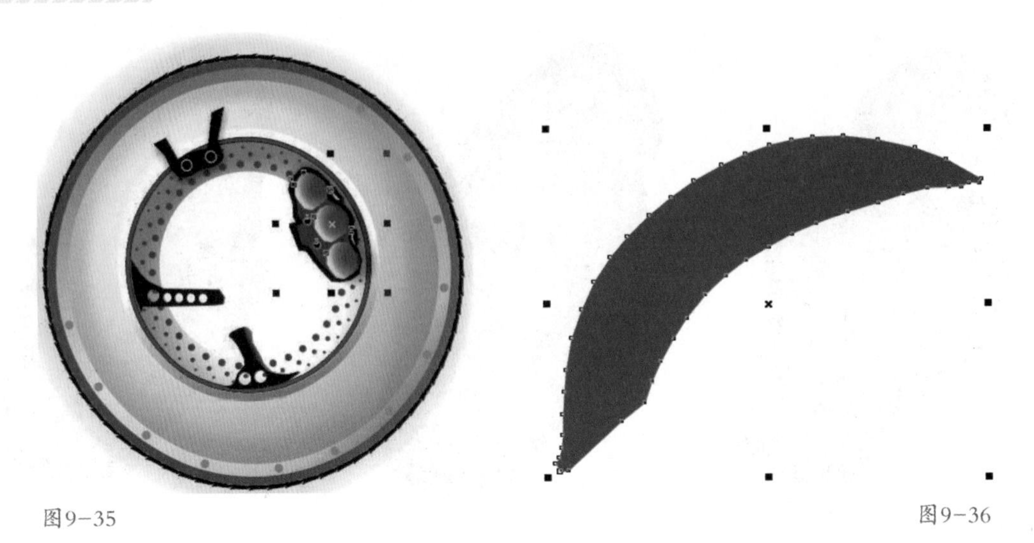

图9-35　　图9-36

Step 21 采用相同的方法，绘制如图9-37所示的两个图形。图形一：线性渐变填充，设置渐变条上CMYK颜色值分别为0%(87,70,63,32)、15%(82,70,69,57)、100%(82,70,69,57)，对话框如图9-38所示。图形二：线性渐变填充，设置渐变条上CMYK颜色值分别为0%(83,69,67,46)、32%(0,0,0,100)、100%(0,0,0,100)，对话框如图9-39所示，最终效果如图9-40所示。

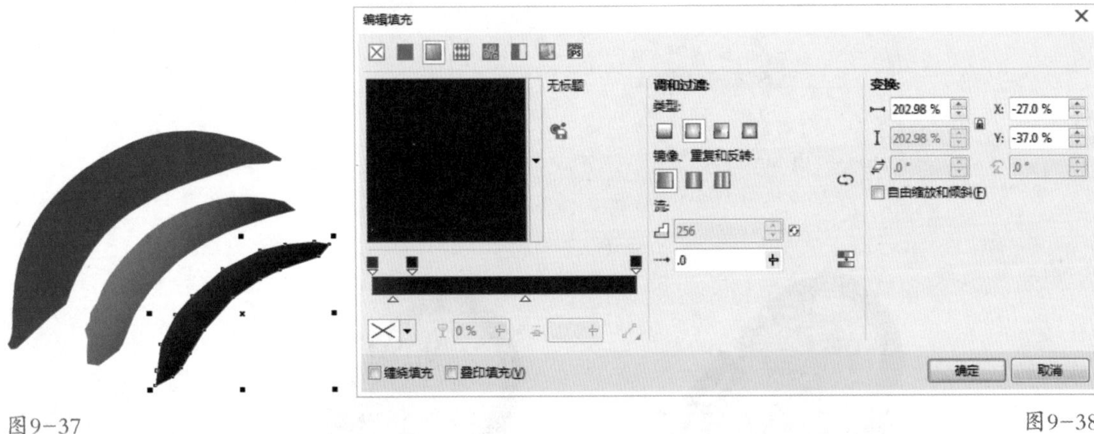

图9-37　　图9-38

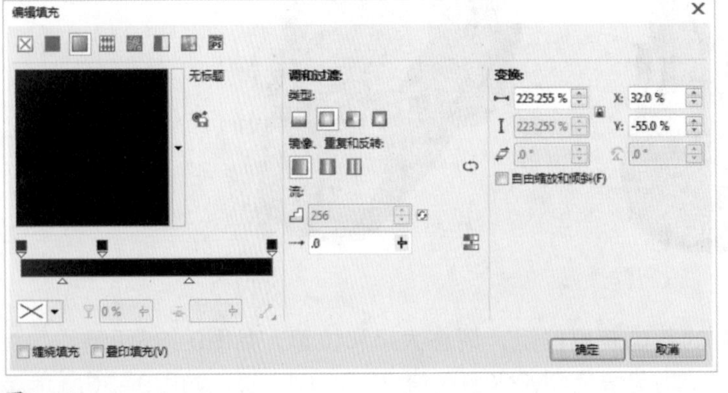

图9-39

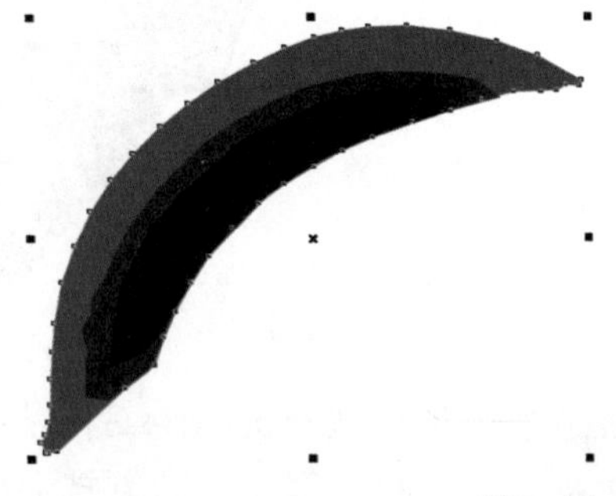

图9-40

Step 22 使用钢笔工具绘制反光区，分为3部分，如图9-41所示。部分1线性渐变填充，设置渐变条上CMYK颜色值分别为0%(0,0,0,10)、20%(0,0,0,10)、36%(0,0,0,0)、62%(0,0,0,0)、83%(0,0,0,20)、100%(0,0,0,20)，对话框设置如图9-42所示，并添加交互式透明效果。

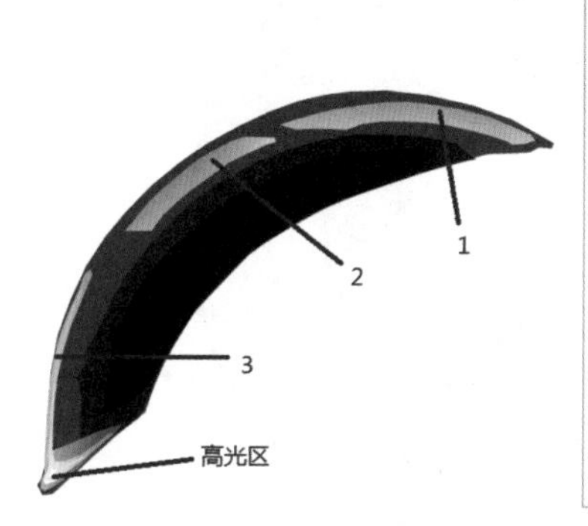

图9-41

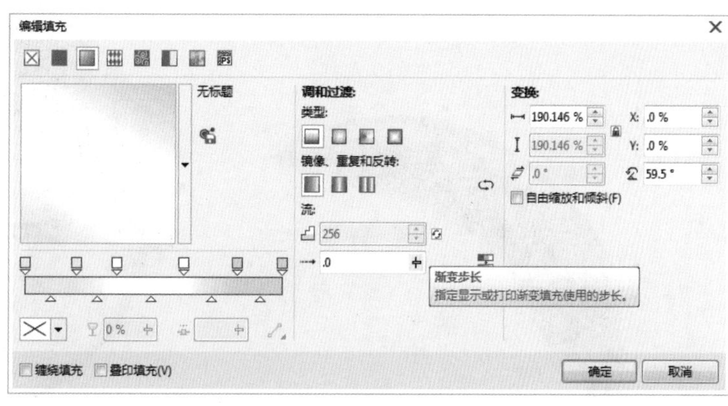

图9-42

Step 23 部分2线性渐变填充，设置渐变条上CMYK颜色值分别为0%(0,0,0,20)、65%(0,0,0,20)、100%(0,0,0,0)，对话框设置如图9-43所示，并添加交互式透明效果。

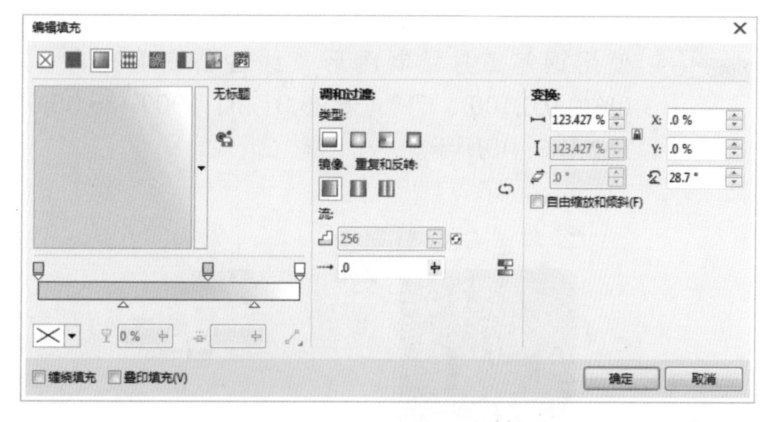

图9-43

Step 24 部分3线性渐变填充，设置渐变条上CMYK颜色值分别为0%(0,0,0,20)、60%(0,0,0,10)、79%(0,0,0,0)、100%(0,0,0,0)，对话框设置如图9-44所示，并添加交互式透明效果。高光区部分均匀填充白色，并添加交互式阴影效果，属性栏设置如图9-45所示，效果如图9-46所示，最终效果如图9-47所示。

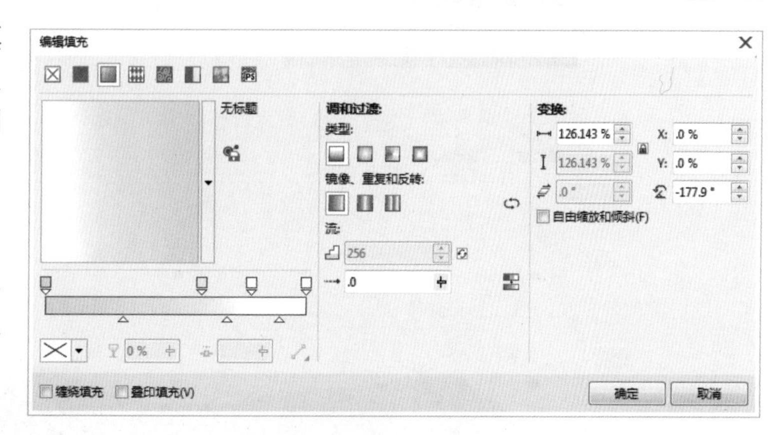

图9-44

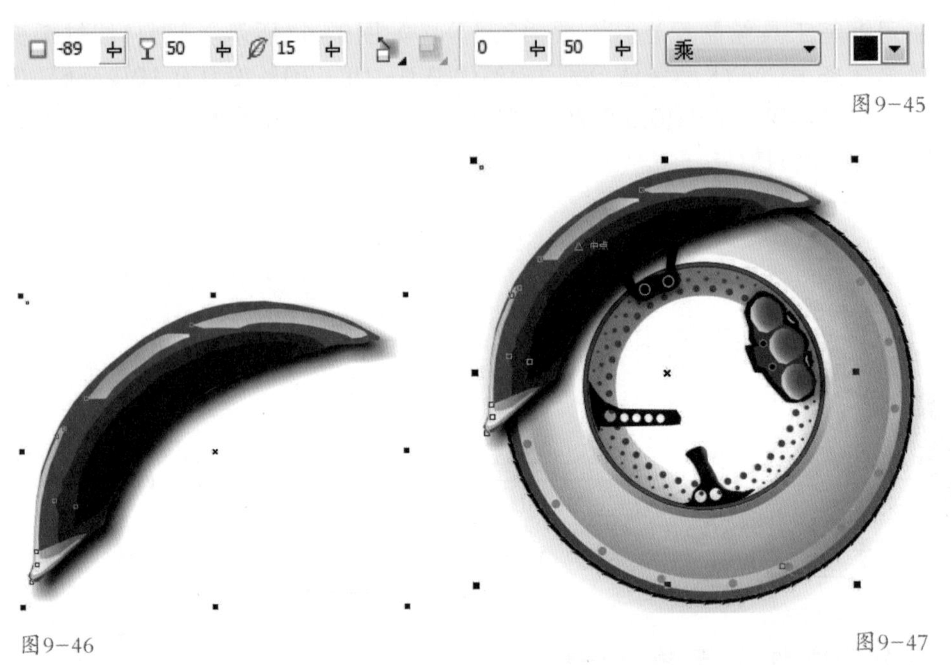

图9-45

图9-46

图9-47

Step 25 使用钢笔工具绘制图形，线性渐变填充，设置渐变条上CMYK颜色值分别为0%(0,0,0,100)、51%(35,95,91,2)、100%(35,95,91,2)，对话框设置如图9-48所示，效果如图9-49所示。

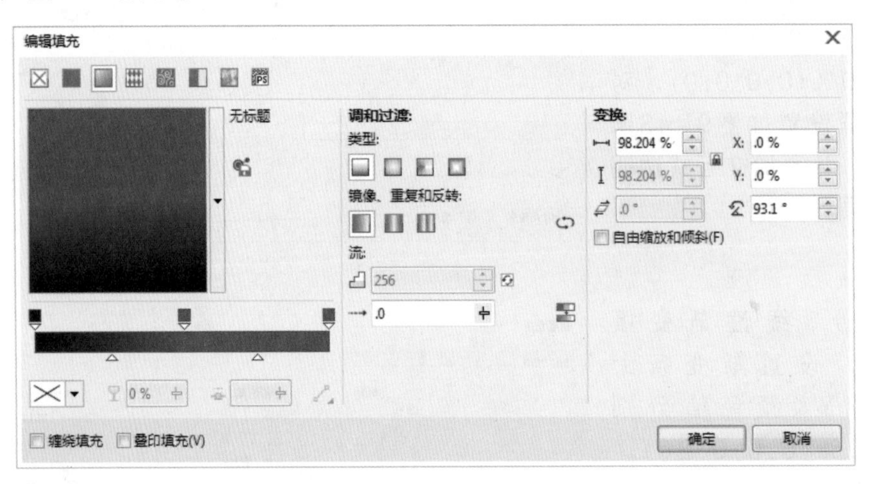

图9-48

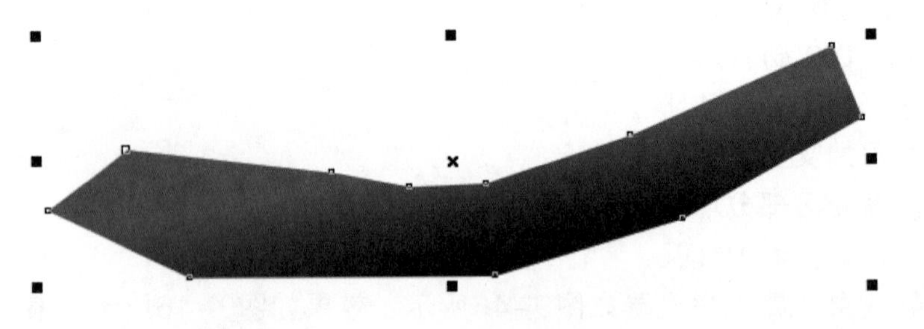

图9-49

Step 26 选中绘制的图形，右击，从弹出的快捷菜单中选择“顺序”|“置于此对象后”命令，当鼠标指针变成一个大黑色箭头再在车前轮上单击鼠标左键，完成自行车前轮的绘制，效果如图9-50所示。

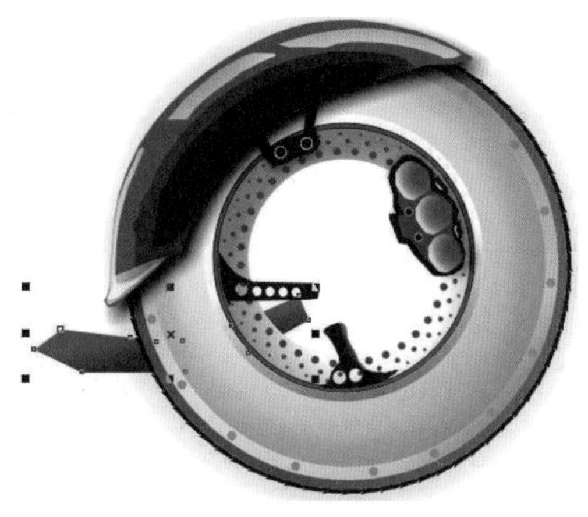

图9-50

9.3 绘制概念自行车后轮

在“车后轮”图层上，使用椭圆形工具绘制同心圆环，均匀填充CMYK颜色值(74,76,75,38)，如图9-51所示。采用相同的方法，复制第2个圆环，并均匀填充CMYK颜色值(16,12,17,0)，如图9-52所示。

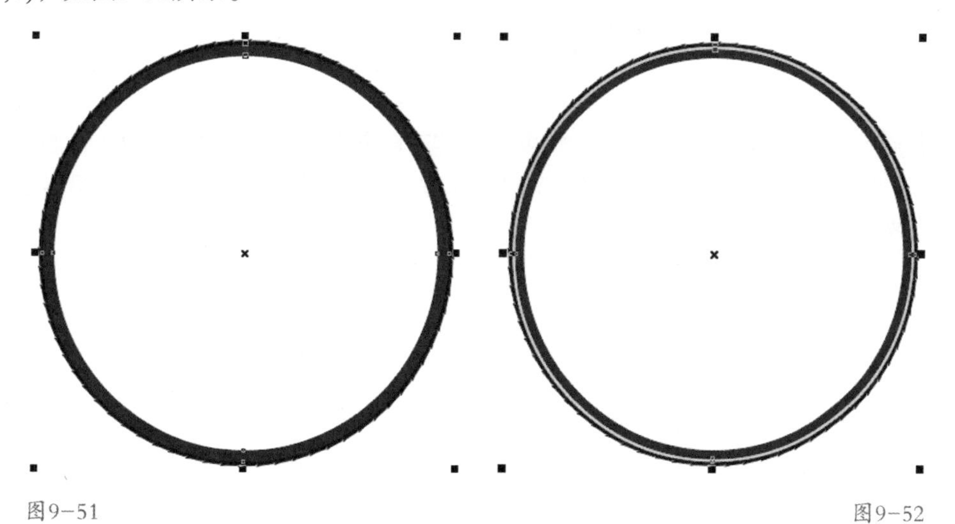

图9-51 图9-52

9.4 绘制概念自行车车身

Step 01 隐藏车前轮和车后轮图形，在“车外体”图层上，使用钢笔工具和椭圆形工具绘制图形，均匀填充CMYK颜色值(25,99,96,0)，并添加交互式阴影效果，如图9-53所示。

Step 02 车外体轮廓反光和阴影绘制可分为 8 个部分，如图9–54所示。部分 1 至部分5，部分7均用白色均匀填充，再添加交互式透明效果。部分6均匀填充白色，再添加交互式阴影效果。部分 8 均匀填充CMYK颜色值(35,95,91,2)，最终效果如图9–55所示。

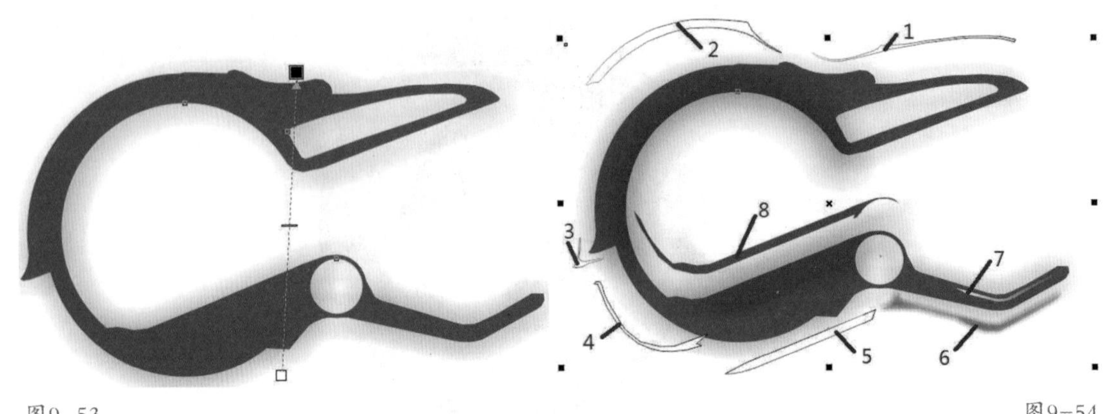

图9–53

图9–54

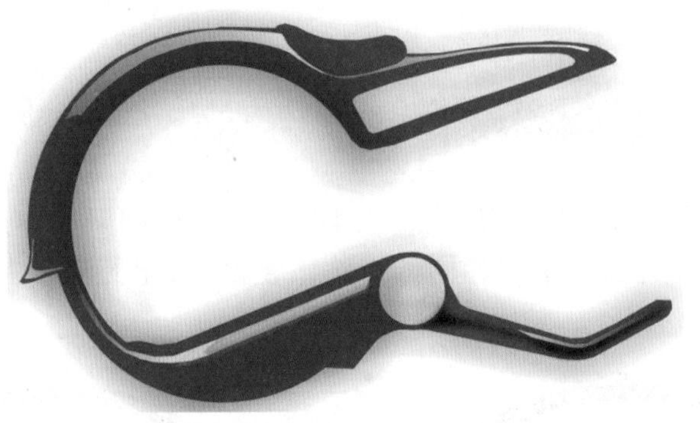

图9–55

Step 03 使用钢笔工具绘制图形，并线性渐变填充CMYK值由0%(71,50,47,4)到100%(0,0,0,0)，对话框如图9–56所示，并添加交互式透明效果，如图9–57所示，整体效果如图9–58所示。

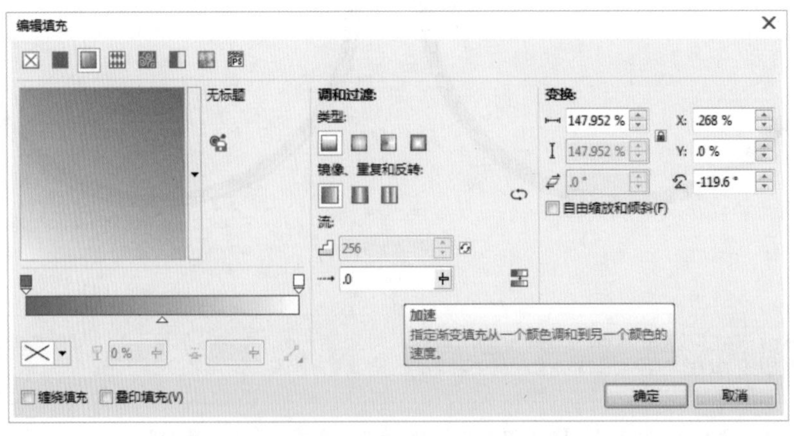

图9–56

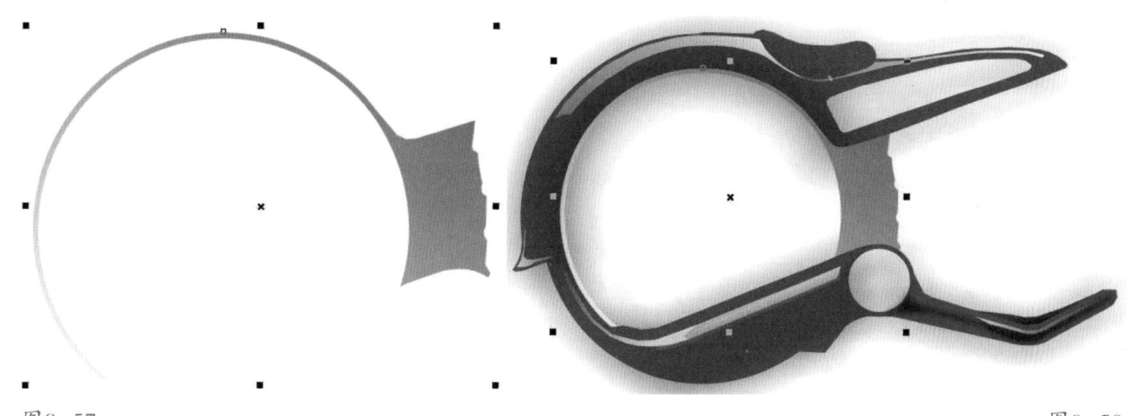

图9-57　　　　图9-58

Step 04 使用钢笔工具绘制立体效果，分为3个部分，如图9-59所示。部分1线性渐变填充，设置渐变条上CMYK值分别为0%(58,47,47,4)、51%(0,0,0,10)、100%(0,0,0,20)，如图9-60所示。

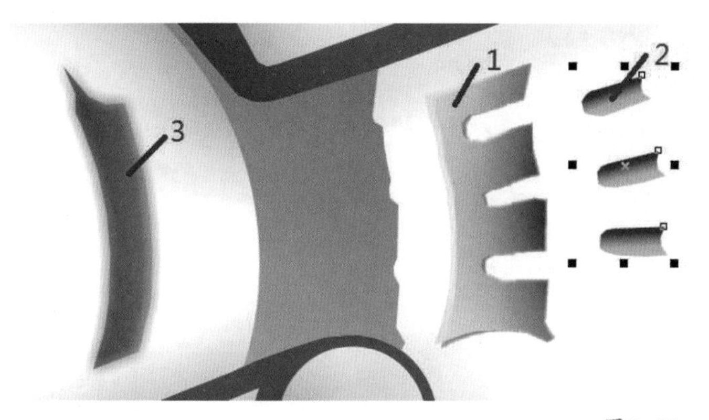

图9-59

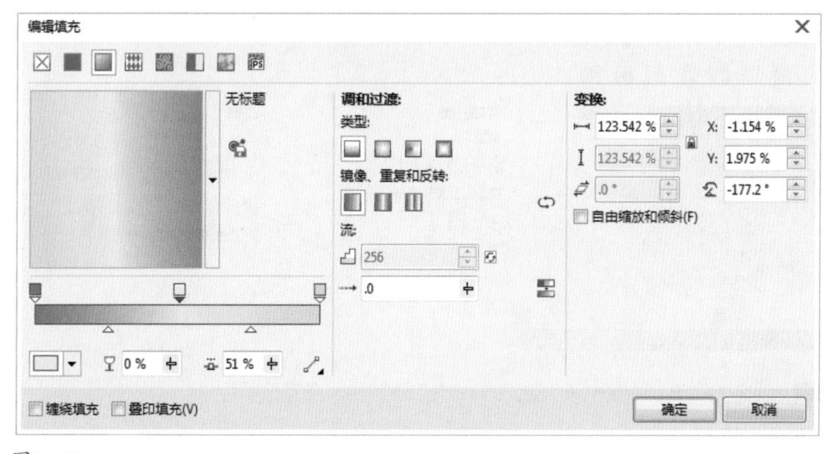

图9-60

Step 05 部分 2 线性渐变填充，CMYK颜色值分别为0%(89,76,67,50)、34%(80,65,64,3)、65%(0,0,0，40)、100%0,0,0,30)，设置不同填充角度和边界，从上至下如图9-61至图9-63所示。

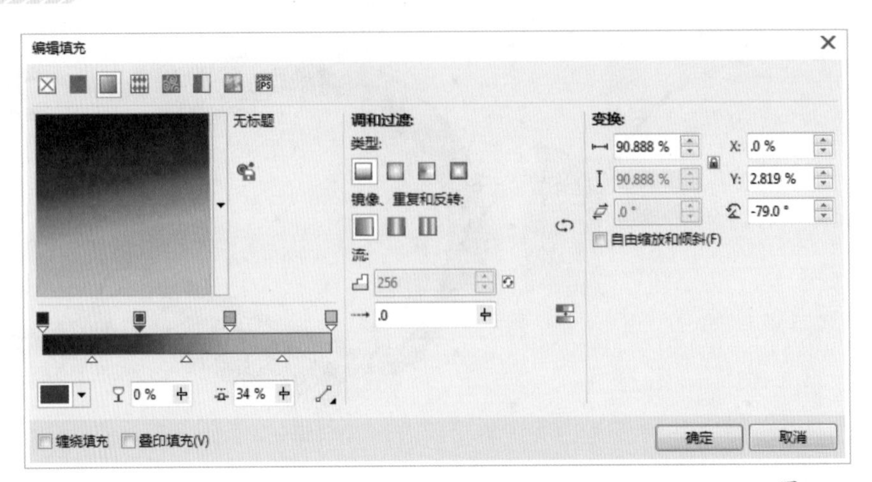

图9-61

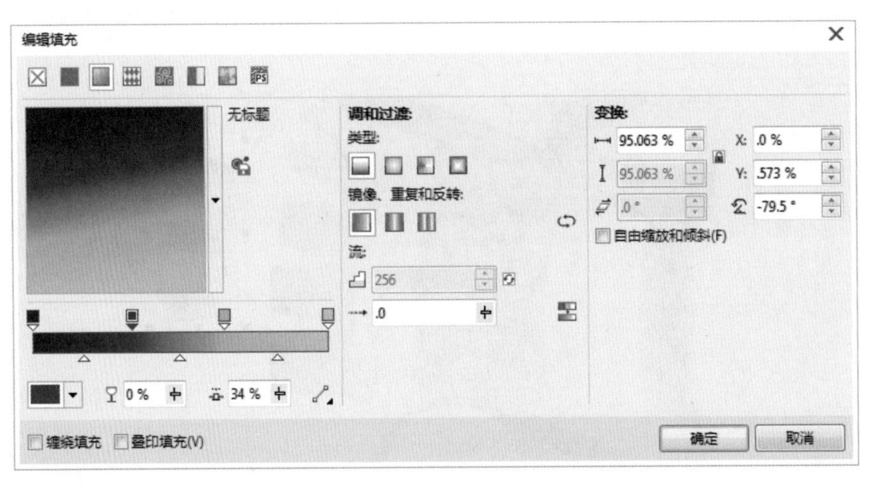

图9-62

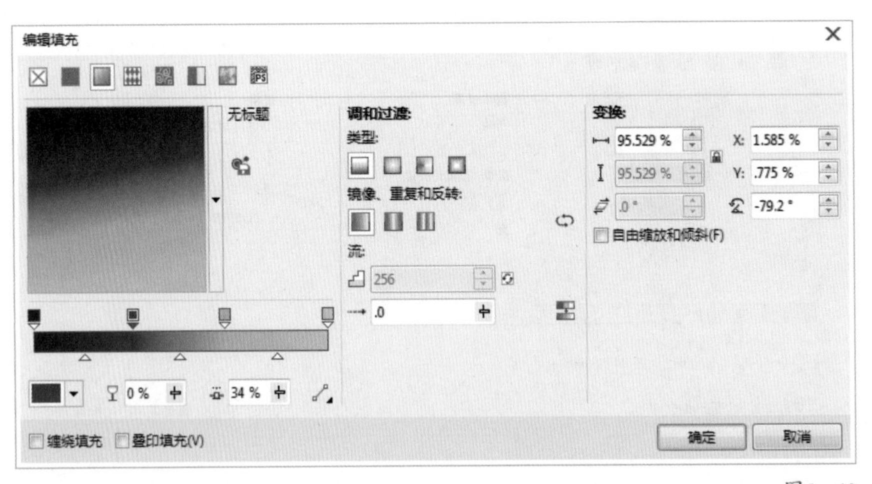

图9-63

Step 06 部分3：均匀填充90%黑色并添加交互式透明和交互式阴影效果，设置如图9-64所示，最终效果如图9-65所示，整体效果如图9-66所示。

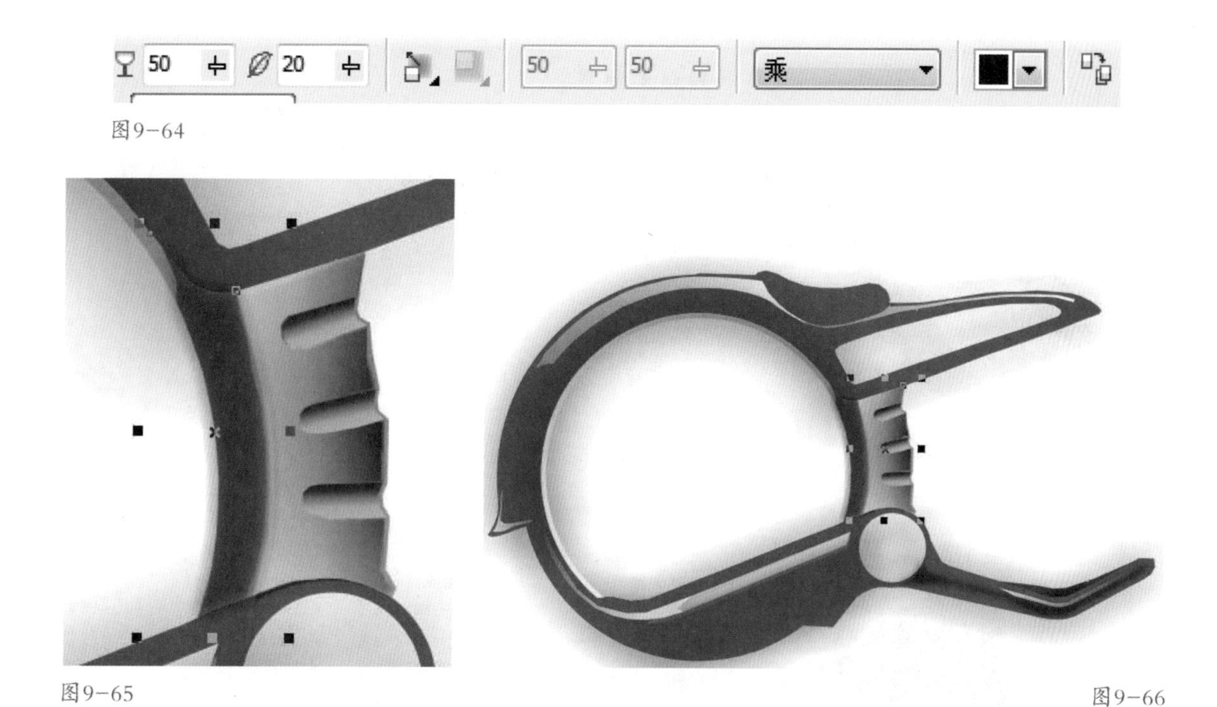

图9-64

图9-65

图9-66

Step 07 使用钢笔工具绘制如图9-67所示的 3 个图形，图形1均匀填充50%黑色；使用快捷键Ctrl+C和Ctrl+V复制图形2，并均匀填充白色，再添加交互式透明效果；使用快捷键Ctrl+C和Ctrl+V复制图形3，均匀填充50%黑色，添加交互式透明和交互式阴影效果，最终效果如图9-68所示。

图9-67

图9-68

Step 08 使用钢笔工具绘制车头，绘制如图9-69所示的图形。图形1线性渐变填充，CMYK颜色值由(86,72,69,55)到(0,0,0,0)，对话框如图9-70所示。图形2均匀填充40%黑色，并添加交互式透明效果；图形3线性渐变填充，各点CMYK颜色值为0%(75,64,64,26)、45%(75,64,64,26)、55%(60,51,51,27)、100%(49,42,42,27)，对话框如图9-71所示；第3层均匀填充黑色。将图形全部群组，并添加交互式阴影效果，如图9-72所示。

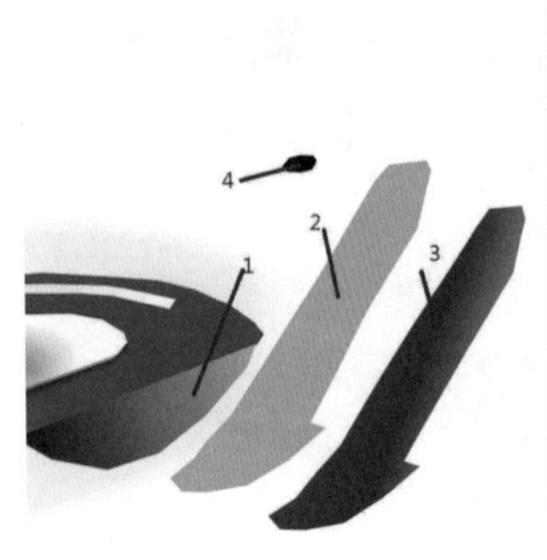

图9-69

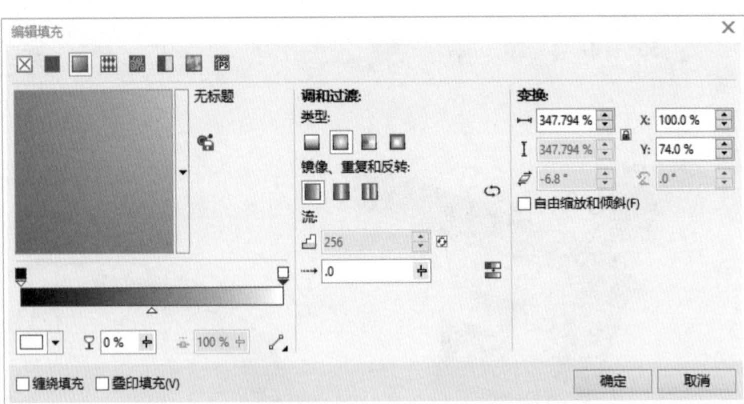

图9-70

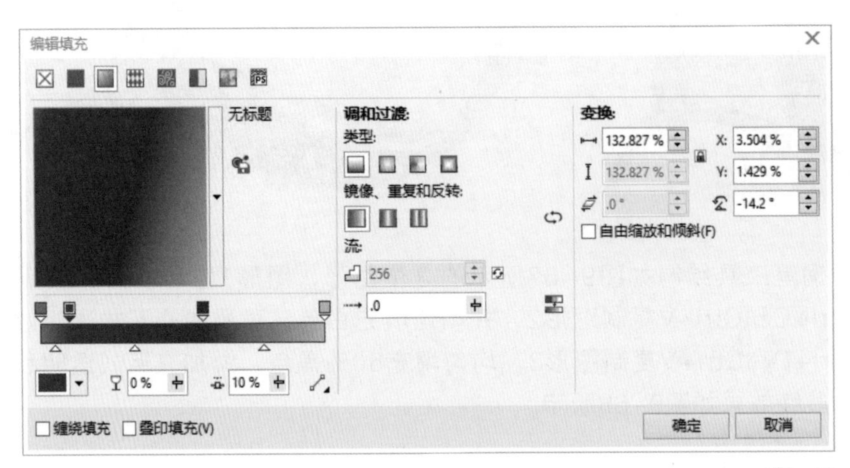

图9-71

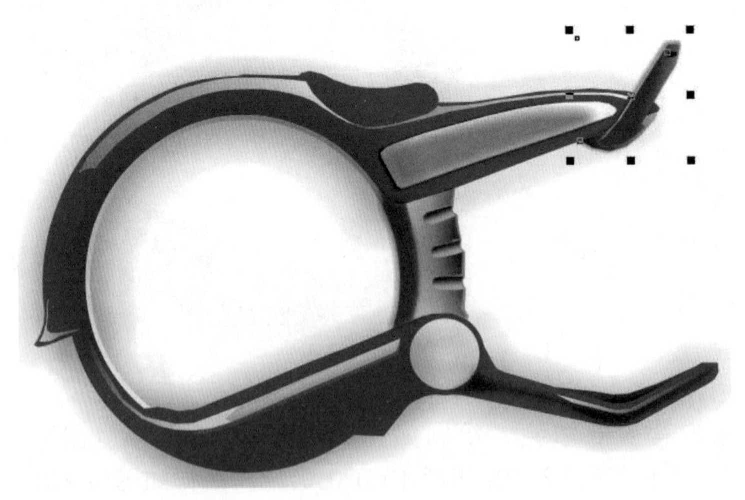

图9-72

Step 09 使用钢笔工具绘制车座图形，并均匀填充CMYK颜色值(80,68,67,44)，如图9-73所示。

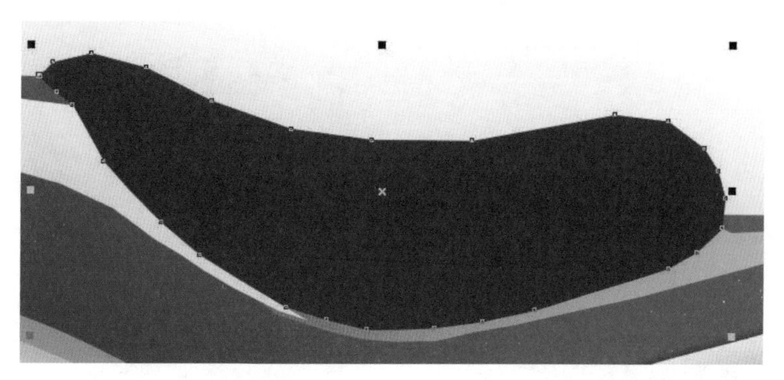

图9-73

Step 10 使用钢笔工具绘制立体效果，可以分为3个部分，如图9-74所示。部分1均匀填充CMYK颜色值(84,91,91,73)，并添加交互式透明和交互式阴影效果；部分2线性渐变填充，各点CMYK颜色值为0%(78,66,66,41)、29%(0,0,0,30)、52%(0,0,0,30)、53%(0,0,0,30)、100%(78,66,66,41)，对话框如图9-75所示。使用快捷键Ctrl+C和Ctrl+V复制一层，并添加交互式透明效果；部分3均匀填充40%黑色，并添加交互式透明效果，效果如图9-76所示，整体效果如图9-77所示。

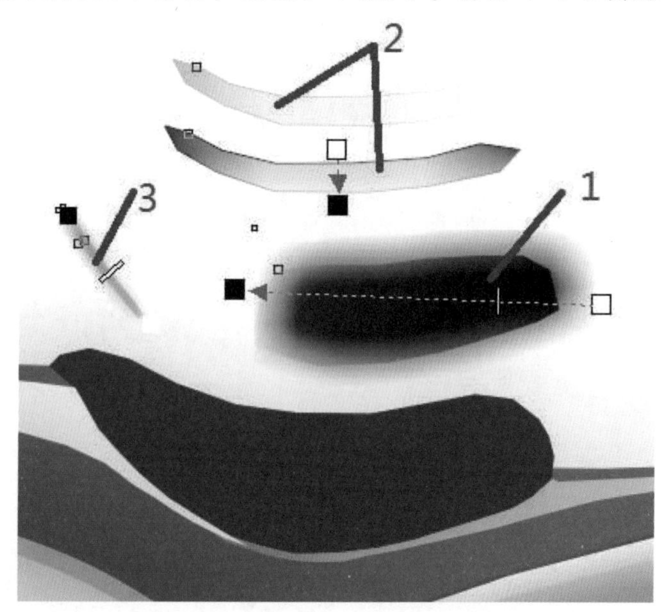

图9-74

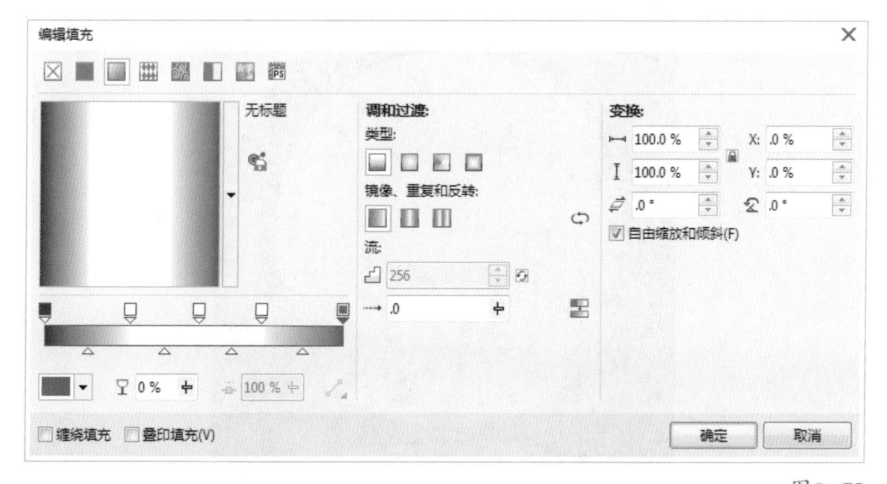

图9-75

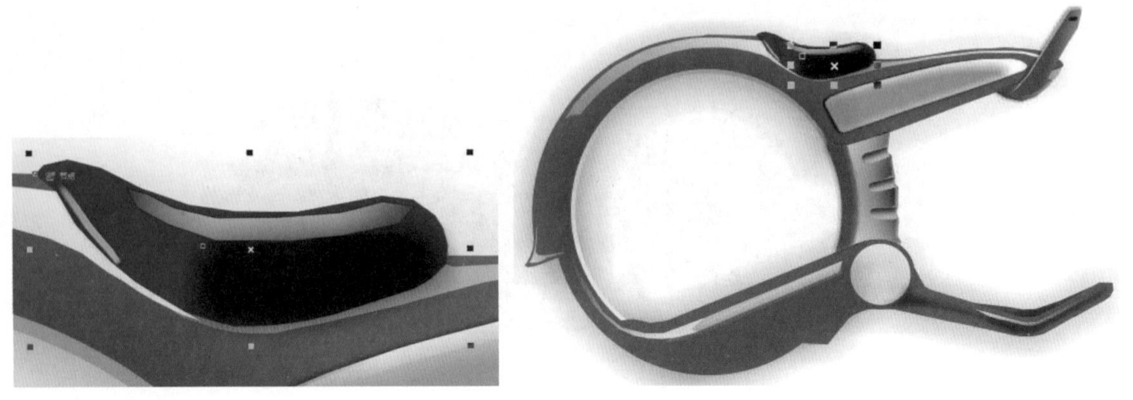

图9-76　　图9-77

Step 11 绘制脚踏板连接处，使用椭圆形工具绘制同心圆，填充线性渐变，设置各点CMYK颜色值为0%(0,0,0,0)、1%(0,0,0,0)、6%(0,0,0,90)、66%(0,0,0,90)、95%(0,0,0,10)、100%(0,0,0,0)，对话框如图9-78所示，效果如图9-79所示。

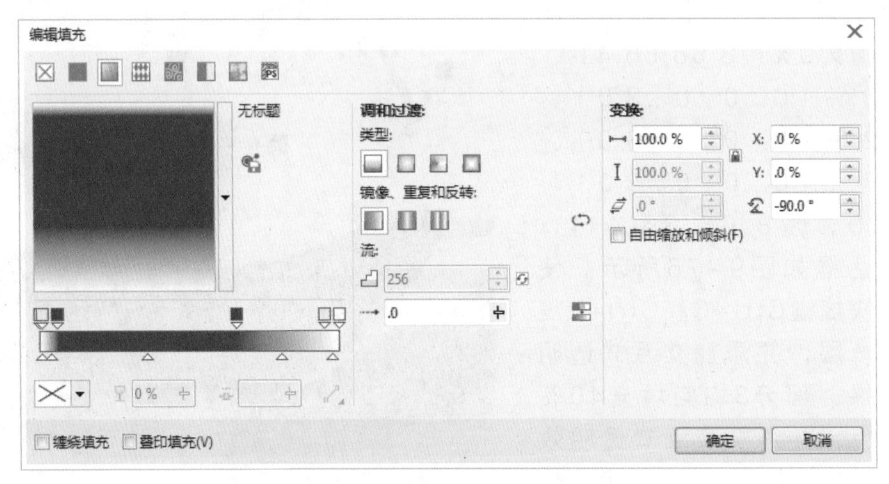

图9-78

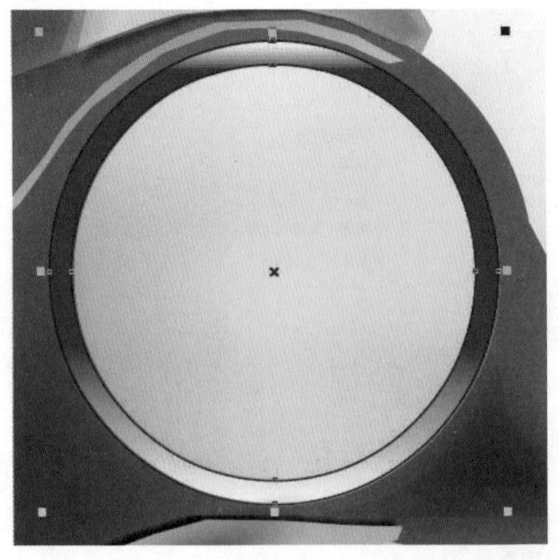

图9-79

Step 12 采用相同的方法，绘制同心圆，并线性渐变填充CMYK颜色值由0%(84,73,73,91)到100%(87,69,65,35)，对话框设置如图9-80所示。添加交互式阴影效果，阴影设置如图9-81所示，效果如图9-82所示。

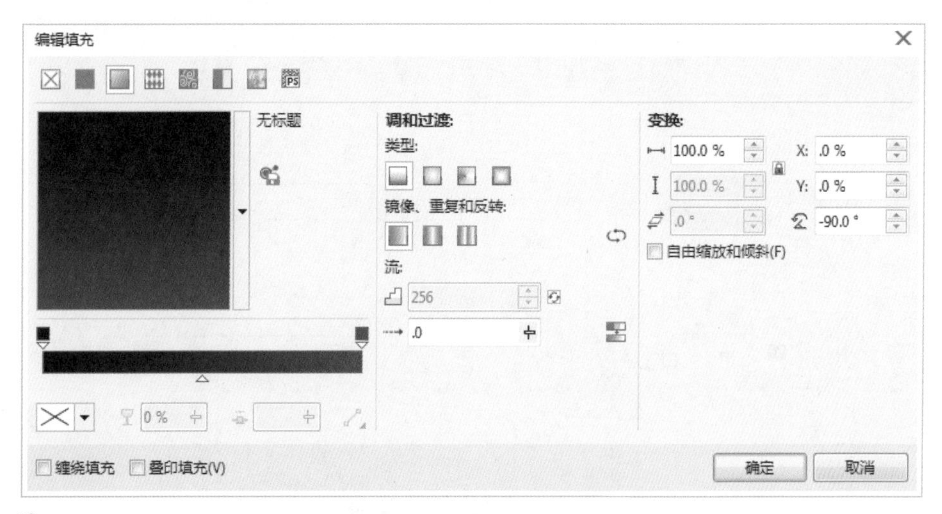

图9-80

图9-81

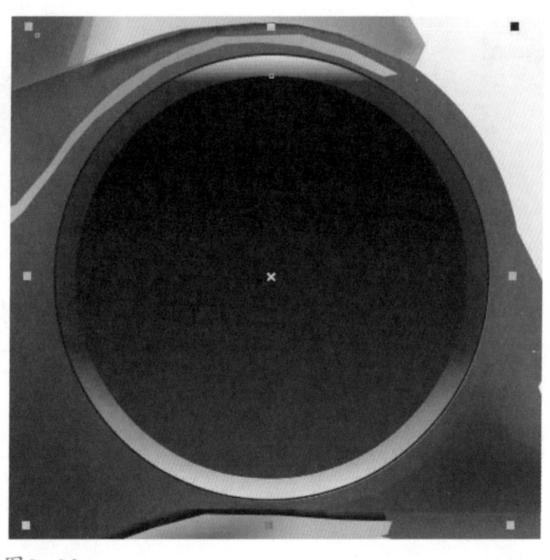

图9-82

Step 13 使用钢笔工具绘制车后轮下方挡泥板，可分为3部分，如图9-83所示。部分1均匀填充CMYK颜色值(36,24,24,0)，并添加交互式阴影，阴影设置如图9-84所示；部分2均匀填充70%黑色，并添加交互式透明和交互式阴影效果，交互式透明设置如图9-85所示；部分3均匀填充CMYK颜色值(71,57,57,12)，并添加交互式阴影效果，效果如图9-86所示，整体效果如图9-87所示。

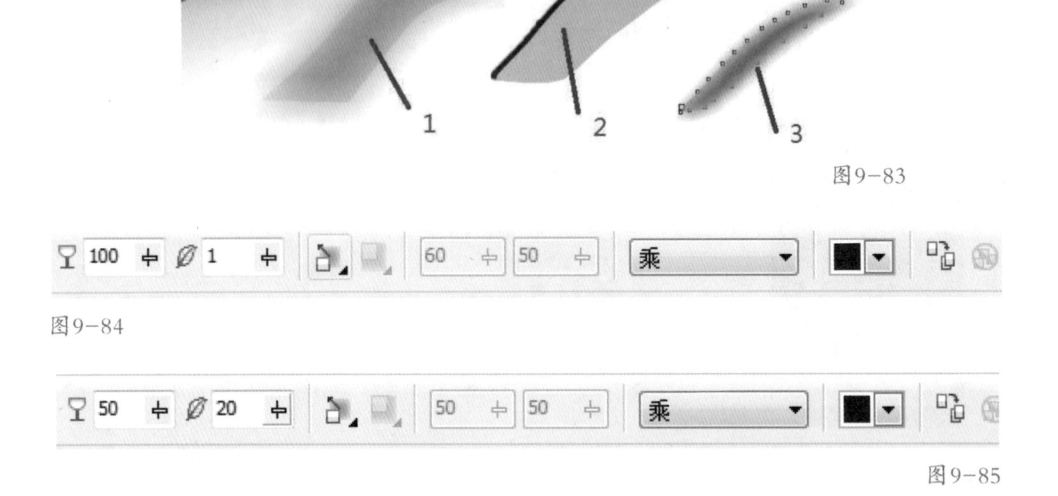

图9-83

图9-84

图9-85

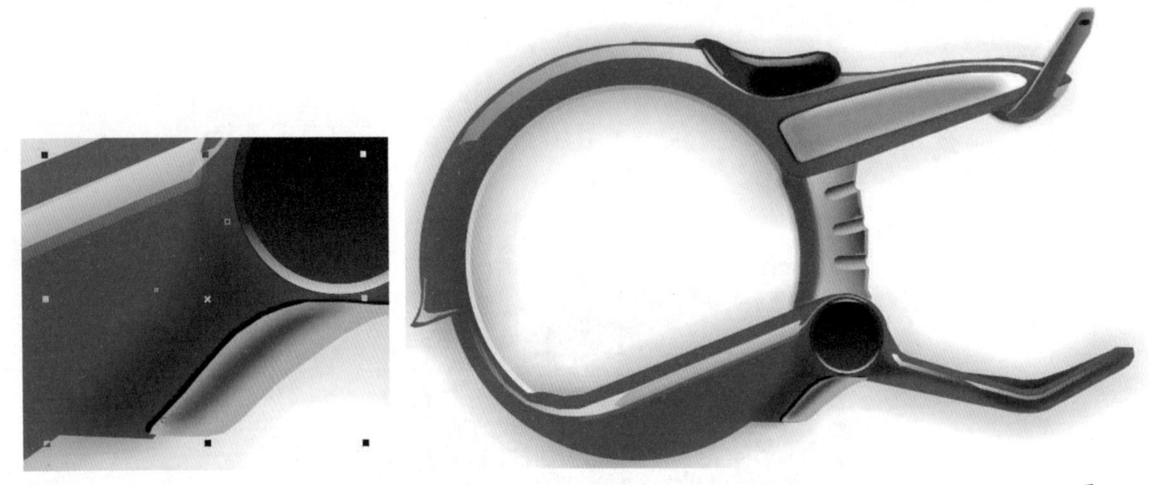

图9-86

图9-87

Step 14 使用钢笔工具绘制脚踏板主体曲线，均匀填充CMYK颜色值(51,35,35,1)，并添加交互式阴影效果，设置如图9-88所示，效果如图9-89所示。

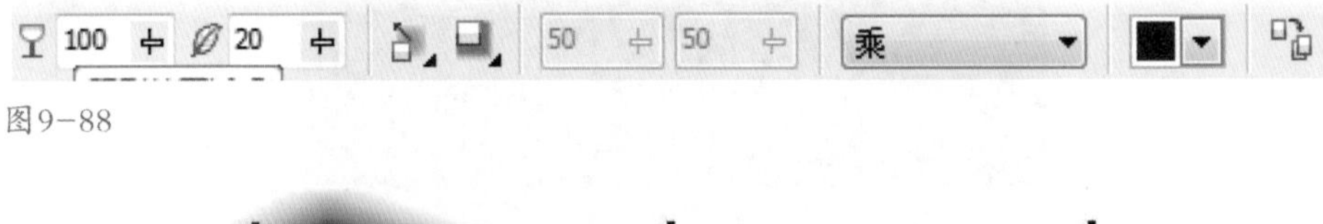

图9-88

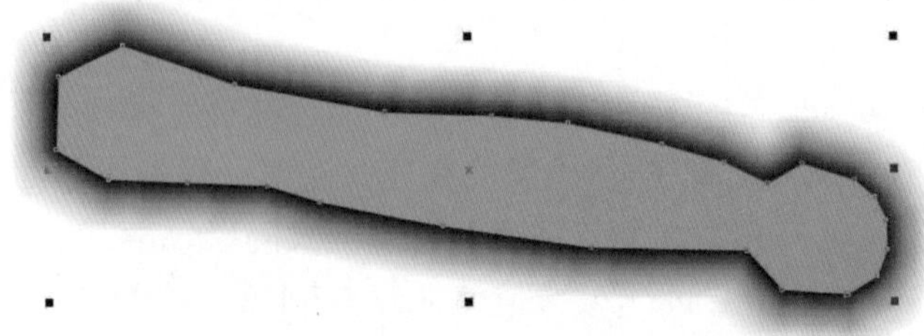

图9-89

Step 15 绘制脚踏板立体效果，可分为 7 部分，如图9–90所示。部分 1 至部分4，设置为均匀填充10%黑色，并添加交互式透明效果。

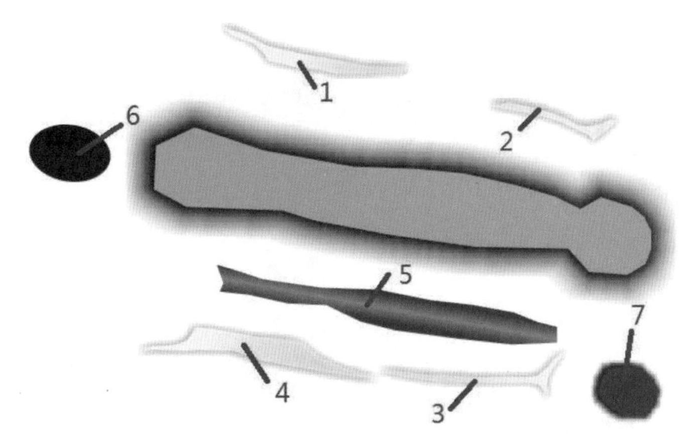

图9–90

Step 16 部分 5 线性渐变填充，渐变条上各点CMYK颜色值分别为0%(87,75,65,42)、45%(87,75,65,42)、49%(67,51,44,4)、53%(87,75,65,42)、100%(87,75,65,42)，对话框如图9–91所示。部分6均匀填充90%黑色，部分7均匀填充黑色，效果如图9–92所示。

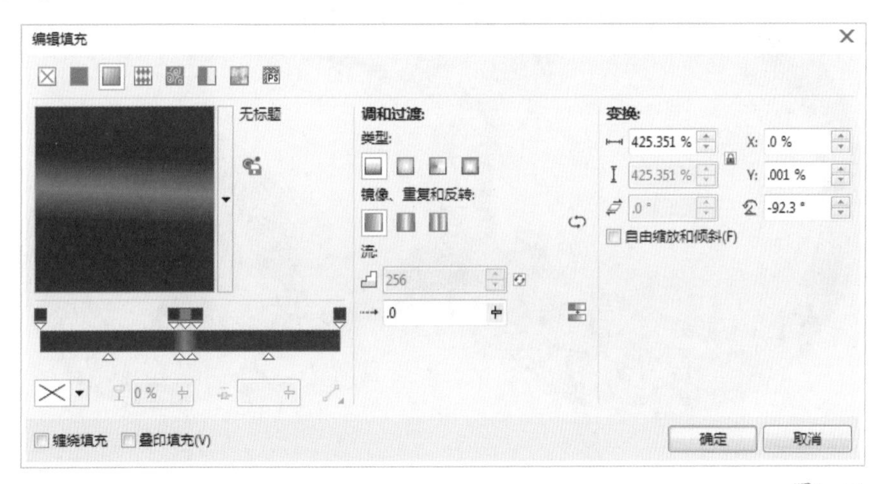

图9–91

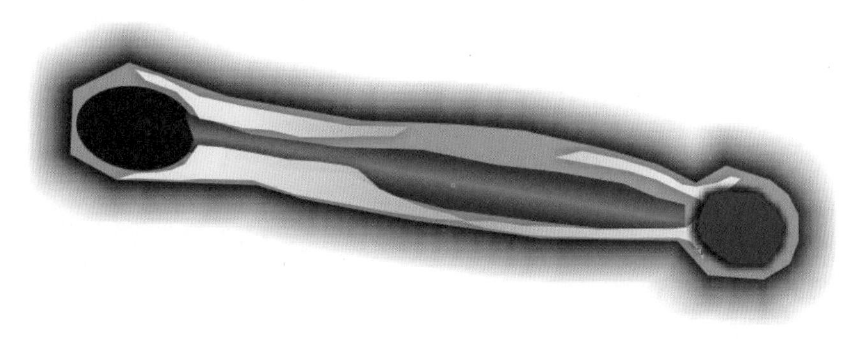

图9–92

Step 17 使用选择工具框选全部脚踏板，选择群组，再使用快捷键Ctrl+C和Ctrl+V复制出另一个脚踏板，调整得到如图9-93所示的效果。

图9-93

Step 18 将隐藏的车轮全部显示，调整位置，最终效果如图9-94所示。

图9-94

绘制汽车

本章通过对汽车的分析与绘制，提高对工具的灵活运用能力，主要应用钢笔工具、填充工具、交互式工具，通过练习熟练掌握反光和高光的绘制方法，以及利用颜色填充突出立体感的表现。

本章知识点

- 绘制汽车背景
- 绘制汽车

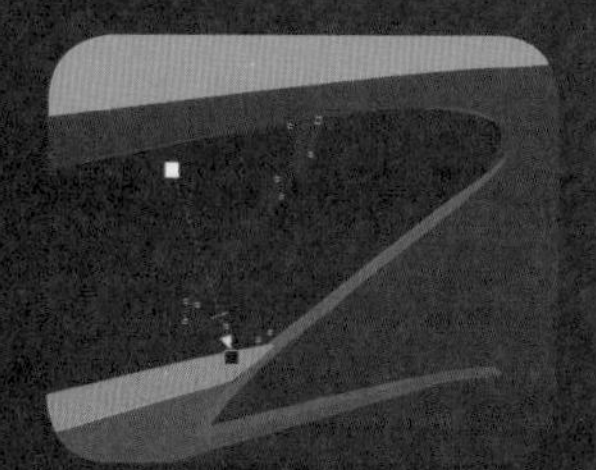

10.1 绘制汽车背景

Step01 新建一个横版的A4文件，如图10-1所示。

A4 297.0 mm 210.0 mm 单位: 毫米

图10-1

Step02 在对象管理器中新建图层，分别命名为“背景1”、“车体轮廓”、“车体细节”、“车轮子”、“背景2”，如图10-2所示。

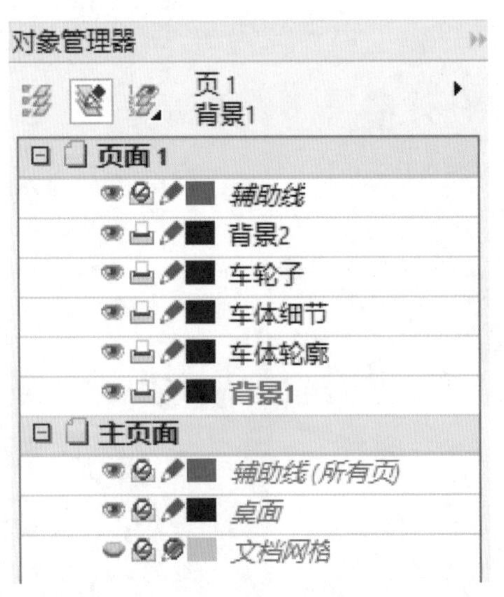

图10-2

Step03 在对象管理器中选择“背景1”图层，使用矩形工具绘制背景图形，并均匀填充黑色，如图10-3所示，再隐藏“背景1”。

图10-3

10.2 绘制汽车

Step01 选择“车体轮廓”图层，使用钢笔工具绘制汽车轮廓，并线性渐变填充，设置渐变预览条上各点的RGB值为0%(96,2,2)、8%(82,4,4)、23%(72,18,4)、35%(75,1,2)、53%(132,2,4)、71%(18,0,1)、84%(4,0,1)、94%(0,2,1)、100%(2,2,2)，对话框设置如图10-4所示，效果如图10-5所示。

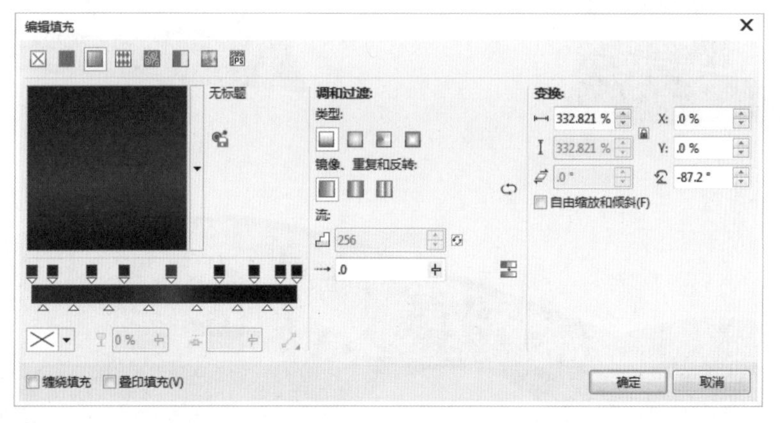

图10-4

图10-5

Step02 使用钢笔工具绘制车窗，并均匀填充黑色，如图10-6所示。

图10-6

Step03 使用钢笔工具绘制车窗细节，可分为3部分。部分1均匀填充RGB(140,140,140)；部分2均匀填充白色；部分3均匀填充RGB(102,53,55)，如图10-7所示。为部分2和部分3添加交互式透明效果，如图10-8所示。

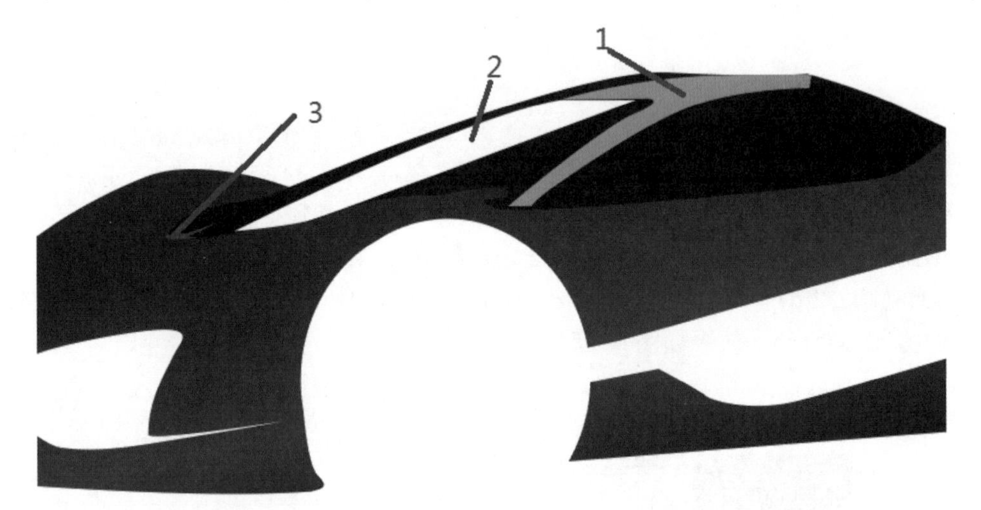

图10-7

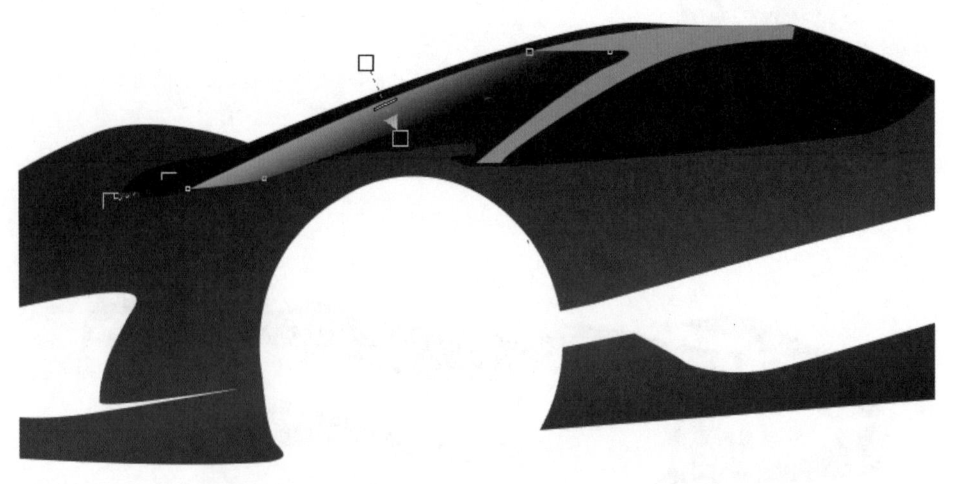

图10-8

Step04 采用同样的方法，继续绘制车窗细节，可分为4部分。部分1均匀填充RGB(170,20,21)；部分2均匀填充RGB(245,114,113)；部分3均匀填充RGB(185,50,47)；部分4均匀填充RGB(196,0,1)，如图10-9所示。使用钢笔工具绘制曲线，并均匀填充10%黑色，如图10-10所示。再选择交互式透明工具，添加透明效果，如图10-11所示。

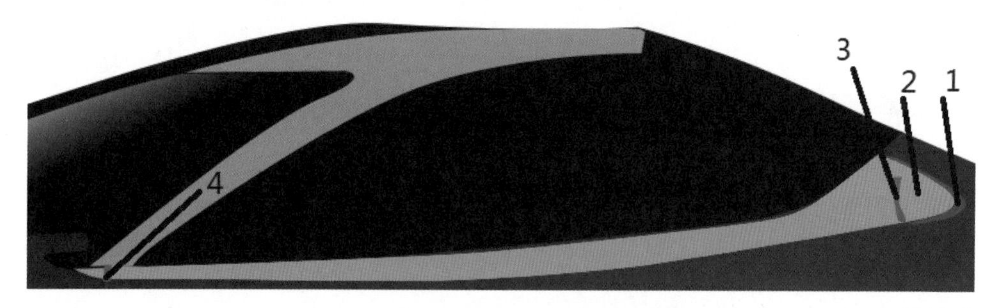

图10-9

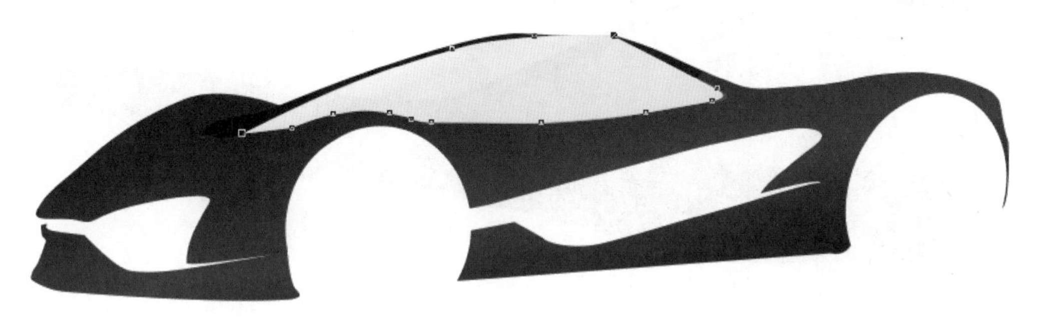

图10-10

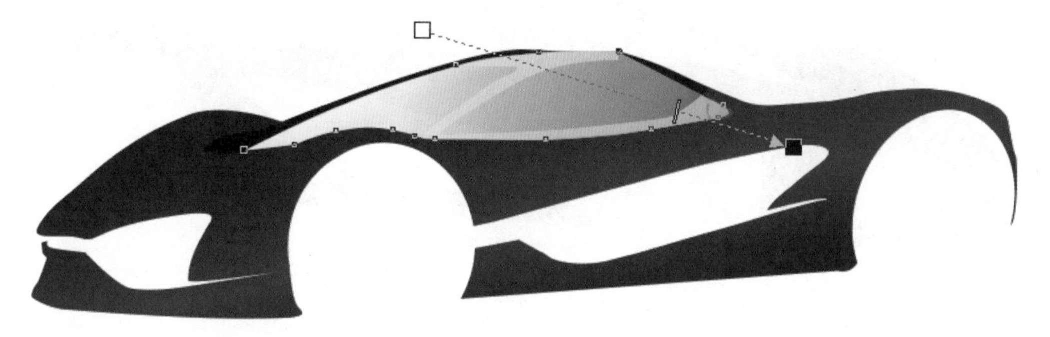

图10-11

Step05 使用钢笔工具绘制车背部分曲线，并添加线性渐变填充，在渐变预览条上，设置各点的RGB值为0%(71,68,67)、14%(161,161,161)、45%(254,254,254)、100%(254,254,254)，设置如图10-12所示，填充效果如图10-13所示，整体效果如图10-14所示。

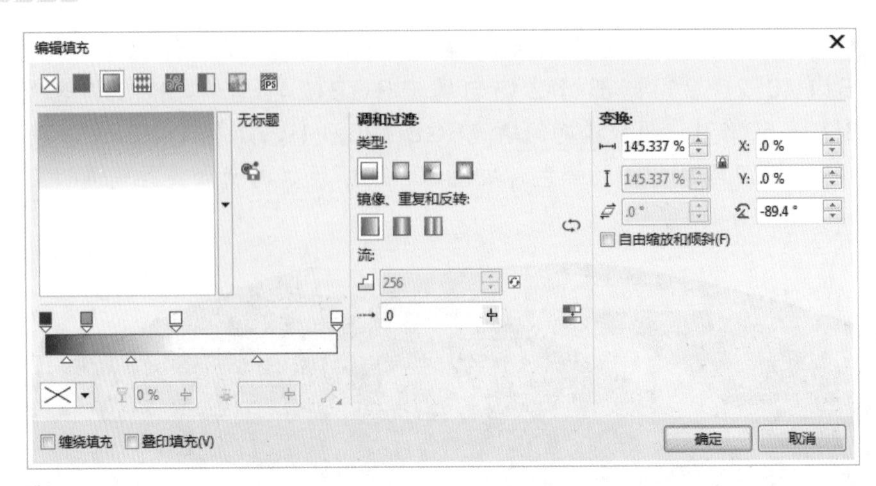

图10-12

图10-13

图10-14

Step06 为了增加车背部立体效果，使用钢笔工具绘制车背部细节曲线，可分为8部分，部分1均匀填充黑色；部分2均匀填充RGB(109,109,109)；部分3均匀填充RGB(79,79,79)，再添加交互式透明效果；部分4均匀填充RGB(2,2,2,)，再添加交互式透明效果；部分5均匀填充RGB(43,41,42)，再添加交互式透明效果；部分6均匀填充RGB(24,1,1)，再添加交互式透明效果；部分7均匀填充黑色；部分8渐变填充RGB颜色值为0%(245,131,123)、12%(254,116,106)、24%(220,103,101)、38%(199,75,77)、53%(111,7,12)、70%(173,38,30)、87%(124,25,19)、95%(127,38,34)、100%(204,40,14)，对话框设置如图10-15所示，填充效果如图10-16所示，整体效果如图10-17所示。

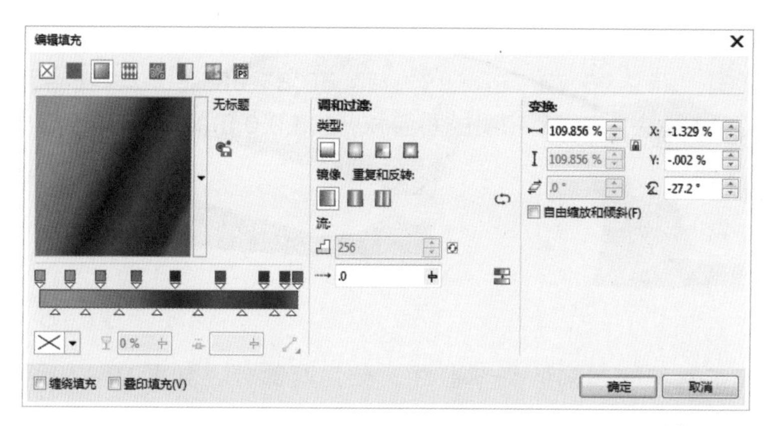

图10-15

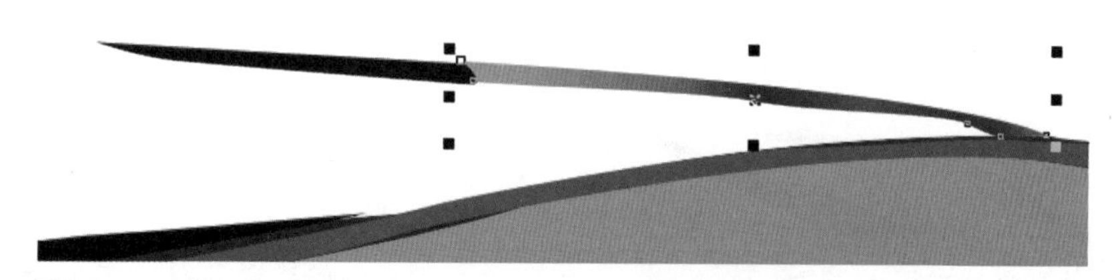

图10-16

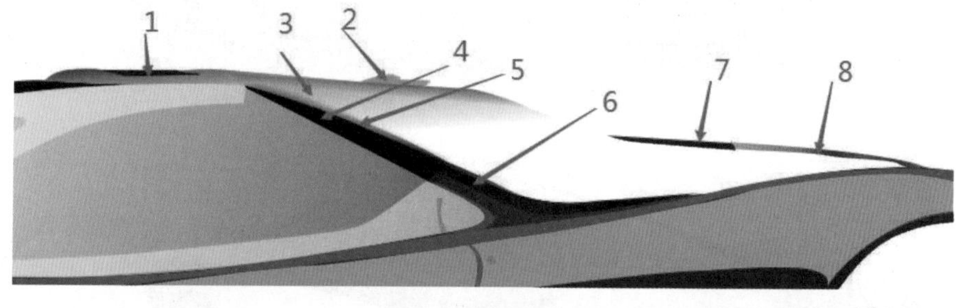

图10-17

Step 07 使用钢笔工具绘制车身细节曲线，分为两部分，如图10-18所示，部分 1 均匀填充RGB(196,0,1)，部分 2 均匀填充RGB(255,114,113)，整体效果如图10-19所示。

图10-18

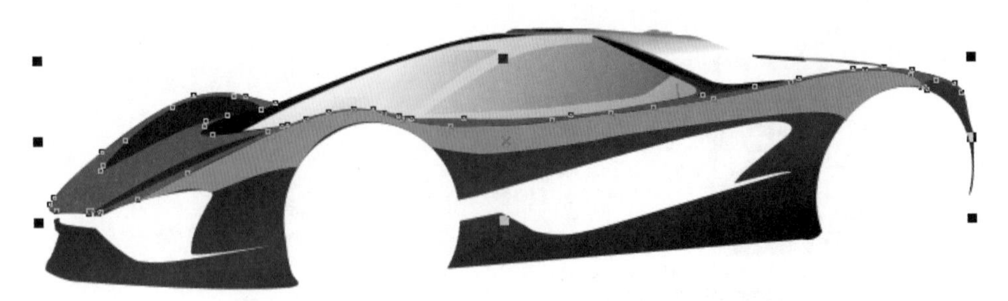

图10-19

Step08 使用钢笔工具绘制车前脸细节曲线，分为两部分，如图10-20所示。部分1均匀填充RGB(248,112,121)；部分2均匀填充RGB(254,116,116)，使用快捷键Ctrl+C和Ctrl+V复制一层，并均匀填充10%黑色，再添加交互式透明效果，如图10-21所示，整体效果如图10-22所示。

图10-20

图10-21

图10-22

Step09 在“车后视镜”图层上绘制车后视镜，后视镜的绘制可分为3部分，部分1线性渐变填充，设置渐变条上各点RGB颜色值为0%(189,80,83)、15%(252,93,90)、35%(180,34,35)、58%(145,16,21)、100%(11,16,24)，对话框如图10-23所示。部分2均匀填充RGB(46,13,13)；部分3均匀填充RGB(134,40,32)，再分别为它们添加交互式阴影效果，设置后效果如图10-24所示。

Step10 使用钢笔工具和形状工具绘制车体侧面细节曲线，可以分为9部分，如图10-25所示。部分1线性渐变填充，设置渐变条上各点RGB颜色值为0%(105,0,1)、9%(89,1,0)、15%(82,2,3)、26%(76,1,1)、39%(70,0,0)、46%(68,0,1)、58%(56,0,1)、65%(50,0,1)、71%(39,0,0)、77%(29,0,2)、85%(15,0,0)、94%(10,1,2)、100%(2,0,1)，对话框如图10-26所示，效果如图10-27所示。部分2

渐变填充RGB颜色值从0%(19,1,1)到100%(56,1,0)，设置对话框如图10-28所示，效果如图10-29所示。

图10-23

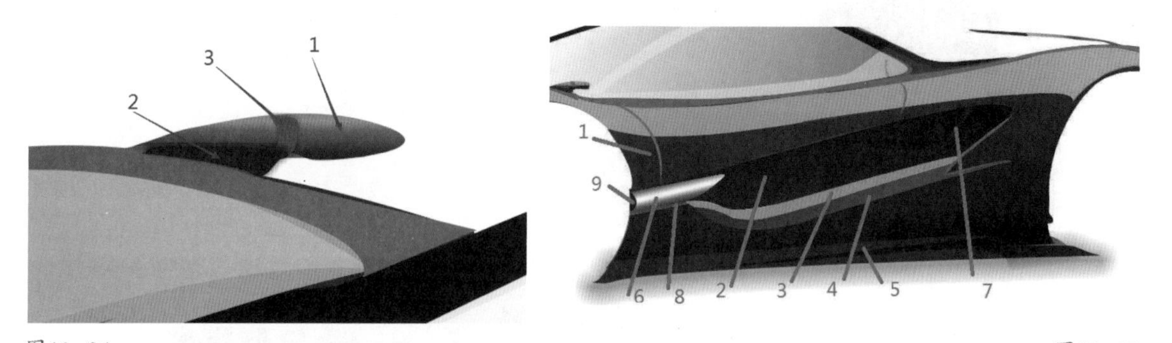

图10-24

图10-25

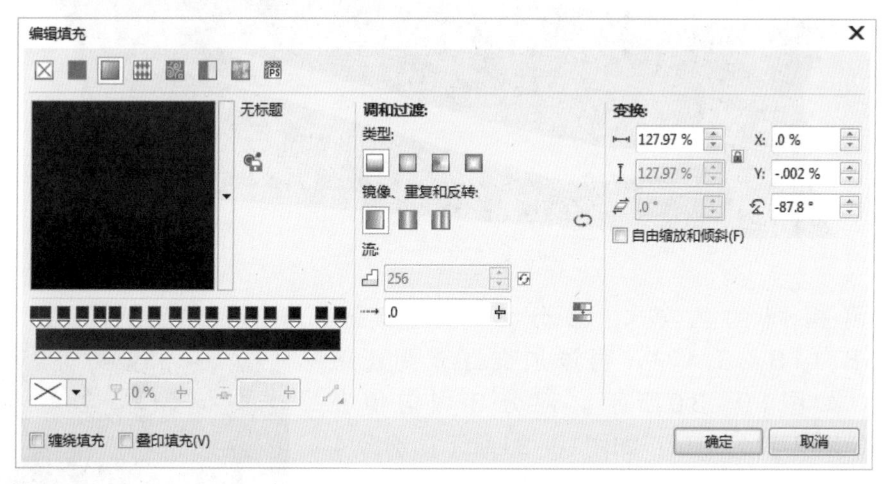

图10-26

图10-27

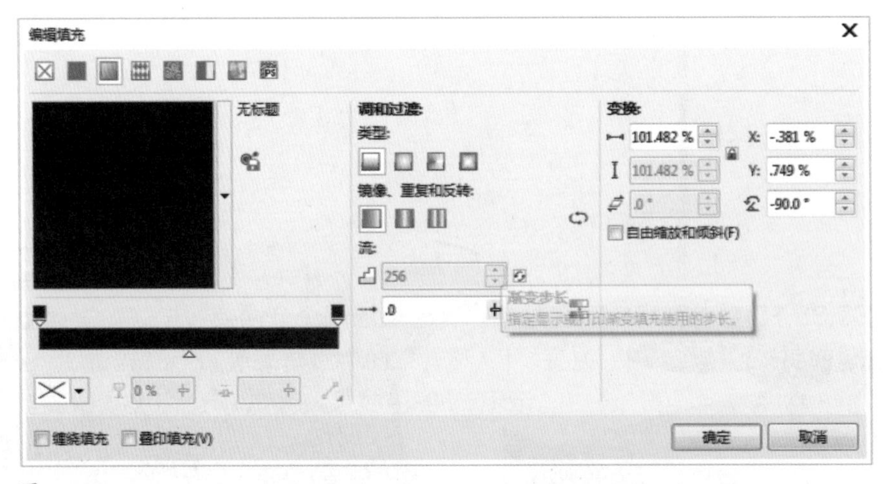

图10-28

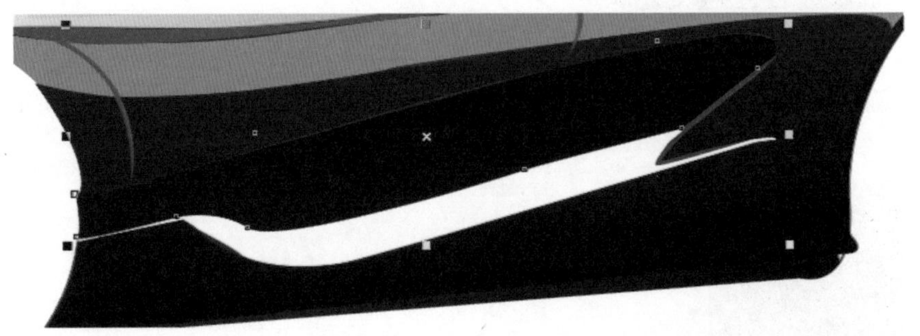

图10-29

Step 11 采用相同的方法，部分8均匀填充RGB(118,38,47)，再添加交互式阴影效果，如图10-30所示。部分3均匀填充RGB(202,111,110)，如图10-31所示；部分4线性渐变填充，设置渐变条上各点RGB颜色值为0%(92,2,2)、11%(92,1,0)、28%(105,0,0)、42%(111,1,0)、56%(123,1,0)、71%(139,1,2)、100%(135,7,9)，设置对话框

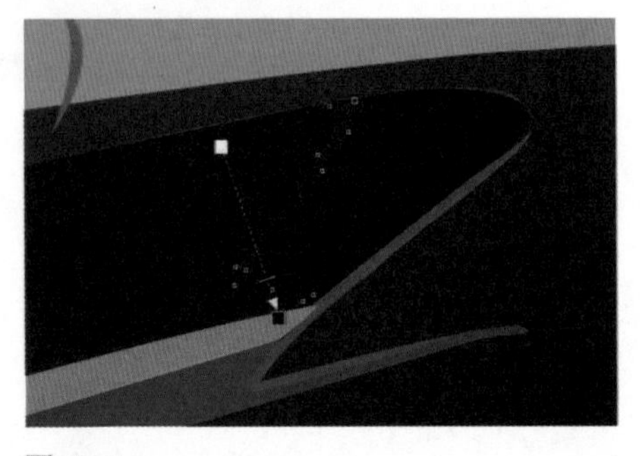

图10-30

如图10–32所示，效果如图10–33所示。

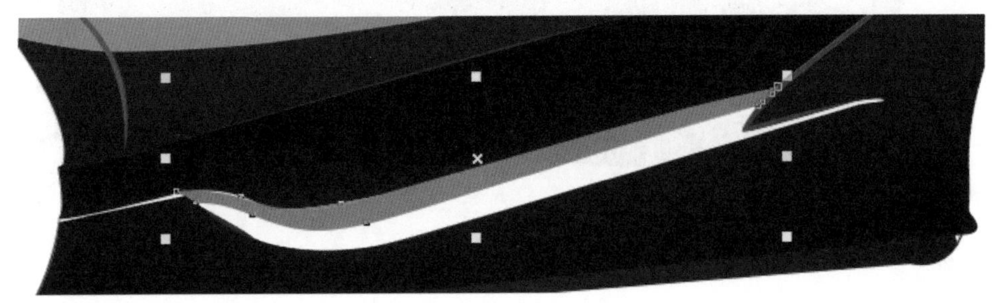

图10–31

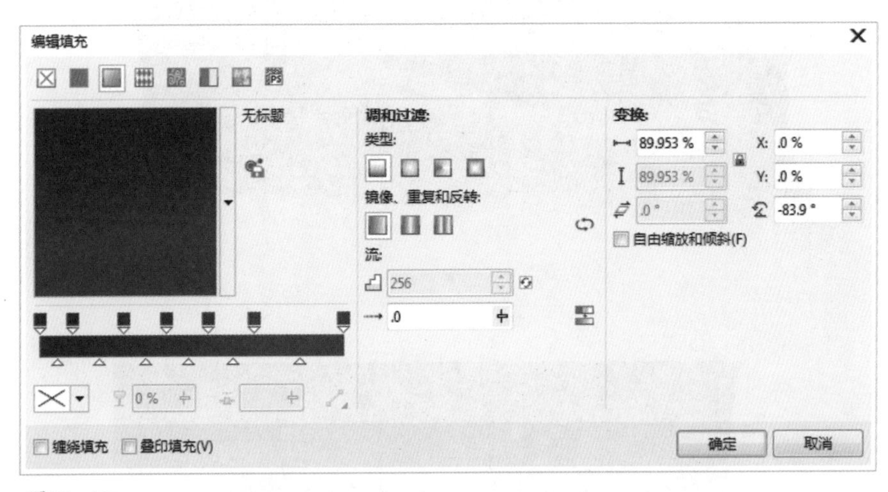

图10–32

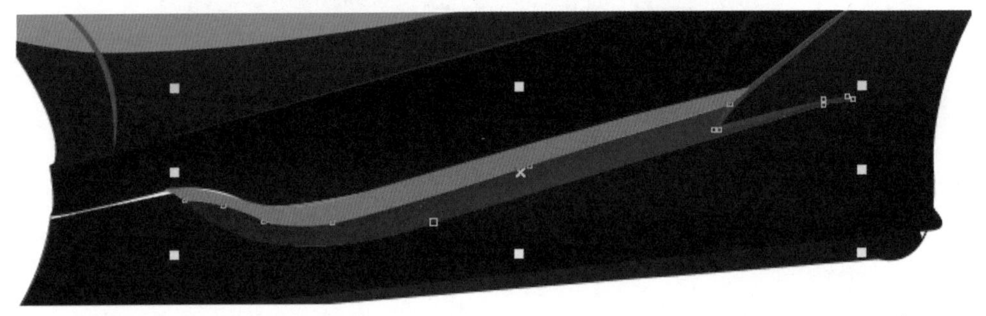

图10–33

Step 12 采用相同的方法，部分5均匀填充黑色，如图10–34所示。使用快捷键Ctrl+C和Ctrl+V复制多层，并添加交互式透明效果和交互式阴影效果，如图10–35所示。部分7均匀填充RGB(59,13,18)，如图10–36所示。部分6线性渐变填充，设置渐变条上各点RGB颜色值为0%(20,22,18)、21%(30,20,25)、31%(101,105,107)、41%(254, 254, 254)、47%(254, 254, 254)、57%(90,90,90)、66%(53,53,53)、76%(35,35,35)、84%(23,22,25)、92%(25,7,5)、100%(51,44,43)，对话框如图10–37所示，效果如图10–38所示，整体效果如图10–39所示。

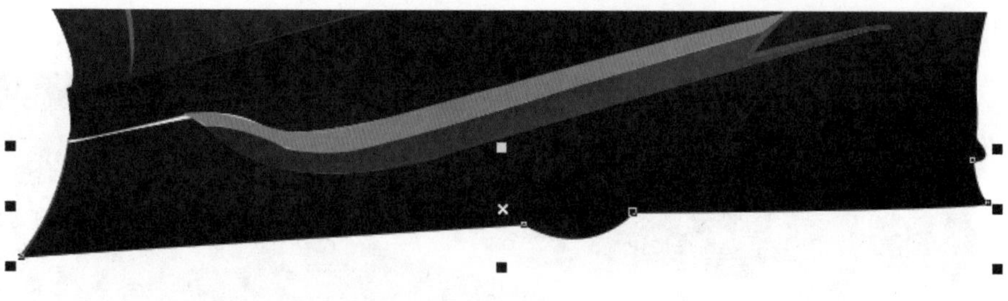

图10-34

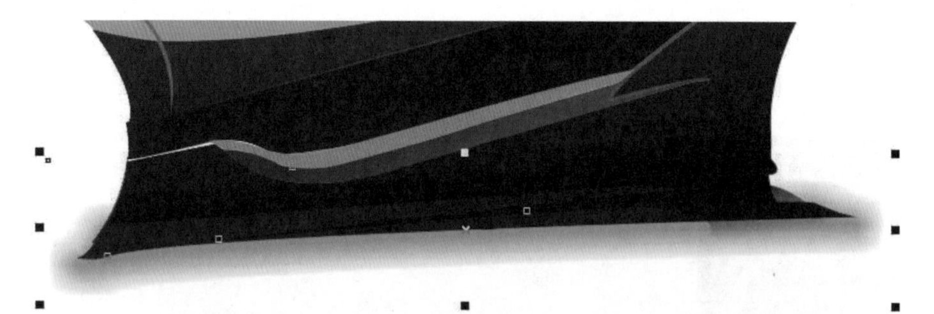

图10-35

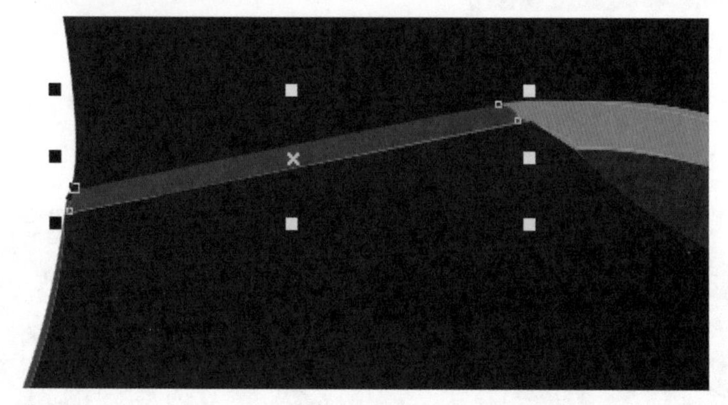

图10-36

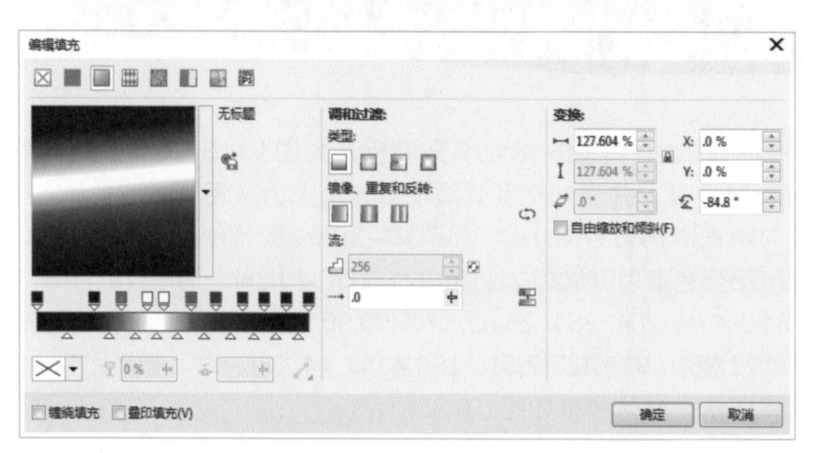

图10-37

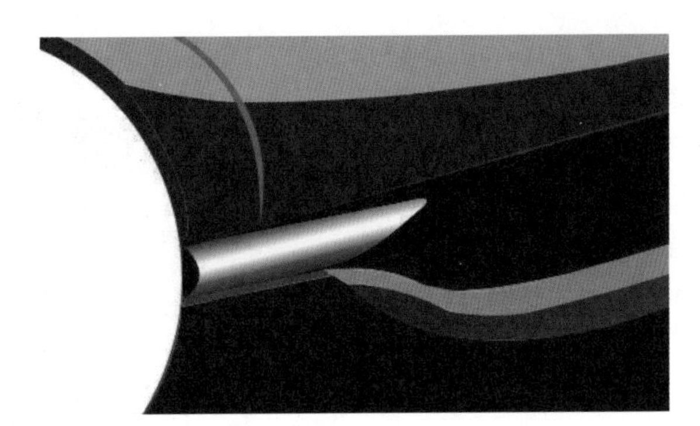

图10-38

图10-39

Step 13 采用相同的方法，部分 9 均匀填充黑色，并添加交互式透明效果，如图10-40所示。选择菜单栏中的“文件”|“导入”命令，导入汽车标志位图文件，添加效果如图10-41所示。

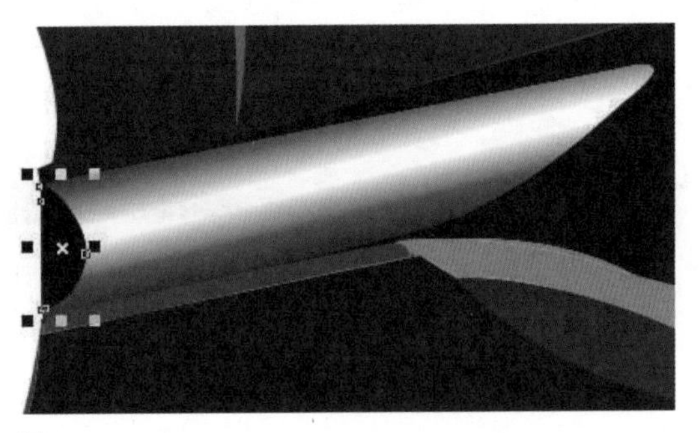

图10-40

图10-41

Step 14 在“车前端”图层上，使用钢笔工具绘制前端细节，可分为 4 部分，如图10-42所示。部分 1 线性渐变填充，设置渐变条上各点RGB颜色值为0%(51,44,43)、27%

(71,68,67)、41%(254,254,254)、49%(254,254,254)、59%(95,93,93)、62%(71,68,67)、76%(51,44,43)、100%(51,44,43)，对话框设置如图10-43所示。部分 2 和部分 3 均匀添加黑色，再为部分 3 添加交互式透明效果，如图10-44所示。部分 4 添加线性渐变填充，对话框如图10-45所示。

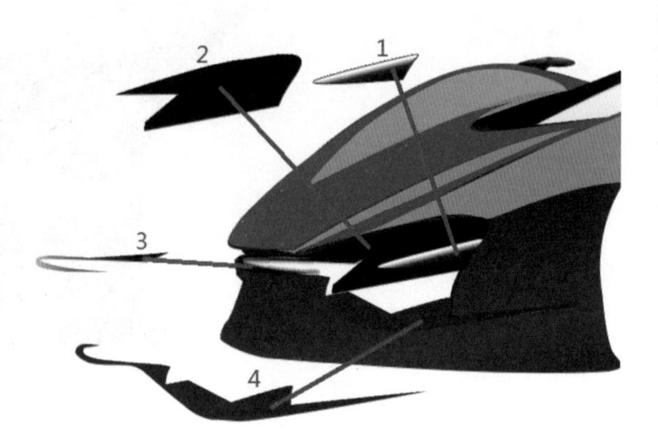

图10-42

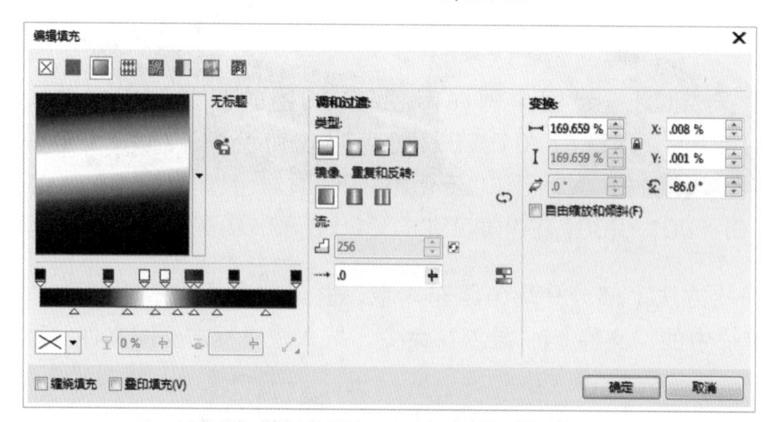

图10-43

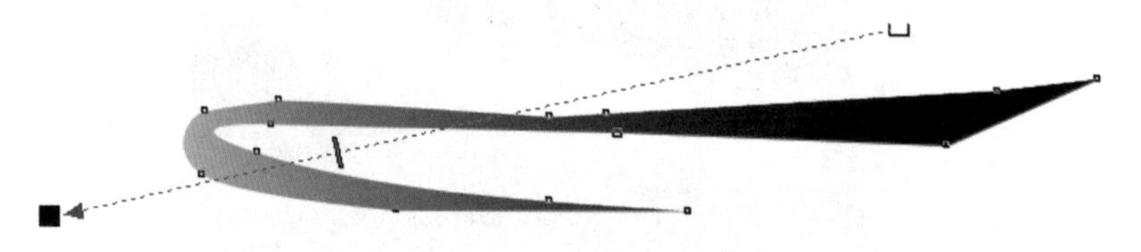

图10-44

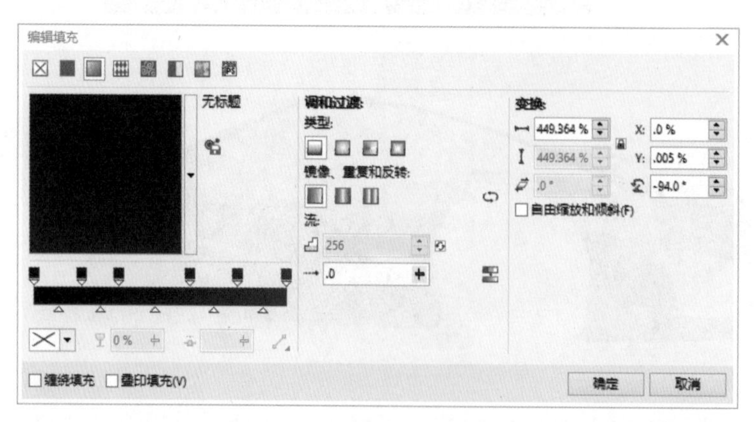

图10-45

Step 15 使用相同的方法继续绘制前端细节，分别均匀填充黑色和RGB(38,0,0)颜色，如图10-46所示。为黑色图形添加交互式透明效果，如图10-47所示，整体效果如图10-48所示。

Step 16 使用钢笔工具绘制高光处曲线，均匀填充RGB(215,116,121)颜色并添加交互式阴影效果，设置如图10-49所示，效果如图10-50所示，整体效果如图10-51所示。

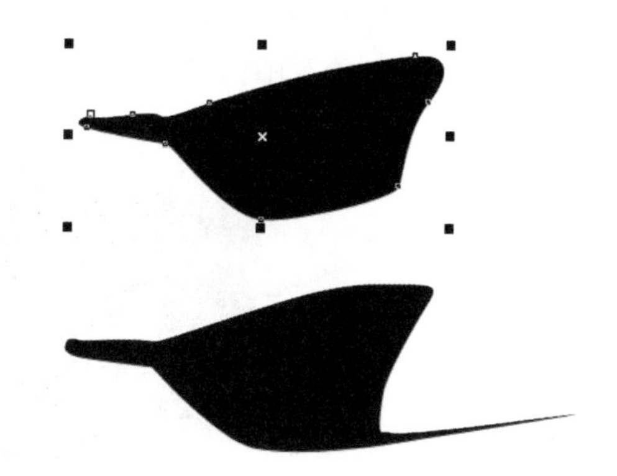

图10-46

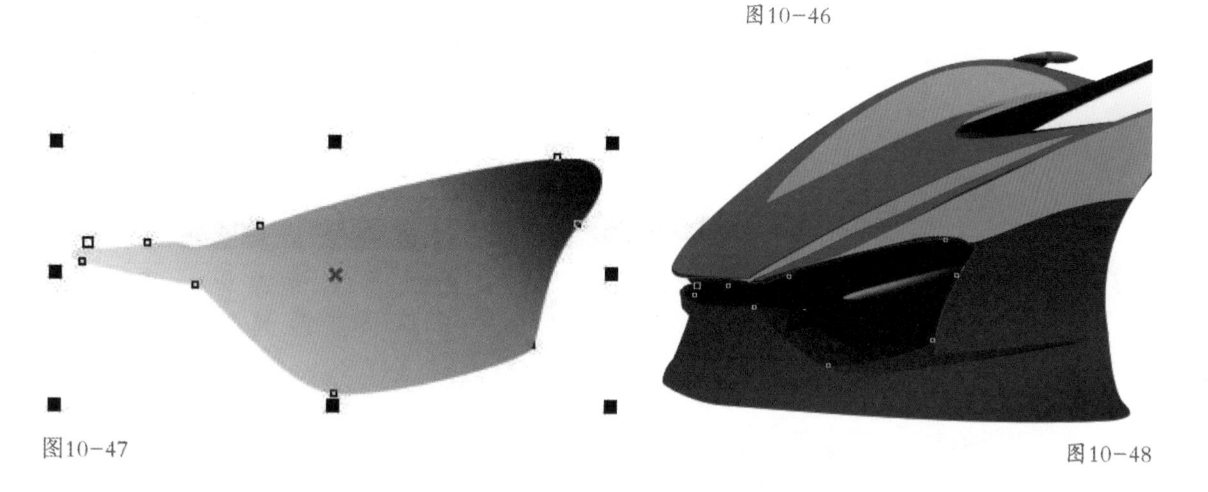

图10-47　　图10-48

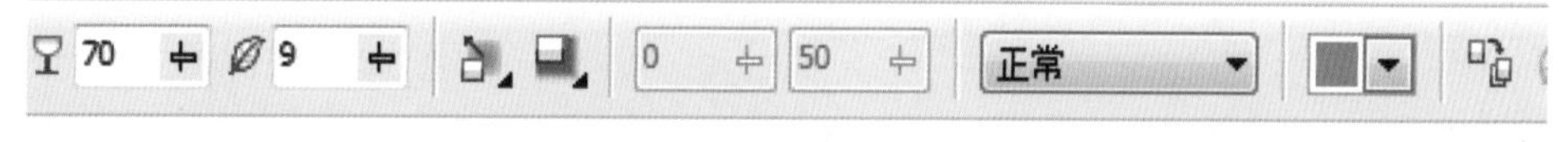

图10-49

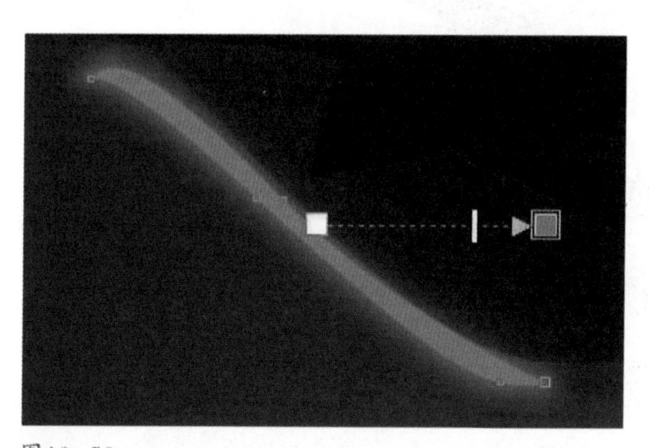

图10-50

图10-51

Step 17 绘制车前端的下方曲线，可分为4部分，如图10-52所示。部分1均匀填充RGB(22,22,22)；部分2均匀填充黑色，再使用快捷键Ctrl+C和Ctrl+V复制一层，均匀填充RGB(4,2,3)，并添加交互式透明效果，如图10-53所示。部分3均匀填充

RGB(100,100,102)，再添加交互式阴影效果，如图10－54所示。部分 4 均匀填充RGB(6,6,6)，再添加交互式透明效果，如图10－55所示。

图10－52

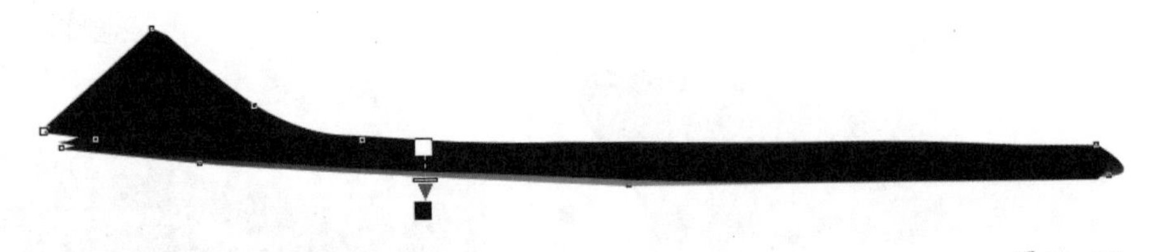

图10－53

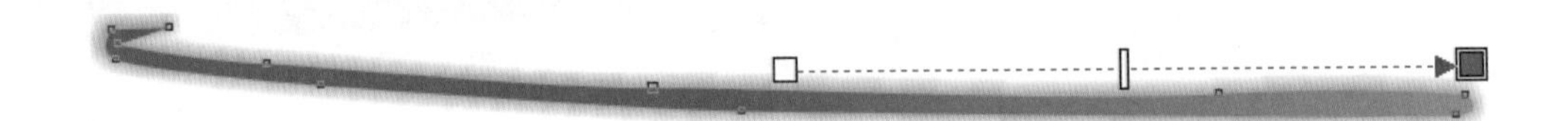

图10－54

图10－55

Step 18 绘制车轮时，在“车轮”图层上用三点椭圆工具绘制3个椭圆，如图10－56所示。圆1均匀填充RGB(3,3,3)；圆2线性渐变填充，设置渐变条上各点RGB颜色值为0%(3,3,5)、14%(14,14,16)、31%(22,22,22)、54%(26,26,26)、79%(28,28,28)、

100%(29,29,29)，对话框设置如图10-57所示；圆3均匀填充RGB(4,4,4)。

图10-56

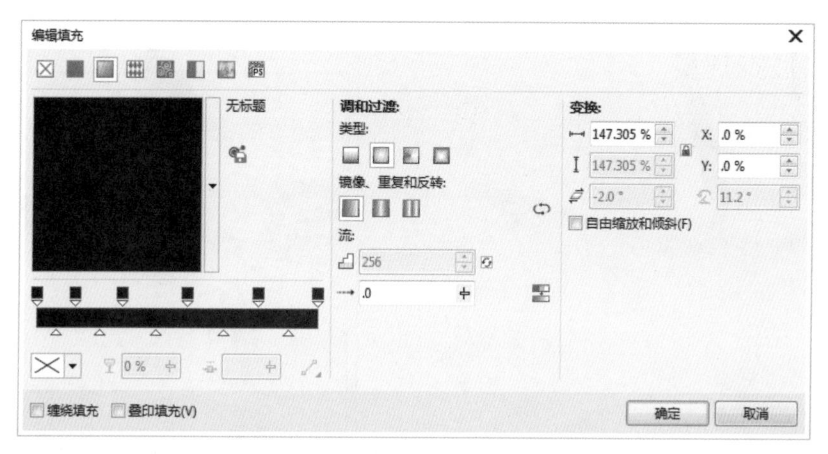

图10-57

Step 19 绘制内侧钢圈，主体均匀填充60%黑色，其他部分运用钢笔工具、填充工具、交互式透明工具、添加交互式阴影效果，如图10-58所示。

图10-58

Step 20 使用钢笔工具绘制钢圈支架，并线性渐变填充，设置渐变条上各点的RGB颜色值分别0%(66,61,64)、3%(55,60,67)、12%(155,156,160)、26%(80,83,90)、34%(76,80,91)、40%(201,202,206)、49%(223,236,242)、59%(253,254,255)、79%(249,253,254)、93%(186,203,211)、100%(172,18,183)，对话框设置如图10-59所示，效果如图10-60所示。再添加交互式立体效果，如图10-61所示。

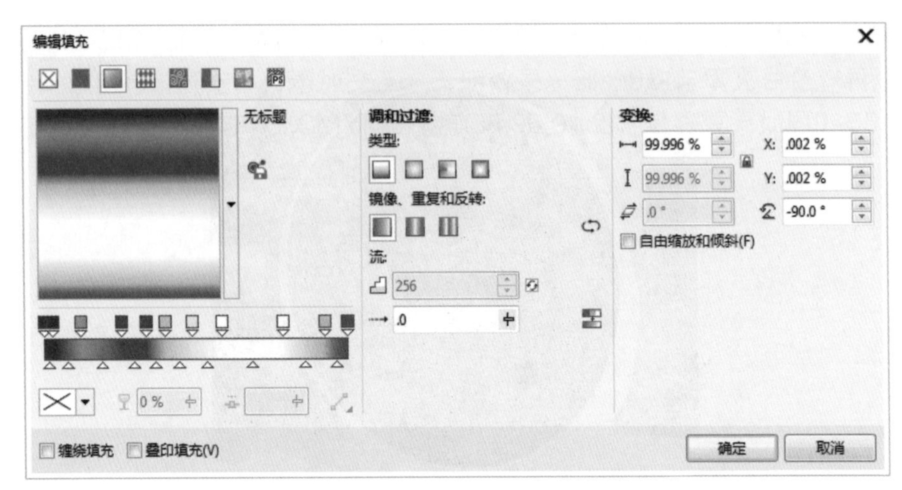

图10-59

图10-60

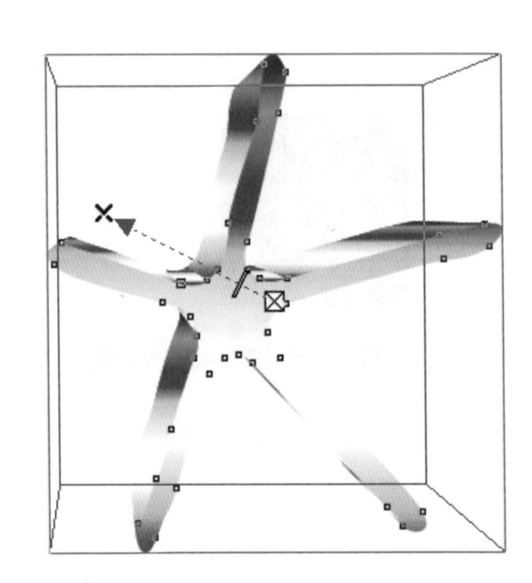

图10-61

使用钢笔工具绘制车钢圈支架细节，可分为4部分，如图10-62所示。部分1线性渐变填充，设置RGB颜色值分别为0%(67,70,75)、48%(17,18,20)、100%(41,56,60)，对话框如图10-63所示。部分2均匀填充RGB(81,92,96)。部分3均匀填充RGB(104,87,28)。部分4为导入光盘中的位图素材。

图10-62

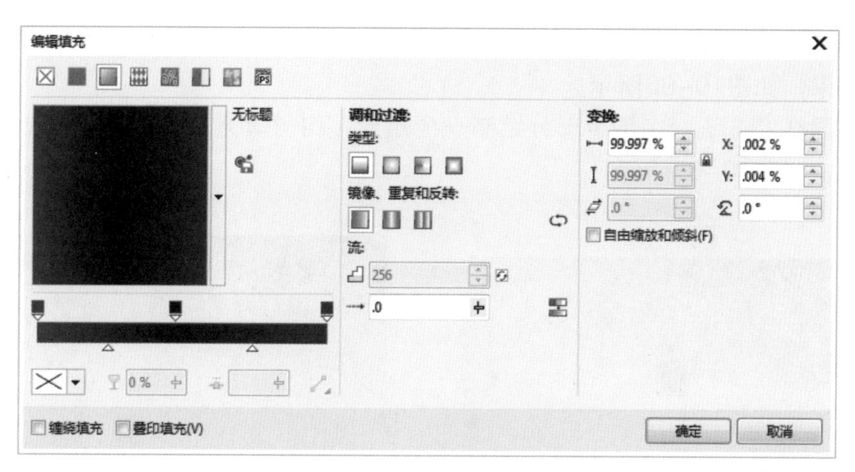

图10-63

Step 22 采用相同的方法，绘制后侧车轮，如图10-64所示。

图10-64

Step 23 使用选择工具，用框选的方式将绘制的汽车图形全部选中，选择交互式阴影命令，为汽车整体添加阴影。选择菜单栏中的“排列”|“变换”|“位置”|“镜像”命令，将汽车进行镜像，如图10-65所示。

图10-65

Step24 选择“背景2”图层，在“背景2”中绘制矩形，均匀填充90%黑色，并添加交互式透明效果，如图10-66所示。

Step25 采用同样的方法，在下半部分绘制一个矩形，均匀填充20%黑色，并添加交互式透明效果，如图10-67所示。

图10-66

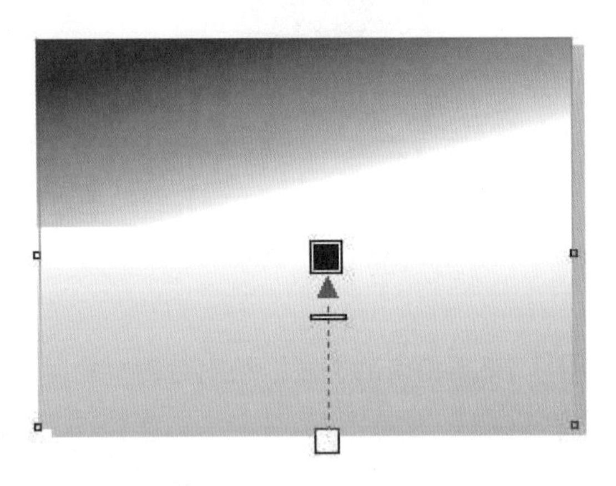
图10-67

Step26 将“背景1”图层显示出来，调整汽车主题和倒影图案，得到如图10-68所示的最终效果。

图10-68